工程质量控制与技术

——地基与基础

程 伟 陈 坤 荣 成 邢慧娟 编著

黄河水利出版社

·郑 州·

内容提要

本书以建筑地基处理技术规范、建筑地基基础工程施工规范、建筑工程施工质量验收统一标准、建筑地基基础设计规范等为编制依据，详细地介绍了建筑工程地基与基础施工材料、施工机具、施工方法、操作要点、质量通病及相应的措施和施工技术等内容。

本书可作为从事建筑行业的工程技术人员及高校师生的参考用书。

图书在版编目（CIP）数据

工程质量控制与技术：地基与基础/ 程伟等编著. —
郑州：黄河水利出版社，2019.1
ISBN 978 - 7 - 5509 - 2255 - 6

Ⅰ. ①工…　　Ⅱ. ①程…　　Ⅲ. ①地基 - 基础
（工程）- 质量控制　　Ⅳ. ①TU47

中国版本图书馆 CIP 数据核字（2019）第 020278 号

组稿编辑：岳晓娟　电话：0371 - 66020903　E-mail:2250150882@ qq. com

出　版　社：黄河水利出版社　　　　　　　　　　　　网址：www. yrcp. com
　　　　地址：河南省郑州市顺河路黄委会综合楼 14 层　邮政编码：450003
发行单位：黄河水利出版社
　　　　发行部电话：0371 - 66026940、66020550、66028024、66022620（传真）
　　　　E-mail:hhslcbs@ 126. com
承印单位：河南承创印务有限公司
开本：787 mm × 1 092 mm　　1/16
印张：26.5
字数：645 千字
版次：2019 年 1 月第 1 版　　　　　　　　　印次：2019 年 1 月第 1 次印刷

定价：98.00 元

《工程质量控制与技术——地基与基础》

编写人员及单位

主　　编：程　伟　陈　坤　荣　成　邢慧娟

副 主 编：秦龙兵　郑　委　李一玮　李　旸

参编人员：卓孝领　荣　震　胡开建　谢　浩

　　　　　高　超　黄令勇　刘曙辉　程　磊

　　　　　陈祥谦　荣　伟　李宝光　刘争艳

　　　　　梁文辉　程若愚　解高峰　崔明远

　　　　　陈浩杰　杨学胜　李松林　史怀香

　　　　　李　枫　孙乾阳　陈瑞杰　张彦峰

　　　　　张自涛　邢　耀　杜　楼　李长春

主　　审：刘　洪　高贵平　李方方

主要参编单位：河南聚誉帆工程技术咨询有限公司

　　　　　　　河南省住房和城乡建设厅

　　　　　　　河南省建设工程质量监督总站

　　　　　　　郑州市工程质量监督站

　　　　　　　商丘市建筑工程质量监督站

　　　　　　　河南荣泰工程管理有限公司

前　言

　　我国地域广阔,自然地理环境不同,土质各异,地基条件区域性较强,从而使地基处理技术显得较为复杂。随着我国经济的快速发展,建筑业也在发生着迅猛变革。许多土木工程不仅在土质条件良好的场地建设,还要在土质不够良好的场地建设。随着建筑工程领域的新技术、新工艺、新材料的应用和发展,对地基与基础工程提出了更高的要求,越来越多的建筑工程对施工技术的要求越来越精细。建筑物的荷载量增大,也需要对地基进行处理,以满足建筑物的上部结构正常使用阶段和施工阶段的承载力要求。

　　本书详细介绍了地基与基础施工材料、施工机具、施工方法、操作要点、质量控制、质量通病及应对的措施、验收标准和需要提供的技术文件等内容。总结了地基与基础的相关规范及规定,实现了创新发展的脉络,其特点如下:

　　一是全面系统性:国家验收规范中常用的分部、分项工程,书中均有相应的施工工艺与之对应。

　　二是科学先进性:淘汰落后的施工工艺,增加目前工程建设实际应用较多、管理较薄弱的分项工程施工工艺标准。总结出近几年先进工程管理技术和细部做法,为广大施工技术人员提供依据和参考,具有科学先进性。

　　三是直观实用性:在编制过程中,采用直观图、示意图、数据、表格、图片等比较直观的方式来表述相关内容,做到通俗化、图解化,实用性强。

　　本书编写人员及编写分工如下:第一章由河南省建设工程质量监督总站邢慧娟组织编写,第二章、第三章由商丘市建筑工程质量监督站程伟编写,第四章由河南聚誉帆工程技术咨询有限公司陈坤编写,第五章由河南荣泰工程管理有限公司荣成组织编写,第六章由河南省工建集团有限责任公司组织编写,第七章由郑州市工程质量监督站郑委组织编写。全书由程伟、陈坤进行资料整理和统稿。

　　由于时间仓促、工作量大,加之水平有限,书中难免出现错误和不妥之处,恳请广大读者批评和指正。同时,请将意见反馈给我们,以便及时纠正或再版时修订。

编　者

2018 年 12 月

前 言

目　录

第一章　地基工程

第一节　灰土地基

一、灰土地基施工

灰土基础属换填地基,它是用熟石灰与黏性土拌和均匀,然后分层夯实而成的。灰土的体积配合比一般为 2∶8 或 3∶7(石灰∶土),其 28 d 强度可达 1 MPa。一般适用于地下水位较低,基槽经常处于较为干燥状态的基础。

灰土的土料应尽量采用原土,或用有机质含量不大的黏性土,表面耕植土不宜采用,土粒过筛,粒径不大于 15 mm。熟石灰应过筛,粒径不大于 5 mm,并不得夹有未熟化的生石灰块和含有过多的水分。

灰土施工应控制含水量,铺土应分层进行,每层铺土厚度参见表 1-1。每层夯打遍数应根据设计要求的干密度在现场试验确定,一般夯打不少于 4 遍。灰土基础若分段施工不得在墙角、柱墩及承重窗间墙下接缝,上下相邻两层灰土的接缝间距不得小于 50 cm,接缝处的灰土应充分夯实。

表 1-1　灰土虚铺厚度

夯实机具种类	夯重(kg)	虚铺厚度(mm)	说明
小木夯	5 ~ 10	150 ~ 250	人力送夯,落高
石夯、木夯	40 ~ 80	200 ~ 300	400 ~ 500 mm,一夯压半夯
轻型夯实机械	40 ~ 80	200 ~ 250	蛙式打夯机,柴油打
压路机	机重 6 ~ 10 t	200 ~ 300	夯机,双轮压路机

施工时,基坑应保持干燥,防止灰土早期浸水。灰土拌和要均匀,温度要适当,含水量过大或过小不易夯实。因此,最好实地测量其最佳含水量,使在一定夯击能量下达到最大密实度。

二、三合土地基施工

三合土基础属换填地基,它由石灰、砂、碎砖(石)和水拌匀后分层铺设夯实而成。其配合比应按设计规定,一般用 1∶2∶4 或 1∶3∶6(消石灰∶砂∶碎砖,体积比)。石灰用未粉化的生石灰块,使用时临时加水化开;砂用中砂、粗砂或泥沙;碎砖一般用黏土砖碎块,粒径为 20 ~ 60 mm。

施工时先将石灰和砂用水在池内调成浓浆,将碎砖材料倒在拌板上加浆拌透或将所有材料都倒在拌板上浇水拌匀。虚铺厚度第一层为 220 mm,以后每层 200 mm,分别夯至 150

mm,直至设计标高为止。最后一遍夯打时,宜加浇浓灰浆一层,经24 h待表面略干后,再铺上薄层砂子或煤屑,进行最后的整平夯实。

三、质量标准

(1)地基承载力,由设计单位提出要求,在施工结束一定时间后进行灰土地基的承载力检验,检验方法可采用标准贯入、静力触探及十字板剪切或承载力检验等方法。每个单位工程不少于3点,1 000 m² 以上,每100 m² 抽查1点;3 000 m² 抽查1点;独立柱每柱1点,基槽每20延长米1点。

(2)配合比。土料、石灰等用体积比拌和均匀,应符合设计要求;观察检查,必要时检查材料试验报告。

(3)压实系数。首先检查分层铺设的厚度,分段施工时,上下两层搭接的长度,夯实时的加水量,夯实遍数。按规定检测压实系数,结果符合设计要求,检查施工记录。

灰土和三合土地基质量要求及检验方法见表1-2。

表1-2　灰土和三合土地基质量要求及检验方法

		施工质量验收规范的规定		检验方法
主控项目	1	地基承载力	设计要求	标准贯入、静力触探、十字板剪切或承载力检验
	2	配合比	设计要求	观察检查或材料试验
	3	压实系数	设计要求	检测压实系数
一般项目	1	石灰粒径(mm)	≤5	筛分
	2	土料有机质含量(%)	≤5	焙烧
	3	土颗粒粒径(mm)	≤15	筛分
	4	含水量(与要求的最优含水量比较)(%)	±2	烘干
	5	分层厚度偏差(与设计要求比较)(mm)	±50	尺量

四、成品保护

(1)施工时应注意保护测量定位桩、轴线桩和水准基点桩,防止碰撞位移。

(2)夜间作业,现场应有足够的照明,合理安排施工顺序,防止配合比不准确和铺填超厚。

(3)土体夯实后应及时修建基础和回填基坑,或做临时遮盖,防止日晒雨淋;四周应做好排水设施,防止受水浸泡。

(4)冬季应采取保温措施,防止受冻。

五、安全措施

(1)灰土施工,粉化石灰和石灰过筛,必须戴口罩、风镜、手套、套袖等防护用品,并站在上风头处操作。

(2)向基坑(槽)、管沟内夯填灰土前,应先检查电线绝缘是否良好,接地线、开关应符合要求,夯土时严禁夯击电线。

（3）使用蛙式打夯机要两人操作,其中一人负责移动胶皮线。操作夯机人员必须戴胶皮手套,以防触电。两台打夯机在同一作业面夯实,前后距离不得小于 5 m。

六、施工注意事项

（1）施工使用块灰必须充分熟化,按要求过筛,以免颗粒过大,导致熟化时体积膨胀将已夯实的垫层胀裂,造成返工。

（2）铺设时应检验其压实系数和压实范围,对于灰土应逐层测定其夯实后的干密度,符合设计要求后,才能施工上层灰土。试验报告应注明土料种类、配合比、试验日期、试验结果。未达到设计要求的部位,应有处理方法和试验结果。

（3）采用灰土作辅助防渗层时,应注意错缝搭接质量,以做到整体防水;接缝表面应打毛,并适当洒水润湿,使接合紧密不渗水。

（4）基底填土时先支侧模,打好土层再回填外侧土方。

第二节　砂和砂石地基

砂和砂石地基属换填地基的一种,砂垫层和砂石垫层系用砂或沙砾石（或碎石）混合物,经分层夯实,作为地基的持力层。提高基础下部强度,并通过垫层的压力扩散作用,降低地基的压实力,减少变形量,同时垫层可起排水作用,地基土中孔隙水可通过垫层快速地排出,能加速下部土层的沉降和固结。

一、特点及适用范围

砂和砂石地基具有应用范围广泛;不用水泥、石材;由于砂颗粒大,可防止地下水因毛细作用上升,地基不受冻结的影响;能在施工期间完成沉陷;用机械或人工都可使地基密实,施工工艺简单,工期短,造价低等特点。适用处理 3 m 以内的软弱、透水性强的黏性土地基,包括淤泥、淤泥质土;不宜用于加固湿陷性黄土及渗透系数小的黏性土地基。

二、材料要求

（一）砂

宜用颗粒级配良好、质地坚硬的中砂或粗砂,当用细砂、粉砂时,应掺加粒径 20~50 mm 的卵石（或碎石）,但要分布均匀。砂中不得含有杂草、树根等有机杂质,含泥量应小于 5%,兼作排水垫层时,含泥量不得超过 3%。

（二）沙砾石

自然级配的沙砾石（或卵石、碎石）混合物,粒级应在 50 mm 以下,其含量应在 50% 以内,不得含有植物残体、垃圾等杂物,含泥量小于 5%。

三、施工工艺

（1）铺设垫层前应将基底表面浮土、淤泥、杂物清除干净,原有地基应进行平整。

（2）垫层底面标高不同时,土面应挖成阶梯形或斜坡搭接,并按先深后浅的顺序施工,搭接处应夯压密实。分层铺设时,接头应做成斜坡或阶梯形搭接,每层错开0.5～1.0 m,并注意充分捣实。

(3)人工级配的沙砾石,应先将砂、卵石拌和均匀后,再铺夯实。

(4)铺筑级配砂石,在夯实、碾压前,应根据其干湿程度和气候情况,适当洒水,使达到最优含水量,以利夯实。

(5)垫层应分层铺设,分层夯或压实。基坑内预先安好5 m×5 m网格标桩,控制每层砂垫层的铺设厚度。每层铺设厚度、砂石最优含水量控制及施工机具、方法的选用参见表1-3。

(6)垫层铺设时,严禁扰动垫层下卧层及侧壁的软弱土层,防止被践踏、受冻或受浸泡而降低其强度。

(7)垫层振动夯压要做到交叉重叠1/3,防止漏振、漏压。夯压、碾压遍数、振实时间应通过试验确定。用细砂做垫层材料时,不宜使用振捣法或水撼法,以免产生液化现象。排水砂垫层可用人工铺设,也可用推土机来铺设。

(8)当地下水位较高或在饱和的软弱地基上铺设垫层时,应加强基坑内及外侧四周的排水工作,防止砂垫层泡水引起砂的流失,保持基坑边坡稳定;或采取降低地下水位措施,使地下水位降低到基坑底500 mm以下。

(9)当采用水撼法或插振法施工时,以振捣棒振幅半径的1.75倍为间距(一般为400～500 mm)插入振捣,依次振实,以不再冒气泡为准,直至完成;同时应采取措施有控制地注水和排水。垫层接头应重复振捣,插入式振动棒振完所留孔洞,应用砂填实;在振动垫层时,不得将振动棒插入原土层或基槽边部,以避免使软土混入砂垫层而降低砂垫层的强度。

(10)砂和砂石垫层每层夯(振)实后,经贯入测试或设纯砂检查点,用200 cm³的环刀取样,测定砂的干密度。在下层密度经检验合格后,方可进行上层施工。

(11)垫层铺设完毕,应立即进行下道工序施工,严禁小车及人在砂层上面行走,必要时应在垫层上铺板行走。

砂垫层和砂石垫层铺设厚度及施工最优含水量见表1-3。

表1-3　砂垫层和砂石垫层铺设厚度及施工最优含水量

捣实方法	每层铺设厚度(mm)	施工时最优含水量(%)	施工要点	备注
平振法	200～250	15～20	1. 用平板式振捣器往复振捣,往复次数以简易测定密实度合格为准; 2. 振捣器移动时,每行应搭接1/3,以防振动面积不搭接	不宜使用干细砂或含泥量较大的砂铺筑砂垫层
插振法	振动器插入深度	饱和	1. 用插入式振捣器; 2. 插入间距可根据机械振幅大小决定; 3. 不用插至下卧黏性土层; 4. 插入振捣完毕,所留的孔洞应用砂填实; 5. 应有控制地注水和排水	不宜使用干细砂或含泥量较大的砂铺筑砂垫层

续表 1-3

捣实方法	每层铺设厚度（mm）	施工时最优含水量（%）	施工要点	备注
水撼法	250	饱和	1. 注水高度略高于铺设面层； 2. 用钢叉摇撼捣实，插入点间距 100 mm 左右； 3. 有控制地注水和排水； 4. 钢叉分四齿，齿的间距 30 mm，长 300 mm，木柄长 900 mm	湿陷性黄土、膨胀土、细砂地基上不得使用
夯实法	150～200	8～12	1. 用木夯或机械夯； 2. 木夯重 40 kg，落距 400～500 mm； 3. 一夯压半夯，全面夯实	适用于砂石垫层
碾压法	150～350	8～12	6～10 t 压路机往复碾压；碾压次数以达到要求密实度为准，一般不少于 4 遍，用振动压实机械，振动 3～5 min	适用于大面积的砂石垫层，不宜用于地下水位以下的砂垫层

四、质量控制

主控项目地基承载力、配合比、压实系数的检测与控制同灰土地基的。

砂和砂石地基质量要求和检测方法见表 1-4。

表 1-4　砂和砂石地基质量要求和检测方法

		施工质量验收规范的规定		检验方法
主控项目	1	地基承载力	设计要求	标准贯入、静力触探、十字板剪切或承载力检验
	2	配合比	设计要求	观察检查或材料试验
	3	压实系数	设计要求	检测压实系数
一般项目	1	砂石料有机质含量（%）	≤5	焙烧
	2	砂石料含泥量（%）	≤5	水洗法
	3	石料粒径（mm）	≤100	检查筛分报告
	4	含水量（与最优含水量比较）（%）	±2	烘干
	5	分层厚度（与设计要求比较）（mm）	±50	水准仪

五、成品保护

（1）铺设垫层时，应注意保护好现场的轴线桩、水准基点桩，并应经常复测。

（2）垫层铺设完毕，应立即进行下道工序施工，严禁手推车及人在砂垫层上行走，必要时应在垫层上铺脚手板作通行道。

（3）施工中应保证边坡稳定，防止塌方。完工后，不得在影响垫层稳定的部位进行挖掘工程。

（4）做好垫层周围排水设施，防止施工期间垫层被水浸泡。

六、安全措施

施工中应使边坡有一定坡度，保持稳定，不得直接在坡顶用汽车卸料，以防失稳。

七、施工注意事项

（1）施工前应处理好基底土层，先用打夯机打一遍使其密实；当有地下水时，应将地下水位降低至基底 500 mm 以下，铺设下层砂或砂石垫层厚度应比上层加厚 50 mm。

（2）垫层铺设必须严格控制材料含水量，每层厚度、碾压遍数、边缘和转角、接槎，按规定搭接和夯实，防止局部或大面积下沉。

（3）砂石垫层铺设，应配专人及时处理砂窝、石堆问题，保证级配良好。

（4）应分层检查砂石地基的质量，每层砂或砂石的干密度必须符合设计规定，不合要求的部位应经处理方可进行上层铺设。

第三节　高压喷射注浆地基

高压喷射注浆法，就是利用钻机把带有特制喷嘴的注浆管钻进至土层的预定位置后，以高压设备使浆液或水成为 20 MPa 左右的高压流从喷嘴中喷射出来，冲击破坏土体。钻杆一边经一定速度（20 r/min）旋转，一边以一定速度（15 ~ 30 cm/min）渐渐向上提升，使浆液与土粒强制混合，待浆液凝固后，便在土中形成一个具有一定强度（0.5 ~ 8 MPa）的固结体。固结体的形状与喷射流移动方向有关。一般分为旋转喷射（简称旋喷）、定向喷射（简称定喷）和摆动喷射（简称摆喷）三种注浆形式。作为地基加固，通常采用旋喷注浆形式。高压喷射注浆法的基本种类有单管法、二重管法和三重管法三种方法。加固形状可分为柱状、壁状和块状等。

一、适用范围

高压喷射注浆法可提高地基的抗剪强度，改善土的变形性质，使在上部结构荷载作用下，不产生破坏和较大沉降；能利用小直径钻孔旋转成比孔大 8 ~ 10 倍的大直径固结体，可用于任何软弱土层，可控制加固范围，可旋喷成各种形状桩体。可制成垂直桩、斜桩或连续墙，并获得需要的强度；可用于已有建筑物地基加固而不扰动附近土体。同时具有施工设备简单、轻便、噪声和振动小、施工速度快、机械化程度高、成本低、用途广等优点。

适用于处理淤泥、淤泥质土、黏性土、粉土、黄土、砂土、人工填土和碎石土等基础。它可用于既有建筑和新建建筑的地基处理、深基坑侧壁挡土或挡水、基坑底部加固，防止管涌与隆起，坝的加固与防水帷幕等工程。对地下水流速度过大和已涌水的工程，应慎重使用；当土中含有较多的大粒径块石、坚硬黏性土、大量植物根茎或有过多的有机质时，应根据现场试验结果确定其适用程度。

二、施工准备

（一）材料

（1）水泥：采用32.5级或42.5级普通水泥，水泥进场时应检验其产品合格证、出厂检验报告和进场复检报告，保证其质量符合现行国家标准《通用硅酸盐水泥》（GB 175）等的规定。

（2）配比：一般泥浆水灰比为1:（1～1.5），为消除离析，一般加入水泥采用量3%的陶土，0.9%的碱，或者为了工程目的可以加入一些其他的添加剂，如水玻璃、氯化钙、三乙醇胺等。

（3）浆液宜在旋喷前1小时以内配制，使用时滤去硬块、砂石等，以免堵塞管路和喷嘴。

（二）主要施工机具

主要施工机具设备包括高压泵、钻机、泥浆搅拌机等；辅助设备包括操纵控制系统、高压管路系统、材料储存系统，以及各种材、阀门、接头等安全设施。各种高压喷射注浆法主要施工机具及设备一览表见表1-5。

表 1-5　各种高压喷射注浆法主要施工机具及设备一览表

序号	机器设备名称	型号	规格	用途	所用的机具				
					单管法	二重管	三重管	锤重管法	多孔管法
1	高压泥浆泵	SNS－H300水泥车 Y－2型液压泵	30 MPa 100 L/min	旋喷注浆	√	√			√
2	高压水泵	3D2－S型	40 MPa 80 L/min	高压水旋喷			√	√	√
3	钻机	工程地质钻或震动钻		旋喷用，成孔	√	√	√	√	√
4	泥浆泵	BW－150型 BW－200型 BW－250型	1.8～7 MPa 5～8 MPa 2.5～7 MPa	旋喷注浆				√	√
5	真空泵			排注				√	
6	空压机		0.7 MPa 6～9 m³/min	旋喷用		√	√		√
7	泥浆搅拌机	M－200型 SS－400X型		配制浆液	√	√	√	√	√
8	单管			配制浆液	√				
9	二重管			配制浆液		√			
10	三重管			配制浆液			√		
11	多重管			配制浆液				√	
12	多孔管			配制浆液					√
13	超声波传感器			检测成孔				√	
14	高压胶管		60～80 MPa φ19 mm	高压水泥浆用	√	√	√	√	√

（三）作业条件

（1）应具有岩土工程勘察报告基础施工图和施工组织设计。

（2）施工场地内的地上和地下障碍物已消除或拆迁。

（3）平整场地，挖好排浆沟、排水沟，设置临时设施。

（4）测量放线，并设置桩位标志。

（5）取现场大样，在室内按不同含水量和配合比进行配方试验，选取最优、最合理的浆液配方。

（6）机具设备已配齐，进场，并进行维修安装就位，进行试运转、现场试桩，确定桩的施工各项施工参数和工艺。

（四）作业人员

（1）主要作业人员：机械操作人员、壮工。

（2）机械操作人员必须经过专业培训，并取得相应资格证书，主要作业人员已经过安全培训，并接受了施工技术交底（作业指导书）。

三、施工工艺

（一）工艺流程

虽然单管、二重管和三重管喷射注浆法所注入的介质种类和数量不相同，但它们的施工程序是基本一致的，即为钻孔、贯入喷射注浆管至钻孔底设计标高后喷射注浆，当压力流量达到规定值后，随即旋转和提升，进行自下而上喷射。其施工流程如图 1-1 所示。

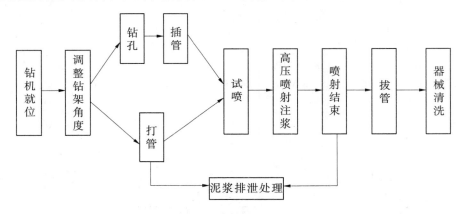

图 1-1　高压喷射注浆施工流程

（二）施工程序

1. 钻机就位

喷射注浆施工的第一道工序就是将使用的钻机安置在设计的孔位上，使钻杆头对准孔位中心。同时为保证达到设计要求的垂直度，钻机就位后，必须进行水平校正，使钻杆轴线垂直对准钻孔中心位置。喷射注浆管的允许倾斜度不得大于 1.0%。

2. 钻孔

钻孔的目的是将喷射注浆管插入预定的地层中。钻孔方法很多，主要视地层中地质情况、加固深度、机具设备等条件而定。通常单管喷浆多使用 76 型旋转振动钻机，钻进深度可达 30 m 以上,适用于标准贯入度小于 40 的砂土和黏性土层,当遇到比较坚硬的地层时宜用地质钻机钻孔。一般在二重管和三重管喷浆法施工中,采用工程地质钻机钻孔。钻孔的位置与设计位置的偏差不得大于 50 mm。

3. 插管

插管是将喷射注浆管插入地层预定的深度,使用 76 型振动钻机钻孔时,插管与钻孔两道工序合二为一,即钻孔完毕,插管作业同时完成。使用地质钻机钻孔完毕,必须拔出岩芯管,并换上喷射注浆管插入预定深度。在插管过程中,为防止泥沙堵塞喷嘴,可边射水、边插管,水压力一般不超过 1 MPa。如压力过高,则易将孔壁射塌。

4. 喷射注浆

当喷射注浆管插入预定深度后,由下而上进行喷射注浆,技术参数见表 1-6。值班技术人员必须时刻注意检查浆液初凝时间、注浆流量、风量、压力、旋转提升速度等参数是否符合设计要求,并且随时做好记录,绘制作业过程曲线。

表 1-6　技术参数

技术参数		单管法	二重管法	三重管法	
				CJG 法	RJPI 法
高压水	压力(MPa)			20 ~ 40	20 ~ 40
	流量(L/min)			80 ~ 120	8 ~ 120
	喷嘴孔径(mm)			1.7 ~ 2.0	1.7 ~ 2.0
	喷嘴个数			1 ~ 4	1
压缩空气	压力(MPa)		0.7	0.7	0.7
	流量(m³/min)		3	3 ~ 6	3 ~ 6
	喷嘴间隙(m)		2 ~ 4	2 ~ 4	2 ~ 4
水浆泥液	压力(MPa)	20 ~ 40	20 ~ 40	3	20 ~ 40
	流量(L/min)	80 ~ 120	8 ~ 120	70 ~ 150	8 ~ 120
	喷嘴孔径(mm)	2 ~ 3	2 ~ 3	8 ~ 14	2.0
	喷嘴个数	2	1 ~ 2	1 ~ 2	1 ~ 2
注浆管	提升速度(cm/min)	20 ~ 25	10 ~ 20	5 ~ 12	5 ~ 12
	旋转速度(r/min)	约 20	10 ~ 20	5 ~ 10	5 ~ 10
	外径(mm)	Φ42　Φ50	Φ50　Φ75	Φ75　Φ90	Φ90

当浆液初凝时间超过 20 h 时,应及时停止使用该水泥浆(正常水灰比 1:1,初凝时间为 15 h 左右)。

5. 冲洗

施工完毕,应把注浆管等机具设备冲洗干净,管内机内不得残存水泥浆。通常把浆液换成水,在地面上喷射,以便把泥浆泵、注浆管和软管内的浆液全部排出。

6. 移动机具

把钻机等机具设备移到新孔位上。

（三）施工注意事项

（1）施工前先进行场地平整，挖好排浆沟，做好钻机定位。要求钻机安放保持水平，钻杆保持垂直，其倾斜度不得大于 1.5%。

（2）单管法和二重管法可用注浆管射水成孔至设计深度后，再一边提升一边进行喷射注浆。三重管法施工须预先用钻机或振动打桩机钻成直径 150 ~ 200 mm 的孔，然后将三重注浆管插入孔内，按旋喷、定喷或摆喷的工艺要求，由下而上进行喷射注浆，注浆管分段提升的搭接长度不得小于 100 mm。

（3）在插入旋喷管前，先检查高压水与空气喷射情况，各部位密封圈是否封闭，插入后先做高压水射水试验，合格后方可喷射浆液。如因塌孔插入困难，可用低压（0.1 ~ 2 MPa）水冲孔喷下，但须把高压水喷嘴用塑料布包裹，以免泥土堵塞。

（4）当采用三重管法旋喷，开始时，先送高压水，再送水泥浆和压缩空气，在一般情况下，压缩空气可晚送 30 s。在桩底部边旋转边喷射 1 min 后再进行边旋转、边提升、边喷射。

（5）喷射时，先达到预定的喷射压力、喷浆量后，再逐渐提升注浆管。中间发生故障时，应停止提升和旋喷，以防桩体中断，同时立即进行检查，排除故障；如发现有浆液喷射不足，影响桩体的设计直径时，应进行复核。

（6）当处理建筑地基时，应采取速凝浆液或大间隔孔旋喷和冒浆回灌等措施，以防旋喷过程中地基产生附加变形和地基与基础间出现脱空现象，影响被加固建筑及邻近建筑。

（7）旋喷过程中，冒浆应控制在 10% ~ 25%。对需要扩大加固范围或提高强度的工程，可采取复喷措施，即先喷一遍清水，再喷一遍或两遍水泥浆。

（8）喷到桩高后应迅速拔出注浆管，用清水冲洗管路，防止凝固堵塞。相邻两桩施工间隔时间应不小于 48 h，间距应不得小于 4 ~ 6 m。

四、质量标准

（一）主控项目、一般项目

（1）施工前应检查水泥、外掺剂等的质量，桩位、压力表、流量表的精度和灵敏度，高压喷射设备的性能等。

（2）施工中应检查施工参数（压力、水泥浆量、提升速度、旋转速度等）及施工程序。

（3）施工结束后，应检验桩体强度、平均桩径、桩身位置、桩体质量及承载力等。桩体质量及承载力检验应在施工结束后 28 d 进行。

（4）高压喷射注浆地基质量检验标准应符合表 1-7 的规定。

表 1-7　高压喷射注浆地基质量检验标准

项目	序号	检查项目	允许偏差或允许值		检查方法
			单位	数值	
主控项目	1	水泥及外掺剂质量	符合出厂要求		查产品合格证书或抽样送检
	2	水泥用量	设计要求		查看流量表及水泥浆水灰比
	3	桩体强度或完整性检验	设计要求		按规定方法
	4	地基承载力	设计要求		按规定方法

续表 1-7

项目	序号	检查项目	允许偏差或允许值		检查方法
			单位	数值	
一般项目	1	钻孔位置	mm	≤50	用钢尺量
	2	钻孔垂直度	%	≤1.5	经纬仪测钻杆或实测
	3	孔深	mm	±200	用钢尺量
	4	注浆压力	按设定参数指标		查看压力表
	5	桩体搭接	mm	>200	用钢尺量
	6	桩体直径	mm	≤50	开挖后用钢尺量
	7	桩身中心允许偏差	mm	≤0.2D（D 为桩径）	开挖后桩顶下 500 mm 处用钢尺量

（二）特殊工艺、关键控制点控制方法

特殊工艺、关键控制点控制方法见表 1-8。

表 1-8　特殊工艺、关键控制点控制方法

序号	关键控制点	主要控制方法
1	喷射程序	各种高压喷射注浆，均自下而上（水平喷射由里向外）连续进行。当注射管不能一次提升完成，需分成数次卸管时，卸管再喷射注浆的搭接长度不应小于 100 mm，以保证固结体的整体性
2	长桩高帷幕墙的喷射工艺	由于天然地基的地质情况比较复杂，沿着深度变化大，往往有多种土层，其密实度、含水量、土粒组成和地下水状态等有很大差异和不同。若采用单一的技术参数喷射长桩或高帷墙，则全形成直径大小极不均匀的固结体，导致旋喷桩直径不一，使承载力降低，旋喷桩之间交联不上或防渗帷幕墙出现缺口，防水效果不良等问题。因此，长桩和高帷幕的喷射工艺，对硬土、深部土层和土料粒大的卵砾石要多喷些时间，适当放慢提升速度和旋转速度或提升喷射压力
3	复喷工艺	在不改变喷射技术参数的条件下，对同一土层重复喷射（喷到顶再放下重喷该部位），能增加土体破坏有效长度，从而加大固结体的直径或长度，并提高固化强度。复喷射时先喷水，最后一次喷射或全体喷浆，复喷的次数愈多，固结体增径加长的效果愈好
4	固结体控形	固结体的形状可以调节喷射压力和注浆量，改变喷嘴移动方向和速度予以控制。根据工程需要，可喷射成如下几种开头的固结体： 圆盘状：只旋转不提升或少提升。 墙壁状：只提升不旋转，喷射方向固定。 圆柱状：边提升边旋转。 大底状：在底部喷射时，加大喷射压力，做重复旋喷或减低喷嘴的旋转提升速度。 大帽状：到土层上部时加大压力或做重复喷或减低喷嘴旋转提升速度。 扇形状：边往复摆动，边提升。 在做完控形工艺后，要求固结体达到匀称，粗细和长度判别不大

（三）质量记录

（1）材料的出厂合格证及复检报告。

（2）室内浆液配比试验记录。

（3）现场注浆试验记录。

（4）施工记录。

（5）注浆点平面示意图。

（6）隐蔽工程记录。

（7）施工自检记录。

五、施工注意事项

（1）钻机就位后，应进行水平和垂直校正，钻杆应与桩位一致，偏差应在 10 mm 以内，以保证桩垂直度正确。

（2）冒浆：在旋喷桩施工过程中，往往有一定数量的土颗粒，随着一部分浆液沿着注浆管管壁冒出地面。通过对冒浆的观察，可及时了解地层状况，判断旋喷的大致效果和确定旋喷参数的合理性等。根据经验，冒浆（内有土粒、水及浆液）量小于注浆量 20% 为正常注浆，超过 20% 或完全不冒浆时，应查明原因，及时采取相应措施。流量不变而压力突然下降时，应检查各部位的泄露情况，必要时拔出注浆管，检查密封性能。出现不冒浆或断续冒浆时，若系土质松软，则视为正常现象，可适当进行复喷；若系附近有空洞、通道，则应提升注浆管继续注浆直到冒浆为止，或拔出注浆管待浆液凝固后重新注浆，直至冒浆为止，或采用速凝剂，使浆液在注浆管附近凝固。减少冒浆的措施：冒浆量过大的主要原因，一般是有效喷射范围与注浆量不相适应，注浆量大大超过旋喷固结所需的浆量所致。

（3）收缩：当采用纯水泥浆液进行喷射时，在浆液与土粒搅拌混合后的凝固过程中，由于浆液析水作用，一般均有不同程度的收缩，造成在固结体顶部出现一个凹穴，凹穴的深度随地层性质、浆液的析出性、固结体的直径和全长等因素不同而不同，喷射 10 m 长固结体一般凹穴深度在 0.3～1.0 m，单管旋喷的凹穴最小，为 0.1～0.3 m，二重管旋喷次之，三重管旋喷最大，为 0.3～1.0 m。这种凹穴现象，对于地基加固或防渗漏水，是极为不利的，必须采取有效措施予以消除。为防止因浆液凝固收缩，产生凹穴使已加固地基与建筑基础出现不密实或脱穴等现象，应采取超高旋喷（旋喷处理地基的顶面超过建筑基础底面，其超高量大于收缩高度），在浆液凝固进行或第二次注浆措施。

（4）在插管旋喷过程中，要防止喷嘴被泥沙堵塞，水、气、浆、压力和流量必须符合设计值，一旦堵塞，要拔管清洗干净，再重新插管和旋喷。插管时应采取边射水边插，水压力控制在 1 MPa，高压水喷嘴要用塑料布包裹，以防泥土进入管内。

（5）钻杆的旋转和提升应连续进行，不得中断；拆卸钻杆要保持钻杆伸入下节有 100 mm 以上的搭接长度，以免桩体脱节。钻机发生故障，应停止提升和旋喷，以防断桩，并应立即检修，排除故障；为提高桩的承载力，在桩底部 1 m 范围内应适当增加旋喷时间。作为端承桩应深入持力层 2 m 为宜。

（6）相邻桩施工间距宜大于 4 m，相邻两桩间距较小（＜D）施工间隔时间，应不小于 48 h。

（7）当处理既有建筑地基时，应采取速凝浆液或大间距隔孔旋喷和冒浆回灌等措施，以防旋喷过程中地基产生附加变形和地基与基础间出现脱空现象,影响被加固建筑及邻近建筑;同时应对建筑进行沉降观测。

（8）桩的质量检验应在旋喷施工结束4周后进行。

六、成品保护

（1）桩体施工完成后,不得随意堆放重物,防止桩变形。

（2）高压喷射注浆体施工完成后,未达到养护龄期28 d时不得投入使用。

七、安全健康与环境管理

（一）施工过程危害及控制措施

施工过程危害及控制措施见表1-9。

表1-9　施工过程危害及控制措施

序号	作业活动	危险源	控制措施
1	泵体的高压流	机械及人员伤害	对高压泥浆泵要全面检查和清洗干净,防止泵体的残渣和铁屑存在;各密封圈应完整无泄露,安全阀中的安全销要进行试压检验,确保能在额定最高压力时断销卸压;压力表应定期检查,保证正常使用,一旦发生故障,要停泵停机排除故障
2	安全阀的安全销	机械及人员伤害	必须有安全装置,当超过允许泵压后,应能自动停止工作
3	高压胶管的性能	机械及人员伤害	不能超过压力范围使用,使用时弯曲半径应不小于规定的弯曲半径,防止高压胶管爆裂伤人

（二）安全措施

（1）施工时,对高压泥浆泵要全面检查和清洗干净,防止泵体的残渣和铁屑存在;各密封圈应完整无泄漏,安全阀中的安全销要进行试压检验,确保能在额定最高压力时断销卸压;压力表应定期检查,保证正常使用,一旦发生故障,要停泵停机排除故障。

（2）高压胶管不能超过压力范围使用,使用时屈变应不小于规定的弯曲半径,防止高压胶管爆裂伤人。

（3）高压喷射旋喷注浆是在高压下进行,高压射流的破坏较强,浆液应过滤,使颗粒不大于喷嘴直径;高压泵必须有安全装置,当超过允许泵压后,应能自动停止工作;因故障长时间中断旋喷时,应及时地用清水冲洗输送浆液系统,以防硬化剂沉淀管路内;冬季施工,高压泵不得在负温下工作,施工完成应及时将泵和管路内的积水排出,以防结冰,造成爆管。

（4）操纵钻机人员要有熟练的操作技能,了解注浆全过程及钻机旋喷注浆性能,严禁违章操作。

（三）环境因素辨别及控制措施

环境因素辨别及控制措施见表1-10。

表 1-10　环境因素辨别及控制措施

序号	作业活动	环境因素	控制措施
1	材料进场	扬尘	材料运输表面覆盖,道路要经常维护和洒水
2	现场清理	建筑垃圾	现场应设合格的卫生环保设施,施工垃圾分类堆放
3	喷射注浆	废浆	施工过程中应对冒浆进行妥善处理,不得在场地内随意排放。可采用泥浆泵将浆液抽至沉淀池中,对浆液中的水与固体颗粒进行沉淀分离,将沉淀的固体运至指定排放地点

第四节　水泥土搅拌桩工程

水泥土搅拌法分为深层搅拌法(简称湿法)和粉体喷搅法(简称干法)。适用于处理正常固结的淤泥与淤泥质土、粉土、饱和黄土、素填土、黏性土以及无流动地下水的饱和松散砂土等地基。水泥土搅拌桩地基系利用水泥作为固化剂,通过深层搅拌机在地基深部,就地将软土和固化剂(浆体或粉体)强制拌和,利用固化剂和软土发生一系列物理、化学反应,使凝结成具有整体性、稳定性好和较高强度的水泥加固体,与天然地基形成复合地基。其加固原理是:水泥加固土由于水泥用量很少,水泥水化反应完全是在土的围绕下产生的,凝结速度比在混凝土中的缓慢。水泥与软黏土拌和后,水泥矿物和土中的水分发生强烈的水解和水化反应,同时从溶液中分解出氢氧化钙生成硅酸三钙($3CaO \cdot SiO_2$)、硅酸二钙($2CaO \cdot SiO_2$)、铝酸三钙($3CaO \cdot Al_2O_3$)、铁铝酸四钙($4CaO \cdot Al_2O_3 \cdot Fe_2O_3$)、硫酸钙($CaSO_4$)等水化物,有的自身继续硬化形成水泥石骨架,有的则与有活性的土进行离子交换和团粒反应、硬凝反应和碳酸化作用等,使土颗粒固结、结团,颗粒间形成坚固的联结,并具有一定强度。

一、适用范围

深层水泥土搅拌桩的特点是:在施工过程中无振动、无噪声,对环境无污染;对土无侧向挤压,对邻近建筑物影响很小;可按建筑物要求做成柱状、壁状、格栅状和块状等加固形状;可有效提高地基强度(当水泥掺量为 8% 和 10% 时,加固体强度分别为 0.24 MPa 和 0.65 MPa,而天然软土地基强度仅为 0.006 MPa);同时施工工期短,成本低,效益显著。

深层水泥土搅拌桩适用于加固较深厚的淤泥、淤泥质土、粉土和含水量较高且地基承载力不大于 120 kPa 的黏性土地基,对超软土效果更为显著。多用于墙下条形基础、大面积堆料厂房地基;在深基开挖时,用于防止坑壁及边坡塌滑、坑底隆起等,以及用于地下防渗墙等工程上。

二、术语

(1)水泥土搅拌桩地基:利用水泥作为固化剂,通过搅拌机械将其与地基土强制搅拌,硬化后构成的地基。水泥土搅拌法形成的水泥土加固体,可作为竖向承载的复合地基;基坑工程围护挡墙、被动区加固、防渗帷幕;大体积水泥稳定土等。加固体形状可分为柱状、壁状、格栅状或块状等。

（2）深层搅拌法:使用水泥浆作为固化剂的水泥土搅拌法。

（3）粉体搅拌法:使用水泥粉作为固化剂的水泥土搅拌法。

三、基本规定

（1）水泥土搅拌法用于处理泥炭土、有机质土、塑性指数大于 25% 的黏土、地下水具有腐蚀性时,以及无工程经验的地区,必须通过现场试验确定其适用性。

（2）当地基土的天然含水量小于 30%（黄土含水量小于 25%）、大于 70% 或地下水的 pH 小于 4 时不宜采用干法。冬期施工时,应注意负温对处理效果的影响。

（3）确定处理方案前应收集拟处理区域内详尽的岩土工程资料,尤其是填土层的厚度和组成;软土层的分布范围、分层情况,地下水位及 pH;土的含水量、塑性指数和有机质含量等。

（4）设计前应进行拟处理土的室内配比试验。针对现场拟处理的最弱层软土的性质,选择合适的固化剂、外掺剂及其掺量等。

（5）对竖向承载的水泥土强度宜取 90 d 龄期试块的立方体抗压强度平均值;对承受水平荷载的水泥土强度宜取 28 d 龄期试块的立方体抗压强度平均值。

四、施工准备

（一）技术准备

（1）设计。

①水泥土搅拌法的设计,主要是确定搅拌桩的置换率和长度。竖向承载水泥土搅拌桩的长度应根据上部结构对承载力和变形的要求确定,并有宜穿透软弱土层达到承载力相对较高的土层;为提高抗滑稳定性而设置的搅拌桩,其桩长应超过危险滑弧以下 2 m。湿法的加固深度不宜大于 20 m,干法不宜大于 15 m。水泥土搅拌桩的桩径不应小于 500 mm。

②竖向承载水泥土搅拌桩复合地基的承载力特征值应通过现场插单桩或多桩复合地基荷载试验确定。

③单桩竖向承载力特征值应通过现场荷载试验确定。

④竖向承载水泥土搅拌桩复合地基应在基础和桩之间设置褥垫层。褥垫层厚度可取 200～300 mm。其材料可选用中砂、粗砂、级配砂石等,最大粒径不宜大于 20 mm。

⑤竖向承载水泥土搅拌桩复合地基中的桩长超过 10 m 时,可采用变掺量设计。在全桩水泥掺量不变的前提下,桩身上部 1/3 桩长范围内可适当增加水泥掺量及搅拌次数;桩身下部 1/3 桩长范围内可适当减少水泥掺量。

⑥竖向承载搅拌桩的平面布置可根据上部结构特点及对地基承载力和变形的要求,采用柱状、壁状、格栅状或块状等加固形式。桩可只在基础平面范围内布置,独立基础下的桩数不宜少于 3 根。柱状加固可采用正方形、等边三角形等布桩形式。

⑦当搅拌桩处理范围以下存在软弱下卧层时,应按现行国家标准《建筑地基基础设计规范》（GB 50007）的有关规定进行下卧层承载力验算。

⑧竖向承载搅拌桩复合地基的变形包括搅拌桩复合土层的平均压缩变形 S1 与桩端下未加固土层的压缩变形 S2。

（2）深层搅拌机定位时,必须经过技术复核确保定位准确,必要时请监理人员进行轴线定位验收。

（3）施工前应标定搅拌机械的灰浆输送量、灰浆输送管到达搅拌机喷浆口的时间和起吊设备提升速度等施工工艺参数，并根据设计通过试验确定搅拌桩材料的配合比。

（二）材料要求

（1）水泥：采用强度等级为32.5的普通硅酸盐水泥，要求无结块。

（2）砂子：用中砂或粗砂，含泥量小于5%。

（3）外加剂：塑化剂采用木质素磺酸钙，促凝剂采用硫酸钠、石膏，应有产品出厂合格证，掺量通过试验确定。

（三）主要机具

深层搅拌机、起重机、灰浆搅拌机、灰浆泵、冷却泵、机动翻斗车、导向架、集料斗、磅秤、提速测定仪、电气控制柜、铁锹、手推车等。

（四）作业条件

（1）施工场地应先整平，清除桩位处地上、地下障碍物，场地低洼处用黏性土料回填夯实，不得用杂填土回填。

（2）设备开机前应经检修、调试，检查桩机运行和输料管畅通情况。

（3）开工前应检查水泥及外加剂的质量，桩位、搅拌机工作性能及各种计量设备完好程度（主要是水泥浆流量计和其他计量装置）。

五、材料和质量要求

（一）材料的关键要求

（1）施工所用水泥，必须经强度试验和安定性试验合格后才能使用。

（2）所用砂子必须严格控制含泥量。

（3）外加剂：塑化剂采用木质素磺酸钙，促凝剂采用硫酸钠、石膏应有产品出厂合格证，掺量通过试验确定。

（二）技术的关键要求

（1）固化剂宜选用强度等级为32.5及以上的普通硅酸盐水泥。水泥掺量除块状加固时可用被加固湿土质量的7%～12%外，其余宜为12%～20%。湿法的水泥浆水灰比可为0.45～0.55。外掺剂可根据工程需要和土质条件选用具有早强、缓凝、减水以及节省水泥等作用的材料，但应避免污染环境。外掺剂掺入比例：（按水泥用量计）木质素磺酸钙木钙粉减水剂为0.2%～0.25%，硫酸钠为2%，石膏为1%。

（2）施工中固化剂应严格按预定的配比拌制，并应有防离析措施。

（3）应保证起吊设备的平整度和导向架的垂直度。成桩要控制搅拌机的提升速度和次数，使连续均匀，以控制注浆量，保证搅拌均匀，同时泵送必须连续。

（三）质量的关键要求

（1）搅拌机预搅下沉时，不宜冲水，当遇到较硬土层下沉太慢时，方可适量冲水，但应考虑冲水成桩对桩身强度的影响。

（2）深层搅拌桩的深度、截面尺寸、搭接情况、整体稳定和桩身强度必须符合设计要求，检验方法在成桩后7 d内用轻便触探仪检查桩均匀程度和用对比法判断桩身强度。

（3）场地复杂或施工有问题的桩应进行单桩荷载试验，检验其承载力，试验所得承载力应符合设计要求。

六、施工工艺

(一)工艺流程

水泥土搅拌桩的施工程序为:地上(下)清障→深层搅拌机定位、调平→预搅下沉至设计加固深度→配制水泥浆(粉)→边喷浆(粉)边搅拌提升至预定的停浆(灰)面→重复搅拌下沉至设计加固深度→根据设计要求,喷浆(粉)或仅搅拌提升至预定的停浆(灰)面→关闭搅拌机、清洗→移至下一根桩。

(二)操作工艺

(1)施工时,先将深层搅拌机用钢丝绳吊挂在起重机上,用输浆胶管将储料罐砂浆泵与深层搅拌机接通,开通电动机,搅拌机叶片相向而转,借设备自重,以 0.38~0.75 m/min 的速度沉至要求的加固深度;再以 0.3~0.5 m/min 的均匀速度提起搅拌机,与此同时开动砂浆泵,将砂浆从深层搅拌机中心管不断压入土中,由搅拌叶片将水泥浆与深层处的软土搅拌,边搅拌边喷浆直到提至地面,即完成一次搅拌过程。用同法再一次重复搅拌下沉和重复搅拌喷浆上升,即完成一根柱状加固体,外形呈 8 字形(轮廓尺寸:纵向最大为 1.3 m,横向最大为 0.8 m),一根接一根搭接,搭接宽度根据设计要求确定,一般宜大于 200 mm,以增强其整体性,即成壁状加固,几个壁状加固体连成一片,即成块状。

(2)搅拌桩的桩身垂直偏差不得超过 1%,桩位的偏差不得大于 50 mm,成桩直径和桩长不得小于设计值。当桩身强度及尺寸达不到设计要求时,可采用复喷的方法。搅拌次数以一次喷浆,一次搅拌或二次喷浆,三次搅拌为宜,且最后一次提升搅拌宜采用慢速提升。

(3)施工时设计停浆面一般应高出基础底面标高 0.5 m,在基坑开挖时,应将高出的部分挖去。

(4)施工时因故停喷浆,宜将搅拌机下沉至停浆点以下 0.5 mm,待恢复供浆时,再喷浆提升。若停机时间超过 3 h,应清洗管路。

(5)壁状加固时,桩与桩的搭接时间不应大于 24 h,如间歇时间过长,应采取钻孔留出榫头或局部补桩、注浆等措施。

(6)每天加固完毕,应用水清洗储料罐、砂浆泵、深层搅拌机及相应管道,以备再用。

(7)搅拌桩施工完毕应养护 14 d 以上才可开挖。基坑基底标高以上 300 mm,应采用人工开挖。

(8)水泥土搅拌法施工步骤由于湿法和干法的施工设备不同而略有差异;以下各项:9~12 为湿法,13~19 为干法。

(9)施工前应确定灰浆泵输浆量、灰浆经输浆管到达搅拌机喷浆口的时间和起吊设备提升速度等施工参数,并根据设计要求通过工艺性成桩试验确定施工工艺。

(10)所使用的水泥都应过筛,制备好的浆液不得离析,泵送必须连续。拌制水泥浆液的罐数、水泥和外掺剂用量以及泵送浆液的时间等应有专人记录;喷浆量及搅拌深度必须采用经国家计量部门认证的监测仪器进行自动记录。

(11)搅拌机提升的速度和次数必须符合施工工艺的要求,并应有专人记录。

(12)当水泥浆液到达出浆口后应喷浆搅拌 30 s,在水泥浆与桩端土充分搅拌后,再开始提升搅拌头。

(13)喷粉施工前应仔细检查搅拌机械、供粉泵、送气（粉）管路、接头和阀门的密封性和可靠性。送气（粉）管道的长度不宜大于 60 m。

(14)水泥土搅拌法（干法）喷粉施工机械必须配置经国家计量部门确认的具有能瞬时检测并记录出粉量的粉体计量装置及搅拌深度自动记录仪。

(15)搅拌头每旋转一周，其提升高度不得超过 16 mm。

(16)搅拌头的直径应定期复核检查，其磨耗量不得大于 10 mm。

(17)当搅拌头到达设计桩底以上 1.5 m 时，应立即开启喷粉机提前进行喷粉作业。当搅拌头提升至地面下 500 mm 时，喷粉机应停止喷粉。

(18)成桩过程中因故停止喷粉，应将搅拌头下沉至停灰面以下 1 m 处，待恢复喷粉时再喷粉搅拌提升。

(19)需在地基土天然含水量小于 30% 土层中喷粉成桩时，应采用地面注水搅拌工艺。

（三）施工常见问题与处理对策

1. 搅拌体不均匀

1）产生原因

(1)施工工艺不合理。

(2)搅拌机械、注浆机械中途发生故障，造成注浆不连续，供水不均匀，使软黏土被扰动，无水泥浆拌和。

(3)搅拌机械提升速度不均匀。

2）预防措施及处理方法

(1)选择合理的施工工艺。

(2)施工前对搅拌机械、注浆设备、制浆设备等进行检查维修，使其处于正常状态。

(3)灰浆拌和机搅拌时间一般不少于 2 min，增加拌和次数，保证拌和均匀，不使浆液沉淀。

(4)提高搅拌转数，降低钻进速度，边搅拌、边提升，提高拌和均匀性。

(5)注浆设备要定好，单位时间内注浆量要相等，不能忽多忽少，更不得中断。

(6)重复搅拌下沉及提升各一次，以反复搅拌法解决钻进速度快与搅拌速度慢的矛盾。

(7)拌制固化剂时不得任意加水，以防改变水灰比（水泥浆），降低拌和强度。

2. 喷浆不正常

1）产生原因

(1)注浆泵坏。

(2)喷浆口被堵塞。

(3)有硬结块及杂物，造成管路堵塞。

(4)水泥浆水灰比稠度不合适。

2）预防措施及处理方法

(1)施工前应对注浆泵、搅拌机等试运转。

(2)喷浆口采用逆止阀（单向球阀）。

(3)在钻头喷浆口上方设置越浆板，解决喷浆孔堵塞问题。

(4)泵与输浆管路用完后要清洗干净，并在集浆池上部设细筛过滤，防止杂物及硬块进入各种管路。

(5)选用合适的水灰比（一般为 0.6～1.0）。

3. 抱钻、冒浆

1）产生原因

（1）施工工艺选择不当。

（2）黏土颗粒之间黏结力强，不易拌和均匀，搅拌过程中易产生抱钻。

（3）有些土层虽不是黏土，容易拌和均匀，但由于其上土压力较大，持浆能力差，易出现冒浆。

2）预防措施及处理方法

（1）对不同土层选择合适的不同工艺。

（2）搅拌机沉入前，桩位处要注水，使搅拌头表面湿润。地表为软黏土时，还可掺加适量砂子，改变土中黏度，防止土抱搅拌头。

（3）由于在输浆过程中土体持浆能力的影响出现冒浆，使实际输浆量小于设计量，这时应采用"输水搅拌→输浆拌和→搅拌"工艺，并将搅拌转速提高到 50 r/min，钻进速度到 1 m/min，使拌和均匀，减小冒浆。

4. 桩顶强度低

1）产生原因

（1）表层加固效果差。

（2）由于地基表面覆盖压力小，在拌和时土体上提，不易拌和均匀。

2）预防措施及处理方法

（1）在桩顶 1 m 内做好加强段，进行一次复拌加注浆，并提高水泥掺量，一般为 15% 左右。

（2）在设计桩顶标高时，应考虑需凿除 0.5 m，以加强桩顶强度。

七、质量标准

（1）水泥土搅拌桩地基质量检验标准必须符合表 1-11 的规定。

表 1-11　水泥土搅拌桩地基质量检验标准

项目	序号	检查项目	允许偏差或允许值		检查方法
			单位	数值	
主控项目	1	水泥及外掺剂质量	设计要求		查产品合格证书或抽样送检
	2	水泥用量	参数指标		查看流量计
	3	桩体强度	设计要求		按规定办法
	4	地基承载力	设计要求		按规定办法
一般项目	1	机头提升速度	m/min	≤0.5	量机头上升距离及时间
	2	桩底标高	mm	±200	测机头深度
	3	桩顶标高	mm	+100　−50	水准仪（最上部 500 mm 不计入）
	4	桩位偏差	mm	<50	用钢尺量
	5	桩径	mm	<0.04D（D 为桩径）	用钢尺量
	6	垂直度	%	≤1.5	经纬仪
	7	搭接	mm	>200	用钢尺量

(2)水泥土搅拌桩的质量控制应贯穿在施工的全过程,施工过程中必须随时检查施工记录和计量记录,并对照规定的施工工艺对每根桩进行质量评定。检查重点是:水泥用量、桩长、搅拌头转数和提升速度、复搅次数、深度、停浆处理方法等。

(3)水泥土搅拌桩的施工质量检验可采用以下方法:

①成桩7 d后,采用浅部开挖桩头[深度宜超过停浆(灰)面下0.5 m],目测检查搅拌的均匀性,量测成桩直径。检查数量为总桩数的5%。

②成桩3 d后,可用轻型触探(N_{10})检查每米桩身的均匀性。检查数量为总桩数的1%,且不少于3根。

(4)竖向承载水泥土搅拌桩地基竣工验收时,承载力检验应采用复合地基载荷试验和单桩载荷试验。

(5)载荷试验必须在桩身强度满足试验载荷条件时,并宜在成桩28 d后进行。检查数量为总桩数的0.5%~1%,且每项单体工程不应少于3点。

经触探和载荷试验检验后对桩身质量有怀疑时,应在成桩28 d后,用双管单动取样器钻取芯样做抗压强度检验,检验数量为总桩数的0.5%,且不少于3根。

(6)对相邻桩搭接要求严格的工程,应在成桩15 d后,选取数根桩进行开挖,检查搭接情况。

(7)基槽开挖后,应检查桩位、桩数与桩顶质量,如不符合设计要求,应采取有效补强措施。

八、成品保护

(1)基础地面以上应预留0.7~1.0 m厚土层,待施工结束后,将表层挤松的土挖除,或分层夯压密实后,立即进行下道工序施工。

(2)雨期或冬期施工,应采取防雨防冻措施,防止水泥土受雨水淋湿或冻结。

九、安全环保措施

(1)施工机械、电气设备、仪表仪器等在确认完好后方准使用。并由专人负责使用。

(2)深层搅拌机的入土切削和提升搅拌,当负荷太大及电机工作电流超过预定值时,应减慢升降速度或补给清水,一旦发生卡钻或停钻现象,应切断电源,将搅拌机强制提起之后,才能启动电机。

(3)施工场地内一切电源、电路的安装和拆除,应由持证电工负责,电器必须严格接地接零和设置漏电保护器,现场电线、电缆必须按规定架空,严禁拖地和乱拉、乱搭。

(4)所有机器操作人员必须持证上岗。

(5)施工场地必须做到无积水,深层搅拌机行进时必须顺畅。

(6)水泥堆放必须有防雨、防潮措施,砂子要有专用堆场,不得污染。

十、质量记录

(1)原材料的质量合格证和质量鉴定文件。

(2)施工记录及隐蔽工程验收文件。

(3)检验试验及见证取样文件。

（4）其他必须提供的文件和记录。

第五节　土和灰土挤密桩复合地基

一、适用范围

适用于地基处理采用土和灰土挤密桩加固的工程。

二、施工准备

（一）材料要求

（1）土料：可采用素黄土及塑性指数大于 4 的粉土，有机质含量小于 5%，不得使用耕植土；土料应过筛，土块粒径不应大于 15 mm。

（2）石灰：选用新鲜的块灰，使用前 7 d 消解并过筛，不得夹有未熟化的生石灰块粒及其他杂质，其粒径不应大于 5 mm，石灰质量不应低于Ⅲ级标准，活性 Ca + MgO 的含量不少于 50%。

（3）对选定的石灰和土进行原材料和土工试验，确定石灰土的最大干密度、最佳含水量等技术参数。灰土桩的石灰剂量 12%（重量比），配制时确保充分拌和及颜色均匀一致，灰土的夯实最佳含水量宜控制在 21% ~ 26%，边拌和边加水，确保灰土的含水量为最优含水量。

（二）主要机具设备

（1）成孔设备：沉管机。

（2）夯实设备：偏心轮夹杆式夯实机及梨形锤。

（三）作业准备

（1）施工场地地面上所有障碍物和地下管线、电缆、旧基础等均全部拆除，场地表面平整。沉管振动对邻近结构物有影响时，需采取有效保护措施。

（2）对施工场地进行平整，对桩机运行的松软场地进行预压处理，场地形成横坡，做好临时排水沟，保证排水畅通。

（3）轴线控制桩及水准点桩已经设置并编号。经复核，桩孔位置已经放线并钉标桩定位或撒石灰。

（4）已进行成孔、夯填工艺和挤密效果试验，确定有关施工工艺参数（分层填料厚度、夯击次数和夯实后的干密度、打桩次序），并对试桩进行了测试，承载力及挤密效果等符合设计要求。

（四）作业人员

施工机具应由专人负责使用和维护，大、中型机械特殊机具需持证上岗，操作者须经培训后，方可操作。主要作业人员已经过安全培训，并接受了施工技术交底。

三、灰土挤密桩施工

（一）设计技术要求

例如：灰土挤密桩桩长为 6 m，桩径 40 cm，桩间距 1.0 m，桩孔按等边三角形布置，灰土桩石灰剂量12%（重量比），桩顶设置50 cm 8%的灰土垫层，要求桩体压实度不小于93%（重型压实标准），灰土垫层压实度不小于96%（重型压实标准）。各参数由设计确定。

（二）工艺流程

基坑开挖→桩成孔→清底夯→桩孔夯填土→夯实。

（三）操作工艺

1. 成孔施工

（1）沉管机就位后，使沉管尖对准桩位，调平扩桩机架，使桩管保持垂直，用线锤吊线检查桩管垂直度。在成孔过程中，如土质较硬且均匀，可一次性成孔达到设计深度，如中间夹有软弱层，反复几次才能达到设计深度。

（2）对含水量较大的地基，桩管拔出后，会出现缩孔现象，造成桩孔深度或孔径不够。对深度不够的孔，可采取超深成孔的方式确保孔深。对孔径不够的孔，可采用洛阳铲扩孔，扩孔后及时夯填石灰土。

2. 灰土拌和

首先对土和消解后的石灰分别过筛，灰土桩石灰剂量为12%（重量比）与土进行配料拌和，在拌料场拌和3遍运至孔位旁，夯填前再拌和一次，拌和好的灰土要及时夯填，不得隔日使用。每天施工前测定土和石灰的含水量，确保拌和后灰土的含水量接近最佳含水量。

3. 夯填灰土

（1）夯填前测量成孔深度、孔径、垂直度是否符合要求，并做好记录。

（2）先对孔底夯击3~4锤，再按照填夯试验确定的工艺参数连续施工，分层夯实至设计标高。

4. 灰土垫层施工

灰土挤密桩施工完成后应挖除桩顶松动层后开始施工灰土垫层。

（四）试验桩

（1）要求灰土桩在大面积施工前，要进行试桩施工，以确定施工技术参数。试桩段落由各标段在原设计水泥搅拌桩段落范围内自行确定，施工过程中要求监理人员全程旁站，灰土拌和、成孔、孔间距及回填灰土都严格按照要求进行施工。要求在挤密前、后分别按表1-12填写土工试验数据。

表1-12　土工试验数据

取土深度（cm）	挤密前地基土湿容重（g/cm³）	挤密后桩间土干容重（g/cm³）	孔隙比 e	压缩系数 α	湿容重（g/cm³）	干容重（g/cm³）
100						
200						
300						
400						
500						
600						

（2）夯击设备及技术参数。

偏心轮夹杆式夯实机，夯锤重100~150 kg，落距0.6~1 m，夯击速度40~50次/min，同时严格控制填料速度，10~20 cm为一层，夯实到发出清脆回声为止，进行下一层填料。

四、质量检验及标准

（一）主控项目

灰土挤密桩的桩数、排列尺寸、孔径、深度、填料质量及配合比，必须符合设计要求或施工规范的规定。

（二）一般项目

（1）施工前应对土及灰土的质量、桩孔放样位置等做检查。

（2）施工中应对桩孔直径、桩孔深度、夯击次数、填料的含水量等做检查。

（3）施工结束后，应检查成桩的质量及复合地基承载力。

（4）土和灰土挤密桩地基质量检验标准应符合表 1-13 的规定。

表 1-13　土和灰土挤密桩地基质量检验标准

项目	序号	检查项目	允许偏差或允许值		检查方法
			单位	数值	
主控项目	1	桩长	mm	±50	测桩管长度或垂球测孔深
	2	地基承载力	设计要求		按规范方法
	3	桩体及桩间土干密度	设计要求		现场取样检查
	4	桩径	mm	-20	用钢尺量
一般项目	1	土料有机质含量	%	<5	试验室焙烧法
	2	石灰粒径	mm	<5	筛分法
	3	桩位偏差	≤0.4d		用钢尺量
	4	垂直度	%	<1.5	用经纬仪测桩管
	5	桩径	mm	-20	用钢尺量

注：桩径允许偏差是指个别断面。

（三）特殊工艺关键控制点控制

特殊工艺关键控制点控制见表 1-14。

表 1-14　特殊工艺关键控制点控制

序号	关键控制点	控制措施
1	施工顺序	分段施工
2	灰土拌制	土料、石灰过筛、计量，拌制均匀
3	桩孔夯填	石灰桩应打一孔填一孔，若土质较差，夯填速度较慢，宜采用间隔打法，以免因振动、挤压，造成相邻桩孔出现颈缩或塌孔
4	管理	施工中应加强管理，进行认真的技术交底和检查；桩孔要防止漏钻或漏填；灰土要计量拌匀；干湿要适度、厚度和落锤高度、锤击数要按规定，以免桩出现漏填灰、夹层、松散等情况，造成严重质量事故

（四）施工注意问题

1. 沉管桩成孔及注意事项

（1）钻机要求准确平稳，在施工过程中机架不应发生位移或倾斜。

（2）桩管上设置醒目牢固的尺度标志，沉管过程中注意桩管的垂直度和贯入速度，发现反常现象及时分析原因并进行处理。

（3）桩管沉入设计深度后应及时拔出，不宜在土中搁置较长时间，以免摩阻力增大后拔管困难。

（4）拔管成孔后，由专人检查桩孔的质量，观测孔径、深度是否符合要求，如发现缩颈、回淤等情况，可用洛阳铲扩桩至设计值，如情况严重甚至无法成孔时在局部地段可采用桩管内灌入沙砾的方法成孔。

2. 夯击注意事项

夯击就位要保持平稳、沉管垂直，夯锤对准桩中心，确保夯锤能自由落入孔底。

3. 桩缩孔或塌孔，挤密效果差等现象

（1）地基土的含水量在达到或接近最佳含水量时，挤密效果最好。当含水量过大时，必须采用套管成孔。成孔后如发现桩孔缩颈比较严重，可在孔内填入干散砂土、生石灰块或砖渣，稍停一段时间后再将桩管沉入土中，重新成孔。如含水量过小，应预先浸湿加固范围的土层，使之达到或接近最佳含水量。

（2）必须遵守成孔挤密的顺序，采用隔排跳打的方式成孔，应打一孔，填一孔，应防止受水浸湿且必须当天回填夯实。为避免夯打造成缩颈堵塞，可隔几个桩位跳打夯实。

4. 桩身回填夯击不密实，疏松、断裂

（1）成孔深度应符合设计规定，桩孔填料前，应先夯击孔底 3～4 锤。根据试验测定的密实度要求，随填随夯，对持力层范围内（5～10 倍桩径的深度范围）的夯实质量应严格控制。若锤击数不够，可适当增加击数。

（2）每个桩孔回填用料应与计算用量基本相符。

（3）夯锤重不宜小于 100 kg，采用的锤型应有利于将边缘土夯实（如梨形锤和枣核形锤等），不宜采用平头夯锤。

五、安全与环境管理

（一）施工过程危害及控制措施

施工过程危害及控制措施见表 1-15。

表 1-15　施工过程危害及控制措施

序号	作业活动	危险源	控制措施
1	振动或锤击沉桩机、冲击机操作	倾倒或锤头突然下落，造成人员伤亡或设备损坏	振动或锤击沉桩机安放平稳，经常检查设备情况
2	现场施工	人员或物件掉入孔内	应加盖板
3	施工用电	触电	电气设备应设接地、接零，并由持证人员安全操作。电缆、电线应架空

注：表中内容仅供参考，现场应根据实际情况重新辨识。

（二）环境因素辨识及控制措施

环境因素辨识及控制措施见表1-16。

表1-16　环境因素辨识及控制措施

序号	作业活动	环境因素	控制措施
1	土方出场	扬尘	道路经常洒水
2	机械使用	废油	施工现场使用或维修机械时,应有防滴漏措施

第六节　水泥粉煤灰碎石桩复合地基

一、适用范围

适用于多层建筑和高层建筑,如砂土、粉土,松散填土、粉质黏土、黏土,淤泥质黏土等地基的水泥粉煤灰碎石桩(简称 CFG 桩)的施工。

水泥粉煤灰碎石桩适用于处理黏性土、粉土、砂土和已自重固结的素填土地基。对淤泥质土应按地区经验或通过现场试验确定其适用性。应选择承载力相对较高的土层作为桩端持力层。

二、施工准备

（一）材料要求和配合比

1. 材料要求

（1）碎石:粒径为 20~50 mm,松散密度 1.39 t/m³,杂质含量小于 5%。

（2）石屑:粒径为 2.5~10 mm,松散密度 1.47 t/m³,杂质含量小于 5%。

（3）粉煤灰:利用Ⅲ级粉煤灰。

（4）水泥:用 32.5 普通硅酸盐水泥,新鲜无结块。

2. 混合料配合比

根据拟加固场地的土层情况及加固后要求达到的承载力而定。水泥、粉煤灰、碎石混合料按抗压强度相当于 C7~C12 低强度等级混凝土,密度大于 2 000 kg/m³,掺加最佳石屑率(石屑量与碎石和石屑总重之比)约为 25% 的情况,当 w/c(水与水泥用量之比)为 1.01~1.47,F/c(粉煤灰与水泥用量之比)为 1.02~1.65,混凝土抗压强度为 8.8~14.2 MPa。

（二）主要工机具

桩成孔,灌注一般采用振动式沉管打桩机架,配 DZJ90 型变距式振动锤,亦可采用履带式起重机,走管式或轨道式打桩机,配有挺杆、桩管。桩管外径分 φ325 mm、φ377 mm;螺旋钻孔机,分为履带式 L2 型、汽车式 Q2-4 型,配备混凝土搅拌机、电动气焊设备、机动翻斗车、手推车及吊车等机具。

（三）作业条件

（1）岩土勘察报告,基础施工图纸,施工组织设计齐全。

（2）地面上的建筑物、地下管线、电缆、旧基础等已全部拆除,沉管振动对邻近建筑物及厂房内仪器设备有影响时,已采取有效保护措施。

（3）施工场地已平整，对桩机运行的松软场地已进行预压处理，周围已做好有效的排水措施。

（4）轴线控制桩及水准基点桩已设置并编号，且经复核，桩位置已经放线并标识。

（5）已进行成桩、夯填工艺和挤密效果检验，确定有关施工工艺参数，并对试桩进行了测试，承载力挤密效果符合设计要求。

（6）供水、供电、运输道路、现场小型临时设施已设置就绪。

（四）作业人员

（1）主要作业人员：机械操作人员、普通工人。

（2）施工机具应由专人负责使用和维护，大、中型机械特殊机具需持证上岗，操作者须经培训后，执有效的合格证书可操作。主要作业人员已经过安全培训，并接受了施工技术交底（作业指导书）。

三、施工工艺

（一）工艺流程

1. 振动沉管灌注成桩

桩机就位→沉管至设计深度→停振下料→振动捣实拔管→留振→振动拔管复打。

2. 长螺旋钻孔灌注桩

长螺旋钻孔至设计的预定深度→提升钻杆→同时用压泵将混合料通过高压管路的螺旋钻杆的内管压制孔成桩。

（二）操作工艺

（1）应考虑隔排隔桩跳打，新打桩与已打桩间隔时间不应少于 7 d。

（2）桩机就位须平整、稳固，沉管与地面保持垂直，垂直度偏差不大于 1%，如带预制混凝土桩尖，需埋入地面以下 300 mm。

（3）螺旋机就位：钻机就位时，必须保持平衡，不发生倾斜、位移，为准确控制钻孔深度，应在机架上或机管上做出控制的标尺，以便在施工中进行观测、记录。

（4）在沉管过程中用料斗向桩管内投料，待沉管至设计标高后，须继续尽快投料，直至混合料与钢管上部投料口齐平。如上料量不够，可在拔管过程中继续投料，以保证成桩标高及密实度的要求。混合料应按设计配合比配制，投入搅拌机加水拌和，搅拌时间不少于 2 min，加水量由混合料坍落度控制，一段坍落度为 30 ~ 50 mm，成桩后桩顶浮浆厚度一般不超过 200 mm。

（5）当混合料加至钢管投料口齐平后，沉管在原地留振 10 s 左右，即可边振动拔管，拔管速度控制在 1.2 ~ 1.5 m/min，每提升 1.5 ~ 2.0 m，留振 20 s。桩管拔出地面确认成桩符合设计要求后，用粒状材料或黏土封顶，移机进行下一根桩施工。

（6）施工时，桩顶标高应高出设计标高，高出长度应根据桩距、布桩形式、现场地质条件和施打顺序等综合确定，一般不应小于 0.5 m。

（7）成桩过程中，抽样做混合料试块，每台机械一天应做一组（3 块）试块（边长 150 mm 立方体），标准养护，测定其立方体 28 d 抗压强度。

（8）为使桩与桩间土更好的共同工作，在基础下宜铺一层 150 ~ 300 mm 厚的碎石或灰土垫层。

（9）冬期施工，应采取加热保温措施，完桩后表面应进行覆盖，防止受冻。

（10）雨季施工应严格控制材料含水率和拌和物水灰比,同时做好现场排水措施,防止早期浸泡,降低桩体强度。

四、质量标准

（一）主控项目、一般项目

（1）水泥、粉煤灰、砂及碎石等原材料应符合设计要求。

（2）施工中应检查桩身混合比、坍落度和提拔钻杆速度（或提拔套管速度）、成孔深度、混合料灌入量等。

（3）施工结束后,应对桩顶标高、桩位、桩体质量、地基承载力以及褥垫层的质量做检查。

（4）水泥粉煤灰碎石桩复合地基的质量检验应符合表 1-17 的规定。

表 1-17　水泥粉煤灰碎石桩复合地基的质量检验标准

项目	序号	检查项目	允许偏差或允许值		检查方法
			单位	数值	
主控项目	1	桩径	mm	－20	用钢尺量或计算填料量
	2	原材料	设计要求		查产品合格证书或抽样检验
	3	桩身强度	设计要求		查 28 d 试块强度
	4	地基承载力	设计要求		按规定的办法
一般项目	1	桩身完整性	按基桩检测技术规范		按基桩检测技术规范
	2	桩位偏差	满堂布桩≤0.40D 条基布桩≤0.25D （D 为桩径）		用钢尺量
	3	桩长	mm	＋100	根据管或垂球测孔深
	4	桩垂直度	％	≤1.5	用经纬仪测桩管
	5	褥垫层夯填度	≤0.9		用钢尺量

注:1. 夯填度指夯实后的褥垫层厚度与虚体厚度的比值。

2. 桩径允许偏差负值是指个别断面。

（二）特殊工艺或关键控制点的控制

特殊工艺或关键控制点的控制见表 1-18。

表 1-18　特殊工艺或关键控制点的控制

序号	关键控制点	控制措施
1	桩径、搅拌的均匀性	成桩 7 d 后,采用浅部开挖桩头,检查
2	桩径、搅拌的均匀性	成桩 3 d 内,用轻型动力触探（N_{10}）检查每米桩身的均匀性
3	承载力	进行复合地基载荷试验,单桩载荷试验

（三）质量记录

（1）水泥的出厂合格证及复检证明。

（2）试桩施工记录、检验报告。

（3）施工记录。

(4)施工布置示意图。

五、施工注意事项

(1)施工前要确定钻机行走路线,成桩后钻机避免碾压成桩,如场地限制,个别桩无法避免,须垫设方木,钻机方可行走。

(2)混合料下到孔底后,每打泵一次提升 200~250 mm,均匀提钻并保证钻头始终埋在混合料中。

(3)串桩:一般发生在桩间距小于 1.3 m 的饱和粉细砂及软土层部位,当发生串桩现象时,可采取跳打的方法。

(4)缩颈、断桩:控制拔管速度,一般为 1~1.2 m/min。用浮标观测(测每米混凝土灌量是否满足设计要求)以找出缩颈部位,每拔管 0.5~2.0 m,留振 20 s 左右(根据地质情况掌握留振次数与时间或者不留振)。出现缩颈或断桩,可采取扩颈方法(如复打法、翻插法或局部翻插法),或者加桩处理。每个工程开工前,都要做工艺试桩,以确定合理的工艺,并保证设计参数,必要时要做荷载试验桩。在桩顶处,必须每 1.0~1.5 m 翻插一次,以保证设计桩径。

(5)灌量不足:季节施工要有防水措施,特别是未浇灌完的材料,在地面堆放或在混凝土罐车中时间过长,达到了初凝,应重新搅拌或罐车加速回转再用。克服桩管沉入时进入泥水,应在沉管前灌入一定量的粉煤灰碎石混合材料,起到封底作用。

(6)成桩偏斜达不到设计深度:施工前场地要平整压实(一般要求地面承载力为 100~150 kN/m²),若雨期施工,地面较软,地面可铺垫一定厚度的砂卵石、碎石、灰土或选用路基箱。遇到硬夹层造成沉桩困难或穿不过时,可选用射水沉管或用"植桩法"(先钻孔的孔径应小于或等于设计桩径)。选择合理的打桩顺序,如连续施打、间隔跳打,视土性和桩距全面考虑。满堂红补桩不得从四周向内推进施工,而应采取从中心向外推进或从一边向另一边推进的方案。

(7)施工中断时间超过 1 h 或混凝土产生离析时,应重新钻孔成桩。

(8)如采用现场搅拌,要计量准确,保证搅拌时间不少于 1.5 min,必要时搅拌时间更长,保证好的和易性,保证坍落度满足设计要求,按设计要求留制试块。

(9)冬期施工应采取有效的冬施方案。

(10)雨季施工时,增加骨料含水量的测量次数,及时调整施工配合比。

(11)如果在基槽开挖和剔除桩头或施工中造成桩体断至设计标高以下,必须采取补救措施。假如断裂面距桩顶标高不深,可用 C20 或 C25 豆石混凝土接至设计桩顶标高,方法如图 1-2 所示。注意在接桩头过程中保护好桩间土。

六、质量记录

应具备以下质量记录:

(1)水泥、粉煤灰、砂、石子、外加剂等出厂合格证及复试报告。

(2)混合料配合比通知单。

(3)CFG 桩施工记录表。

(4)桩身质量检测报告。

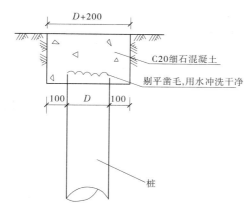

图 1-2　接桩头示意图

（5）水泥粉煤灰碎石桩复合地基工程检验批质量验收记录。

（6）地基承载力检验报告。

七、安全环保措施

（1）施工现场临时用电必须严格遵守现行国家标准《施工现场临时用电安全技术规范》（JGJ 46）的规定，用电设备应安装漏电保护器，施工中定期检查电源线路和设备的用电器部件，处理机械故障时必须断电，确保用电安全。

（2）机械设备操作人员和指挥人员严格遵守安全操作技术规程，严禁酒后驾驶。

（3）机械设备操作人员必须经过专业培训，熟悉机械操作性能，经专业管理部门考核取得操作证或驾驶证后上机（车）操作。

八、职业健康安全与环境管理

（一）施工过程危害及控制措施

施工过程危害及控制措施见表 1-19。

表 1-19　施工过程危害及控制措施

序号	作业活动	危险源	控制措施
1	现场管理	人员伤害	成孔时，距振动锤、落距、冲击锤等 6 m 范围内，不得有人员走动或进行其他作业
2	桩机安放	人员伤亡或设备损坏	振动沉桩机操作时应安放平稳，防止沉管时突然倾倒或桩管突然下落，造成事故
3	振动沉管	桩架抬起	振动沉管桩机沉管时，如采用收紧钢丝绳加压，应根据桩管沉入度随时调整离合器，防止抬起桩架，发生事故，施工过程中如遇大风，应将桩管插入地下嵌固，以保证桩机安全
4	施工用电	触电	施工场内一切电源、电路的安装和拆除，应由持证电工去管，电器必须严格接地、接零和设置漏电保护器。现场电线、电缆必须按机室架空，严禁拖地和乱拉、乱搭

注：表中内容仅供参考，现场应根据实际情况重新辨识。

（二）环境因素辨识及控制措施

环境因素辨识及控制措施见表1-20。

表1-20　环境因素辨识及控制措施

序号	作业活动	环境因素	控制措施
1	水泥进场、垃圾出场	扬尘	水泥运输表面覆盖,建筑垃圾运输表面覆盖,道路要经常维护和洒水,防止造成粉尘污染
2	现场清理	建筑垃圾	施工现场应设合格的卫生环保设施,施工垃圾集中分类堆放,严禁垃圾随意堆放和抛撒
3	机械使用	废油	施工现场使用和维修机械时,应有防滴漏措施,严禁将机油等滴漏于地表,造成土地污染
4	灌注桩施工	废水	施工废水、生活污水不直接排放,设置沉淀池,沉淀后排放

注:表中内容仅供参考,现场应根据实际情况重新辨识。

第七节　夯实水泥土桩复合地基

一、适用范围

夯实水泥土桩法适用于处理地下水位以上的粉土、素填土、杂填土、黏性土等地基,或有地下水但土的渗透系数小于 10^{-5} cm/s 的黏性土,当地下水位在桩端以上不超过 1 m,采取某些工艺措施也可施工。处理深度不宜超过 10 m。适应的建筑结构类型为 6 层或 6 层以下多层建筑,适应的市政项目为铁路、公路路基。

二、施工准备

（一）材料准备

（1）如有条件,可采用粉煤灰、炉渣等工业废料作拌和料。

（2）现场取土,确定原位土的土质及含水量是否适宜作夯实水泥土桩的混合料,当采用原位土作混合料时,应采用无污染、有机质含量低于5%的黏性土、粉土或砂类土,使用黏性土时常有土团存在,使用前应过 10~20 mm 的筛子,如土料含水量过大,须风干或另加其他含水量较小的掺合料。在现场可按"一抓成团,一捏即散"的原则对土的含水量进行鉴别。

（3）水泥一般采用 PO32.5 水泥,使用前应做强度及稳定性试验。

（4）桩顶垫层材料,垫层材料应级配良好,不含植物残体、垃圾等杂物。

（二）机具设备

1. 成孔机具

根据夯实水泥土桩设计参数、工程地质水文地质条件、场地条件等确定成孔机具:

1）排土法成孔机具

排土法是指在成孔过程中把土排出孔外的方法,该法没有挤土效应,多用于原土已经固结,没有湿陷性和自陷性的土。其成孔机具有以下几种:人工洛阳铲、长螺旋钻机。成孔机具特点见表1-21,长螺旋钻机主要技术参数见表1-22。

表1-21 成孔机具特点

成孔机具	特点
人工洛阳铲	成孔时将洛阳铲刃口切入土中,然后摇动并用力转动铲柄,将土剪断,拔出洛阳铲,铲内土柱被带出。利用孔口附近退土钎($\phi20 \sim 25$ mm,$L = 0.8 \sim 1.2$ m 的钢钎)将铲内土挂出。 洛阳铲成孔直径一般在 $300 \sim 400$ mm,洛阳铲成孔的特点是设备简单,不需要任何能源,无振动、无噪声,可靠近旧建筑物成孔,操作简单,工作面可根据工程的需要扩展,特别适合于中小型工程成孔
长螺旋钻机	长螺旋钻机成孔是夯实水泥土桩的主要机种,它能连续出土,效率高,成孔质量好,成孔深度深。适应于地下水以上的填土、黏性土、粉土,对于砂土含水量要适中,如果砂土太干或饱和会造成塌孔。长螺旋钻机按行走方式分为步履式长螺旋钻机、履带式长螺旋钻机、汽车底盘钻孔机、简易型钻机等

表1-22 长螺旋钻机主要技术参数

钻机型号	钻孔直径 (mm)	钻孔深度 (m)	转速 (r/min)	钻杆最大扭矩 (kN·m)	动力 (kW)
BQZ-Ⅱ型	$300 \sim 400$	8	85	2.47	电动机22
ZKL400型	400	12	75/110		电动机30
ZKL600型	600	12	40/55/75	12.9	电动机55
ZKL800型	800	27.5	22	48.4	电动机55×2
ZKL1000型	1 000	27	31	27.1	电动机45×2
B125型	1 500	50	33	118	发动机138
B140E型	1 500	43	32	135	发动机127
GH85型	900	26		83.3	发动机125
GH150型	1 800	30		145	发动机198
CM-45VT型	600	25			

2)挤土法成孔机具

所谓挤土法成孔是在成孔过程中把原桩位的土体挤到桩间土中去,使桩间土干密度增加,孔隙比减少,承载力提高的一种方法。成孔机有以下几种:锤击成孔法、振动沉管法。

3)干法振动器成孔机具

采用碎石桩的干振器成孔的方法,采用该法时也宜停振拔管,否则易使桩孔坍塌,存在损坏电机的问题。

2. 夯实机具

夯实机具见表1-23。

表 1-23　夯实机具

机具类型	特点
吊锤式夯实机	一般采用胶轮或铁轮的行走机构,由电动机带动卷扬机,由卷扬机钢丝绳通过机架拖动夯锤进行工作
夹板锤式夯实机	一般采用装载机或翻斗车改制
SH30 型地质钻机改装式夯实机	方法是在 SH30 型地质钻机支腿顶部用一根槽钢作一横梁,其上安一定滑轮,卷扬机上的钢丝绳通过滑轮起吊夯锤,横梁前横额焊上两个可穿 $\phi20$ mm 螺栓的叶片,该螺栓在机前连接一根前后活动的支腿,起到支撑和固定夯机的作用

3. 夯锤

夯锤重量和形状对于夯实效果很重要,夯锤重一般 $1 \sim 1.5$ kN,下部一般为尖形,使其夯实时产生水平挤土力,使桩间土挤密,使湿陷性的黄土湿陷性可以消失,平底锤一般不产生挤土效应,锤径孔径比值称为锤孔比,一般锤孔比宜采用 $0.8 \sim 0.9$,锤孔比越大,夯实效果越佳。

（三）作业条件

（1）施工作业范围的地表、地下和空中障碍物应清理或改移完毕,对不能改移的障碍物必须进行标示,并有保护措施。

（2）对施工场区进行清理平整,对不利于施工机械行走的松软地面进行碾压或夯实处理,以保证各种设备行走的安全和平稳。做到路通、电通。

（3）场地地面标高应高于设计桩顶标高 0.3 m 以上,避免对成桩质量产生影响。

（4）进场后,可根据施工场区的具体情况搭建施工临设用房,作为施工现场办公用房及用品储存用房。

（四）技术准备

（1）建筑场地工程地质及水文地质资料,须查明土层的厚度和组成、土的含水量、有机质含量和地下水水位埋深及水的腐蚀性等。

（2）施工前应进行现场踏勘,熟悉现场情况。

（3）建筑场地和临近区域内的地下管线（管道、电缆）、地下构筑物及地上障碍物等调查资料。

（4）桩施工图及图纸会审记录。

（5）制定施工方案和施工组织设计,准备机具设备,进行施工场地平面布置,制定质量、安全等技术保证措施。

（6）施工前管理人员应熟悉有关设计图纸、地质勘查报告及施工组织设计。

（7）按设计图纸和给定的坐标点测设轴线定位桩和高程控制点。

（8）根据定位桩放出桩位并报业主和监理复核。

（9）要合理选择和确定钻机的进出路线和成桩顺序。

（10）配合比试验。

掺合料确定后,进行配合比试验,用击实试验确定掺合料的最佳含水量。重要工程,在掺合料最佳含水量的状态下,在 70.7 mm × 70.7 mm × 70.7 mm 试模中试制几种配合比的水泥土试块,做 3 d、7 d、28 d 的无侧限抗压强度试验,确定适宜的配合比。一般工程,可采用水泥: 混合料 =1:6(体积比)试配。

(11)施工前须做成孔和成桩试验,以确定施工工艺和施工设计参数、技术要求是否适宜。

(12)备好施工记录表。

三、操作工艺

(一)工艺流程

1. 成孔工艺流程

复测桩位
↓

平整场地→定桩位→钻机就位→钻孔至设计深度→检查成孔质量→验收成孔。

2. 成桩工艺流程

验收成孔→夯实孔底→制备水泥土→分层夯填成桩→检查成桩质量。

(二)操作方法

(1)钻机就位。

①现场放线、抄平后,移动钻机至桩位,完成钻机就位。

②钻机就位时,必须确保机身平稳,确保施工中不发生倾斜、位移。

③使用双侧吊垂球的方法校正调整钻杆或夯锤垂直度,确保成孔垂直度。

(2)成孔。

①成孔时应根据地层情况,合理选择和调整钻进参数,控制进尺速度。

②钻进遇有砖头、瓦块、卵石较多的地层,或含水量较大的软塑黏土层时,应控制钻杆跳动与机架摇晃,以免引起孔径扩大。

③当钻进中遇到卡钻、不进尺或进尺缓慢时,应停机检查,找出原因,采取措施,避免盲目进尺,导致桩孔严重倾斜等事故。

(3)检测成孔质量。

①用测绳测量孔深、孔径,成孔深度、孔径应符合设计要求,当无设计要求时,应符合有关规定。

②检查成孔垂直度,检查孔壁有无涨缩、塌陷等现象。

(4)成孔检查合格后,填好成孔施工记录,并移至下一桩位成孔。

(5)夯实孔底,向孔内填料前孔底必须夯实。

(6)制备水泥土:土料中有机质含量不得超过5%,不得含有冻土和膨胀土,使用时应过 10~20 mm 筛,混合料含水量应满足土料的最优含水量 ω_{op},其允许偏差不得大于 ±2%,土料和水泥应拌和均匀,水泥用量不得少于按配比试验确定的重量。

(7)分段夯填成桩:夯填桩孔时,宜选用机械夯实。分段夯实时,夯锤的落距和填料厚度应根据现场试验确定,混合料的压实系数 λ_c 不应小于0.93。

(8)铺设垫层:垫层铺设时应压(夯)密实,夯填度不得大于0.9。采用的施工方法应严禁使基底土层扰动。

（三）季节性施工

雨期或冬期施工,应采取防雨、防冻措施,防止土料和水泥受雨水淋湿或冻结。

四、质量标准

（一）一般要求

(1)施工前应对水泥、土料等材料进行检查,对施工组织设计中的施工顺序、监测手段(包括仪器、方法)也应检查。

(2)施工中应对成孔、夯实孔底、填料夯实等进行全过程检查。

（二）实测项目允许偏差

实测项目允许偏差见表1-24。

表 1-24　实测项目允许偏差

序号	检查项目	允许偏差(mm)	检验方法	检查频率
1	桩径	不小于设计桩径	孔径仪	每根桩一点
2	垂直度	不应大于1.5%	测斜仪	
3	孔深	不应小于设计深度	测绳	
4	混合料强度	符合设计要求	试件要求	每根桩一点
5	桩顶标高	+30	水准仪	
6	桩位偏差	桩孔中心偏差不应超过桩径设计值的1/4,条形基础不应超过桩径设计值的1/6	经纬仪	

五、成品保护

(1)施工过程中应注意保护好现场的轴线和高程点。

(2)成孔后应及时填料夯实成桩,填料前孔口须加盖板保护,并做好标志,防止行人、车辆行走。

(3)施工顺序的选择应考虑对成品的保护,避免机械行走时碾压成品桩或桩孔,桩顶应留200～300 mm厚保护桩长,垫层施工时应将多余桩体凿除。

(4)雨季施工期间,孔口周围应有排水措施,防止雨水流入孔内。

六、施工注意事项

(1)施工前应对设备进行调试,确保设备处于正常状态。

(2)为保证桩孔的垂直度,应在钻杆或夯锤钢丝绳的中部安装一扶正器。

(3)为准确控制钻孔深度,应做出控制标尺,以便在施工中进行观测、记录。

(4)钻孔时应对准桩位,不得晃动钻头。

(5)钻孔时应复核桩位,以防机械车辆行走时碾压使桩位发生偏差。

(6)施工期间应定期复核定位桩和高程控制点。

(7)施工期间应定期对设备进行日常保养。

七、质量记录

（1）质量检验评定表。

（2）夯实水泥土桩施工记录。

（3）施工试验记录。

八、安全、环保措施

（一）安全操作要求

（1）进入施工现场必须佩戴安全帽,高空作业必须系好安全带,冬、雨期施工必须有必要的劳保用品。

（2）特殊工种,包括司机、电工、信号工等,必须持证上岗。

（3）各种设备应按有关安全操作规定执行。

（4）钻机周围 5 m 以内应无高压线路,作业区应有明显标志或围挡,严禁闲人入内。

（5）卷扬机钢丝绳应经常处于润滑状态,防止干摩擦。

（6）电缆尽量架空设置,钻机行走时一定要有专人提起电缆同行;不能架起的绝缘电缆通过道路时应采取保护措施,以免机械车辆压坏电缆,发生事故。

（7）钻机启动前应将操作杆放在空挡位置,启动后应空挡运转试验,检查仪表、制动等各项工作正常,方可作业。

（二）技术安全措施

（1）进场前应对参施人员做好技术、安全等方面的书面交底。

（2）施工场地应平整坚实,如采用机械作业,地基承载力应满足施工要求。

（3）钻机安装前应详细检查各部件,安装后钻杆中心线偏斜应小于全长的 1%,10 m 以上的钻杆不得在地面上一次接好吊起安装。

（4）钻孔时若遇卡钻,应立即切断电源,停止钻进,未查明原因前不得强行启动。

（5）若遇机架晃动、移动、偏斜或钻头有节奏声响,应立即停止施工,经处理后方可继续施工。

（6）机械作业中,电缆应有专人负责收放,如遇停电,应将控制器放置零位,切断电源。

（7）遇有大雨、雪、雾和六级以上大风等恶劣天气时应停止作业。

（三）环保措施

（1）水泥和其他易飞扬的细颗粒散体材料应在库内存放或严密遮盖。

（2）运输易飞扬的颗粒散体材料或渣土时,必须封闭、包扎、覆盖,不得沿途泄露、遗洒,卸运时应采取有效措施,以防扬尘。

（3）施工现场制定洒水降尘措施,配备洒水器具,指定专人负责现场洒水降尘和及时清理浮土。

（4）夜间施工时,宜将钻机安排在远离居民区的一面施工,最大限度地减少扰民。

（5）成孔过程中,对钻出的泥土应及时运走,保持场地平整和清洁。

（6）雨季施工应做好排水沟和积水坑,及时将桩孔周围的积水排走,确保雨后场地内无积水。

第八节　砂石桩地基

砂桩和砂石桩统称砂石桩,是指用振动、冲击或水冲等方式在软弱地基中成孔后,再将砂或砂卵石(或砾石、碎石)挤压入土孔中,形成大直径的砂或砂卵石(碎石)所构成的密实桩体,它是处理软弱地基的一种常用方法。

一、适用范围

砂石桩的特点是经济、简单且有效。可节省三材,可因地制宜,就地取材,施工工期短。对于通过挤压、振动等作用,使地基达到密实,从而增加承载力,降低孔隙比,减少建筑物沉降,提高砂基抵抗震动液化的能力。用于处理软黏土地基,可起到置换和排水砂井的作用,加速土体固结,形成置换桩与固结后软黏土的复合地基,显著地提高地基抗剪强度。适用于挤密松散砂土、素填土和杂填土等地基,对建在饱和黏性土地基上主要不以变形控制的工程,也可采用砂石桩做置换处理。

二、材料、设备要求

(一)材料

填料可用坚硬、不受侵蚀影响的碎石、卵石、角砾、圆砾、矿渣,以及砾砂、粗砂、中砂等,粗骨料粒径以 20 ~ 50 mm 较合适,最大粒径不宜大于 80 mm,含泥量不宜大于 5% ,不得含有杂质、土块和已风化的石子。

(二)主要机具设备

(1)振冲机具设备:包括振冲器、起重机和水泵。

(2)操纵振冲器的起吊设备:可采用 8 ~ 15 t 履带式起重机、轮胎式起重机、汽车吊或轨道式自行塔架等。

(3)控制设备:包括控制电流操作台、150 A 电流表、500 V 电压表,以及供水管道、加料设备等。

三、施工工艺

(1)砂石桩成桩工艺有振动成桩、锤击成桩或冲击成孔等成桩法。振动成桩法是采用振动沉桩机将带活瓣桩尖的砂石桩同同直径的钢管沉下,往桩管内灌砂石后,边振动边缓慢拔出桩管;或在振动拔管的过程中,每拔 0.5 m 高停拔振动 20 ~ 30 s;或将桩管压下然后再拔,以便将落入桩孔内的砂石压实,并可使桩径扩大。锤击成桩法是将带有活瓣桩靴或混凝土桩尖的桩管,用锤击沉管机打入土中,往桩管内灌砂后缓缓拔出,或在拔出过程中低锤击管,或将桩管压下再拔,砂石从桩管内排入桩孔成桩并使密实。当用于消除粉细砂及粉土液化时,宜用振动成桩法。

(2)振动成桩法施工前应先进行振冲试验,以确定成孔合适的水压、水量、成孔速度及填料方法。达到土体密实时的密实电流、填料量和留振时间(称为施工工艺三要素)。一般控制标准是密实电流不小于 50 A;填料量为每米桩长不小于 0.6 m³,留振时间 30 ~ 60 s。

(3)打砂石桩地基表面会产生松动或隆起,砂石桩施工标高要比基础底面高 1 ~ 2 m,以便在开挖基坑时消除表层松土;如基坑底仍不够实心密实,可辅以人工夯实或机械碾压。

(4)砂石桩打桩顺序应从外围或两侧向中间进行,如砂石桩间距较大,亦可逐排进行,以挤密为主的砂石桩同一排应间隔进行。

施工前应进行成桩挤密试验,桩数宜为7~9根。振动法应根据沉管和挤密情况,以确定填砂石量、提升高度和速度、挤压次数和时间、电机工作电流等,作为控制质量的标准,以保证挤密均匀和桩身的连续性。

灌砂石时含水量应加控制,对饱和土层,砂石可采用饱和状态;对非饱和土、杂填土或能形成直立的桩孔壁的土层,含水量可采用7%~9%。

四、质量控制

(1)施工前应检查砂、砂石料的含泥量及有机质含量、样桩的位置等。

(2)施工期间及施工结束后,检查砂石桩的施工记录。对沉管法,尚应检查套管往复挤压振动次数与时间、套管升降幅度和速度、每次填砂石料量等多项施工记录。

(3)在施工中检查每根桩的桩位、灌砂石量、标高、垂直度等。

(4)施工后应间隔一定时间方可进行质量检验。对饱和黏性土地基应待孔隙水压力消散后进行,间隔时间不宜少于28 d;对粉土、砂土和杂填土地基,不宜少于7 d。

(5)砂石桩的施工质量检验可采用单桩载荷试验,对桩体可采用动力触探试验检测,对桩间土可采用标准贯入、静力触探、动力触探或其他原位测试等方法进行检测。桩间土质量的检测位置应在等边三角形或正方形的中心。检测数量不应少于桩孔总数的2%。桩的质量检验标准如表1-25所示。

表1-25 砂石桩地基质量要求和检测方法

施工质量验收规范的规定				检验方法
主控项目	1	灌砂、砂石量(%)	≥95	计算体积
	2	地基强度	设计要求	按设计指定方法
	3	地基承载力	设计要求	标准贯入、静力触探、十字板或承载力检验
一般项目	1	砂、砂石料含泥量(%)	≤3	试验室测定
	2	砂、砂石料的有机质含量(%)	≤5	焙烧法
	3	桩位(mm)	≤50	用钢尺量
	4	砂桩、砂石桩标高(mm)	±150	水准仪
	5	垂直度(%)	≤1.5	经纬仪

(6)主控项目:

①灌砂量:实际用砂石量与设计体积比不小于95%。

②地基强度:按设计指定方法检测,强度达到设计要求。

③地基承载力:同"灰土地基施工技术标准"一节。

五、成品保护

(1)基础工程的施工,宜在砂桩施工完成一个月以后进行。

（2）深基础周围的砂桩,宜在深基础施工完成后进行施工,如砂桩施工在前,开挖深基坑时,应对周围地基采取可靠的保护措施。

六、安全措施

（1）在施工全过程中,严格执行打桩机械的安全操作规程,防止机械及人身安全事故的发生。

（2）振动或锤击沉桩机、冲击机操作时,应安放平稳,防止成孔时,突然倾倒或锤头突然下落,造成人员伤亡或设备损坏。

（3）成孔时,距振动锤、落锤、冲击锤6 m 范围内,不得有人员走动或进行其他作业。

（4）已成的孔尚未填夯灰土前,应加盖板,以免人员或物件掉入孔内。

七、施工注意事项

（1）施工时,当砂、砂石桩灌入量达不到设计要求时,可采用反复打桩;对有缩颈的桩,可采用局部复打,其复打深度必须过缩颈处 1 m 以上。复打时,管壁上的泥土应清除干净,前后两次沉管轴线应一致。

（2）砂石桩地基竣工验收时,承载力检验应采用复合地基载荷试验。

（3）复合地基载荷试验数量不应少于总桩数的 0.5% ,且每个单体建筑不应少于 3 点。

（4）桩体最上 1 m 左右由于土覆压力小,桩的密实难以保证,宜予挖除,另作垫层,或另用振动碾压机进行碾压密实处理。

第九节　特殊地基处理

一、软土地基的处理方法

建造在软土地基上的建筑物易产生较大沉降或不均匀沉降,必须慎重对待。在设计上,除加强上部结构的刚度外,还需采取以下一些处理措施：

（1）应充分利用软土地基表层的密实土层,作为基础的持力层。

（2）减少建筑物对地基土地的附加压力,减少架空地面,减少回填土,设地下室等。

（3）砂垫层设置于路堤填土与软土地基之间的透水性垫层,可起排水的作用,从而保证了填土荷载作用下地基中孔隙水的顺利排出,既加快了地基的固结,还可以保护路堤免受孔隙水浸泡。设置砂垫层要注意防止被细粒污染而造成排水孔隙堵塞,在砂垫层的上下应设反滤层。砂垫层适于施工期限不紧、路堤高度为极限高度的 2 倍以内,砂源丰富、软土地基表面无隔水层的情况。当软土层较薄,或软土垫层底层又有透水层时,效果更好。采用换土垫层与桩基,也可在砂垫层内埋设土工织物,提高地基承载力。

（4）采用砂井预压,使土层排水固结。

（5）可采用高压喷射、深层搅拌。粉体喷射方法,将土粒胶结,从而改善土的工程性质。

以上是处理软土地基常用的几种方法,不能盲目地相信哪一种方法,而是要根据自己所处的环境及条件选择最适宜的方法来处理软土地基,才会达到理想的效果。

二、软土地基常见五种处理方法

鉴于淤泥软土地基承载力低，压缩性大，透水性差，不易满足水工建筑物地基设计要求，故需进行处理，下面介绍淤泥软土地基五种处理方法。

(一)桩基法

当淤土层较厚，难以大面积进行深处理，可采用打桩办法进行加固处理。而桩基础技术多种多样，早期多采用水泥土搅拌桩、砂石桩、木桩，目前很少使用：一是水泥土搅拌桩水灰比、输浆量和搅拌次数等控制管理自动化系统未健全，设备陈旧，技术落后，存在搅拌均匀性差及成桩质量不稳定问题；二是砂石桩用以加固较深淤泥软土地基，由于存在工期长，工后变形大等问题，已不再用作对变形有要求的建筑地基处理；三是民用建筑已禁用木桩基础。

钢筋混凝土预制桩(钢筋混凝土桩和预应力管桩)目前由于具有较强承载力，投资省，质量有保证，施工速度快等特点，得到普遍运用。

淤土层较厚地基处理还可以采用灌注桩，打灌注桩至硬土层，作承载台，灌注桩有沉管灌注桩和冲钻孔灌注桩，但两种方法灌注桩还存在一些技术难题：一是沉管灌注桩在深厚软土中存在桩身完整性问题；二是冲钻孔灌注桩存在泥浆污染问题，桩身混凝土灌注质量，桩底沉渣清理和持力层判断不易监控等问题。

(二)换土法

当淤土层厚度较薄时，也可采用淤土层换填沙壤土、灰土、粗砂、水泥土及采用沉井基础等办法进行地基处理，鉴于换砂不利于防渗，且工程造价较高，一般应就地取材，以换填泥土为宜。换土法要回填有较好压密特性土，并对其进行压实或夯实，以形成良好的持力层，从而改变地基承载力特性，提高抗变形和稳定能力，施工时应注意坑边稳定，保证填料质量，填料应分层夯实。

(三)灌浆法

灌浆法是利用气压、液压或电化学原理将能够固化的某些浆液注入地基介质中或建筑物与地基的缝隙部位。灌浆浆液可以是水泥浆、水泥砂浆、黏土水泥浆、黏土浆及各种化学浆材，如聚氨酯类、木质素类、硅酸盐类等。

(四)排水固结法

排水固结法是解决淤泥软黏土地基沉降和稳定问题的有效措施，由排水系统和加压系统两部分组合而成。排水系统是在地基中设置排水体，利用地层本身的透水性由排水体集中排水的结构体系，根据排水体的不同可分为砂井排水和塑料排水带排水两种。塑料排水板处理淤泥软基方法为：插入软基排水板，当填筑基础及上部建筑物时，荷载作用软基，地下水由于受挤压和毛细作用沿塑料排水板上升至砂垫层内，由砂层向两侧排出，从而提高基底承载力。塑料排水板要在砂垫层完成后施工，由测量人员测量出需处理范围，标出每根排水板具体位置，插板机对中调平，把排水板在钻头上安放好，开动打桩机锤打钻杆，将地面上塑料排水板截断，并留有一定富余长度，在塑料排水板四周填砂后即完成本根桩施工。

(五)加筋法

加筋法是将抗拉能力很强的土工合成材料埋置于土层中，利用土颗粒位移与拉筋产生摩擦力，使土与加筋材料形成整体，减少整体变形和增强整体稳定。

三、湿陷性黄土地基的处理方法

（一）防水措施

防水是为了防止地基土受水侵入而湿陷，根据防水要求不同，有以下三种防水措施。

1. 基本防水措施

在建筑物布置时，以及场地排水、屋面排水、地面防水、散水、排水沟、管道敷设、管道材料接口等方面要防止雨水或生产、生活水的渗漏。

2. 检漏防水措施

在基本防水措施的基础上，对防护范围内的地下管道增设检漏管沟和检漏井。

3. 严格防水措施

在检漏防水措施的基础上，对防水地面、排水沟、检漏管沟和检漏井等设施提高设计标准。

上述防水措施 2、3 应根据各级湿陷性黄土地基上的建筑物类别、使用要求来选择。

（二）结构措施

为了减小地基因湿陷而引起的不均匀沉降或使结构能适应地基的变形，宜采取以下措施：

（1）选择适宜的结构体系和基础形式，如不宜采用内框架结构，多层房屋不宜采用承重空心墙。

（2）加强上部结构的整体性和空间刚度，如加强构件之间的连接，梁板要有足够的支撑长度，设置钢筋混凝土圈梁。

（3）预留适应沉降的净空等。

（三）湿陷性黄土地基的处理方法

1. 垫层法

当建筑物基础下的持力层比较软弱、不能满足上部结构荷载对地基的要求时，常采用换填土垫层来处理软弱地基。即将基础下一定范围内的土层挖去，然后回填以强度较大的砂、砂石或灰土等，并分层夯实至设计要求的密实度，作为地基的持力层。

2. 夯实法

用夯击、振动或碾压的手段使地表一定深度的土层达到密实状态的方法。经常采用的有重锤表层夯实法、强夯法和振动压实法。

3. 挤密法

挤密法是桩体材料因受力膨胀或自身物质膨胀的力量把周围的土体颗粒侧向压缩，排去孔隙中的空气、水，缩小土颗粒距离而密实。桩体材料因受力膨胀如夯扩桩，夯锤力使混凝土拌和物侧向膨胀挤土，提高了桩周摩阻。自身物质膨胀如石灰煤渣桩，其因化学作用体积膨胀而挤土，挤密了桩间土，构成复合地基。

4. 桩基础

桩基础由基桩和连接于桩顶的承台共同组成。若桩身全部埋于土中，承台底面与土体接触，则称为低承台桩基；若桩身上部露出地面而承台底位于地面以上，则称为高承台桩基。建筑桩基通常为低承台桩基础。高层建筑中，桩基础应用广泛。

5. 预浸水法

预浸水法宜用于处理湿陷性黄土层厚度大于 10 m，自重湿陷量的计算值不小于 500 mm 的场地。浸水前宜通过现场试坑浸水试验确定浸水时间、耗水量和湿陷量等。采用预浸水法处理地基，应符合下列规定：

（1）浸水坑边缘至既有建筑物的距离不宜小于 50 m，并应防止由于浸水影响附近建筑物和场地边坡的稳定性。

（2）浸水坑的边长不得小于湿陷性黄土层的厚度，当浸水坑的面积较大时，可分段进行浸水。

（3）浸水坑内的水头高度不宜小于 300 mm，连续浸水时间以湿陷变形稳定为准，其稳定标准为最后 5 d 的平均湿陷量小于 1 mm/d。地基预浸水结束后，在基础施工前应进行补充勘察工作，重新评定地基土的湿陷性，并应采用垫层或其他方法处理上部湿陷性黄土层。

6. 单液硅化或碱液加固法

湿陷性黄土地基处理的方法很多，在不同的地区，应根据不同的地基土质和不同的结构物，对地基处理选用不同的处理方法。在勘察阶段，经过现场取样，以试验数据进行分析，判定属于自重湿陷性黄土还是非自重湿陷性黄土，以及湿陷性黄土层的厚度、湿陷等级、类别等重要地质参数，通过经济分析比较，综合考虑工艺环境、工期等诸多方面的因素。最后，选择一个最合适的地基处理方法，经过优化设计后，确保满足处理后的地基具有足够的承载力和满足变形条件的要求。而不能一味地追求经济利益，对工程质量视而不见，终将导致无可挽回的后果。

四、膨胀土地基的处理方法

膨胀土是一种其黏料成分主要由强亲水性矿物组成的高塑性黏土，多呈现坚硬或硬塑状态，强度一般较高，具有吸水膨胀、失水收缩和反复胀缩变形，浸水后强度衰减，干缩裂隙发育的特征。我国膨胀土分布广泛，广西、云南、湖北、江苏、广东等地均有不同范围的分布。

（1）膨胀土地基处理采用换土、砂石垫层、土性改良等方法。换土可采用非膨胀性土或灰土，换土厚度可采用变形计算确定。平坦场地上一、二级膨胀土的地基处理，宜采用砂、碎石垫层，垫层厚度不宜小于 300 mm，并做好防水处理。

（2）膨胀土层较厚时，应采用桩基，桩尖支承在非膨胀土层上，或支承在大气影响层以下的稳定层上。在验算桩身抗拉强度时应考虑桩身承受胀切力影响，钢筋应通长配置，最小配筋率应按受拉构件配置。桩身胀切力由浸水载荷试验确定，取膨胀值为零的压力即为胀切力。桩承台梁下应留有空隙，其值应大于土层浸水后的最大膨胀量，且不小于 100 mm。承台两侧应采取措施，防止空隙堵塞。

第二章　桩基础工程

第一节　机械静力压桩

机械静力压桩系采用静力压桩机将预制钢筋混凝土桩分节压入地基土层中成桩。在桩压入过程中，系以桩机身的重量(包括配重)作为反作用力，以克服压桩过程中的桩侧摩阻力和桩端阻力。当预制桩在竖向静压力作用下沉入土中时，桩周土体发生急速而激烈的挤压，土中孔隙水压力急剧上升，土的抗剪强度大大降低，从而使桩身很快下沉。

一、适用范围

采用液压操作，自动化程度高，行走方便，运转灵活，桩位定点精确，可提高桩基施工质量；施工无噪声、无振动、无污染；沉桩采用全液压夹持桩身向下施压，可避免打碎桩头，混凝土强度等级可降低 1~2 级，比锤击法可缩短工期 1/3。压桩力能自动记录，可预估和验证单桩承载力，施工安全可靠。但存在压桩设备较笨重，要求边桩中心到已有建筑物间距较大，压桩力受一定限制，挤土效应仍然存在等问题。

机械静力压桩适用于软土、填土及一般黏性土层，特别适合于居民稠密及危房附近环境保护要求严格的地区沉桩；但不宜用于地下有较多孤石、障碍物或有 4 m 以上硬隔离层的情况。

二、材料及机具设备

常采用断面尺寸为 300 mm × 300 mm、350 mm × 350 mm、400 mm × 400 mm，常用节长为 7 m 和 9 m，可根据设计桩长按不同的节长进行搭配或需要接长(最大深度可达 35 m)，桩强度要求达到设计强度等级的 100%。接桩材料采用硫黄胶泥。

机械设备采用 WJY 型或 YZY 型(1 200~2 000 kN)全液压静力压桩机、轮胎式起重机、运输载重汽车。主要工具包括钢丝绳吊索、卡环、撬杠、砂浴锅、软盘、长柄勺、浇灌壶、扁铲、台秤、温度计等。

三、施工工艺

(1)静压预制桩的施工，一般都采取分段压入，逐段接长的方法。其施工程序为：测量定位→压桩机就位→吊桩、插桩→桩身对中调直→静压沉桩→接桩→再静压沉桩→送桩→终止压桩→切割桩头。

(2)压桩机的安装必须按有关程序或说明书进行。压桩机的配重应平衡配置于平台上。压桩机就位时应对准桩位，启动平台支腿油缸，校正平台于水平状态。

(3)启动门架支撑油缸，使门架作微倾15°，以便吊插预制桩。起吊预制桩时先拴好吊装用的钢丝绳及索具，然后应用索具捆绑桩上部约 50 cm 处，起吊预制桩，使桩尖垂直对准桩位中心，缓缓插入土中，回复门架在桩顶扣好桩帽，卸去索具，桩帽与桩顶之间应有相适应的衬垫,一般采用硬木板,其厚度为 10 cm 左右。

（4）当桩尖插入桩位后,微微启动压桩油缸,待桩入土至 50 cm 时,再次校正桩的垂直度和平台的水平度,使桩的纵横双向垂直偏差不超过 0.5%。然后再启动压桩油缸,把桩徐徐压下,控制施压速度不超过 2 m/min。

（5）压桩的顺序:当建筑面积较大,桩数较多时,可将基桩分为数段,压桩在各段范围内分别进行。对多桩台,应由中央向两边或从中心向外施压。在粉质黏土及黏土地基施工,应避免沿单一方向进行,以免向一边挤压,造成压入深度不一,地基挤密程度不均。

（6）压桩应连续进行,如需接桩,可压至桩顶离地面 0.8 ~ 1.0 m 用硫黄砂浆锚接,一般在下部桩留 ϕ50 mm 锚孔,上部桩顶伸出锚筋,长 15 ~ 20 d,硫黄砂浆接桩材料和锚接方法同锤击法,但接桩时避免桩端停在砂土层上,以免压桩时阻力增大压入困难。用硫黄胶泥接桩间歇时间不宜过长(正常气温下为 10 ~ 18 min);接桩面应保持干净,浇筑时间不超过 2 min;上下桩中心线应对齐,节点矢高不得大于 1‰桩长。

（7）压桩应控制好终止条件,一般可按以下几条进行控制:

①对于摩擦桩,按照设计桩长进行控制,但在施工前应先按设计桩长试压几根桩,待停置 24 h 后,用设计极限承载力相等的终压力进行复压,如果桩在复压时几乎不动,即可以此进行控制。

②对于端承摩擦桩或摩擦端承桩,按终压力值进行控制:

对于桩长大于 21 m 的端承摩擦桩,终压力值一般取桩的设计极限承载力。当桩周土为黏性土且灵敏度较高时,终压力可按设计极限承载力的 0.8 ~ 0.9 取值;

当桩长小于 21 m,而大于 14 m 时,终压力按设计极限承载力的 1.1 ~ 1.4 倍取值;或桩的设计极限承载力取终压力值的 0.7 ~ 0.9;

当桩长小于 14 m 时,终压力按设计极限承载力的 1.4 ~ 1.6 倍取值;或桩的设计极限承载力取终压力值的 0.6 ~ 0.7,其中对于小于 8 m 的超短桩,按终压力值的 0.6 取值。

③超载压桩时,一般不宜采用满载连续复压法,但在必要时可以复压,复压不宜超过 2 次,且每次稳压时间不宜超过 10 s。

（8）压桩施工时,应由专人或开启自动记录设备做好施工记录,开始压桩时应记录桩每沉下 1 m 油压表压力值,当下沉至设计标高或终止承载力时,应记录最后三次稳压时的贯入度。

四、质量控制

（1）桩位的放样允许偏差群桩不超过 20 mm,单排桩不超过 10 mm。

（2）施工前应对成品桩做外观及强度检验,接桩用焊条或半成品硫黄胶泥应有产品合格证书,或送有关部门检验,压桩用压力表、锚杆规格及质量也应进行检查。硫黄胶泥半成品应每 100 kg 做一组试件(3 件)。

（3）压桩过程中应检查压力、桩垂直度、接桩间歇时间、桩的连接质量及压入深度。重要工程应对电焊接桩的接头做 10% 的探伤检查。对承受反力的结构应加强观测。施工结束后应做桩的承载力及桩体质量检验。

（4）桩体质量检验。包括完整性、裂缝、断桩等。对设计甲级或地质条件复杂,抽检数量不少于总数的 30%,且不少于 20 根。其他桩不少于总数的 20%,且不少于 10 根。对预制桩及地下水位以上的桩,检查总数的 10%,且不少于 10 根,每个柱子承台下不少于 1 根。

（5）桩的偏差。必须符合表 2-1，斜桩倾斜度的偏差不得大于倾斜角正切值的 15%。

表 2-1　预制桩（钢桩）桩位的允许偏差

序号	项目	允许偏差
1	盖有基础梁的桩 （1）垂直基础梁的中心线 （2）沿基础梁的中心线	$100+0.01H$ $150+0.01H$
2	桩数为 1~3 根桩基中的桩	100
3	桩数为 4~16 根桩基中的桩	1/2 桩径或边长
4	桩数大于 16 根桩基中的桩 （1）最外边的桩 （2）中间桩	1/3 桩径或边长 1/2 桩径或边长

注：H 为施工现场地面标高与桩顶设计标高的距离。

（6）承载力。设计等级为甲级或地质条件复杂、成桩质量可靠性低的灌注桩，应采用静载荷试验，数量不少于总桩数的 1%，且不少于 3 根。总桩数少于 50 根时，为 2 根。其他桩应用高应变动力检测，对地质条件、桩型相同，成桩机具和工艺相同、同一单位施工的桩基，检验桩数不少于总桩数的 5%，且不少于 5 根。

（7）静力压桩工程质量检验标准应符合表 2-2 的规定。

表 2-2　静力压桩工程质量检验标准

项目	序号	检查项目		允许偏差或允许值	检查方法
主控项目	1	桩体质量检验		按基桩检测技术规范	按基桩检测技术规范
	2	桩位偏差		见表 2-1	用钢尺量
	3	承载力		按基桩检测技术规范	按基桩检测技术规范
一般项目	1	成品桩质量：外观		表面平整，颜色均匀，掉角深度 <10 mm，蜂窝面积小于总面积 0.5%	直观
		外形尺寸		满足设计要求	满足设计要求
		强度		满足设计要求	查产品合格证或钻芯试压
	2	硫黄胶泥质量（半成品）		设计要求	查产品合格证或抽样送检
	3	接桩	电焊接桩：焊缝质量	满足设计要求	
			电焊结束后停歇时间	min　>1.0	秒表测定
			硫黄胶泥接桩： 　胶泥浇筑时间 　浇筑后停歇时间	min　<2 min　>7	秒表测定 秒表测定
	4	电焊条质量		设计要求	查产品合格证
	5	压桩压力（设计有要求时）		%　±5	查压力表读数
	6	接桩时上下节平面偏差 接桩时节点弯曲矢高		<10 mm　<1/1 000 L （L 为两节桩长）	用钢尺量 用钢尺量
	7	桩顶标高		mm　±50	水准仪

五、常遇问题的防治与处理

静力压桩常遇问题的防治与处理方法见表 2-3。

表 2-3　静力压桩常遇问题的防治与处理方法

常遇问题	产生原因	防治与处理方法
液压缸活塞动作迟缓（YZY 型压桩机）	1. 油压太低，液压缸内吸入空气。 2. 液压油黏度过高。 3. 滤油器或吸油管堵塞。 4. 液压泵内泄漏，操纵阀泄漏过大	提高溢流阀卸载压力；添加液压油使油箱油位达到规定高度；修复或更换吸油管；按说明书要求更换液压油；拆下清洗、疏通；检修或更换
压力表指示器不工作	1. 压力表开关未打开。 2. 油路堵塞；压力表损坏	打开压力表开关；检查和清洗油路；更换压力表
桩压不下去	1. 桩端停在砂层中接桩，中途间断时间过长。 2. 压桩机部分设备工作失灵，压桩停歇时间过长。 3. 施工降水过低，土体中孔隙水排出，压桩时失去超静水压力润滑。 4. 桩尖遇夹砂层，阻力增大，超过压桩机能力而使桩机上抬	避免桩端停在砂层中接桩，及时检查压桩设备；降水水位适当；以最大的压桩力作用在桩顶，采取停车再开，忽停忽开的办法，使桩有可能缓慢下沉穿过砂层
桩达不到设计标高	1. 桩端持力层深度与勘察不符。 2. 桩压至接近设计标高时过早停压，在补压时压不下去	变更设计桩长；改变过早停压的做法
桩架发生较大倾斜	当压桩阻力超过压桩能力或来不及调整平衡	立即停压并采取措施，调整，使保持平衡
桩身倾斜或位移	1. 桩不保持轴心受压。 2. 上下节桩轴线不一致。 3. 遇横向障碍物	及时调整；加强测量；障碍物不深时，可挖除回填后再压；歪斜较大，可利用压桩油缸回程，将土中的桩拔出，回填后重新压桩

六、成品保护

（1）桩应达到设计强度的 70% 方可起吊，达到 100% 才能运输，以防出现裂缝或断裂。

（2）桩起吊和搬运时吊点应符合设计要求，并应平稳，不得损伤。

（3）桩的堆放场地应平整、坚实，不得产生不均匀沉降；垫木应放在靠近吊点处，并应保持在同一平面内；同规格的桩应堆放在一起，桩尖应向一端；桩重叠堆放时，上下层垫木应对齐，堆放层数一般不宜超过 4 层。

（4）妥善保护桩基的轴线桩和水平基点桩，不得受碰撞和振动而造成位移。

（5）在软土地基中打桩完毕，基坑开挖应制定合理的开挖顺序和采取一定的技术措施，防止桩倾斜或位移。

（6）在凿除高出设计标高的桩顶混凝土时，应自上而下进行，不得横向凿打，以免桩受水平冲击力而受到破坏或松动。

七、安全措施

（1）打桩前，应对邻近施工范围内的原有建筑物、地下管线等进行检查，对有影响的工程，应采取有效的加固防护措施或隔振措施，施工时加强观测，以确保施工安全。

（2）机械司机在施工操作时，听从指挥信号，不得随意离开岗位，应经常注意机械的运转情况，发现异常应立即检查处理。

（3）桩应达到设计强度的75%方可起吊，达到100%方可运输和压桩。

（4）桩在起吊和搬运时，吊点应符合设计要求，如设计无规定，当桩长在16 m内，可用一个吊点起吊，吊点位置应设在距桩端0.29桩长处。

（5）硫黄胶泥的原料及制品在运输、储存和使用时应注意防火。熬制胶泥时，操作人员应穿戴防护用品，熬制场院地应通风良好，人应在上风操作，严禁水溅入锅内。胶泥浇筑后，上节桩应缓慢放下，防止胶泥飞溅伤人。

（6）打桩机行走道路必须平整、坚实，必要时宜铺设道渣，经压路机碾压密实。场地四周应及时挖排水沟以利排水，保证移动桩机的安全。

（7）打桩前应先全面检查机械各个部件及润滑情况，钢丝绳是否完好，发现有问题时应及时解决；检查后要进行试运转，严禁带病作业。打桩机械设备应由专人操作，并经常检查机架部分有无脱焊和螺栓松动，注意机械的运转情况，加强机械的维护保养，以保证机械正常使用。

（8）打桩机架应铺垫平稳、牢固。吊桩就位时，起吊要慢，并拉住溜绳，防止桩头冲击桩架，撞坏桩身。吊立后要加强检查，发现不安全情况及时处理。

（9）在打桩过程中遇有地坪隆起或下陷时，应随时对机架及路轨调平或垫平。

（10）夜间施工，必须有足够的照明设施；雷雨天、大风、大雾天，应停止打桩作业。

八、施工注意事项

（1）压桩施工前应清除桩位下的障碍物，必要时应对每个桩位进行钎探清查一遍。对桩平直度要进行检查，发现桩身弯曲超过1/1 000桩长，并大于20 mm，或桩尖不在桩纵轴线上的，不应使用，以避免压桩时出现断裂或桩顶位移。

（2）接桩施工时，应对连接部位上的杂质、油污、水分等清理干净；上下节桩应在同一轴线上；使用硫黄胶泥严格按操作规程进行，保证配合比、熬制时间、施工温度符合要求，以防接桩处出现松脱开裂。

（3）打桩时，如发现设计要求的土层与地质资料或实际土层不符，应停止施工，与有关单位研究处理。

（4）在邻近有建筑物或岸边、斜坡上打桩时，应会同有关单位采取有效的防护措施，施工应加强观测。

（5）送桩拔出后留下的桩孔，应及时回填和加盖。

第二节　预应力管桩

先张法预应力管桩,简称管桩,系采用先张法预应力工艺和离心成型法,制成的一种空心圆柱体细长混凝土预制构件。主要由圆筒形桩身、端头板和钢套箍等组成。

管桩按桩身混凝土强度等级分为预应力混凝土管桩(PC 桩,C60)和预应力高强混凝土管桩(PHC 桩,C80),PC 桩一般采用常压蒸汽养护,脱模后移入水池再泡水养护,一般要经28 d 才能使用。PHC 桩,一般在成型脱模后,送入高压炉经 10 个大气压、180 ℃左右高温高压蒸汽养护,从成型到使用的最短时间为 3 ~ 4 d。

管桩规格按外径分为 300 mm、400 mm、500 mm、550 mm、600 mm、800 mm 和 1 000 mm 等,壁厚 60 ~ 130 mm。每节长一般不超过 15 m,常用节长 8 ~ 12 m,有时也生产长达 25 ~ 30 m 的管桩。

一、适用范围

预应力管桩单桩承载力高,桩端承载力可比原状土提高 80% ~ 100%;设计选用范围广,单桩承载力可从 600 kN 到 4 500 kN,既适用于多层建筑,也可用于 50 层以下的高层建筑;桩运输吊装方便,接桩快速;桩长度不受施工机械的限制,可任意接长;桩身耐打,穿透力强,抗裂性好,可穿透 5 ~ 6 m 厚的密实砂夹层;造价低廉,并节省钢材。但是,存在施工机械设备投资大,打桩时振动、噪声和挤土量大等问题。适用于各类工程地质条件为黏性土、粉土、砂土、碎石类土层以及持力层为强风化岩层、密实的砂层(或卵石层)等土层,但不适用于石灰岩、含孤石和障碍物多、有坚硬夹层的岩土层。

二、施工工艺

(1)预应力管桩沉桩方法较多,多采用锤击法及静压法,锤击法多采用爆发力强、锤击能量大、工效高的筒式柴油锤沉桩。静压法采用大吨位静压预应力管桩施工工艺,采用 4 000 ~ 6 800 kN 静力压桩机,可压 ϕ500 mm、ϕ550 mm 的管桩到设计持力层;亦有的采用预钻孔后植桩的施工工艺,先用长螺旋钻机引孔,然后用打(压)桩机将管桩打(压)到设计持力层。

(2)预应力管桩常用打(压)桩施工工艺流程:测量放样、桩机和桩就位对中调直→锤击下沉→电焊接桩→再锤击、再接桩、再锤击→收锤,测贯入度。

(3)管桩施工应根据桩的密集程度与周围建(构)筑物的关系,合理确定打桩顺序。一般当桩较密集且距周围建(构)筑物较远,施工场地较开阔时,宜从中间向四周对称施打;若桩较密集、场地狭长、两端距建(构)筑物较远时,宜从中间向两端对称施打;若桩较密集且一侧靠近建(构)筑物,宜从毗邻建(构)筑物的一侧开始向另一方向施打。若建(构)筑物外围设有支护桩,宜先打工程桩,再后打设外围支护桩,宜先打深桩,后打浅桩,先大后小;根据高层建筑塔楼(高层)与裙房(低层)的关系,宜先高后低。

(4)管桩施打应合理选择桩锤,桩锤选用一般应满足以下要求:
①能保证桩的承载力满足设计要求。
②能顺利或基本顺利地将桩下沉到设计深度。

③打桩的破碎率能控制在 1% 左右,最多不超过 3%。

④满足设计要求的最后贯入度,最好为 20~40 mm/10 击,每根桩的总锤击数宜在 1 500 击以内,最多不超过 2 000~2 500 击。

(5)打桩前应通过轴线控制点,逐个定出桩位,打设钢筋标桩,并用白灰在标桩附近地面上画上一个圆心与标桩重合、直径与管桩相等的圆圈,以方便插桩对中,保持桩位正确。

(6)底桩就位前,应在桩身上划出单位长度标记,以便观察桩的入土深度及记录每米沉桩击数。吊桩就位一般用单点吊将管桩吊直,使桩尖插在白灰圈内,桩头部插入锤下面的桩帽套内就位,并对中调直,使桩身、桩帽和桩锤三者的中心线重合,保持桩身垂直,其垂直度偏差不得大于 0.5%。桩垂直度观测包括打桩架导杆的垂直度,可用两台经纬仪在离打桩架 15 m 以外正交方向进行观测,也可在正交方向上设置两根吊砣垂线进行观测校正。

(7)锤击沉桩宜采取低锤轻击或重锤低打,以有效降低锤击应力,同时特别注意保持底桩垂直,在锤击沉桩的全过程中都应使桩锤、桩帽和桩身的中心线重合,防止桩受到偏心锤打,以免桩受弯受扭。

(8)桩头采用电焊连接,当底桩桩头(顶)露出地面 0.5~1.0 m 时,即应暂停锤击,进行管桩接长。方法是先将接头上的泥土、铁锈用钢丝刷刷净、再在底桩桩头上扣上一个特制的接桩夹具(导向箍),将待接的上节桩吊入夹具内就位,调直后,先用电焊在剖口圆周上均匀对称点焊 4~6 点,待上、下节桩固定后卸去夹具,再正式由两名焊工对称、分层、均匀、连续的施焊,一般焊接层数不少于 2 层,焊缝应饱满连续,待焊缝自然冷却 8~10 min,始可继续锤击沉桩。

(9)在较厚的黏土、粉质黏土层中施打多节管桩,每根桩宜连续施打,一次完成,以避免间歇时间过长,造成再次打入困难,而需增加许多锤击数,甚至打不下而先将桩头打坏。

(10)当桩尖(靴)被打入设计持力层一定深度,符合设计确定的停锤条件时,即可收锤停打,终止锤击的控制条件,称为收锤标准。收锤标准通常以达到的桩端持力层、最后贯入度或最后 1 m 沉桩锤击数为主要控制指标。桩端持力层作为定性控制;最合贯入度或最后 1 m 沉桩锤击数作为定量控制,均通过试桩或设计确定。一般停止锤击的控制原则是:桩端位于一般土层时,以控制桩端设计标高,主贯入度可做参考;桩端达到坚硬、硬塑的黏性土、中密以上粉土、砂土、碎石类土、风化岩时,以贯入度控制为主,桩端标高可做参考。当贯入度已达到而桩端标高未达到时,应继续锤击 3 阵,按每阵 10 击的贯入度不大于设计规定的数值加以确认,必要时施工控制贯入度应通过试验与有关单位会商确定。

(11)为将管桩打到设计标高,需要采用送桩器,送桩器用钢板制作,长 4~6 m。设计送桩器的原则是:打入阻力不能太大,容易拔出,能将冲击力有效地传到桩上,并能重复使用。

三、质量控制

(1)施工前应检查进入现场的成品桩,接桩用电焊条等产品质量。

(2)施工过程中应检查桩的贯入情况、桩顶完整状况、电焊接桩质量、桩体垂直度、电焊后的停歇时间。重要工程应对电焊接头做 10% 的焊缝探伤检查。

(3)施工结束后,应做承载力检验及桩体质量检验。

(4)先张法预应力管桩的质量检验应符合表 2-4 的规定。

表 2-4　先张法预应力管桩质量检验标准

项目	序号	检查项目		允许偏差或允许值	检查方法
主控项目	1	桩体质量检验		设计要求	按基桩检测技术规范
	2	桩位偏差		设计要求	用钢尺量
	3	承载力		设计要求	按基桩检测技术规范
一般项目	1	成品桩质量	外观	无蜂窝、露筋、裂缝、色感均匀、桩顶处无孔隙	直观
			桩径(mm)	±5	用钢尺量
			管壁厚度(mm)	±5	用钢尺量
			桩尖中心线(mm)	<2	用钢尺量
			顶面平整度(mm)	10	用水平尺量
			桩体弯曲	<1/1 000L(L 为桩长)	用钢尺量
	2	接桩:焊缝质量		见焊接质量标准	见焊接标准
		电焊结束后停歇时间(min)		>1.0	秒表测定
		上下节平面偏差(min)		<10	用钢尺量
		节点弯曲矢高		<1/1 000L(L 为两节桩长)	用钢尺量
	3	停锤标准		设计要求	现场实测或查沉桩记录
	4	桩顶标高(mm)		±50	水准仪

四、成品保护

（1）桩应达到设计强度的 70% 方可起吊，达到 100% 才能运输，以防出现裂缝或断裂。

（2）桩起吊和搬运时吊点应符合设计要求，并应平稳，不得损伤。

（3）桩的堆放场地应平整、坚实，不得产生不均匀沉降；垫木应放在靠近吊点处，并应保持在同一平面内；同规格的桩应堆放在一起，桩尖应向一端；桩重叠堆放时，上下层垫木应对齐，堆放层数一般不宜超过 4 层。

（4）妥善保护桩基的轴线桩和水平基点桩，不得受到碰撞和振动而造成位移。

（5）在软土地基中打桩完毕，基坑开挖前确定合理的开挖顺序和采取一定的技术措施，防止桩倾斜或位移。

（6）在凿除高出设计标高的桩顶混凝土时，应自上而下进行，不得横向凿打，以免桩受水平冲击力而受到破坏或松动。

五、安全措施

（1）打桩前，应对邻近施工范围内的原有建筑物、地下管线等进行检查，对有影响的工程，应采取有效的加固防护措施或隔振措施，施工时加强观测，以确保施工安全。

（2）打桩机行走道路必须平整、坚实，必要时宜铺设道渣，经压路机碾压密实。场地四周应挖排水沟以利排水,保证移动桩机的安全。

(3)打(沉)桩前应先全面检查机械各个部件及润滑情况,钢丝绳是否完好,发现有问题时应及时解决;检查后要进行试运转,严禁带病作业。打(沉)桩机械设备应由专人操作,并经常检查机架部分有无脱焊和螺栓松动,注意机械的运转情况,加强机械的维护保养,以保证机械正常使用。

(4)打(沉)桩机架安设应铺垫平稳、牢固。吊桩就位时,起吊要慢,并拉住溜绳,防止桩头冲击桩架,撞坏桩身。吊立后要加强检查,发现不安全情况,及时处理。

(5)在打(沉)桩过程中遇有地坪隆起或下陷时,应随时对机架及路轨调平或垫平。

(6)现场操作人员要戴安全帽,高空作业系安全带,高空检修桩机,不得向下乱丢物件。

(7)机械司机在打(沉)桩操作时,要精力集中,服从指挥信号,并应经常注意机械运转情况,发现异常情况,立即检查处理,以防止机械倾斜、倾倒,或桩锤不工作时突然下落等事故的发生。

(8)夜间施工,必须有足够的照明设施;雷雨天、大风、大雾天,应停止打(沉)桩作业。

六、施工注意事项

(1)打桩时预制桩强度必须达到设计强度的100%。

(2)打桩时,如发现设计要求的土层与地质资料或实际土层不符,应停止施工,与有关单位研究处理。

(3)在邻近有建筑物或岸边、斜坡上打桩时,应会同有关单位采取有效的防护措施,施工应加强观测。

(4)送桩拔出后留下的桩孔,应及时回填和加盖。

第三节　钢筋混凝土预制桩

一、适用范围

适用于工业与民用建筑中的钢筋混凝土预制桩施工工程。

二、施工准备

(一)材料及主要机具

(1)预制钢筋混凝土桩:规格质量必须符合设计要求和施工规范的规定,并有出厂合格证。

(2)焊条(接桩用):型号、性能必须符合设计要求和有关标准的规定,一般宜用 E4303 牌号。

(3)钢板(接桩用):材质、规格符合设计要求,宜用低碳钢。

(4)主要机具有:柴油打桩机、电焊机、桩帽、运桩小车、索具、钢丝绳、钢垫板或槽钢,以及木折尺等。

(二)作业条件

(1)桩基的轴线和标高均已测定完毕,并经过检查办了预检手续。桩基的轴线和高程的控制桩,应设置在不受打桩影响的地点,并应妥善加以保护。

（2）处理完高空和地下的障碍物。如影响邻近建筑物或构筑物的使用或安全,应会同有关单位采取有效措施,予以处理。

（3）根据轴线放出桩位线,用木橛或钢筋头钉好桩位,并用白灰做标志,以便于施打。

（4）场地应碾压平整,排水畅通,保证桩机的移动和稳定垂直。

（5）打试验桩。施工前必须打试验桩,其数量不少于2根。确定贯入度并校验打桩设备、施工工艺以及技术措施是否适宜。

（6）要选择和确定打桩机进出路线和打桩顺序,制订施工方案,做好技术交底。

三、操作工艺

工艺流程为:就位桩机→起吊预制桩→稳桩→打桩→接桩→送桩→中间检查验收→移桩机到下一桩位。

（1）就位桩机。

打桩机就位时,要对准桩位,保证垂直稳定,在施工中不发生倾斜、移动。

（2）起吊预制桩。

先拴好吊桩用的钢丝绳和索具,然后用索具捆住桩上端吊环附近处,一般不超过30 cm,再启动机器起吊预制桩,使桩尖垂直对准桩位中心,缓缓放下插入土中,位置要准确;再在桩顶扣好桩帽或桩箍,即可除去索具。

（3）稳桩。

桩尖插入桩位后,先用较小的落距冷锤1~2次,桩入土一定深度,再使桩垂直稳定。10 m以内短桩可目测或用线坠双向校正;10 m以上或打接桩必须用线坠或经纬仪双向校正,不得用目测。桩插入时垂直度偏差不得超过0.5%。桩在打入前,要在桩的机面或桩架上设置标尺,以便在施工中观测、记录。

（4）打桩。

①用落锤或单动锤打桩时,锤的最大落距不能超过1.0 m;用柴油锤打桩时,要使锤跳动正常。

②打桩要重锤低击,锤重的选择要根据工程地质条件、桩的类型、结构、密集程度及施工条件来选用。

③打桩顺序根据基础的设计标高,先深后浅;依桩的规格要先大后小,先长后短。由于桩的密集程度不同,可自中间向两个方向对称进行或向四周进行;也可由一侧向单一方向进行。

（5）接桩。

①在桩长不够的情况下,采用焊接接桩,其预制桩表面上的预埋件要清洁,上下节之间的间隙要用铁片垫实焊牢;焊接时,要采取措施,减少焊缝变形;焊缝要连续焊满。

②接桩时,一般在距地面1 m左右时进行。上下桩节的中心线偏差不得大于10 mm,节点折曲矢高不得大于1‰桩长。

③接桩处入土前,要对外露铁件,再次补刷防腐漆。

（6）送桩。

设计要求送桩时,送桩的中心线要与桩身吻合一致,才能进行送桩。若桩顶不平,可用麻袋或厚纸垫平。送桩留下的桩孔要立即回填密实。

（7）中间检查验收。

每根桩达到贯入度要求，桩尖标高进入持力层，接近设计标高时，或打至设计标高时；要进行中间验收。在控制时，一般要求最后三次十锤的平均贯入度不大于规定的数值，或以桩尖打至设计标高来控制，符合设计要求后，填好施工记录。如发现桩位与要求相差较大，要会同有关单位研究处理，然后移桩机到新桩位。

（8）打桩过程中，遇见下列情况应暂停，并及时与有关单位研究处理：

①贯入度剧变。

②桩身突然发生倾斜、位移或有严重回弹。

③桩顶或桩身出现严重裂缝或破碎。

（9）待全部桩打完后，开挖至设计标高，做最后检查验收，并将技术资料提交总承包商。

（10）冬期在冻土区打桩有困难时，应先将冻土挖除或解冻后进行。

四、质量标准

要求符合《建筑地基基础工程施工质量验收规范》（GB 50202）的规定。

（一）一般规定

（1）钢筋混凝土预制桩的质量必须符合设计要求和施工规范的规定，并有出厂合格证。

（2）打桩的标高或贯入度、桩的接头处理，必须符合设计要求和施工规范的规定。

（二）桩基工程的桩位验收要求

桩基工程的桩位验收，除设计有规定外，应按下述要求进行：

（1）当桩顶设计标高与施工场地标高相同时，或桩基施工结束后，有可能对桩位进行检查时，桩基工程的验收应在施工结束后进行。

（2）当桩顶设计标高低于施工场地标高，送桩后无法对桩位进行检查时，对打入桩可在每根桩桩顶沉至场地标高时，进行中间验收，待全部桩施工结束，承台或底板开挖到设计标高后，再做最终验收。灌注桩可对护筒位置做中间验收。

（3）打（压）入桩（预制混凝土方桩、先张法预应力管桩、钢桩）的桩位偏差，必须符合表 2-5 的规定。斜桩倾斜度的偏差不得大于倾斜角正切值的 15%（倾斜角系桩的纵向中心线与铅垂线间夹角）。

表 2-5　钢筋混凝土预制桩打桩允许偏差

项次	项目			允许偏差（mm）	检验方法
1	桩中心位置偏移	有基础梁的桩	垂直基础梁的中心线方向	$100 + 0.01H$	用经纬仪或拉线和尺量检查
			沿基础梁的中心线方向	$150 + 0.01H$	
2		桩数为 1～3 根或单排桩		100	
3		桩数为 4～16 根		$D/2$	
4		桩数多于 16 根	边缘桩	$D/3$	
			中间桩	$D/2$	

注：H 为施工现场地面标高与桩顶设计标高的距离；D 为桩的直径或截面边长。

（三）混凝土预制桩

（1）桩在现场预制时，应对原材料、钢筋骨架、混凝土强度进行检查。采用工厂生产的成品桩时，桩进场后应进行外观及尺寸检查。

（2）施工中应对桩体垂直度、沉桩情况、桩顶完整状况、接桩质量等进行检查，对电焊接桩，重要工程应做10%的焊缝探伤检查。

（3）施工结束后，应对承载力及桩体质量做检验。

（4）对长桩或总锤击数超过500击的锤击桩，应符合桩体强度及28 d龄期的两项条件才能锤击。

（5）钢筋混凝土预制桩的质量检验标准应符合表2-6的规定。

表2-6 预制桩钢筋骨架的允许偏差

项次	项目	允许偏差（mm）	检查方法
1	主筋间距	±5	用钢尺量
2	桩尖中心线	10	用钢尺量
3	箍筋间距	±20	用钢尺量
4	吊环沿纵轴线偏差	±20	用钢尺量
5	吊环沿垂直于纵轴线方向	±20	用钢尺量
6	吊环露出桩顶面的高度	±10	用钢尺量
7	主筋距桩顶距离	±5	用钢尺量
8	桩顶钢筋网片位置	±10	用钢尺量
9	多节桩桩顶预埋件位置	±3	用钢尺量

五、成品保护

（1）桩应达到设计强度的70%方可起吊，达到100%才能运输。

（2）桩在起吊及搬运时，必须做到吊点符合设计要求，要平稳并不得损坏。

（3）桩的堆放要符合下列要求：

①场地平整、坚实，不得产生不均匀下沉。

②垫木与吊点的位置要相同，并保持在同一平面内。

③同桩号的桩要堆放在一起，而桩尖要向一端。

④多层垫木要上下对齐，最下层的垫木要适当加宽。堆放层数一般不超过4层。

（4）妥善保护好桩基的轴线和标高控制桩，不得由于碰撞和振动而位移。

（5）打桩时，如发现地质资料与提供的数据不符，要停止施工，并与有关单位共同研究处理。

（6）在邻近有建筑物或岸边、斜坡上打桩时，要会同有关单位采取有效的加固措施。施工时要随时进行观测，确保避免因打桩振动而发生安全事故。

（7）打桩完毕进行基坑开挖时，要制定合理的施工顺序和技术措施，防止桩的位移和倾斜。

六、施工注意事项

（1）预制桩必须提前订货加工，打桩时预制桩的强度必须达到设计强度的100%，养护期一个月后方准施打。

（2）桩身断裂。由于桩身弯曲过大、强度不足及地下有障碍物等原因造成，或桩在堆放、起吊、运输过程中产生断裂，没有发现所致原因，要及时检查。

（3）桩顶碎裂。由于桩顶强度不够及钢筋网片不足、主筋距桩顶面太小，或桩顶不平、施工机具选择不当等原因所造成。要加强施工准备时的检查。

（4）桩身倾斜。由于场地不平、打桩机底盘不水平或稳桩不垂直、桩尖在地下遇见硬物等原因所造成。要严格按工艺操作规定执行。

（5）接桩处拉脱开裂。由于连接处表面不干净、连接铁件不平、焊接质量不符合要求、接桩上下中心线不在同一条线上等原因所造成。

七、质量记录

（1）钢筋混凝土预制桩的出厂合格证。

（2）试桩或试验记录。

八、安全环保措施

（1）吊桩前应将桩锤提升到一定位置固定牢靠，防止吊桩锤坠落。

（2）起吊时吊点必须正确，速度要均匀，桩身应平稳，必要时桩架应设缆风。

（3）桩身附着物要清除干净，起吊后人员不准在桩下通过。

（4）吊桩与运桩发生干扰时，应停止运桩。

（5）插桩时，手脚严禁伸入桩与龙门之间。

（6）用撬棍或板舢等工具校正桩时，用力不宜过猛。

（7）打桩时应采取与桩型、桩架和桩锤相适应的桩帽及衬垫，发现损坏应及时修整或更换。

（8）锤击不宜偏心，开始落距要小。如遇贯入度突然增大，桩身突然倾斜、位移、桩头严重损坏、桩身断裂、桩锤严重回弹等应停止锤击，经采取措施后方可继续作业。

（9）熬制胶泥要穿好防护用品。工作棚应通风良好，注意防火；容器不准用锡焊，防止熔穿漏泄；胶泥浇筑后，上节桩应缓慢放下，防止胶泥飞溅。

（10）套送桩时。应使送桩、桩锤和桩三者中心在同一轴线上。

（11）拔送桩时，应选择合适的绳扣。操作时，必须缓慢加力，随时注意桩架、钢丝绳的变化情况。

（12）送桩拔出后，地面孔洞必须及时回填或加盖。

（13）注意打桩噪声控制。

第四节　人工挖孔（扩底）灌注桩

一、适用范围

适用于工业和民用建筑中黏土、粉质黏土及含少量砂、石黏土层，且地下水位低的人工成孔灌注桩工程。

二、施工准备

（一）材料及主要机具

（1）水泥：宜采用 32.5 级普通硅酸盐水泥或矿渣硅酸盐水泥。

（2）砂：中砂或粗砂，含泥量不大于 5%。

（3）石子：粒径为 0.5～3.2 cm 的卵石或碎石；桩身混凝土也可用粒径不大于 5 cm 的石子，且含泥量不大于 2%。

（4）水：应用自来水或不含有害物质的洁净水。

（5）外加早强剂应通过试验选用，粉煤灰掺合料按试验室的规定确定。

（6）钢筋：钢筋的级别、直径必须符合设计要求，有出厂证明书及复试报告。

（7）一般应备有三木搭、卷扬机组或电动葫芦、手推车或翻斗车、镐、锹、手铲、钎、线坠、定滑轮组、导向滑轮组、混凝土搅拌机、吊桶、溜槽、导管、振捣棒、插钎、粗麻绳、钢丝绳、安全活动盖板、防水照明灯（低压 36 V、100 W）、电焊机、通风及供氧设备、扬程水泵、木辘轳、活动爬梯、安全帽、安全带等。

（8）模板：组合式钢模，弧形工具式钢模四块（或八块）拼装。卡具、挂钩和零配件。木板、木方，8 号或 12 号槽钢等。

（二）作业条件

（1）人工开挖桩孔，井壁支护应根据该地区的土质特点、地下水分布情况，编制切实可行的施工方案，进行井壁支护的计算和设计。

（2）开挖前场地应完成三通一平。地上、地下的电缆、管线、旧建筑物、设备基础等障碍物均已处理完毕。各项临时设施，如照明、动力、通风、安全设施准备就绪。

（3）熟悉施工图纸及场地的地下土质、水文地质资料，做到心中有数。

（4）按基础平面图，设置桩位轴线、定位点；桩孔四周撒灰线。测定高程水准点。放线工序完成后，办理预检手续。

（5）按设计要求分段制作好钢筋笼。

（6）全面开挖之前，有选择地先挖两个试验桩孔，分析土质、水文等有关情况，以此修改原施工方案。

（7）在地下水位比较高的区域，先降低地下水位至桩底以下 0.5 m 左右。

（8）人工挖孔操作的安全至关重要，开挖前应对施工人员进行全面的安全技术交底；操作前对吊具进行安全可靠的检查和试验，确保施工安全。

三、操作工艺

（一）工艺流程

放线定桩位及高程→开挖第一节桩孔土方→支护壁模板、放附加钢筋→浇筑第一节护壁混凝土→检查桩位（中心）轴线及标高→架设垂直运输架→安装电动葫芦（卷扬机或木辘轳）→安装吊桶、照明、活动盖板、水泵和通风机等→开挖吊运第二节桩孔土方（修边）→先拆除第一节支第二节护壁模板，放附加钢筋→浇第二节护壁混凝土→检查桩位中心轴线及标高→逐层往下循环作业→开挖扩底部分→检查验收→吊放钢筋笼→放混凝土溜筒（导管）→浇筑桩身混凝土（随浇随振）→插桩顶钢筋。

（1）放线定桩位及高程：

在场地三通一平的基础上，依据建筑物测量控制网的资料和基础平面布置图，测定桩位轴线方格控制网和高程基准点。确定好桩位中心，以中点为圆心，以桩身半径加护壁厚度为半径画出上部（第一步）的圆周。撒石灰线作为桩孔开挖尺寸线。孔位线定好之后，必须经有关部门进行复查，办好预检手续后开挖。

（2）开挖第一节桩孔土方：

开挖桩孔应从上到下逐层进行，先挖中间部分的土方，然后扩及周边，有效地控制开挖孔的截面尺寸。每节的高度应根据土质好坏、操作条件而定，一般以 0.9～1.2 m 为宜。

（3）支护壁模板、放附加钢筋：

①为防止桩孔壁塌方，确保安全施工，成孔应设置井圈，其种类有素混凝土和钢筋混凝土两种。以现浇钢筋混凝土井圈护壁为好（护壁厚度不应小于 100 mm），与土壁能紧密结合，稳定性和整体性能均佳，且受力均匀，可以优先选用。在桩孔直径不大，深度较浅而土质又好，地下水位较低的情况下，也可以采用喷射混凝土护壁。护壁的厚度应根据井圈材料、性能、刚度、稳定性、操作方便、构造简单等要求，并按受力状况，以最下面一节所承受的土侧压力和地下水侧压力，通过计算来确定。

②护壁模板采用拆上节、支下节重复周转使用。模板之间用卡具、扣件连接固定，也可以在每节模板的上下端各设一道圆弧形的、用槽钢或角钢做成的内钢圈作为内侧支撑，防止内模因受张力而变形。不设水平支撑，以方便操作。

③第一节护壁以高出地坪 150～200 mm 为宜，便于挡土、挡水。桩位轴线和高程均应标定在第一节护壁上口，护壁厚度应比下面井壁厚度增加 100～150 mm。

（4）浇筑第一节护壁混凝土：

桩孔护壁混凝土每挖完一节以后应立即浇筑混凝土。人工浇筑、人工捣实，混凝土强度一般为 C20，坍落度控制在 100 mm，确保孔壁的稳定性。

（5）检查桩位（中心）轴线及标高：

每节桩孔护壁做好以后，必须将桩位十字轴线和标高测设在护壁的上口，然后用十字线对中，吊线坠向井底投设，以半径尺杆检查孔壁的垂直平整度。随之进行修整，井深必须以基准点为依据，逐根进行引测。保证桩孔轴线位置、标高、截面尺寸满足设计要求。

（6）架设垂直运输架：

第一节桩孔成孔以后，即着手在桩孔上口架设垂直运输支架。支架有木搭、钢管吊架、木吊架或工字钢导轨支架几种形式；要求搭设稳定、牢固。

（7）安装电动葫芦（卷扬机或木辘轳）：

在垂直运输架上安装滑轮组和电动或穿卷扬机的钢丝绳，选择适当位置安装卷扬机。如果是试桩和小型桩孔，也可以用木吊架、木辘轳或人工直接借助粗麻绳作提升工具。地面运土用手推车或翻斗车。

（8）安装吊桶、照明、活动盖板、水泵和通风机等：

①在安装滑轮组及吊桶时，注意使吊桶与桩孔中心位置重合，作为挖土时直观上控制桩位中心和护壁支模的中心线。

②井底照明必须用低压电源（36 V、100 W）、防水带罩的安全灯具。桩口上设围护栏，高度宜为 0.8 m。

③每日开工前必须检测井下的有毒、有害气体,并应有相应的安全防范措施;当桩孔深大于 10 m 时,应向井下送风,风量不宜小于 25 L/s,加强空气对流。必要时输送氧气,防止有毒气体的危害。操作时上下人员轮换作业,桩孔上人员密切注视观察桩孔下人员的情况,互相响应,切实预防安全事故的发生。

④当地下水量不大时,随挖随将泥水用吊桶运出。地下渗水量较大时,吊桶已满足不了排水,先在桩孔底挖集水坑,用高程水泵沉入抽水,边降水边挖土,水泵的规格按抽水量确定。应日夜三班抽水,使水位保持稳定。地下水位较高时,应先采用统一降水的措施,再进行开挖。

⑤桩孔口安装水平推移的活动安全盖板,当桩孔内有人挖土时,应掩好安全盖板,防止杂物掉下砸人。无关人员不得靠近桩孔口边。吊运土时,再打开安全盖板。

(9)开挖吊运第二节桩孔土(修边):

从第二节开始,利用提升设备运土,桩孔内人员应戴好安全帽,地面人员应拴好安全带。吊桶离开孔口上方 1.5 m 时,推动活动安全盖板,掩蔽孔口,防止卸土的土块、石块等杂物坠落孔内伤人。吊桶在小推车内卸土后,再打开活动盖板,下放吊桶装土。桩孔挖至规定的深度后,用支杆检查桩孔的直径及井壁圆弧度,上下应垂直平顺,修整孔壁。

(10)先拆除第一节支第二节护壁模板,放附加钢筋:

护壁模板采用拆上节支下节依次周转使用。如往下孔径缩小,应配备小块模板进行调整。模板上口留出高度为 100 mm 的混凝土浇筑口,接口处应捣固密实。拆模后用混凝土或砌砖堵严,水泥砂浆抹平,拆模强度达到 1 MPa。

(11)浇筑第二节护壁混凝土:

混凝土用串桶送来,人工浇筑,人工插捣密实。混凝土可由试验确定掺入早强剂,以加速混凝土的硬化。

(12)检查桩位中心轴线及标高:

以桩孔口的定位线为依据,逐节校测。

(13)逐层往下循环作业:

将桩孔挖至设计深度,清除虚土,检查土质情况,桩底应支承在设计所规定的持力层上。

(14)开挖扩底部分:

桩底可分为扩底和不扩底两种情况。挖扩底桩应先将扩底部位桩身的圆柱体挖好,再按扩底部位的尺寸、形状自上而下削土扩充成设计图纸的要求;如设计无明确要求,扩底直径一般为 $(1.5 \sim 3.0)d$。扩底部位的变径尺寸为 1:4。

(15)检查验收:

成孔以后必须对桩身直径、扩头尺寸、孔底标高、桩位中线、井壁垂直、虚土厚度进行全面测定。做好施工记录,办理隐蔽验收手续。

(16)吊放钢筋笼:

钢筋笼放入前应先绑好砂浆垫块,按设计要求一般为 70 mm(钢筋笼四周,在主筋上每隔 3~4 m 左右设一个 $\phi20$ 耳环,作为定位垫块);吊放钢筋笼时,要对准孔位,直吊扶稳、缓慢下沉,避免碰撞孔壁。钢筋笼放到设计位置时,应立即固定。以确保钢筋位置正确,保护层厚度符合要求。遇有两段钢筋笼连接时,应采用焊接(搭接焊或帮条焊),双面焊接,接头数按 50% 错开。

（17）浇筑桩身混凝土（随浇随振）：

桩身混凝土可使用粒径不大于 50 mm 的石子，坍落度 80～100 mm，机械搅拌。用溜槽加串桶向桩孔内浇筑混凝土。混凝土的落差大于 2 m，桩孔深度超过 12 m 时，宜采用混凝土导管浇筑。浇筑混凝土时应连续进行，分层振捣密实。一般第一步宜浇筑到扩底部位的顶面，然后浇筑上部混凝土。分层高度以捣固的工具而定，但不宜大于 1.5 m。

（18）插桩顶钢筋：

混凝土浇筑到桩顶时，应适当超过桩顶设计标高，以保证在剔除浮浆后，桩顶标高符合设计要求。桩顶上的钢筋插铁一定要保持设计尺寸，垂直插入，并有足够的保护层。

（二）冬、雨期施工

（1）冬期当温度低于 0 ℃以下浇筑混凝土时，应采取加热保温措施。浇筑的入模温度应由冬施方案确定。在桩顶未达到设计强度 50% 以前不得受冻。当夏季气温高于 30 ℃，应根据具体情况对混凝土采取缓凝措施。

（2）雨天不能进行人工挖桩孔的工作。现场必须有排水的措施，严防地面雨水流入桩孔内，致使桩孔塌方。

四、质量标准

（一）主控项目

（1）灌注桩的原材料和混凝土强度必须符合设计要求和验收规范的规定。

（2）实际浇筑混凝土量，严禁小于计算体积。

（3）浇筑混凝土后的桩顶标高及浮浆的处理，必须符合设计要求和验收规范的规定。

（二）一般项目

（1）桩身垂直度应严格控制。一般不应超过桩长的 3‰，且最大不超过 50 mm。

（2）孔底虚土厚度不应超过规定。扩底形状、尺寸符合设计要求，桩底应落在持力土层上，持力层土体不应被破坏。

（3）允许偏差项目。

人工成孔灌注桩允许偏差见表 2-7。

表 2-7　人工成孔灌注桩允许偏差

项次	项目	允许偏差（mm）	检验方法
1	钢筋笼主筋间距	±10	尺量检查
2	钢筋笼箍筋间距	±20	尺量检查
3	钢筋笼直径	±10	尺量检查
4	钢筋笼长度	±50	尺量检查
5	桩位中心轴线	±10	拉线和尺量检查
6	桩孔垂直度	3‰L，且不大于 50	吊线和尺量检查
7	桩身直径	±10	尺量检查
8	桩底标高	±10	尺量检查
9	护壁混凝土厚度	±20	尺量检查

五、成品保护

(1)已挖好的桩孔必须用木板或脚手板、钢筋网片盖好,防止土块、杂物、人员坠落。严禁用草袋、塑料布虚掩。

(2)已挖好的桩孔及时放好钢筋笼,及时浇筑混凝土,间隔时间不得超过 4 h,以防塌方。有地下水的桩孔应随挖、随检、随放钢筋笼、随时将混凝土灌好,避免地下水浸泡。

(3)桩孔上口外圈应做好挡土台,防止灌水及掉土。

(4)保护好已成形的钢筋笼,不得扭曲、松动变形。吊入桩孔时,不要碰坏孔壁。串桶应垂直放置,防止因混凝土斜向冲击孔壁,破坏护壁土层,造成夹土。

(5)钢筋笼不要被泥浆污染;浇筑混凝土时,在钢筋笼顶部固定牢固,限制钢筋笼上浮。

(6)桩孔混凝土浇筑完毕,应复核桩位和桩顶标高。将桩顶的主筋或插铁扶正,用塑料布或草帘围好,防止混凝土发生收缩、干裂。

(7)施工过程妥善保护好场地的轴线桩、水准点。不得碾压桩头,弯折钢筋。

六、安全环保措施

(一)垂直偏差过大

由于开挖过程未按要求每节核验垂直度,致使挖完以后垂直超偏。每挖完一节,必须根据桩孔口上的轴线吊直、修边,使孔壁圆弧保持上下顺直。

(二)孔壁坍塌

因桩位土质不好,或地下水渗出而使孔壁坍塌。开挖前应掌握现场土质情况,错开桩位开挖,缩短每节高度,随时观察土体松动情况,必要时可在塌孔处用砌砖、钢板桩、木板桩封堵;操作进程要紧凑,不留间隔空隙,避免塌孔。

(三)孔底残留虚土太多

成孔、修边以后有较多虚土、碎砖,未认真清除。在放钢筋笼前后均应认真检查孔底,清除虚土杂物。必要时用水泥砂浆或混凝土封底。

(四)孔底出现积水

当地下水渗出较快或雨水流入,抽排水不及时,就会出现积水。开挖过程中孔底要挖集水坑,及时下泵抽水。如有少量积水,浇筑混凝土时可在首盘采用半干硬性的,大量积水一时又排除困难的情况下,则应用导管水下浇筑混凝土的方法,确保施工质量。

(五)桩身混凝土质量差

有缩颈、空洞、夹土等现象。在浇筑混凝土前一定要做好操作技术交底,坚持分层浇筑、分层振捣、连续作业。必要时用铁管、竹竿、钢筋钎人工辅助插捣,以补充机械振捣的不足。

(六)钢筋笼扭曲变形

钢筋笼加工制作时点焊不牢,未采取支撑加强钢筋,运输、吊放时产生变形、扭曲。钢筋笼应在专用平台上加工,主筋与箍筋点焊牢固,支撑加固措施要可靠,吊运要竖直,使其平稳地放入桩孔中,保持骨架完好。

七、质量记录

本标准应具备以下质量记录:

（1）水泥的出厂合格证及复验证明。

（2）钢筋的出厂证明或合格证，以及钢筋试验单抄件。

（3）试桩的试压记录。

（4）灌注桩的施工记录。

（5）混凝土试配申请单和试验室签发的配合比通知单。

（6）混凝土试块 28 d 标养抗压强度试验报告。

（7）桩位平面示意图。

（8）钢筋及桩孔隐蔽验收记录单。

第五节　冲击钻成孔灌注桩

冲击钻成孔灌注桩系用冲击式钻机或卷扬机悬吊冲击钻头（又称冲锤）上下往复冲击，将硬质土或岩层破碎成孔，部分碎渣和泥浆挤入孔壁中，大部分成为泥渣，用掏渣筒掏出成孔，然后再灌注混凝土成桩。

一、适用范围

设备构造简单，适用范围广，操作方便，所成孔壁较坚实、稳定，塌孔少，不受施工场地限制，无噪声和振动影响等。但存在掏泥渣费工，不能连续作业，成孔速度慢，泥渣污染环境，孔底泥渣难以掏尽，使桩承载力不够稳定等问题。

适用于黄土、黏性土或粉质黏土和人工杂填土层中应用，特别适用于有孤石的沙砾石层、漂石层、坚硬土层、岩层中使用，对流沙亦可克服，但对淤泥及淤泥质土，则十分慎重，对地下水大的土层，会使桩端承载力和摩阻力大幅度降低，不宜使用。

二、材料及机具设备

水泥采用 P·O 32.5，砂采用中砂或粗砂，含泥量小于 5%，石子采用卵石或碎石，粒径 5～40 mm，含泥量不大于 2%。钢筋一般采用 Ⅰ、Ⅱ 级钢，18～22 号火烧丝。

主要设备为 CZ-22、CZ-30 型冲击钻机，其技术性能见表2-8。亦可用简易的冲击钻机，它由简易钻架、冲锤、转向装置、护筒、掏渣筒以及 3～5 t 双筒卷扬机（带离合器）等组成。钻头有十字钻头和三翼钻头两种，前者用于砾石层和岩层，后者用于土层。钻头重 1～1.6 t，钻头直径60～150 cm。机具设备还包括混凝土搅拌机、插入式振捣器、翻斗车、掏渣筒、混凝土浇灌台架、下料斗等。

表2-8　国产常用冲击钻机技术性能

性能	SPC-300H	GJC-40H	CZ-22	CZ-30	KCL-100
钻孔最大直径(mm)	700	700	800	1 200	1 000
钻孔最大深度(m)	80	80	150	180	150
冲击行程(mm)	500,650	500,650	350～1 000	500～1 000	350～1 000
冲击频率(次/min)	25,50,72	20～72	40,45,50	40,45,50	40,45,50

续表 2-8

性能	SPC – 300H	GJC – 40H	CZ – 22	CZ – 30	KCL – 100
冲击钻质量(kg)	—	—	1 500	2 500	1 500
卷筒提升力(kN)	30	30	20	30	20
驱动动力功率(kW)	118	118	22	40	30
钻机质量(kg)	15 000	15 000	6 850	13 670	6 100
生产厂家	天津探机厂	天津探机厂	洛阳矿机厂	太原矿机厂	太原矿机厂

三、施工工艺

（1）冲击钻成孔灌注桩的施工工艺程序是：场地平整→桩位放线，开挖浆池、浆沟→护筒埋设→钻机就位，孔位校正→冲击造孔，泥浆循环，清除废浆、泥渣，清孔换浆→终孔验收→下钢筋笼和钢导管→灌注水下混凝土→成桩养护。

（2）成孔时应先在孔口设圆形 6～8 mm 钢板护筒或砖砌护圈，护筒（圈）内径应比钻头直径大 200 mm，深一般为 1.2～1.5 m，然后使冲孔机就位，冲击钻应对准护筒中心，要求偏差不大于 ±20 mm，开始低锤（小冲程）密击，锤高 0.4～0.6 m，并及时加块石与黏土泥浆护壁，泥浆密度和冲程可按表 2-9 选用，使孔壁挤压密实，直至孔深达护筒下 3～4 m 后，才加快速度，加大冲程，将锤提高至 1.5～2.0 m 以上，转入正常连续冲击，在造孔时要及时将孔内残渣排出孔外。

表 2-9　各类土层中的冲程和泥浆密度选用

项次	项目	冲程(m)	泥浆密度(t/m³)	备注
1	在护筒中及护筒刃脚下 3 m 以内	0.9～1.1	1.1～1.3	土层不好时宜提高泥浆密度，必要时加入小片石和黏土块
2	黏土	1～2	清水	或稀泥浆，经常清理钻头上的泥块
3	砂土	1～2	1.3～1.5	抛黏土块，勤冲勤掏渣，防坍孔
4	砂卵石	2～3	1.3～1.5	加大冲击能量，勤掏渣
5	风化岩	1～4	1.2～1.4	如岩层表面不平或倾斜，应抛入 20～30 cm 厚块石使之略平，然后低锤快击使其成一紧密平台，再进行正常冲击，同时加大冲击能量，勤掏渣
6	塌孔回填重成孔	1	1.3～1.5	反复冲击，加黏土块及片石

（3）冲击钻成孔。冲击钻头的质量，一般按其冲孔直径每 100 mm 取 100～140 kg 为宜，一般正常悬距可取 0.5～0.8 m；冲击行程一般为 0.78～1.5 m，冲击频率以 40～48 次/min 为宜。

（4）冲孔时应随时测定和控制泥浆密度。如遇较好的黏土层，亦可采取自成泥浆护壁，在孔内注满清水，通过上下冲击使成泥浆护壁。每冲击 1～2 m 应排渣一次，并定时补浆，直至设计深度。排渣方法有泥浆循环法和抽筒法两种。前者是将输浆管插入孔底,泥浆在孔内向上流动,将残渣带出孔外,本法造孔工效高,护壁效果好,泥浆较易处理,但孔较深时,循环泥浆的压力和流量要求高,较难实施,故只适用在浅孔中。后者是用一个下部带活门的钢筒,将其放到孔底,作上下来回活动,提升高度在 2 m 左右,当抽筒向下活动时,活门打开,残渣进入筒内;向上运动时,活门关闭,可将孔内残渣抽出孔外。排渣时,必须及时向孔内补充泥浆,以防亏浆造成孔内坍塌。

（5）在钻进过程中每 1～2 m 要检查一次成孔垂直度。如发现偏斜,应立即停止钻进,采取措施进行纠偏。对于变层处和易于发生偏斜的部位,应采用低锤轻击、间断冲击的办法穿过,以保持孔形良好。

（6）在冲击钻进阶段应注意始终保持孔内水位高过护筒底口 0.5 m 以上,以免水位升降波动造成对护筒底口处产生冲刷,同时孔内水位高度应大于地下水位 1 m 以上。

（7）成孔后,应用测绳下挂 0.5 kg 重铁砣测量检查孔深,核对无误后,进行清孔。可使用底部带活门的钢抽渣筒,反复掏渣,将孔底淤泥、沉渣清除干净。密度大的泥浆借水泵用清水置换,使密度控制在 1.15～1.25 t/m³。

（8）清孔后应立即放入钢筋笼,并固定在孔口钢护筒上,使在浇筑混凝土过程中不向上浮起,也不下沉。钢筋笼下完并检查无误后,应立即浇筑混凝土,间隔时间不应超过 4 h,以防泥浆沉淀和塌孔。混凝土灌注一般采用导管法。

四、质量控制

（1）施工前应对水泥、砂、石子、钢材等原材料进行检查,对施工组织设计中制定的施工顺序、监测手段(包括仪器方法)也应检查。

（2）施工中应对成孔、清渣、放置钢筋笼、灌注混凝土等进行全过程检查,人工挖孔桩尚应复验孔底持力层土(岩)性。嵌岩桩必须有桩端持力层的岩性报告。

（3）施工结束后,应检查混凝土强度,并应做桩体质量及承载力的检验。

（4）桩位偏差必须符合表 2-10 的规定,桩顶标高至少要比设计标高高出 0.5 m。每浇筑 50 m³ 必须有 1 组试件,小于 50 m³ 的桩,每根桩必须有 1 组试件。

表 2-10　桩的平面位置和垂直度的允许偏差

序号	成孔方法		桩径允许偏差（mm）	垂直度允许偏差（%）	桩位允许偏差（mm）	
					1～3 根、单排桩基垂直于中心线方向和群桩基础的边桩	条形桩基沿中心线方向和群桩基础的中间桩
1	泥浆护壁灌注桩	$D \leq 1\,000$ mm	±50	<1	$D/6$,且不大于 100	$D/4$,且不大于 150
		$D > 1\,000$ mm	±50		$100 + 0.01H$	$150 + 0.01H$
2	干成孔灌注桩		−20	<1	70	150

注:1. 桩径允许偏差的负值是指个别断面。
　　2. H 为施工现场地面标高与桩顶设计标高的距离;D 为设计桩径。

（5）桩体质量检查:应用动力法检测,或钻芯取样,大直径嵌岩桩应钻至桩尖下 500

mm,按设计要求方法检测,并符合设计要求。设计为甲级地基或地质条件复杂,成桩质量可靠性低的灌注桩,抽检数量为总数的30%,且不少于20根;其他桩不少于总数的20%,且不小于10根;对混凝土预制桩及地下水位以上且终孔后经过核查的灌注桩。检查不少于总数的10%,且不少于10根。每个柱子承台下不少于1根。

（6）桩的质量允许偏差应符合表2-11、表2-12的规定。

表2-11　混凝土灌注桩钢筋笼制作允许偏差

项目	序号	检查项目	允许偏差或允许值	检查方法
主控项目	1	主筋间距（mm）	±10	用钢尺量
	2	长度（mm）	±100	用钢尺量
一般项目	1	钢筋材质检验	设计要求	抽样送检
	2	箍筋间距（mm）	±20	用钢尺量
	3	直径（mm）	±10	用钢尺量

表2-12　灌注桩成孔施工允许偏差

成孔方法		桩径允许偏差（mm）	垂直度允许偏差（%）	桩位允许偏差（mm）	
				1~3根桩、条形桩基沿垂直轴线方向和群桩基础中的边桩	条形桩基沿垂直轴线方向和群桩基础中的中间桩
泥浆护壁钻、挖、冲孔桩	$d \leqslant 1\,000$ mm	±50	1	$d/6$ 且不大于100	$d/4$ 且不大于150
泥浆护壁钻、挖、冲孔桩	$d > 1\,000$ mm	±50	1	$100 + 0.01H$	$150 + 0.01H$
锤击(振动)沉管振动冲击沉管成孔	$d \leqslant 500$ mm	−20	1	70	150
	$d > 500$ mm			100	150
螺旋钻、机动洛阳铲干作业成孔		−20	1	70	150
人工挖孔桩	现浇混凝土护壁	±50	0.5	50	150
	长钢套管护壁	±20	1	100	200

注:1.桩径允许偏差的负值是指个别断面;
　　2.H 为施工现场地面标高与桩顶设计标高的距离;d 为设计桩径。

五、常遇问题的防治与处理

冲击钻成孔灌注桩常遇问题的防治与处理见表2-13。

表 2-13　　冲击钻成孔灌注桩常遇问题的防治与处理

常遇问题	产生原因	预防措施及处理方法
桩孔不圆，呈梅花形	1. 钻头的转向装置失灵，冲击时钻头未转动。 2. 泥浆黏度过高，冲击转动阻力太大，钻头转动困难。 3. 冲程太小，钻头转动时间不充分或转动很小	经常检查转向装置的灵活性；调整泥浆的黏度和相对密度；用低冲程时，每冲击一段换用高一些的冲程冲击，交替冲击修整孔形
钻孔偏差	1. 冲击中遇探头石、漂石，大小不均，钻头受力不均。 2. 基岩面较陡。 3. 钻机底座未安置水平或产生不均匀沉陷。 4. 土层软硬不均；孔径大，钻头小，冲击时钻头向一侧倾斜	发现探头石后，应回填碎石或将钻机稍移向探头石一侧，用高冲程猛击探头石，破碎探头石后再钻进遇基岩时采用低冲程，并使钻头充分转动，加快冲击频率，进入基岩后采用高冲程钻进；若发现孔斜，应回填重钻；经常检查及时调整；进入软硬不均匀地层，采取低锤密击，保持孔底平整，穿过此层后再正常钻进；及时更换钻头
冲击钻头被卡	1. 钻孔不圆，钻头被孔的狭窄部位卡住（叫下卡）；冲击钻头在孔内遇到大的探头（叫上卡）；石块落在钻头与孔壁之间。 2. 未及时焊补钻头，钻孔直径逐渐变小，钻头入孔冲击被卡。 3. 上部孔壁坍落物卡住钻头。 4. 在黏土层中冲程太高，泥浆黏度过高，以致钻头被吸住。 5. 放绳太多，冲击钻头倾倒顶住孔壁。 6. 护筒底部出现卷口变形，钻头卡在护筒底，拉不出来	若孔不圆，钻头向下有活动余地，可使钻头向下活动并转动至孔径较大方向提起钻头；使钻头向下活动，脱离卡点；使钻头上下活动，让石块落下，及时修补冲击钻头；若孔径已变小，应严格控制钻头直径，并在孔径变小处反复冲刮孔壁，以增大孔径；用打捞钩或打捞活套助提；利用泥浆泵向孔内泵送性能优良的泥浆，清除坍落物，替换孔内黏度过高的泥浆；使用专门加工的工具将顶住孔壁的钻头拨正；将护筒吊起，割去卷口，再在筒底外围用 φ12 圆钢焊一圈包箍，重下护筒
孔壁坍塌	1. 冲击钻头或掏渣筒倾倒，撞击孔壁。 2. 泥浆相对密度偏低，起不到护壁作用；孔内泥浆面低于孔外水位。 3. 遇流沙、软淤泥、破碎地层或松砂层钻进进尺太快。 4. 地层变化时未及时调整泥浆相对密度。 5. 清孔或漏浆时补浆不及时，造成泥浆面过低，孔压不够而塌孔。 6. 成孔后未及时灌注混凝土或下钢筋笼时撞击孔壁造成塌孔	探明坍塌位置，将砂和黏土（或沙砾和黄土）混合物回填到坍孔位置以上 1～2 m，等回填物沉积密实后再重新冲孔；按不同地层土质采用不同的泥浆相对密度；提高泥浆面；严重坍孔，用黏土泥膏投入，待孔壁稳定后，采用低速重新钻进；地层变化时要随时调整泥浆相对密度，清孔或漏浆时应及时补充泥浆，保持浆面在护筒范围以内；成孔后应及时灌注混凝土；下钢筋笼应保持竖直，不撞击孔壁

续表 2-13

常遇问题	产生原因	预防措施及处理方法
流沙	1.孔外水压力比孔内大,孔壁松散,使大量流沙涌塞孔底。 2.掏渣时,没有时间向孔内补充水,造成孔外水位高于孔内	流沙严重时,可抛入碎砖石、黏土,用锤冲入流沙层,做成泥浆结块,使成坚厚孔壁,阻止流沙涌入保持孔内水头,并向孔内抛黏土块,冲击造浆护壁,然后用掏渣筒掏砂
冲击无钻进	1.钻头刃脚变钝或未焊牢被冲击掉。 2.孔内泥浆浓度不够,石渣沉于孔底,钻头重复击打石渣层	磨损的刃齿用氧气乙炔割平,重新补焊;向孔内抛黏土块,冲击造浆,增大泥浆浓度,勤掏渣
钻孔直径小	1.选用的钻头直径小。 2.钻头磨损未及时修复	选择合适的钻头直径,宜比成桩直径小 20 mm;定期检查钻头磨损情况,及时修复
钻头脱落	1.大绳在转向装置联结处被磨断;或在靠近转向装置处被扭断,或绳卡松脱,或钻头本身在薄弱断面折断。 2.转向装置与钻头的联结处脱开	用打捞活套打捞;用打捞钩打捞;用冲抓锥来抓取掉落的钻头。 预防掉钻头,勤检查易损部位和机构
吊脚桩	1.清孔后泥浆相对密度过低,孔壁坍塌或孔底涌进泥沙,或未立即灌注混凝土。 2.清渣未净,残留沉渣过厚。 3.沉放钢筋骨架、导管等物碰撞孔壁,使孔壁坍落孔底	做好清孔工作,达到要求立即灌注混凝土。 注意泥浆浓度,及时清渣。 注意孔壁,不让重物碰撞孔壁

六、成品保护

(1)冬期施工,桩顶混凝土未达到设计强度等级的 40% 时,应采取适当保温措施,防止受冻。

(2)刚浇完混凝土的灌注桩,不宜立即在其附近冲击相邻桩孔,宜采取间隔施工,防止因振动或土体侧向挤压而造成桩变形或裂断。

七、安全措施

(1)认真查清邻近建(构)筑物情况,采取有效的防震安全措施,以避免冲击(钻)成孔时,震坏邻近建(构)筑物,造成裂缝、倾斜,甚至倒塌事故。

(2)冲击(钻)成孔机械操作时应安放平稳,防止冲孔时突然倾倒或冲锤突然下落,造成人员伤亡和设备损坏。

(3)采用泥浆护壁成孔,应根据设备情况、地质条件和孔内情况变化,认真控制泥浆密度、孔内水头高度、护筒埋设深度、钻机垂直度、钻进和提钻速度等,以防塌孔,造成机具塌陷。

(4)冲击锤(钻)操作时,距离锤6 m范围内不得有人员走动或进行其他作业,非工作人员不准进入施工区域内。

(5)冲(钻)孔灌注桩在已成孔尚未灌注混凝土前,应用盖板封严,以免掉土或发生人身安全事故。

(6)所有成孔设备,电路要架空设置,不得使用不防水的电线或绝缘层有损伤的电线。电闸箱和电动机要有接地装置,加盖防雨罩;电路接头要安全可靠,开关要有保险装置。

(7)恶劣气候冲(钻)孔机应停止作业,休息或作业结束时,应切断操作箱上的总开关,并将离电源最近的配电盘上的开关切断。

(8)混凝土灌注时,装、拆导管人员必须戴安全帽,并注意防止扳手、螺丝等掉入桩孔内;拆卸导管时,其上空不得进行其他作业,导管提升后继续浇筑混凝土前,必须检查其是否垫稳或挂牢。

八、施工注意事项

(1)冲击钻具应注意必须连接牢固,总重量不得超过钻机或卷扬机使用说明书规定的重量,钢丝绳不得超负荷使用,以免发生意外事故。

(2)大直径桩可分级成孔,第一级成孔直径为设计直径的0.6~0.8。

(3)应及时将废泥浆和钻渣运出现场,防止污染施工现场及周围环境。

(4)下钻时应注意先将钻头垂直吊稳后,再导正下入孔内。进入孔内后,不得松刹车,高速下放。提钻时应先缓慢提数米,未遇阻力后,再按正常速度提升。如发现有阻力,应将钻具下放,使钻头转动方向后再提,不得强行提拉。

(5)钻进中,当发现塌孔、扁孔、斜孔时,应及时处理。发现缩颈时,应经常提动钻具,修护孔壁,每次冲击时间不宜过长,以防卡钻。

(6)浇筑水下混凝土时,严禁导管提出混凝土面,应有专人测量导管深及管内外混凝土面的高差,填写水下混凝土浇筑记录。

(7)整个成孔过程中,应始终保持孔内液面比地下水位高1.5~2.0 m,以液柱的静压和渗压保持孔壁稳定。

(8)对浇筑过程中的一切故障均应记录备案。

第六节　回转钻成孔灌注桩

回转钻成孔灌注桩又称正反循环成孔灌注桩,是用一般地质钻机在泥浆护壁条件下,慢速钻进,通过泥浆排渣成孔,灌注混凝土成桩,为国内最为常用和应用范围较广的成桩方法。

一、特点及适用范围

可用常规地质钻头,可用于多种地质条件,各种大小孔径(300~2 000 mm)和深度(40~100 m),护壁效果好,成孔质量可靠;施工无噪声、无振动、无挤压;机具设备简单,操作方便,费用较低。但成孔速度慢,效率低,用水量大,泥浆排量大,污染环境,扩孔率较难控制。适用于高层建筑中,地下水位较高的软硬土层(如淤泥、黏性土、砂土)、软质岩等土层。

二、材料及机具设备

对水泥、砂、石子等材料的要求同"第五节　冲击钻成孔灌注桩"。

钻孔机具包括正、反循环钻机,其中,正循环钻机主要由动力机、泥浆泵、卷扬机、转盘、钻架、钻杆、水龙头和钻头等组成。常用的正循环回转机型号包括 GPS‑10、SPG 型及 SPC型,正循环钻机各种钻头的特点及适用范围见表 2‑14。反循环钻机主要由钻头、加压装置、回转装置、扬水装置、连续装置和升降装置等组成。常用反循环钻机的型号包括 GPS‑15、QJ250、GJC 型及 BRM 型。反循环钻机各种钻头的特点及适用范围见表 2‑15。

表 2-14　正循环钻机各种钻头的特点及适用范围

钻头形式		钻进特点	适用范围
合金全面钻进钻头	双腰带翼状钻头	在钻压和回转扭矩的作用下,合金钻头切削破碎岩土而获得进尺。切削下来的钻渣,由泥浆携出桩孔。对第四系地层的适应性好,回转阻力小,钻头具有良好的扶正导向性,有利于清除孔底沉渣	黏土层、砂土层、砾砂层、粒径小的卵石层和风化基岩
	鱼尾钻头	在钻压和回转扭矩的作用下,合金钻头切削破碎土层而获得进尺。切削下来的钻渣,由泥浆携出桩孔。此种钻头制作简单,但导向性差,钻头直径较小,不适于较大桩施工	黏土层和砂土层
合金扩孔钻头		冲洗液顺螺旋翼片之间的空隙上返,形成旋流,流速增大,有利于孔底排渣	黏土层和砂土层
筒状肋骨合金取芯钻头		主要用于某些基岩(如比较完整的砂岩、灰岩等)地层钻进,以减少破碎岩石的体积,增大钻头比压,提高钻进效率	砂土层、卵石层和一般岩石层
滚轮钻头		滚轮钻头在孔底既有绕钻头轴心的公转,又有绕自身轴心的自转。钻头与孔底的接触既有滚动又有滑动,还有钻头回转扭矩的作用,钻头不断冲击、刮断、剪切破碎岩石而获得进尺	软岩、较硬的岩层和卵砾石层,也可用于一般地层
钢粒全面钻进钻头		钢粒钻进利用钢粒作为碎岩磨料,达到破碎岩石进尺。泥浆的作用不仅是悬浮携带钻渣、冷却钻头,而且还要将磨小、磨碎失去作用的钢粒从钻头唇部冲出	主要适用于中硬以上的岩层,也可用于大漂砾或大孤石

表 2-15　反循环钻机各种钻头的特点及适用范围

钻头形式	钻进特点	适用范围
多瓣式钻头（蒜头式钻头）	效率高,使用较多,在 N 值超过 40 以上的硬土层钻挖时,钻头刃口会打滑,无法钻挖	一般土质（黏土、粉土、砂和沙砾层）,粒径比钻杆小 10 mm 左右的卵石层
三翼式钻头	钻头为带有平齿状硬质合金的三叶片	N 值小于 50 的一般土层（黏土、粉土、砂和沙砾层）
四翼式钻头	钻头的刃尖钻挖部分为阶梯式圆筒形,钻挖时先钻一个小圆孔,然后成阶梯形扩大	硬土层,特别是坚硬的沙砾层（无侧限抗压强度小于 1 MPa 的硬土）
抓斗式钻头		用于粒径大于 150 mm 的砾石层
圆锥形钻头		无侧限抗压强度为 1 ~ 3 MPa 的软岩（页岩、泥岩、砂岩）
滚轮式钻头（牙轮式钻头）	钻挖时需加压力 50 ~ 200 kN,需用容许荷载 400 kN 的旋转连接器和扭矩为 30 ~ 80 kN·m 的旋转盘。切削刃有齿轮型、圆盘型、钮式滚动切刀型等	特别硬的黏土和沙砾层及无侧限抗压强度大于 2 MPa 的硬岩
并用式钻头	此类钻头是在液轮式钻头上安装耙形刀刃,无须烦琐更换钻头,进行一贯的钻挖作业	土层和岩层混合存在的地层
扩孔钻头	形成扩底桩,以提高桩端阻力	专用于一般土层或沙砾层

三、泥浆的制备和处理

（一）泥浆的作用

护壁泥浆是由高塑性黏土或膨润土和水拌和的混合物,并根据需要,掺入少量的其他物质,如加重剂、分散剂、增黏剂及堵漏剂等,以改善泥浆的品质。在钻孔时,泥浆是将钻孔内不同土层中的空隙渗填密实,使孔内漏水减少到最低程度,以保持护筒内较稳定的水压。同时对孔壁有一定的侧压力,成为孔壁的一种液态支撑,同时泥浆中胶质颗粒的分子,在泥浆的压力下渗入孔壁表层的孔隙中,形成一层泥皮,促使孔壁胶结,从而起到防止塌孔、保护孔壁的作用。除此以外,在泥浆循环排土时,还有携渣、润滑钻头、降低钻头发热、减小钻进阻力等作用。

（二）泥浆的性能指标

拌制泥浆应根据施工机械、工艺及穿越土层进行配合比设计。膨润土泥浆可按表 2-16 的性能指标制备。

表 2-16　制备泥浆的性能指标

项次	项目	性能指标	检验方法
1	相对密度	1.1 ~ 1.15	泥浆密度计
2	黏度	10 ~ 25 s	500/700 mL 漏斗法
3	含砂率	<6%	
4	胶体率	>95%	量杯法
5	失水量	< 3 mL/30 min	失水量仪
6	泥皮厚度	1 ~ 3 mm/30 min	尺量
7	静切力	1 min 20 ~ 30 mg/cm^2 10 min 50 ~ 100 mg/cm^2	静切力计
8	稳定性	< 0.03 g/cm^2	
9	pH	7 ~ 9	pH 试纸

（三）泥浆护壁的规定

（1）施工期间护筒内的泥浆面应高出地下水位 1.0 m 以上，在受水位涨落影响时，泥浆面应高出最高水位 1.5 m 以上。

（2）在清孔过程中，应不断置换泥浆，直至浇筑水下混凝土。

（3）浇筑混凝土前，孔底 500 mm 以内的泥浆相对密度应小于 1.25；含砂率≤8%；黏度≤28 s。

（四）废泥浆和钻渣处理

灌注桩施工时所产生的废弃物有钻孔形成的弃土、变质后不能循环使用的护壁泥浆废液，还有施工结束时所剩余的护壁泥浆。其中，任何一种都会对周围环境造成污染。所以，在对废弃物进行处理时应遵循有关环保规定，不能随意排放。

废泥浆和钻渣的处理，主要分为脱水处理和有害杂质处理两个方面，其主要目的有两个：一是对可以再生利用的废泥浆，将其中土屑、粗粒杂质等钻渣清除后重新利用，以降低成本；二是把无法再生利用的废泥浆中所有污染的物质进行全面处理，消除公害。

四、正反循环施工方法

（一）正循环施工法

正循环施工法是从地面向钻管内注入一定压力的泥浆，泥浆压送至孔底后，与钻孔产生的泥渣搅拌混合，然后经由钻管与孔壁之间的空腔上升并排出孔外，混有大量泥渣的泥浆水经沉淀、过滤并进行适当处理后，可再次重复使用。沉淀后的废液或废土可用车运走。正循环施工法是国内常用的一种成孔方法，这种方法由于泥浆的流速不大，所以出土率较低。

正循环施工法的泥浆循环系统由泥浆池、沉淀池、循环槽、泥浆泵等设备组成，并有排水、清洗、排污等设施。

（二）反循环施工法

反循环施工法是将钻孔时孔底混有大量的泥渣的泥浆通过钻管的内孔抽吸到地面，新鲜泥浆则由地面直接注入桩孔。反循环吸泥法有三种方式，即空气提浆反循环法、泵举反循环法和泵吸反循环法。前两种方法较常用。

空气提浆反循环法是在钻管底端喷吹压缩空气，当吹口沉至地下 6 ~ 7 m 时即可压气作业,气压一般控制在 0.5 MPa,由此产生比重较小的空气与泥浆混合体,形成管内水流上升,即"空气升液"。当钻至设计标高后,钻机停止运转,压气出浆继续工作至泥浆密度至规定值为止。这种方法适用于深孔,排泥及钻孔效果好。对于浅孔,由于吸风时往往会将压缩空气喷出地面,影响排渣效果,故一般在地面下 6 m 以上的排渣仍采用正循环施工法。

泵举反循环法为反循环排泥中最为先进的方法之一,它由砂石泵随主机一起潜入孔内,可迅速将切碎的泥渣排出孔外,钻头不必切碎土成为泥浆,钻进效率很高。它系将潜水砂石泵同主机连接,开钻时采用正循环开孔,当钻深超过砂石泵叶轮位置以后,即可启动砂石泵电机,开始反循环作业。当钻至设计标高后,停止钻进,砂石泵继续排泥,达到要求为止。

泵吸反循环法则是将钻管上端用软管与离心泵连接,并可连接真空泵,吸泥时是用真空将软管及钻杆中的空气排出,再起动离心泵排渣。

五、施工工艺

(1)钻机就位前,先平整场地,铺好枕木并用水平尺校正,保证钻机平稳、牢固。在桩位埋设 6 ~ 8 mm 厚钢板护筒,内径比孔口大 100 ~ 200 mm,埋深 1 ~ 1.5 m,同时挖好水源坑、排泥槽、泥浆池等。

(2)成孔一般多用正循环工艺,但对于孔深大于 30 m 的端承桩宜用反循环工艺成孔。钻进时如土质情况良好,可采取清水钻进,自然造浆护壁,或加入红黏土或膨润土泥浆护壁,泥浆密度为 1.3 t/m^3。

(3)钻进时应根据土层情况加压,开始时应轻压力、慢转速,逐步转入正常,一般土层按钻具自重钢绳加压,不超过 10 kN;基岩中钻进为 15 ~ 25 kN;钻机转速:对合金钻头为 180 r/min;钢粒钻头为 100 r/min。在松软土层中钻进,应根据泥浆补给情况控制钻进速度,在硬土层或岩层中的钻进速度,以钻机不发生跳动为准。

(4)钻进程序,根据场地、桩距和进度情况,可采用单机跳打法(隔一打一或隔二打一)、单机双打(一台机在二个机座上轮流对打)、双机双打(两钻机在两个机座上轮流按对角线双打)等。

(5)钻孔完成,应用空气压缩机清孔,可将 30 mm 左右石块排出,直至孔内沉渣厚度小于 100 mm。清孔后泥浆密度不大于 1.2 t/m^3。亦可用泥浆置换方法进行清孔。

(6)清孔后测量孔径,然后吊放钢筋笼,进行隐蔽工程验收,合格后浇筑水下混凝土。水下混凝土的砂率宜为 40% ~ 45%;用中粗砂,粗骨料最大粒径 < 40 mm;水泥用量不少于 360 kg/m^3;坍落度宜为 180 ~ 220 mm;配合比经试验确定。

(7)浇筑混凝土的导管直径宜为 200 ~ 250 mm,壁厚不小于 3 mm,分节长度视工艺要求而定,一般为 2.0 ~ 2.5 m,导管与钢筋应保持 100 mm 距离,导管使用前应试拼装,以水压力 0.6 ~ 1.0 MPa 进行试压。

(8)开始浇筑水下混凝土时,管底至孔底的距离宜为 300 ~ 500 mm,并使导管一次埋入混凝土面以下 0.8 m 以上,在以后的浇筑中,导管的埋深宜为 2 ~ 6 m。

(9)桩顶浇筑高度不能偏低,应使在凿除泛浆层后,桩顶混凝土要达到强度设计值。

六、质量控制

(1)施工前,应对水泥、砂、石子、钢材等原材料进行检查,对施工组织设计中制定的施工顺序、监测手段（包括仪器方法）也应进行检查。

（2）施工中应对成孔、清渣、放置钢筋笼、灌注混凝土等工序进行全过程检查，人工挖孔桩尚应复验孔底持力层土（岩）性。嵌岩桩必须有桩端持力层的岩性报告。

（3）施工结束后，应检查混凝土强度，并应做桩体质量及承载力的检验。

（4）桩位偏差必须符合相关规定，桩顶标高至少要比设计标高高出 0.5 m。每浇注 50 m^3 必须有 1 组试件，小于 50 m^3 的桩，每根桩必须有 1 组试件。

七、常遇问题的防治与处理

回转钻成孔灌注桩常遇问题、防治措施和处理方法见表 2-17。

表 2-17　回转钻成孔灌注桩常遇问题、防治措施和处理方法

常遇问题	产生原因	防治措施及处理方法
坍孔	1. 护筒周围未用黏土填封紧密而漏水，或护筒埋置太浅。 2. 未及时向孔内加泥浆，孔内泥浆面低于孔外水位，或孔内出现承压水降低了静水压力，或泥浆密度不够。 3. 在流沙、软淤泥、破碎地层松散砂层中钻进，进尺太快或停在一处空转时间太长，转速太快	护筒周围用黏土填封紧密；钻进中及时添加新鲜泥浆，使其高于孔外水位；遇流沙、松散土层时，适当加大泥浆密度，不要使进尺过快，空转时间过长。 轻度坍孔，加大泥浆密度和提高水位，严重坍孔，用黏土泥浆投入，待孔壁稳定后采用低速钻进
钻孔偏移（倾斜）	1. 桩架不稳，钻杆导架不垂直，钻机磨损，部件松动，或钻杆弯曲接头不直。 2. 土层软硬不匀。 3. 钻机成孔时，遇较大孤石或探头石，或基岩倾斜未处理，或在粒径悬殊的砂、卵石层中钻进，钻头所受阻力不匀	安装钻机时，要对导杆进行水平校正和垂直校正，检修钻孔设备，如钻杆弯曲，及时调换，遇软硬土层应控制进尺，低速钻进偏斜过大时，填入石子、黏土重新钻进，控制钻速，慢速上下提升、下降，往复扫孔纠正；如有探头石，宜用钻机钻透，用冲孔机时用低锤密击，把石块打碎；倾斜基岩时，投入块石，使表面略平，用锤密打
流沙	1. 孔外水压比孔内大，孔壁松散，使大量流沙涌塞桩底。 2. 遇粉砂层，泥浆密度不够，孔壁未形成泥皮	使孔内水压高于孔外水位 0.5 m 以上，适当加大泥浆密度。 流沙严重时，可抛入碎砖、石、黏土用锤冲入流沙层，做成泥浆结块，使其成坚厚孔壁，阻止流沙涌入
不进尺	1. 钻头黏满黏土块（糊钻头），排渣不畅，钻头周围堆积土块。 2. 钻头合金刀具安装角度不适当，刀具切土过浅，泥浆密度过大，钻头配重过轻	加强排渣，重新安装刀具角度、形状、排列方向；降低泥浆密度，加大配重，糊钻时，可提出钻头，清除泥块后，再施钻
外孔漏浆	1. 遇到透水性强或有地下水流动的土层。 2. 护筒埋设过浅，回填土不密实或护筒接缝不严密，在护筒及脚或接缝处漏浆。 3. 水头过高使孔壁渗透	适当加稠泥浆或倒入黏土慢速转动，或在回填土内掺片石、卵石，反复冲击，增强护壁、护筒周围及底部接缝，用土回填密实，适当控制孔内水头高度，不要使压力过大

续表 2-17

常遇问题	产生原因	防治措施及处理方法
钢筋笼偏位、变形、上浮	1. 钢筋笼过长,未设加劲箍,刚度不够,造成变形。 2. 钢筋笼上未设垫块或耳环控制保护层厚度,或桩孔本身偏斜或偏位。 3. 钢筋笼吊放未垂直缓慢放下,而是斜插孔内。 4. 孔底沉渣未清理干净,使钢筋笼达不到设计深度。 5. 当混凝土面至钢筋笼底时,混凝土导管埋深不够,混凝土冲击力使钢筋笼被顶托上浮	钢筋过长,应分 2~3 节制作,分段吊放,分段焊接或设加劲箍加强;在钢筋笼部分主筋上,应每隔一定距离设置混凝土垫块或焊耳环控制保护层厚度,桩孔本身偏斜、偏位应在下钢筋笼前往复扫孔纠正,孔底沉渣应置换清水或适当密度泥浆清除;浇灌混凝土时,应将钢筋笼固定在孔壁上或压住;混凝土导管应埋入钢筋笼底面以下 1.5 m 以上
吊脚桩	1. 清孔后泥浆密度过小,孔壁坍塌或孔底涌进泥浆或未立即灌注混凝土。 2. 清渣未净,残留石渣过厚。 3. 吊放钢筋骨架导管等物碰撞孔壁,使泥土坍落孔底	做好清孔工作,达到要求立即灌注混凝土;注意泥浆密度和使孔内水位经常保持高于孔外水位 0.5 m 以上,施工注意保护孔壁,不让重物碰撞,造成孔壁坍塌
黏性土层缩颈、糊钻	由于黏性土层有较强的造浆能力和遇水膨胀的特性,使钻孔易于缩颈,或使黏土附在钻头上,产生抱钻、糊钻现象	除严格控制泥浆的黏度增大外,还应适当向孔内投入部分沙砾,防止糊钻;钻头宜采用肋骨的钻头,边钻进边上下反复扩孔,防止缩颈卡钻事故
孔斜	1. 钻进松散地层中遇有较大的圆孤石或探头石,将钻具挤离钻孔中心轴线。 2. 钻具由软地层进入陡倾角硬地层,或粒径差别太大的沙砾层钻进时,钻头所受阻力不均。 3. 钻具导正性差,在超径孔段钻头走偏,以及由于钻机位置发生串动或底座产生局部下沉使其倾斜等	针对地层特征选用优质泥浆,保持孔壁的稳定;防止或减少出现探头石,一旦发现探头石,应暂停钻进,先回填黏土和片石,用锥形钻头将探头石挤压在孔壁内,或用冲击钻冲击或将钻机(或钻架)略移向探头石一侧,用十字或一字型冲击钻头猛击,将探头石击碎。如冲击钻也不能击碎探头石,则可用小直径钻头在探头石上钻孔,或放药包爆破
断桩	1. 因首批混凝土多次浇灌不成功,再灌上层出现一层泥夹层而造成断桩。 2. 孔壁塌方将导管卡住,强力拔管时,使泥水混入混凝土内或导管接头不良,泥水进入管内。 3. 施工时突然下雨,泥浆冲入桩孔。 4. 采用排水方法灌注混凝土,未将水抽干,地下水大量进入,将泥浆带入混凝土中造成夹层;另一方面,由于桩身混凝土采用分层振捣,下面的泥浆被振捣到上面,然后再灌入混凝土振捣,两段混凝土间夹杂泥浆,造成分节脱离出现断层	力争首批混凝土灌注一次成功,钻孔选用较大密度和黏度、胶体率好的泥浆护壁;控制进尺进度,保持孔壁稳定;导管接头应用方丝扣边接,并设橡胶圈密封严密;孔中护筒不应埋置太浅;施工时突然下雨,要争取一次性灌注完毕,灌注桩严重塌方或导管无法拔出形成断桩,或在一侧补桩;断挂处距地面浅,可以清理断桩。对断桩处做适当处理后,支模重新浇筑混凝土

八、成品保护

（1）钢筋笼在制作、运输和安装过程中，应采取防止变形的措施。放入桩孔时，应绑保护垫块或垫管和垫板。

（2）钢筋笼吊入桩孔时，应防止碰撞孔壁。已下入桩孔内的钢筋笼应有固定措施，防止移位或浇筑混凝土时上浮。钢筋笼放入孔内后，应在 4 h 内浇筑混凝土。

（3）安装钻孔机、运钢筋笼以及浇筑混凝土时，均应注意保护好现场的轴线控制和水准基点桩。

（4）桩头预留的主筋插筋，应妥善保护，不得任意弯折或压断。

（5）已完桩的软土基坑开挖，应制定合理的施工顺序和技术措施，防止造成桩位移和倾斜，并应检查每根桩的纵横水平偏差，采取纠正措施。

九、安全措施

（1）认真查清邻近建（构）筑物情况，采取有效的防震安全措施，以免冲击（钻）成孔时，震坏邻近建（构）筑物，造成裂缝、倾斜，甚至倒塌事故。

（2）冲击（钻）成孔机械操作时应安放平稳，防止冲孔时突然倾倒或冲锤突然下落，造成人员伤亡和设备损坏。

（3）采用泥浆护壁成孔，应根据设备情况、地质条件和孔内情况变化，认真控制泥浆密度、孔内水头高度、护筒埋设深度、钻机垂直度、钻进和提钻速度等，以防塌孔，造成机具塌陷。

（4）冲击锤（钻）操作时，距离锤 6 m 范围内不得有人员走动或进行其他作业，非工作人员不准进入施工区域内。

（5）冲（钻）孔灌注桩在已成孔尚未灌注混凝土前，应用盖板封严，以免掉土或发生人身安全事故。

（6）所有成孔设备，电路要架空设置，不得使用不防水的电线或绝缘层有损伤的电线。电闸箱和电动机要有接地装置，加盖防雨罩；电路接头要安全可靠，开关要有保险装置。

（7）恶劣气候冲（钻）孔机应停止作业，休息或作业结束时，应切断操作箱上的总开关，并将离电源最近的配电盘上的开关切断。

（8）混凝土灌注时，装、拆导管人员必须戴安全帽，并注意防止扳手、螺丝等掉入桩孔内；拆卸导管时，其上空不得进行其他作业，导管提升后继续浇注前，必须检查其是否垫稳或挂牢。

十、施工注意事项

（1）回转钻成孔时，为保持孔壁稳定，防止坍孔，应注意选好护壁泥浆，黏度和密度必须符合要求；护筒要埋深、埋牢、埋正，护筒底部与周围要用黏土夯实，防止外部水渗入孔内；开孔时保持钻具与护筒同心，防止钻具撞击护筒；在松散的粉砂土层钻进时，应适当控制钻进速度，不宜过快；终孔后，清孔和灌注混凝土的准备工作时，仍应保持足够的补水量，保持孔内有一定的水位，并尽量缩短成孔后间歇和浇筑混凝土时间等。

（2）成孔时为防止偏孔，施工前要注意做好场地平整、碾实工作；钻机安置就位要平整、稳固,钻架要垂直;同时注意下好护筒,选用性能好的泥浆;钻具要保持垂直度、刚度、同心度,防止钻机跳动、钻杆晃动等。

（3）为了保证钢筋笼安装位置正确,做到不上浮、不偏,吊放时要用2根钢管将钢筋笼叉住、卡牢;在钢筋笼四周上下应采取捆扎混凝土块导正措施;在混凝土浇灌至钢筋笼下部时,应放慢浇灌速度,待混凝土进入钢筋笼2 m后,再加快灌注速度,以保证钢筋笼轴线与钻孔轴线一致。

（4）桩混凝土灌注应注意选用合适的坍落度,必要时适当掺加木钙减速水剂,下部可利用混凝土的大坍落度与下冲力和导管的上下抽动插捣使混凝土密实;上部必须用接长的软轴插入式振动器分层振捣密实,以保证桩体的密实度和强度。

第七节　套管护壁混凝土灌注桩

一、适用范围

（一）振动沉管灌注桩

振动沉管灌注桩系用振动沉桩机将带有活瓣式桩尖或钢筋混凝土桩预制桩靴的桩(上部开有加料口),利用振动锤产生的垂直定向振动和锤、桩管自重及卷扬机通过钢丝绳施加的拉力,对桩管进行加压,使桩管沉入土中,然后边向桩管内灌注混凝土,边振动边拔出桩管,使混凝土留在土中成桩。

特点:

（1）能适应复杂地层,不受持力层起伏的地下水位高低的限制。

（2）能用小桩管打出大截面桩(一般单打法的桩截面比桩管扩大30%,复打法可扩大80%,反插法可扩大50%左右),使有较高的承载力;

（3）对砂土,可减轻或消除地层的地震液化性能;

（4）有套管护壁,可防止坍孔、缩孔、断桩,桩质量可靠;

（5）振动沉管桩属于低振幅次中频振(700~1 200次/min),对附近建筑物的振动影响及噪声对环境的干扰都比常规打桩要小。

（6）能沉能拔,施工速度快,效率高,操作简便、安全,同时费用比较低,比预制桩可降低工程造价30%左右。

但由于振动会使土体受到扰动,会大大降低地基强度,因此当为软黏土或淤泥及淤泥质土时,土体至少需养护30 d;砂层或硬土层需养护至少15 d,才能恢复地基强度。

振动沉管灌注桩适用于一般黏性土、淤泥、淤泥质土、粉土、湿陷性黄土、稍密及松散的砂土及填土中;但在坚硬砂土、碎石土及有硬夹层的土层中,因易损坏桩尖,不宜采用。

（二）锤击沉管灌注桩

锤击沉管灌注桩系用锤击打桩机,将带活瓣桩尖或设置钢筋混凝土预制桩尖(靴)的钢管锤击沉入土中,然后边灌注混凝土边用卷扬机拔桩管成桩,这是一种较老式的成桩工艺方法,一些具有这种沉桩设备的地区仍在使用。

特点:

（1）可用小桩管打较大截面桩,承载力大。

（2）可避免坍孔、缩径、断桩、移位、脱空等缺陷。

（3）可采用普通锤击打桩机施工，机具设备和操作简便，沉桩速度快。但桩机较笨重，劳动强度较大，要特别注意安全。

锤击沉管灌注桩适用于黏性土、淤泥、淤泥质土、稍密的砂土及杂填土层中，但不能用于密实的中粗砂、沙砾石、漂石层。

（三）锤击振动沉管灌注桩

锤击振动沉管灌注桩除具有振动和锤击沉管灌注桩相同的特点外，还可用于多种坚硬土层打设较粗、较长的桩，桩长可达 20 m，直径可达 600 mm；同时混凝土耗用量最省（略大于套管体积）。表面成波浪形，与土间产生较大摩擦力，承载力高，根据试验，用内径 380 mm 的钢管，可打出 620 ~ 640 mm 混凝土桩，其承载力达 960 ~ 1 200 kN。

锤击振动沉管灌注桩适用于一般黏性土及其填土、淤泥、淤泥质土、湿陷性黄土、中间有硬夹层、砂夹层的土、硬黏性土、密实的砂土、碎石土，有地下水亦可应用。

（四）套管夯扩灌注桩

套管夯扩灌注桩又称夯扩桩，是在普通锤击振动沉管灌注桩的基础上加以改进发展起来的一种新型桩，由于其扩底作用，增大了桩端支撑面积，能够充分发挥桩端持力层的承载力，具有较好的技术经济指标。

特点：在桩管内增加了一根与外桩管长度基本相同的内夯管，以代替钢筋混凝土预制桩靴，与外管同步打入设计深度，并作为传力杆将桩锤击力传至桩端夯扩成大头形，并增大了地基的密实度，同时利用内管和桩锤的自重将外管内的现浇桩身混凝土采用压密成型，使水泥浆压入桩侧土中并挤密桩侧土，使桩的承载力大幅提高，同时设备简单，上马快，操作方便，可消除一般灌注桩易出现的缩颈、裂缝、混凝土不密实、回淤等缺点，保证工程质量；技术可靠，工艺合理，经济实用，单桩承载力可达 1 100 kN，工程造价比一般混凝土灌注桩降低 30% ~ 40%。

套管夯扩灌注桩适用于一般黏性土、淤泥、淤泥质土、黄土、硬黏性土；亦可用于有地下水的情况；可在 ±0.00 以下的高层建筑基础中应用。

（五）液压全套管钻孔灌注桩

液压全套管钻孔灌注桩又称贝诺桩（Benote 桩），是一种国内外最为先进的大直径灌注桩型式，比同条件下其他灌注桩施工进度快（8 ~ 10 倍），成桩质量高（超规范标准）。

特点：

（1）不用泥浆护壁，避免了泥浆的配制和储运作业。

（2）挖掘时可直观地判断土质和岩性特征，便于确定桩长。

（3）成桩直径和挖掘深度大（直径 1.2 ~ 2 m，深可达 70 m），速度快。

（4）成桩质量高，垂直度偏差小，使用套管成孔，孔壁不会坍落，避免了泥浆污染钢筋和进入混凝土的可能性，同时避免了桩身混凝土与土体间形成残存泥浆隔离膜（泥皮）的弊病；清孔彻底，孔底残渣少，提高了桩的承载力；成孔扩孔率小，与其他成孔方法比较，可节约 13% 左右的混凝土。

（5）施工无噪声、无振动，作业面干净，现场文明，钻机为自行式，现场移动方便。

液压全套管钻孔灌注桩适用于各种土质，在风化岩、卵石层及砂土层中亦可使用，特别适于狭窄场地使用，还可用于打斜桩；但不宜用于有地下水或承压水、厚度超过 5 m 的细砂层,因易出现严重抱管或孔底涌砂现象而成桩困难。

(六)弗兰克灌注桩

弗兰克(FRANKI)灌注桩是一种锤击沉管扩底的混凝土灌注桩。

特点:通过锤击、沉管,机械直接夯实干硬性混凝土,扩大桩底,使桩身周围的基土得到加密,增加基桩桩端的支承力和桩身表面的摩阻力,并避免冲孔灌注桩柱底出现的沉渣,从而提高单桩的承载力,使沉降量大大减少;与冲孔桩相比,施工效率高 1 倍以上,无须泥浆护壁,施工现场文明,基础费用可节省 40% 以上。

弗兰克灌注桩适用于有或无地下水的一般黏性土淤泥和淤泥质土、粉土、黄土、硬黏性土、密实砂土、中间有砂夹层的土,可用作多层以下的高层建筑基础。桩直径 250 ~ 700 mm,常用为 600 mm、520 mm,深度一般为 21 m 以内。此外,还可用于施打 1:4 的斜桩。

二、施工准备

(一)技术准备

(1)现场踏勘,熟悉现场情况;了解施工场地工程地质水文资料;编写施工方案并经审批,对操作人员进行安全与技术交底。

(2)按设计图纸和给定的坐标点测设轴线定位桩、高程控制点及桩位,经建设单位和监理单位复核签认。

(3)按有关规定做好原材料试验,确定混凝土施工配合比。

(4)施工前做成孔试验,数量不少于两个,以核对地质报告,检验所选施工工艺和技术要求是否合适。

(二)材料准备

(1)水泥:可采用火山灰水泥、粉煤灰水泥、普通硅酸盐水泥或硅酸盐水泥,使用矿渣水泥时应采取防离析措施,水泥强度不宜低于 32.5 级,水泥初凝时间不宜小于 2.5 h。

(2)砂:中砂或粗砂,含泥量不大于 5%。

(3)石子:卵石或碎石。

(4)水:应用自来水或不含有害物质的洁净水。

(5)外加剂应通过试验选用,粉煤灰掺合料按试验室的规定确定。

(6)钢筋:钢筋的级别、直径必须符合设计要求,有出厂证明书及复试报告。

(三)主要机具

1. 振动沉管灌注桩

DZ90 或 DZ60 型振动锤,DJB25 型步履式桩架,卷扬机、加压装置、桩管、桩尖或钢筋混凝土预制桩靴等。桩管直径 220 ~ 370 mm,长 10 ~ 28 m。常用振动沉拔桩锤的技术性能见表 2-18。配套机具设备有下料斗、1 t 机动翻斗车、L-400 型混凝土搅拌机、钢筋加工机械、交流电焊机、氧割装置等。

2. 锤击沉管灌注桩

主要设备为一般锤击打桩机,如落锤、柴油锤、蒸汽锤等,由桩架、桩锤、卷扬机、桩管等组成,桩管直径 270 ~ 370 mm,长 8 ~ 15 m,落锤质量 2 ~ 3.2 t。配套机具设备有下料斗、1 t 机动翻斗车、混凝土搅拌机等。

表 2-18　常用锤击振动打桩机的技术性能

项目	DJ20J 型	DJ25J 型	DJB25 型	DJB60 型
沉桩最大深度(m)	20	25	20	26
沉桩最大直径(m)	400	500	500	600
最大加压力(kN)	100	160	—	—
最大拔桩力(kN)	200	300	250	390
配用振动锤最大功率(kW)	40	60	—	—
立柱允许前倾最大角度(°)	10	10	5	9
立柱允许后倾最大角度(°)	5	5	5	3
主卷扬机最大牵引力(kN)	30	50	—	—
主卷扬机功率(kW)	11	17	—	—
外形尺寸(长×宽×高)(m×m×m)	9.6×10×25	10×10×30	9.8×7.0×24.5	13.5×6.1×35
质量(t)	17.5	20	30	60

注：1. DJ20J 型、DJ25J 型由浙江振中机械厂生产；DJB25 型、DJB60 型由甘肃兰州建筑通用机械总厂生产。

2. 常用配套振动沉拔桩锤规格与技术性能见表 2-19。

表 2-19　常用振动沉拔桩锤的技术性能

项目	DZ60 (DZ90)型	DZ60A (DZ90A)型	VX-40 (VX-80)型	DZ30Y (DZ60Y)型	DZJ37Y (DZJ60Y)型
静偏心力矩 (N·m)	360(500)	360(460)	130(360)	170(300)	300(450)
偏心轴转速 (r/min)	1 100(1 100)	1 100(1 050)	900~1 500	980(1 000)	870
激振力(kN)	486(677)	486(570)	252(553)	180(350)	250(380)
电动机功率(kW)	9.4(9.0)	9.8(10.3)	4.0(5.5)	8.4(10.1)	10.4(12.2)
允许加压力(kN)	60(90)	60(90)	30(75)	30(55)	45(60)
允许拔桩力(kN)	—	—	—	100(120)	80(100)
外形尺寸 (长×宽×高) (m×m×m)	1.37×1.27×2.34 (1.52×1.36×2.68)	1.37×1.27×2.5 (1.33×1.36×2.64)	2.08×1.3×0.98 (2.48×1.55×1.21)	1.33×1.01×1.77 (1.42×1.04×2.06)	1.4×1.1×2.4 (1.5×1.2×2.5)
质量(t)	1.49(5.86)	3.3	4(7.4)	3.1(3.96)	3.8(4.3)

注：DZ60(DZ90)型、DZ60A(DZ90A)型锤系列用 DJB60 型桩架，由兰州通用机械总厂生产；VX-40(VX-80)型锤为兰州建筑机械厂生产；DZ30Y(DZ60Y)型锤用 DZ20(25)J 型桩架，为浙江振中机械厂生产。

3. 锤击振动沉管灌注桩

主要机具包括冲击式振动打桩机或单动、双动蒸汽打桩机、桩管、桩尖或钢筋混凝土预制桩靴等。桩管直径 270~380 mm、长 10~28 m。常用锤击振动打桩机的技术性能见表 2-18、表 2-19。配套机具设备有：下料斗、1 t 机动翻斗车、L-400 型混凝土搅拌机、钢筋加工机械、交流电焊机、氧割装置等。

4. 套管夯扩灌注桩

沉管机械采用锤击式沉桩机或 1.8 t 导杆式柴油打桩机、静力压桩机，并配有 2 台 2 t 慢速卷扬机，用于拔管，桩管由内管和外管组成。外管直径为 325 mm(或 377 mm)无缝钢管，内管直径为 219 mm,壁厚 10 mm,长比外管短 100 mm,内夯管底端可采用闭口平底或闭口锥底。

5. 贝诺特混凝土灌注桩

采用主要机械设备为 MT 型比诺特钻机,其主要型号有 MT - 120、MT - 130、MT - 150 及 MT - 200(数字代表钻孔直径,以 cm 计),配套机具设备有第一节套管、标准节套管、引拔机(移钻机、提导管)、汽车吊(移动引拔机、吊放放进笼及导管)、装载机(装土外运)、翻斗车(运土)、真空泵(清孔用)、钢筋成型加工机械、混凝土搅拌机、混凝土浇筑导管等。

6. 弗兰克灌注桩

主要机械设备为富兰克机两台,配套设备同夯压成型灌注桩。

（四）材料质量控制要点

锤击沉管灌注桩:混凝土强度不低于 C15,混凝土坍落度为 5 ~ 7 cm。

振动沉管灌注桩:混凝土强度不低于 C15,混凝土坍落度为 8 ~ 10 cm。

锤击振动沉管灌注桩:混凝土强度不低于 C20;混凝土坍落度为 8 ~ 10 cm,有钢筋时为 7 ~ 9 cm。

三、施工工艺

（一）工艺流程

1. 锤击沉管灌注桩

测量定位、放桩位线→桩基就位→沉入导管→下钢筋笼→灌注混凝土→边锤击边拔桩管,并继续灌注混凝土→成桩。

2. 振动沉管灌注桩

测量定位、放桩位线→桩基就位→振动沉管→插入钢筋笼→灌注混凝土→边振动边拔桩管→成桩。

3. 锤击振动沉管灌注桩

测放桩位→机架就位→初击打入桩管→初击灌入混凝土后拔管→复击打入桩管→放入钢筋骨架→再次灌入混凝土后拔管→复打拔管后成桩。

4. 套管夯扩灌注桩

测放桩位→机架就位→将内外套管同步打入设计深度→拔出内夯管→在外桩管内灌第一批混凝土→将内夯管放回外桩管中压在混凝土面上→经外桩管拔起一定高度→用桩锤通过内夯管将外桩管中灌入的混凝土挤出外桩管→将内外管同时打至设计要求的深度完成第一次夯扩→重复以上程序进行第二次夯扩→拔出内夯管→在外桩管内灌第二批混凝土→再插入内夯管紧压管内混凝土→边压边徐徐拔起外桩管→成桩。

5. 贝诺特混凝土灌注桩

放线定桩位→钻机就位→立第一节套管→挖掘、推进、连接套管(成孔)→测量孔深→钻机移至下一桩位→安放引拔机→清孔→吊放钢筋笼→浇筑混凝土、提升导管→成桩。

6. 弗兰克灌注桩

放线定桩位→钻机就位→打入套管→灌注混凝土、用夯锤在套管内锤击混凝土,将混凝土挤出套管以形成扩大头→沉入螺旋钢筋骨架,分段灌注混凝土→拔出套管,再锤击骨架内的混凝土,使混凝土挤入四壁中,成型桩身,以增强土与混凝土之间的摩擦力→成桩。

（二）施工要点

1. 振动沉管灌注桩

1）测放桩位

应由专业测量人员根据给定控制点,按国家标准测放桩位。

2）桩机就位

将桩管对准桩位中心,桩尖活瓣合拢,放松卷扬机钢绳,利用振动机及桩管自重,把桩尖沉入土中。

3）沉管

开动振动箱,桩管即在强迫振动下迅速沉入土中。沉管过程中,应经常探测管内有无水或泥浆,如发现水或泥浆较多,应拔出桩管,用砂回填桩孔后重新沉管;如发现地下水和泥浆进入套管,一般在沉入前先灌入 1 m 高左右的混凝土或砂浆,封住活瓣桩尖缝隙,然后再继续沉入。沉管时,为了适应不同土质条件,常用加压方法来调整土的自振频率,桩尖压力改变可利用卷扬机把桩架的部分重量传到桩管上加压,并根据桩管沉入速度,随时调整离合器,防止桩架抬起发生事故。

4）上料

桩管沉到设计标高后,停止振动,用上料斗将混凝土灌入桩管内,混凝土一般应灌满桩管或略高于地面。

5）拔管

（1）开始拔管时,应先启动振动箱片刻,再开动卷扬机拔桩管。用活瓣桩尖时宜慢,用预制混凝土桩尖时可适当加快;在软弱土层中,宜控制在 0.6～0.8 m/min。并用吊砣探测得桩尖活瓣确已张开,混凝土已从桩管中流出以后,方可继续抽拔桩管,边振边拔,桩管内的混凝土被振实而留在土中成桩,拔管速度应控制在 1.2～1.5 m/min。根据承载力的不同要求,拔管方法可分别采用下列方法:

①单打法:即一次拔管。拔管时,先振动 5～10 s,再开始拔桩管,应边振边拔,每提升 0.5 m 停拔,振 5～10 s 后再拔管 0.5 m,再振 5～10 s,如此反复进行直至地面。

②复打法:在同一桩孔内进行两次单打,或根据需要进行局部复打。成桩后的桩身混凝土顶面标高应不低于设计标高 500 mm。全长复打桩的入土深度宜接近原桩长,局部复打应超过断桩或缩颈取 1 m 以上。全长复打时,第一次灌注混凝土应达到自然地面。复打施工必须在第一次灌注的混凝土初凝前完成,应随拔管随清除黏在管壁上和散落在地面上的泥土。同时前后两次沉管的轴线必须重合。

③反插法:先振动再拔管,每提升 0.5～1 m,再把桩管下沉 0.3～0.5 m(且不宜大于活瓣桩尖长度的 2/3),在拔管过程中分段添加混凝土,使管内混凝土面始终不低于地表面,或高于地下水位 1.0～1.5 m 以上,如此反复进行直至地面。反插次数按设计要求进行,并应严格控制拔管速度不大于 0.5 m/min。在桩尖的 1.5 m 范围内,宜多次反插以扩大端部截面。在淤泥层中消除混凝土缩颈,或混凝土灌注量不足,以及设计有特殊要求时,宜用此法,但在坚硬土层中易损坏桩尖,不宜采用。

（2）在拔管过程中,桩管内应至少保持 2 m 高的混凝土或不低于地面,可用吊砣探测,不足时及时补灌,以防混凝土中断形成缩颈。每根桩的混凝土灌注量,应保证达到制成后桩的平均截面面积与桩管顶部截面面积的比值不小于 1:1。

(3)当桩管内混凝土浇至钢筋笼底部时,应从桩管内插入钢筋笼或短筋,继续浇筑混凝土。当混凝土灌至桩顶,混凝土在桩管内的高度应大于桩孔深度;当桩尖距地面 60～80 cm 时停振,利用余振将桩管拔出。同时混凝土灌注高度应超过桩顶设计标高 0.5 m,适时休整桩顶,凿去浮浆后,应确保桩顶设计标高及混凝土质量。

(4)振动灌注桩的中心距不宜小于桩管外径的 4 倍,相邻的桩施工时,其间隔时间不得超过水泥的初凝时间,中途停顿时,应将桩管在停顿前先沉入土中,或待已完成的邻桩混凝土达到设计强度等级的 50% 方可施工;桩距小于 3.5d(桩直径)时,应跳打施工。

(5)遇有地下水,在桩管尚未沉入地下水位时,即应在桩管内灌入 1.5 m 高的封底混凝土,然后桩管再沉至要求的深度。

(6)对于某些密实度大,低压缩性,且土质较硬的黏土,一般的振动沉管拔桩机难于把桩管沉入设计标高。遇此情况,可用螺旋钻配合,先用螺旋钻去部分较硬的土层,以减少桩管的端头阻力,然后再振动沉管的施工工艺,将桩管沉入设计标高。这样形成"半钻半打"的工艺,根据实践,桩的承载力与全振动沉管灌注桩相近,同时可扩大已有设备能力,减少挤土和对邻近建筑物的振动影响。

2. 锤击沉管灌注桩

(1)桩机就位:用钢丝将活瓣桩尖紧密合拢后,将桩机就位,并调整垂直,如用混凝土预制桩尖(靴),则就位后吊起桩管,对准预先埋好的预制钢筋混凝土桩尖。放置麻(草)绳垫于桩管与桩尖连接处,以作缓冲层和防地下水进入,然后缓慢放入桩管,套入桩尖,利用锤和桩管自重将桩尖压入土中;复核桩管垂直度是否在允许范围内,桩尖入土后第一次打入前压一盘料(复打可不压料)。

(2)沉管:上端扣上桩帽,开始 2.0 m 以内先用低锤快打(落锤高 50～60 cm),观察无偏移,2 m 以后才转入正常施打(落锤高 11.5 m),直至符合设计要求深度,如沉管过程中桩尖损坏,应及时拔出桩管,用土或砂填实后另安桩尖重新沉管,每次打到标高后,用浮标测积水,管内水深不得超过 30 cm;否则,应将桩管拔出。

(3)上料:检查管内无泥浆或水时,即可灌注混凝土,混凝土应灌满桩管。

(4)拔管:拔管速度应均匀,对一般土可控制不大于 1 m/min;淤泥和淤泥质软土不大于 0.8 m/min;在软弱土层和软硬土层交界处宜控制在 0.3～0.8 m/min。拔管回击时,落锤高度 0.3～0.4 m。采用倒打拔管的打击次数:单动汽锤不得少于 50 次/min;自由落锤轻击(小落锤轻击)不得少于 40 次/min;在管底未拔至桩顶设计标高之前,倒打和轻击不得中断。第一次拔管高度不宜过高,应控制在能容纳第二次需要灌入的混凝土数量为限,以后始终保持使管内混凝土量高于地面 2 m,每拔出 1 m,混凝土下降不小于 1.25 m,否则反插。

(5)当混凝土灌至钢筋笼底标高时,放入钢筋骨架,继续灌注混凝土及拔管,直到全管拔完。

(6)锤击沉管成桩宜按桩基时顺序依次退打,桩中心距在 4 倍桩管外径以内或小于 2 m 时均应跳打,中间空出的桩,须待邻桩混凝土达到设计强度 50% 后方可施打。

(7)当为扩大桩径,提高承载力或补救缺陷,可采用复打法,复打方法要求同振动沉管灌注桩,但以扩大一次为宜;当作为补救措施时,常采用半复打法或局部复打法,如缺陷在桩的下半段,则第一次灌注到半桩长(另加 1 m 以防复打时上段土塌落影响质量)时,即拔出桩管,再合拢桩尖活瓣或加预制混凝土桩尖,在原孔中再沉到底进行第二次灌注混凝土到顶;如缺陷在桩的上半段,则第一次混凝土灌注到顶后,第二次再将桩管沉至 1/2 桩长,即灌注第二次混凝土到顶;当桩中段有软弱夹层时,则可采用在中段进行复打;当在全桩范围内夹有淤泥或淤泥质软土,则仍宜采用全桩长的复打。

(8)全复打成桩直径 D,可按以下经验公式估算:$D = d\sqrt{2}$。

锤击时,使带活瓣桩尖的钢管伸入土中至设计标高,在桩管内灌注混凝土,并放入钢筋笼,边拔管边振动,钢管拔出后立即在桩位重新沉管,并二次浇筑混凝土,即成全复打桩。

3. 锤击振动沉管灌注桩

锤击振动沉管灌注桩按成型施工工艺可分为锤击振动灌注桩和锤击振动扩大灌注桩。

1)锤击振动灌注桩

用锤击式振动打桩机或单动、双动蒸汽打桩机将钢桩管锤击到设计深度后检查管内无泥浆或水进入,即可在管内放入钢筋骨架。钢筋骨架的直径应比桩管内径小 6~8 cm,在两端 1 m 内及中间每隔 2 m 距离应将箍筋(直径 6~12 mm)与主筋焊牢,用钢吊斗将混凝土一次灌满桩管,然后再将桩锤放下与桩管的两只铁耳绊连接,利用桩锤向上冲击力量,打击耳绊的弹簧将桩管徐徐拔出,与此同时连续冲击桩管,使混凝土借自重和桩锤的上下振动力,下落在桩孔中的土内,并将其挤压密实。桩管上端扣上桩帽,下端采用钢筋混凝土预制桩靴封闭,桩管打入后,桩靴留在土内。与桩靴与桩管末端接触应绕草绳、麻辫或浸油麻绳数圈以缓冲锤击和防水。桩管接管方法有承插式和丝扣式两种,为便利打管和拔管,接头处宜小于桩身直径。如混凝土系一次灌入,钢管长度应比所打桩长加长 3.2~3.5 m。如一次混凝土量不能容纳,可分二次灌入,但第一次拔管高度应控制在能容纳第二次所需要灌入的混凝土量为限,不得过于拔高。拔管时应保持连续低击密锤不停,拔管速度应均匀,对于一般土可控制在 1 m/min 以内,桩锤上下冲击次数不得少于 70 次/min;但在淤泥层和淤泥质软土中打桩时,其拔管速度不得大于 0.8 m/min。同时经常用吊砣探测,注意使管内混凝土保持略高于地面,一直至全管拔完。

为了避免振动对相邻桩混凝土的影响,当桩的中心距在 5 倍桩外径以内或小于 2 m 时,应进行跳打,中间空出的桩,须待混凝土达到设计强度的 50% 以后方可施打。

2)锤击振动扩大灌注桩(又称复打桩)

初击系采用钢筋混凝土尖头桩靴,桩管锤打到设计深度后,灌入混凝土至接近地面,随即拔出桩管,清除管外壁上污泥和桩孔周围地面上的浮土,再用平头桩靴在原桩位复打入设计深度,然后在管内放入钢筋骨架,二次灌入混凝土,同时拔管,拔管速度均匀。

施工时注意,桩管每次打入时,其纵轴线应重合;必须在第一次灌注的混凝土初凝前完成扩大和灌注工作,但扩大桩以扩大一次为宜,亦可根据需要进行局部扩大,以处理不太厚的软弱土层,桩靴入土如有损坏,应将桩管拔出,用土或砂填实,另换桩靴重新打入。当扩大桩复打时桩靴损坏,应将桩管拔出,在原孔内灌注混凝土并另换桩靴打入;如用活瓣桩尖,则不用混凝土预制桩靴。

锤击振动沉管灌注桩施工简便,造价低于预制桩,但成桩质量不如预制桩。桩质量缺陷问题较多,同一场地试桩之间的承载力值离散性较大,同时也存在施工噪声问题。

4. 套管夯扩灌注桩

(1)按基础平面图测放出各桩的中心位置,并用套板和石灰标出桩位。

(2)机架就位,在桩位垫一层 150~200 mm 厚与灌注桩同强度等级的干硬性混凝土,放下桩管,紧压在其上面,以防回淤。

(3)将外桩管和内套管套叠同步打入设计深度。如有地下水或渗水,沉管过程、外管封底可采用干硬性混凝土或无水混凝土,经夯实形成阻水、阻泥管塞,其高度一般为100 m。

(4)拔出内夯管并在外桩管内灌入第一批混凝土,高度为H,混凝土量一般为$0.1 \sim 0.3$ m^3。

(5)将内套管放回外桩管中压在混凝土面上,并将外桩管拔起h高度$(h < H)$,一般为$0.6 \sim 1.0$ m。

(6)用桩锤通过内夯管将外管中灌入的混凝土挤出外管。

(7)将内外管再同时打至设计要求的深度,迫使其内混凝土向下部和四周基土挤压,形成扩大的端部,完成一次夯扩。或根据设计要求,可重复以上施工程序进行二次夯扩。

(8)拔出内夯管在外管内灌第二批混凝土,一次性灌注至桩身所需高度。

(9)拔管时内夯管和桩锤应施压于外管内混凝土顶面,边压边徐徐拔起外桩管,直至拔出地面。

(10)桩的长度较大或须配置钢筋笼时,桩身混凝土宜分段灌注。

(11)工程施工前宜进行试成桩,应详细记录混凝土的分次灌注量,外管上拔高度,内管夯击次数,双管同步沉入深度,并检查外管的封底情况,有无进水、涌泥等,经核实后作为施工控制的依据。

(12)端夯扩沉管灌注桩亦可用以下两种方法形成:

①沉管由桩管和内击锤(桩芯)组成,沉管在振动及机械自重作用下,到达设计位置后,灌入混凝土,用内锤夯击管内混凝土使其形成扩大头。

②采用单管,用振动加压将其沉到设计要求深度,往管内灌入一定高度的扩底混凝土后向上提管,此时桩尖活瓣张开,混凝土进入孔底,由于桩尖受自重和外侧阻力关闭,再将桩管加压振动复打,迫使扩底混凝土向下部和四周挤压,形成扩大头。

(13)桩端扩大头进入持力层的深度不小于3 m;当采用2.5 t锤施工时,要保证每根桩的夯扩锤击数不少于50锤,当不能满足此锤击数时,须再投料一次;扩大头采用干硬性混凝土,坍落度应在$1 \sim 3$ cm。

5.液压全套管钻孔灌注桩

(1)钻机就位后,在自重力、夹持机构回转力的复合作用下,先将第一节套管沉入土中,然后在上边连接第二节套管,利用落锤抓斗将套管内的土体抓出孔外卸在地面上,用装载机装入翻斗车内运出场外、随着套管的下沉不断连接套管,直至钻到要求深度。其中最为重要的是保持第一、二节套管的垂直度,它是保证质量的关键。

(2)对不同土层应采用不同的挖掘方式,对于软弱土层$(N \leq 5)$,应使套管超前下沉,使超出孔内开挖面$1.0 \sim 1.5$ m,使落锤抓斗仅在套管内挖土,以便于控制孔壁质量和开挖方向;对于一般土层$(N = 6 \sim 30)$,开挖前使套管超前下沉300 mm;对于坚实砂土、大卵石层,应超前下挖$200 \sim 300$ mm,以便于套管下沉;对于特坚硬土层$(N > 30)$及强风化岩层,应先用十字冲击锤将硬土层或岩层破碎,再用落锤抓斗将碎块抓出孔外,使超挖1.5 m左右;但以不超过十字锤本身高度为宜,避免造成桩孔偏斜。

(3)管内挖土应连续进行,必须中断挖掘时,应用液压摇管装置继续摇动套管,防止套管外侧土因重塑固结而将套管挤紧,给继续下套管造成困难。对一般土层摇动压力控制在

$0.3 \sim 0.5 \text{ kN/cm}^2$。

(4)桩长大于 8 m,钢筋笼应分节制作、安装,采用焊接连接,主筋外侧应焊定位耳环,每节不少于两个。装设时,防止钢筋与套管卡在一起,拔管时使钢筋笼上拱。

(5)混凝土采用导管法灌注,提升导管可利用引拔机进行,混凝土的浇筑方法和要求见振动沉管灌注桩。

6.弗兰克灌注桩

(1)放线定桩位。

(2)钻机就位。

(3)打入套管。

(4)灌注混凝土,用夯锤在套管内锤击混凝土,将混凝土挤出套管以形成扩大头。

(5)沉入螺旋钢筋骨架,分段灌注混凝土。

(6)拔出套管,再锤击骨架内的混凝土,使混凝土挤入四壁中,成型桩身,以增强土与混凝土之间的摩擦力。

(7)成桩。

四、质量标准

(1)施工前应对水泥、砂、石子(如现场搅拌)、钢材等原材料进行检查,对施工组织设计中制定的施工顺序、监测手段(包括仪器、方法)也应检查。

混凝土灌注桩的质量检验应较其他桩种严格,这是工艺本身要求,再则工程事故也较多,因此对监测手段要事先落实。

(2)施工中应对成孔、清渣、放置钢筋笼、灌注混凝土等进行全过程检查,人工挖孔桩尚应复验孔底持力层土(岩)性。嵌岩桩必须有桩端持力层的岩性报告。沉渣厚度应在钢筋笼放入后,混凝土浇筑前测定,成孔结束后,放钢筋笼、混凝土导管都会造成土体跌落,增加沉渣厚度,因此沉渣厚度应是二次清孔后的结果。沉渣厚度的检查目前均用重锤,有些地方用较先进的沉渣仪,这种仪器应预先做标定。人工挖孔桩一般对持力层有要求,而且到孔底察看土性是有条件的。

(3)施工结束后,应检查混凝土强度,并应做桩体质量及承载力的检验。

(4)混凝土灌注桩钢筋笼质量检验标准应符合表 2-20、表 2-21 的规定。

表 2-20　混凝土灌注桩钢筋笼质量检验标准　　　　　　　　　　(单位:mm)

项目	序号	检查项目	允许偏差或允许值	检查方法
主控项目	1	主筋间距	±10	用钢尺量
	2	长度	±10	用钢尺量
一般项目	1	钢筋材质检验	设计要求	抽样送检
	2	箍筋间距	±20	用钢尺量
	3	直径	±10	用钢尺量

五、成品保护措施

(1)已挖好的桩孔必须用木板或脚手板、钢筋网片盖好,防止土块、杂物、人员坠落。严禁用草袋、塑料布虚掩。

表 2-21　混凝土灌注桩质量检验标准　　　　　　　　（单位：mm）

项目	序号	检查项目	允许偏差或允许值		检查方法
			单位	数值	
主控项目	1	桩位	见 JGJ 94		基坑开挖前量护筒,开挖后量桩中心
	2	孔深	mm	+300	只深不浅,用重锤测,或测钻杆、套管长度,嵌岩桩应确保进入设计要求的嵌岩深度
	3	桩体质量检验	按基桩检测技术规范。如钻芯取样,大直径嵌岩桩应钻至桩尖下 50 mm		按基桩检测技术规范
	4	混凝土强度	设计要求		试件报告或钻芯取样送检
	5	承载力	按基桩检测技术规范		按基桩检测技术规范
一般项目	1	垂直度	见 JGJ 94		测大管或钻杆,或用超声波探测,干施工时吊垂球
	2	桩径	见 JGJ 94		井径仪或超声波检测,干施工时吊垂球
	3	泥浆相对密度（黏土或砂性土中）	1.15～1.2		用比重计测,清孔后在距孔底 50 mm 处取样
	4	泥浆面标高（高于地下水位）	m	0.5～1.0	目测
	5	沉渣厚度:端承桩　　　　　摩擦桩	mm	≤50　　≤150	用沉渣仪或重锤测量
	6	混凝土坍落度:水下灌注　　干施工	mm	160～220　　70～100	坍落度仪
	7	钢筋笼安装深度	mm	±100	用钢尺量
	8	混凝土充盈系数	>1		检查每根桩的实际灌注量
	9	桩顶标高	mm	+30　−50	水准仪,需扣除桩顶浮浆层及劣质桩体

　　（2）已挖好的桩孔及时放好钢筋笼,及时浇筑混凝土,间隔时间不得超过 4 h,以防坍方。有地下水的桩孔应随挖、随检、随放钢筋笼、随时将混凝土灌好,避免地下水浸泡。

　　（3）桩孔上口外圈应做好挡土台,防止灌水及掉土。

　　（4）保护好已成形的钢筋笼,不得扭曲、松动变形。吊入桩孔时,不要碰坏孔壁。串桶应垂直放置,防止因混凝土斜向冲击孔壁,破坏护壁土层,造成夹土。

　　（5）钢筋笼不要被泥浆污染;浇筑混凝土时,在钢筋笼顶部固定牢固,限制钢筋笼上浮。

（6）桩孔混凝土浇筑完毕，应复核桩位和桩顶标高。将桩顶的主筋或插铁扶正，用塑料布或草帘围好，防止混凝土发生收缩、干裂。

（7）施工过程中，妥善保护好场地的轴线桩、水准点。不得碾压桩头，弯折钢筋。

六、安全、环保措施

（一）安全技术措施

（1）挖孔桩开挖，开口应设置高出地面 200 mm 左右的护板，防止地面石块或杂物踢入井内。操作无关人员不得靠近井口，运土机械操作人员不得离开工作岗位，上下井携带物品必须装入工具袋，防止弯腰掉入井内伤人。施工中应经常检查提土索具及吊钩防脱装置。

（2）在孔口应设水平移动式活动安全盖板，当土吊桶提升到离地面约 1.8 m，推活动盖板关闭孔口，手推车推至盖板上卸土后，再开盖板，下吊桶装土，以防止土块、操作人员掉入孔内伤人。采用电葫芦提升吊桶，桩孔四周应设安全栏杆。

（3）直径较大（1.2 m 以上）桩孔开挖，井口应设护筒，下部应设护壁，挖一节，随即浇一节混凝土护壁，以防止坍孔或孔壁掉下，保证操作安全。当采用开挖桩孔不设护壁时，遇土质较差，可随挖土，随下钢筋笼护壁，使之形成一个安全防护罩，人在钢筋笼下部操作，以防塌方。对直径较小桩孔或钢筋网护壁，挖孔时应预留出护壁厚度，以保证设计的桩径。

（4）孔壁开挖严禁放炮，以防震动土壁或使护壁裂缝坍落，造成事故。孔底岩面及个别孤石处理必须放炮时，只可放小炮或静态爆破。爆破前需将井盖孔盖好，防止乱石伤人；放炮后，需待孔内烟气排完，检查孔壁无问题，方可下桩孔清理。

（5）吊桶装土，不应太满，以免在提升时掉落伤人，同时每挖完一节应清理桩孔顶部周围松动土方、石块，防止落下伤人。

（6）人员上下可利用吊桶、吊篮，但要配备滑车、粗绳或悬挂软绳梯，供停电时人员上下应急使用。

（7）在 10 m 深以下作业，应在井下设 100 W 防水带罩灯泡照明，并用 36 V 安全电压，井内一切设备必须接零接地，绝缘良好。所有电源线路应采用防水、防潮产品。20 m 以下作业时，采取向井内通风，供给氧气，以防有害气体中毒。

（8）桩孔顶部作业人员，必须精力集中，随时观察孔下作业人员情况；装渣筒及吊篮或吊桶上下时，必须对准孔中心，吊钩牢靠。吊钩处必须有弹簧或防脱钩装置，防止翻桶、翻篮、脱钩等恶性事故发生；井口作业人员应挂安全带，井下作业人员戴安全帽和绝缘手套，穿绝缘胶鞋；提土时井下设安全区，防掉土或石块伤人；在井内必须设有可靠的上、下安全联系信号装置。

（9）孔内挖出的土方应随时运走；临时堆放应远离孔口不少于 2 m，以减少对孔壁的侧压力。

（10）在任何情况下，卷扬机或电动葫芦不得超载运行，三木搭或提升架及轨道等必须勤检查。

（11）加强对孔壁土层涌水情况的观察，如发现流沙、大量涌水等异常情况，应及时采取措施。

（12）向井内吊放钢筋等材料及施工机具时，必须绑紧系牢，防止溜脱发生坠落事故。

（13）浇筑桩混凝土时，若井下有人操作，井口应用盖板封盖（仅留漏斗口），其最大间隙应不超过 3 mm。密封盖板及方木应有足够的强度,以保证井下操作人员安全。

(14)桩孔挖好后,如不能及时浇筑混凝土,或中途停止挖孔,空口应予覆盖。

(15)混凝土护壁浇完后应进行检查,如发现有蜂窝、漏水等现象,应及时补强,以防造成事故。

(16)施工用电开关必须集中于井口,并应装设漏电保安器,防止漏电而发生触电事故。

一旦发现漏电,必须迅速拉下开关断电,值班电工必须对一切电器设备及线路经常检查,加强维护,及时发现问题并进行妥善处理。

(17)井内抽水管线、通风管、电线等必须妥加整理,并临时固定在护壁上,以防吊桶或吊篮上下时挂住拉断或撞断,引起事故;水泵吊入孔口要配上防水的尼龙索作为受力活动吊索,严禁用电缆线吊运水泵,以防破坏电缆接头的绝缘保护而产生漏电事故。

(18)孔内抽水,要防止漏电,要配安全漏电保险开关,并经常对水泵孔内电气设备进行测试检查,定期维护,孔内抽水提土,要注意桩孔四周附近土层变化,预防土层下陷及坍塌;雨期施工要做好场地内排水工作。

(二)环保措施

(1)砂、石、水泥的投料人员应佩戴口罩,防止粉尘污染。

(2)振动器操作人员应穿绝缘胶鞋和佩戴绝缘胶皮手套。

(3)砂、石、水泥应统一堆放,并应有防尘措施。

(4)因混凝土搅拌而产生的污水应经过滤后排入指定地点。

(5)混凝土搅拌、使用现场及运输途中遗漏混凝土应及时回收处理。

第八节　长螺旋钻孔灌注桩

一、适用范围

长螺旋钻孔灌注桩系用螺旋钻机钻孔、至设计深度后进行孔底清理、下钢筋笼、灌注混凝土成桩。其特点是成孔不用泥浆或套管护壁,施工无噪声、无振动,对环境无泥浆污染;机具设备简单,装卸移动快速,施工准备工作少,工效高,降低施工成本等。

长螺旋钻孔灌注桩适用于民用与工业建筑地下水位以上的一般黏性土、粉土、黄土,以及密实的黏性土、砂土层中使用。

二、施工准备

(一)技术准备

(1)施工前首先要做好场地平整,探明和清除桩位处的地下障碍物,按平面布置图的要求做好施工现场的施工道路、供水供电、泥浆池和排浆槽等泥浆循环系统、施工设施布置、材料堆放等有关布设。

(2)施工前应逐级进行图纸和施工方案交底,并做好原材料质量检验工作。

(3)试成桩:目的是核对地质资料,检验所选设备、机具、施工工艺及技术要求是否合适。试成孔过程中,应根据持力层情况,决定选用钻头型式,选择合适的清孔方式。成孔结束后应检验孔径、垂直度、孔壁稳定和沉渣泥浆密度等指标是否满足设计要求,如满足,试成孔的施工工艺参数即为施工时选择工艺参数的依据。

（4）布设施工场区高程控制网和轴线测量控制桩,测放出桩位并报监理复核。

（二）材料准备

（1）水泥:宜用 32.5 级矿渣硅酸盐水泥或普通硅酸盐水泥。

（2）砂:中砂或粗砂,含泥量不大于 5%。

（3）石子:卵石或碎石,粒径 5~32 mm,含泥量不大于 2%。

（4）钢筋:钢筋的级别、直径必须符合设计要求,有出厂证明书及复试报告,表面应无老锈和油污。

（5）垫块:用 1:2 水泥砂浆埋 22 号钢丝提前预制。

（6）外加剂:掺合料;根据施工需要通过试验确定。

（三）主要机具

（1）螺旋钻孔机:常用长螺旋钻孔机的主要技术参数见表 2-22。

表 2-22　常用长螺旋钻孔机的主要技术参数

型号	电动机功率（kW）	钻孔直径（mm）	钻杆扭矩（kN·m）	钻孔深度（m）	钻进速度（m/min）	钻杆转速（r/min）	桩架形式
BQZ400	22	300~400	1.47	8.0~10.5	1.5~2	140	步履式
KLB600	40	300~600	3.30	12.0	1.0~1.5	88	步履式
ZKL400B	30	300~400	2.67	12.0		98	步履式
LZ600	30	300~600	3.60	13.0	1.0	70~110	履带吊
ZKL650Q	55	300~600	6.71	10.0		39、64、99	汽车式
ZKL400	30	400	3.7~4.85	12~18	1.0	63、81、116	履带吊
ZKL600	55	600	12.07	12~18	1.0	39、54、71	履带吊
ZKL800	55	800	14.55	12~18	1.0	21、27、39	履带吊
KW-40	40	350~450	1.53	7~18	1.0~1.2	81	
LKZ400	22	400	1.47	8~10.5	1.0	140	轨道式
GZL400	15	400	1.47	12.0	1.0	88	

（2）其他机具:机动小翻斗车或手推车,装卸运土或运送混凝土。长、短棒式振捣器。部分加长软轴、混凝土搅拌机、平尖头铁锹、胶皮管、溜筒、盖板、测绳、手把灯、低压变压器及线坠等。

（四）作业条件

（1）地质资料、施工图纸、施工组织设计已齐全。

（2）地上、地下障碍物都处理完毕,达到"三通一平"。对影响施工机械运行的松软场地已进行适当处理,并有排水措施。施工用的临时设施准备就绪。

（3）场地标高一般应为承台梁的上皮标高,并经过夯实或碾压。

（4）分段制作好钢筋笼，其长度以 5~8 m 为宜。

（5）根据图纸放出轴线及桩位点，抄上水平标高木橛，并经过预检签证。

（6）施工前应做成孔试验，数量不少于两根。

（7）选择和确定钻孔机的进出路线和钻孔顺序，制订施工方案，做好技术交底。

三、施工工艺

（一）工艺流程

1. 钻成孔工艺

钻孔机就位→钻孔→检查质量→孔底清理→孔口盖板→移钻孔机。

2. 浇筑混凝土工艺流程

移盖板测孔深、垂直度→放钢筋笼→放混凝土溜洞→浇筑混凝土（随浇随振）→插桩顶钢筋。

（二）施工要点

1. 钻孔机就位

钻孔机就位时，必须保持平稳，不发生倾斜、位移，为准确控制钻孔深度，应在机架上或机管上做出控制的标尺，以便在施工中进行观测、记录。

2. 钻孔

调直机架挺杆，对好桩位（用对位圈），开动机器钻进、出土，达到控制深度后停钻、提钻。

3. 检查成孔质量

（1）钻深测定：用测深绳（锤）或手提灯测量孔深及虚土厚度。虚土厚度等于钻孔深的差值。虚土厚度一般不应超过 10 cm。

（2）孔径控制：钻进遇有含石块较多的土层，或含水量较大的软塑黏土层时，必须防止钻杆晃动引起孔径扩大，致使孔壁附着扰动土和孔底增加回落土。

4. 孔底土清理

钻到预定的深度后，必须在孔底处进行空转清土，然后停止转动；提钻杆，不得曲转钻杆。孔底的虚土厚度超过质量标准时，要分析原因，采取措施进行处理。进钻过程中散落在地面上的土，必须随时清除运走。

灌注桩的沉渣厚度要求：当以摩擦桩为主时，不得大于 150 mm；当以端承桩为主时，不得大于 50 mm。

5. 移动钻机到下一桩位

经过成孔检查后，应填好桩孔施工记录。然后盖好孔口盖板，并要防止在盖板上行车或走人。最后再移走钻机到下一桩位。

6. 浇筑混凝土

（1）移走钻孔盖板，再次复查孔深、孔径、孔壁、垂直度及孔底虚土厚度。有不符合质量标准要求时，应处理合格后，再进行下道工序。

（2）吊放钢筋笼：钢筋笼放入前应先绑好砂浆垫块（或塑料卡）；吊放钢筋笼时，要对准孔位，吊直扶稳，缓慢下沉，避免碰撞孔壁。钢筋笼放到设计位置时，应立即固定。遇有两段钢筋笼连接时，应采取焊接，以确保钢筋的位置正确，保证层厚度符合要求。

（3）放溜筒浇筑混凝土。在放溜筒前应再次检查和测量钻孔内虚土厚度。浇筑混凝土时应连续进行，分层振捣密实，分层高度以捣固的工具而定。一般不得大于1.5 m。

（4）混凝土浇筑到桩顶时，应适当超过桩顶设计标高，以保证在凿除浮浆后，桩顶标高符合设计要求。

（5）撤溜筒和桩顶插钢筋。混凝土浇到距桩顶1.5 m时，可拔出溜筒，直接浇灌混凝土。桩顶上的钢筋插铁一定要保持垂直插入，有足够的保护层和锚固长度，防止插偏和插斜。

（6）混凝土的坍落度一般宜为8～10 cm；为保证其和易性及坍落度，应注意调整砂率和掺入减水剂、粉煤灰等。

（7）同一配合比的试块，每班不得少于一组。

7. 季节性施工

（1）雨季施工应确保场地内无积水，孔周围应做好排水沟和集水坑，防止雨水流入孔内，以免造成边坡塌方或基土沉陷、钻孔机倾斜等。雨期严格坚持随钻随浇筑混凝土的规定，以防遇雨成孔后灌水造成塌孔。雨天不能进行钻孔施工。

（2）雨后应对钻机作业区进行必要的休整，确保钻机行走安全。

（3）冬季施工水泥浆入孔温度不得低于5 ℃。冬期当温度低于5 ℃浇筑混凝土时，水泥浆中应掺加防冻剂。浇筑时，混凝土的温度按冬施方案规定执行。在桩顶未达到设计强度50%以前不得受冻。

（4）当气温高于30 ℃时，应根据具体情况对混凝土采取缓凝措施。

四、成品保护措施

（1）施工顺序应该考虑对成品桩的保护，避免机械行走时碾压桩。

（2）钢筋笼在制作、运输和安装过程中，应采取措施防止变形。吊入钻孔时，应有保护垫块，或垫管和垫板。

（3）钢筋笼在吊放入孔时，不得碰撞孔壁。浇筑混凝土时，应采取措施固定其位置。

（4）灌注桩施工完毕进行基础开挖时，应制定合理的施工顺序和技术措施，防止桩的位移和倾斜，并应检查每根桩的纵横水平偏差。

（5）成孔内放入钢筋笼后，要在4 h内浇筑混凝土。在浇筑过程中，应有不使钢筋笼上浮和防止泥浆污染的措施。

（6）安装钻孔机、运输钢筋笼以及浇筑混凝土时，均应注意保护好现场的轴线桩、高程桩。

（7）桩头外留的主筋插铁要妥善保护，不得任意弯折或压断。

（8）桩头混凝土强度，在没有达到设计要求时，不得碾压，以防桩头损坏。

（9）桩顶混凝土达到设计强度的50%，才可凿除桩头，凿桩方法应适当，避免损坏桩头。

五、安全、环保措施

（1）施工前，应清除灌注桩操作范围内的高空和地下障碍物，平整场地，压实机械行走道路。

（2）认真清查邻近建（构）筑物情况，采取有效防震安全措施，以避免成孔时对邻近建

（构）筑物造成裂缝、倾斜甚至倒塌事故。

（3）振动沉桩机、冲钻机操作时安放平稳，防止沉管、冲钻孔时突然倾倒或管桩、钻具突然下落，造成人员伤亡和设备损坏。

（4）振动沉管机沉管时，如采用收紧钢丝绳加压，应根据桩管沉入度随时调整离合器，防止抬起桩架，发生事故；锤击沉管时，严禁用手扶正桩尖垫料。不得在桩锤未打到管顶就起锤或过早刹车；施工过程中如遇大风，应将桩管插入地下嵌固，以保证桩机安全。

（5）采用泥浆护壁成孔，应根据设备情况、地质条件和孔内情况变化，认真控制泥浆密度、孔内水头高度、护筒埋设深度、钻机垂直度、钻进和提钻速度等，以防坍孔，造成机具坍陷。

（6）振动锤、冲击锤操作时，距落锤 6 m 范围内不得有人员走动或进行其他作业，非工作人员不准进入施工区域内。

（7）冲、钻成孔灌注桩在已成的孔尚未灌注混凝土前，应用盖板封严，以免掉土或发生人身安全事故。

（8）所有成孔设备，电路要架空设置，不得使用不防水的电线或绝缘层有损伤的电线。电闸箱和电动机要有接地装置，加盖防雨罩；电路接头要安全可靠，开关要有保险装置。爆破桩使用 220 V 电源引爆时，应设置专用插座和接头。

（9）振动锤的电器箱和电动机必须接地，在沉桩前应检查外部各紧固螺栓、螺母、销子是否松动；上下桩检查时必须戴安全带。

（10）恶劣天气沉管机、冲钻机应停止作业，休息或作业结束时，应切断操纵箱上的总开关，并将离电源最近的配电盘上的开关切断。

（11）凡患有高血压及视力不清等病症人员，不得进行机上作业。

（12）混凝土灌注时，装、拆导管人员必须戴安全帽，并注意防止扳手、螺钉等掉入桩孔内；拆卸导管时，其上空不得进行其他作业，导管提升后继续浇筑混凝土前，必须检查其是否垫稳或挂牢。

（13）施工场内一切电源、电路的安装和拆除，应由持证电工专管，电器必须严格接地、接零和使用漏电保护器；电器安装后经验收合格才准接通电源使用；多机作业用电必须分闸，严禁一闸多机和一闸多用；施工现场电线、电缆必须按规定架空，严禁接地和乱拉、乱搭。

第三章　基坑工程

第一节　排桩支护

一、适用范围

本节排桩墙支护结构是指钢筋混凝土预制桩、灌注桩、钢板桩、钢筋混凝土预制板桩等类型桩,以一定的排列方式组成的基坑支护结构。其排列形式有密式、疏式、锁扣式、双排式等;按受力特点又可分为悬臂式、拉锚式和内撑式。

钢筋混凝土预制桩(包括预制板桩)、钢板桩,为工厂生产的成品,具有施工速度快、施工工艺成熟、钢板桩可重复使用、经济效益好等优点;但在打设时噪声较大,深度也受到一定的限制。适用于地下水位较低或涌水量较小的黏性土、砂土和软土中深度不大的基坑作支护结构。钢筋混凝土灌注桩,施工无噪声、无振动、无挤土、刚度大、抗弯能力强、变形较小、应用范围广,可作悬臂式、拉锚式和内撑式各种支护结构,可做成密排式(密式)和疏排式(疏式),又可采用相隔一定距离的双排桩与桩顶横梁组成空间结构用于较深基础的悬臂式支护结构。适用于各种深度、各种土质条件下作支护结构。

排桩支护适用于基坑侧壁安全等级为一、二、三级的工程基坑支护。排桩墙可以根据工程情况做成悬臂式支护结构、拉锚式支护结构、内撑式和锚杆式支护结构,悬臂式结构在软土场地中不宜大于 5 m。

二、施工准备

(一)技术准备
(1)施工区域的岩土工程勘察报告。
(2)排桩墙桩的设计文件。
(3)施工区域内地下管线、设施、障碍资料。
(4)相邻建筑基础资料。
(5)施工区域的测量资料。
(6)桩工艺性试验。
(7)施工组织设计。

(二)材料要求
(1)水泥:宜用 P·O 32.5 水泥,具有出厂合格证和检测报告,水泥重量允许偏差 ≤ ±2%。
(2)石子:宜使用材质坚硬、级配良好5～40 mm 的卵石或碎石,含泥量不大于2%,质量符合相关规范规定。
(3)砂:宜使用含泥量 ≤ ±3%的中砂或粗砂,质量符合相关规范规定。

（4）外加剂：可使用速凝剂、早强剂、减水剂、塑化剂，外加剂溶液允许偏差≤±2%。

（5）水：混凝土拌和用水应符合现行国家标准《混凝土拌和用水标准》（JGT 63）的有关规定。

（6）钢材：主筋宜使用 HRB335、HRB400 级热轧带肋钢筋，箍筋宜使用 $\phi6 \sim \phi8$ 圆钢，型钢应满足有关标准要求。

（7）钢板桩、预制混凝土方桩、预制混凝土板桩的规格及型号按设计要求选用。

（三）主要机具

（1）钢筋混凝土灌注桩可根据设计要求的桩型选用冲击式钻机、冲抓锤成孔机、长螺旋钻机、回转式钻机、潜水钻机、振动沉管打桩机等打桩机械及其配套的其他机具设备。

（2）预制钢筋混凝土桩（方桩、板桩）、钢板桩可根据设计的桩型及地质条件选用柴油打桩机、蒸汽打桩机、振动打拔桩机、静力压桩机等打桩机械及其配套的其他机具设备。

（四）作业条件

（1）排桩墙支护的基坑，应支护后再予开挖。内支撑施工应保证基坑变形在设计要求的控制范围内。

（2）施工现场应具备临时设施搭设场地和作业施工空间。

（3）场地应满足泥浆排放条件。在含水层范围内的排桩墙支扩基坑，应有可靠的止水措施，确保基坑施工和相邻建筑物的安全。

（4）施工现场应具备满足施工要求的测量控制点。

三、施工工艺

（一）工艺流程

1. 钢板桩排桩墙

测量放线→导架安装→钢板桩打设→基础施工→钢板桩拔除。

2. 灌注桩排桩墙

混凝土灌注桩施工→桩机移位→桩养护→破桩→冠梁施工。

3. 预制桩（方桩、板桩）排桩墙

测量→桩机就位→立桩→沉桩→送桩（接桩）→桩机移位→破桩→冠梁施工。

（二）操作工艺

1. 排桩墙施工顺序

（1）排桩墙一般应采用间隔法组织施工。当一根桩施工完成后，桩机移至隔一桩位进行施工。

（2）疏式排桩墙宜采用由一侧向单一方向隔桩跳打的方式进行施工。

（3）密排式排桩墙宜采用由中间向两侧方向隔桩跳打的方式进行施工。

（4）双排式排桩墙采用先山前排桩位一侧向单一方向隔桩跳打，再由后排桩位中间向两侧方向隔桩跳打的方式进行施工。

（5）当施工区域周围有需保护的建筑物或地下设施时，施工顺序应自被保护对象一侧开始施工，逐步背离被保护对象。

2. 测量放线

排桩墙测量应按照排桩墙设计图在施工现场，依据测量控制点进行。测量时应注意排桩墙形式(疏式、密排式、双排式)和所采用的施工方法及顺序。桩位偏差、轴线和垂直轴线方向均不宜超过表 3-1 的规定,桩位放样误差 10 mm。

表 3-1 桩位允许偏差

序号	项目		允许偏差(mm)
1	有冠梁的桩	垂直梁中心线	$100 + 0.01H$
2		沿梁中心线	$150 + 0.01H$

注:H 为施工现场地面标高与桩顶设计标高之差。

3. 桩机就位

为保证打桩机下地表土受力均匀,防止不均匀沉降,保证打桩机施工安全,采用厚度 2 ~ 3 cm 厚的钢板铺设在桩机履带板下,钢板宽度比桩机宽 2 m 左右,保证桩机行走和打桩的稳定性。

桩机行走时,应将桩锤放置于桩架中下部以桩锤导向脚不伸出导杆末端为准。根据打桩机桩架下端的角度调整桩架的垂直度,并用线坠由桩帽中心点吊下与地上桩位点对中。

4. 钢板桩排桩墙施工

(1)钢板桩简易的型式槽钢、工字钢等型钢,采用正反扣组成,由于抗弯、防渗能力较弱,且生产定尺为 6 ~ 8 m,一般只用于较浅($h(0) \leqslant 4$ m)的基坑。正规的钢板桩为热轧锁口钢板桩,型式有 U 型、Z 型、一字型、H 型和组合型等,其中以 U 型应用最多,可用于 5 ~ 10 m 深的基坑。国产的钢板有鞍Ⅳ型、包Ⅳ型、拉森型(U)钢板桩。拉森型钢板桩长度一般为 12 m,根据需要可以焊接接长。接长应先对焊,再焊加强板最后调直。钢板桩运到现场后,应进行检查、分类、编号。钢板桩立面应平直,以一块长 1.5 ~ 2 m,锁口合乎标准的同型板桩通过检查,凡锁口不合,应进行修正合格后再用。

(2)钢板桩的设置位置应便于基础施工,即在基础结构边缘之外并留有支、拆模板的余地。如利用钢板桩作为箱基外侧模板,则必须衬以纤维板等其他隔离材料,以利钢板桩的拔除。钢板桩的平面布置,应尽量平直整齐,避免不规则的转角以便充分利用标准钢板桩和便于设置支撑。

(3)钢板桩的检验及矫正。

用于基坑支护的成品钢板桩如为新桩,可按出厂标准进行检验;重复使用的钢板桩使用前,应对外观质量进行检验,包括长度、宽度、厚度、高度等是否符合设计要求,有无表面缺陷,端头矩形比,垂直度和锁口形状等。

对桩上影响打设的焊接件应割除,如有割孔、断面缺损等应补强,若严重锈蚀,应量测断面实际厚度,计算时予以折减。

对各种缺陷进行矫正,如表面缺陷矫正、端部矩形比矫正、桩体挠曲矫正、桩体扭曲矫正、桩体截面局部变形矫正和锁口变形矫正等。

(4)导架安装。

为保证沉桩轴线位置的正确和桩的竖直,控制桩的打入精度,防止板桩的屈曲变形和提高桩的贯入能力,需设置一定刚度的坚固导架。导架通常由导梁和围檩桩等组成,在平面上有单面和双面之分,在高度上有单层和双层之分。一般常用的单层双面导架,围檩桩的间距一般为 2.5 ~ 3.5 m,双面围檩之间的间距一般比板桩墙厚度大 8 ~ 15 mm。

打桩时导架的位置不应与钢板桩相碰,围檩桩不应随着钢板桩的打设而下沉或变形,导架的高度要适宜,应有利于控制钢板桩的施工高度和提高工效。需用经纬仪和水准仪控制导架的位置和标高。

(5)沉桩机械的选择。

打设钢板桩分为冲击打入法和振动打入法。冲击打入法采用落锤、汽锤和柴油锤。为使桩锤的冲击能均匀分布在板桩断面上,保护桩顶免受损坏,在桩锤和钢板桩间应设桩帽。振动打入法采用振动锤,既可以用来打设钢板桩,又可用于拔桩。目前多采用振动打入法。

(6)钢板桩焊接。

由于钢板桩的长度是定长的,因此在施工中常需焊接。为了保证钢板桩自身强度,接桩位置不可在同一平面上,必须采用相隔一根上下颠倒的接桩方法。

(7)钢板桩的打设。

①钢板桩的打设方式可根据板桩与板桩之间的锁扣方式,或选择大锁扣扣打施工法及小锁扣扣打施工法。大锁扣扣打施工法是从板桩墙的一角开始,逐块打设,每块之间的锁扣并没有扣死。大锁扣扣打施工法打设简便迅速,但板桩有一定的倾斜度、不止水、整体性较差、钢板桩用量较大,仅适用于强度较好、透水性差、对围护系统要求精度低的工程;小锁扣扣打施工法也是从板桩墙的一角开始,逐块打设,且每块之间的锁扣要求锁好。能保证施工质量,止水较好、支护效果较佳,钢板桩用量亦较少,但打设速度较缓慢。

②钢板桩的打设方法还可分为单独打入法和屏风式打入法两种。

单独打入法是从板桩墙的一角开始,逐块打设,直到工程结束。这种打入方法简便迅速,不需辅助支架,但易使板桩向一侧倾斜。误差积累后不易纠正。适用于要求不高,板桩长度较小的情况。

屏风式打入法是将10~20根钢板桩成排插入导架内,呈屏风状,然后再分批施打。这种打入方法可减少误差积累和倾斜,易于实现封闭合拢,保证施工质量。但插桩的自立高度较大,必须注意插桩的稳定和施工安全,较单独打入法施工速度较慢。目前多采用这种打入方法。

③选用吊车将钢板桩吊至插桩点处进行插桩,插桩时锁口要对准,每插一块即套上桩帽,上端加硬水垫,并轻轻地加以锤击。在打桩过程中,为保证钢板桩的垂直度,用两台经纬仪在两个方向加以控制。为防止锁口中心线平面位移,可在打桩行进方向的钢板桩锁口处设卡板,不让板桩位移。同时在围檩上预先计算出每一块板桩的位置,以便随时检查校正。

钢板桩应分几次打入,如第一次由20 m高打至15 m,第二次则打至10 m,第三次打至导梁高度,待导架拆除后再打至设计标高。开始打设的第一、第二块钢板桩的打入位置和方向要确保精度,并可以起样板导向的作用,一般每打入1 m就应测量一次。

(8)钢板桩的转角和封闭。

钢板桩墙的设计水平总长度,有时并不是钢板桩的标准宽度的整数倍,或者板桩墙的轴线较复杂、钢板桩的制作和打设有误差等,均会给钢板桩墙的最终封闭合拢施工带来困难,这时候一般用异形桩(上宽下窄或宽度大于或小于标准宽度的板桩)来纠正。如加工困难,亦可用轴线修正法进行而不用异形桩,其方法是:

①分别在长短边方向各打到离转角桩尚剩8块板桩时停止,测出至转角桩的总长度和由偏差而增加的尺寸。

②根据水平方向增加的尺寸,将短边方向的围檩与围檩桩分开,再用千斤顶向外顶出,

进行轴线外移,经核对尺寸无误后再将围檩与围檩桩重新焊接固定。

③在长边方向继续打设(所留高度稍高),到转角桩后,接着向短边方向打两块。

④根据修正后轴线打设短边上的板桩(所留高度稍高)。最后一块封闭钢板桩应在短边方向从端部算起的第三块板桩的位置上。

(9)钢板桩的拔除。

①在进行基坑回填时,要拔除钢板桩,以便修整后重复使用,拔除时要确定钢板桩拔除顺序、拔除时间及坑孔处理方法等。

②钢板桩多采用振动拔除方法,由于振动、拔桩时可能会发生带土过多,从而引起土体位移及地面沉降,给施工中地下结构带来危害,并影响邻近建筑物、道路及地下管线的正常使用。在拔桩时应充分重视,注意防止。可采用隔一根拔一根的跳拔方法。

③对于封闭式钢板桩墙,拔桩开始点宜离开角桩5 m以上,拔桩的顺序一般与打桩的顺序相反。

④拔除钢板桩宜采用振动锤或振动锤与起重机共同拔除的方法。后者只用于振动锤拔不出的钢板桩,需在钢板桩上设吊架,起重机在振动锤振拔的同时向上引拔。

⑤拔桩时,振动锤产生强迫振动,破坏板桩与周围土体间的黏结力,依靠附加的起吊克服拔桩阻力把桩拔出。可先用振动锤将锁口振活以减少与土的黏结,然后边振边拔,为及时回填桩孔,当将桩拔至比基础底板略高时,暂停引拔。用振动锤振动几分钟让土孔填实,对阻力大的钢板桩,还可采用间歇振动的方法。对拔桩产生的桩孔,应及时回填以减少对邻近建筑物等的影响,方法有振动挤实法和填入法,有时还需在振拔时回灌水,边振边拔并回填砂子。

5.灌注桩排桩墙施工

1)干作业成孔排桩墙。

(1)螺旋钻孔排桩墙。

螺旋钻孔排桩墙施工应符合螺旋钻孔灌注桩施工技术标准。

(2)人工挖孔排桩墙。

人工挖孔排桩墙施工应符合人工挖孔灌注桩施工技术标准,但应满足本节技术关键要求。

(3)沉管桩排桩墙。

沉管桩排桩墙施工可参考套管护壁混凝土灌注桩施工技术标准中沉管灌注桩施工工艺进行,但应满足本节技术关键要求。

2)湿作业排桩墙

(1)回转钻孔排桩墙。

回转钻孔排桩墙施工可参考泥浆护壁钻孔灌注桩施工技术标准的有关规定进行,同时满足本节技术关键要求。

(2)冲击钻孔排桩墙。

冲击钻孔排桩墙施工可参照泥浆护壁钻孔灌注桩施工技术标准的有关规定进行,同时满足本节技术关键要求。

6.预制桩排桩墙施工

1)静力压桩排桩墙

静力压桩排桩墙施工应符合静力压桩施工技术标准,同时应满注本节技术质量关键要求。

2）预应力管桩排桩墙

预应力管桩排桩墙应按照施工技术标准进行,同时应满注本节技术质量关键要求。

3）钢管桩排桩墙

施工应按钢桩打桩施工技术标准进行。同时应满足本节技术质量关键要求。

7. 冠梁施工

（1）破桩:桩施工时应按设计要求控制桩顶标高。待桩施工完成后,按设计要求位置破桩。破桩后桩中主筋长度应满足设计锚固要求。水泥土桩排桩墙一般不设钢筋。若设筋时,破桩后桩中主筋长度应满足设计要求。

（2）冠梁施工:排桩墙冠梁一般在土方开挖时施工。采用在土层中开挖土模,铺设钢筋、浇筑混凝土的方法进行。腰梁、围檩、内撑均应按设计要求与土方开挖配合施工。

8. 锚拉桩的锚杆

锚拉桩的锚杆一般应与土方开挖配合施工。

9. 施工注意事项

（1）桩位偏差、轴线和垂直轴线方向均不宜超过表 3-1 的规定。垂直度偏差不宜大于0.1%。

（2）桩顶标高应满足设计标高要求。

（3）悬臂桩其嵌固长度必须满足设计要求。

（4）锚拉桩锚杆位置、长度、抗拔力应满足设计要求。

（5）内支撑点位置应符合设计要求。

（6）等效矩形配筋、按弯矩大小配筋桩其钢筋布置方向及位置必须满足设计要求。

（7）冠梁施工前,应将支护桩桩头凿除清理干净,桩顶露出的钢筋长度应达到设计锚固长度要求;腰梁施工时其位置及梁与桩连接应符合设计要求。

（8）排桩墙正式施工前必须进行试桩工作,检验施工工艺的适宜性,确定施工技术参数。

（9）施工现场应平整、夯实,施工期间不产生危及施工安全的沉降变形。

（10）施工现场应具备满足施工要求的测量控制点。

10. 质量控制要点

灌注桩排桩墙:

（1）成孔,必须保证设计桩长。

（2）水下混凝土应满足下列要求:①桩身混凝土施工强度应满足设计要求;②水泥应与外加剂做相容性试验。

（3）钢筋笼:钢筋笼安装应满足设计规定的方向要求。弯矩配筋位置应准确。

（4）成桩:成桩不应有断桩现象,且嵌固长度应保证设计要求。

预制桩排桩墙:

（1）桩长度应满足设计要求。一般不应采用接桩的方法达到其长度要求。必须接桩时,应采用焊接法,不宜采用浆锚法。且在排桩同一标高位置接头数量不应大于总桩数的50%,并应交错布置。

（2）当桩下沉困难时,不应随意截桩。

（3）预制桩排桩墙支撑点位置应准确,支撑应及时。

（4）预制桩排桩墙应与冠梁、腰梁连接紧密牢固。

四、质量标准

（1）排桩墙支护结构包括灌注桩、预制桩、板桩等类型桩构成的支护结构。

（2）灌注桩、预制桩的检验标准应符合现行国家标准《建筑地基基础施工质量验收规范》（GB 50202）的规定。钢板桩均为工厂成品，新桩可按出厂标准检验，混凝土板桩应符合表 3-2 的规定，重复使用的钢板桩应符合表 3-3 的规定。

表 3-2　混凝土板桩制作标准

项目	序号	检查项目	允许偏差或允许值		检查方法
			单位	数值	
主控项目	1	桩长度	mm	+10,0	用钢尺量
	2	桩身弯曲度		$<0.1\%L$（L 为桩长）	用钢尺量
一般项目	1	保护层	mm	±5	用钢尺量
	2	模截面相对两面之差	mm	5	用钢尺量
	3	桩尖对桩轴线的位移	mm	10	用钢尺量
	4	桩厚度	mm	+10,0	用钢尺量
	5	凹凸槽尺寸	mm	±3	用钢尺量

表 3-3　重复使用的钢板桩检验标准

序号	检查项目	允许偏差或允许值		检查方法
		单位	数值	
1	桩垂直度	%	<1	用钢尺量
2	桩身弯曲度		$<2\%L$（L 为桩长）	用钢尺量
3	齿槽平直度及光滑度	无电焊渣或毛刺		用 1 m 长的桩段做通过试验
4	桩长度	不小于设计长度		用钢尺量

（3）排桩墙支护的基坑，开挖后应及时支护，每一道支撑施工应确保基坑变形在设计要求的控制范围内。

（4）在含水地层范围内的排桩墙支护基坑，应有确实可靠的止水措施，确保基坑施工及邻近构筑物的安全。

五、成品保护

（1）打扫桩墙施工过程中应注意保护周围道路、建筑物和地下管线的安全。

（2）预制桩必须提前订制，打桩时预制桩强度应达到设计强度的100%，锤击预制桩时，宜采取强度与龄期双控制。

（3）基坑开挖施工过程对排桩墙及周围土体的变形、周围道路、建筑物以及地下水位情况进行监测。

(4)基坑、地下工程在施工过程中不得伤及排桩墙墙体。

六、应注意的质量问题

(1)各种桩原材料质量应满足设计和规范要求,外加剂应与水泥品种相适应。

(2)预制桩长度应满足设计要求。一般不应采用接桩的方法达到其长度要求,必须接桩时,应采用焊接法,不宜采用浆锚法,且在排桩同一标高位置接头数量不应大于总桩数的50%,并应交错布置。当桩下沉困难时,不应随意截桩。预制桩排桩墙内支撑点位置应准确,支撑应及时预制桩排桩墙应与冠梁、腰梁连接紧密牢固。

(3)灌注桩成孔时,必须保证设计桩长。钢筋笼安装应满足设计规定的方向要求,弯矩配筋位置应准确。成桩不应有断桩现象,且嵌固桩长应保证设计要求。

(4)冠梁施工前,应将支护桩桩头凿除清理干净,桩顶露出的钢筋长度应达到设计锚固长度要求;腰梁施工时,其位置及梁与桩连接应符合设计要求。

(5)检查齿槽平直度不能用目测,有时看来较直,但施工时仍会产生很大的阻力,甚至将桩带入土层中,如用一根短样桩,沿着板桩的齿口,全长拉一次,如能顺利通过,则将来施工时不会产生大的阻力。

(6)含水地层内的支护结构常因止水措施不当而造成地下水从坑外向坑内渗漏,大量抽排造成土颗粒流失,致使坑外土体沉降,危及坑外的设施。因此,必须有可靠的止水措施。这些措施有深层搅拌桩帷幕、高压喷射注浆止水帷幕、注浆帷幕或者降水井(点)等,根据不同的条件选用。

(7)施工现场应平整、夯实,施工期间不产生危及施工安全的沉降变形。

七、环境、职业健康安全管理措施

(1)施工场地坡度 <1%;地基承载力 >85 kPa。

(2)桩机周围 5 m 范围内应无高压线路。

(3)桩机起吊时,吊物上必须拴溜绳。人员不得处于桩机作业范围内。

(4)桩机吊物情况下,操作人员不得离机。

(5)桩机不得超负荷进行作业。

(6)钢丝绳的使用及报废标准应按有关规定执行。

(7)遇恶劣天气时应停止使用。必要时应将桩机卧放地面。

(8)施工现场电器设备必须保护接零,安装漏电开关。

(9)当排桩墙施工所造成的地层挤密、污染对周边建筑物有不利影响时,应制定可行、有效的施工措施后,才可进行施工。

第二节　重力式挡土墙支护

一、适用范围

重力式挡土墙支护结构是利用水泥系材料为固化剂,通过特殊的拌和机械(深层搅拌机或高压旋喷机等)在地基土中就地将原状土和固化剂(粉体、浆液)强制拌和(包括机械和高压力切削拌和),经过土和固化剂或掺和料产生一系列物理化学反应,形成具有一定强度、整体性和水稳定性的加固土圆柱体桩墙(包括加筋水泥土搅拌桩)。施工时将桩相互搭接,连续成桩,形成具有一定强度和整体结构性的水泥土壁墙或格栅状墙,用以维持基坑边坡土体的稳定,保证地下室或地下工程的施工及周边环境的安全。重力式挡土墙支护结构适用于加固淤泥、淤泥质土和含水量高的黏土、粉质黏土、粉土等土层;直接作为基坑开挖重力式围护结构,用于较软土的基坑支护时支护深度不宜大于 6 m,对于非软土的基坑支护,支护深度不宜大于 10 m。常用水泥土桩支护形式见图 3-1。

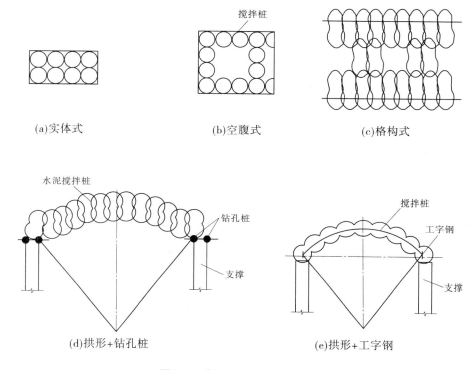

(a)实体式　　　　　　　(b)空腹式　　　　　　　(c)格构式

(d)拱形+钻孔桩　　　　　　　　　　(e)拱形+工字钢

图 3-1　常用水泥土桩支护形式

二、施工准备

(一)技术准备

(1)基坑支护施工前,会同有关设计人员进行设计图纸会审和技术交底。

(2)编制施工组织设计,内容包括:

①场区工程地质、水文地质概况。

②基坑周围环境、地下障碍物情况,施工场地总平面布置图。

③根据成桩试验结果确定搅拌桩施工工艺和施工参数。

④基坑支护挡墙搅拌桩施工方案和施工顺序。

⑤机械设备的型号、数量、动力;各工种材料的数量、质量、规格、品种、使用计划;工程技术人员、管理人员和关键岗位人员的配置。

⑥施工中的关键问题和技术难点的技术质量要求标准和保证措施等。

⑦施工工期、质量、安全控制方案。

⑧施工期间的质量监控、抢险应急措施等。

（3）深层搅拌机或钻机就位时，必须经过技术审核，确保定位准确，必要时请监理人员进行轴线定位验收，同时设置桩位标志。

（4）施工前应标定搅拌机械的灰浆输送量、灰浆输送管到达搅拌机喷浆口的时间和起吊设备提升速度等施工工艺参数，并根据设计通过试验确定搅拌桩材料的配合比。

（5）采用旋喷法施工时必须事先确定水泥浆的水灰比。

（二）材料准备

（1）水泥：用强度等级不小于 32.5 级的普通硅酸盐水泥，要求新鲜无结块。

（2）砂子：用中砂或粗砂，含泥量小于 5%（水泥土搅拌）。

（3）外加剂：塑化剂采用木质素磺酸钙，促凝剂采用硫酸钠、石膏，应有产品出厂合格证，掺量通过试验确定（水泥土搅拌）。

（4）加筋水泥土桩墙可用 H 型钢、工字钢、槽钢、钢管、拉森钢板等作加筋，应根据设计要求选用。

（三）主要机具

1.水泥土搅拌施工主要机具

水泥土搅拌施工主要机具包括 SJB－1 型深层搅拌机、履带式起重机、灰浆搅拌机、灰浆泵、冷却泵、机动翻斗车、导向架、集料斗、磅秤、提速测定仪、电气控制柜、铁锹、手推车等。其中，SJB－1 型深层搅拌机主要性能如表 3-4 所示。

表 3-4　SJB－1 型深层搅拌机主要性能

序号	项目		规格性能	数量
1	深层搅拌机	搅拌轴数量	$\phi127 \times 10$ m	2 根
		搅拌轴长度	每节长 2.5 m	2 节
		搅拌外径	$\phi700 \sim 800$ mm	
		电动机功率	2×30 kW	1 台
2	起吊设备机导向系统	履带式起重机	CH500 型，起重高度大于 14 m，起重量大于 10 t	1 台
		提升速度	$0.3 \sim 1.0$ m/min	
		导向架	$\phi88.8$ mm 钢管制	1 座
3	固化剂制配系统	灰浆泵	HB6－3 型，输浆量 3 m^3/h，工作压力 1.5 MPa	1 台
		灰浆搅拌机	HL－1 型 200 L	2 台
		集料斗	400 L	1 个
		磅秤	计量	1 台
		提升速度测定仪	量测范围 0~2 m/min	1 台
4	技术指标	一次加固面积	$0.7 \sim 0.9$ m^3	
		最大加固深度	10 m	
		加固效率	$40 \sim 50$ m/台班	
		总质量（不含起重机）	6.5 t	

2.高压喷射注浆法主要机具设备

高压喷射注浆法主要机具设备包括高压泵、钻机、浆液搅拌机器等；辅助设备包括操纵控制系统、高压管路系统、材料储存系统，以及各种管材、阀门、接头安全设施等。

（四）作业条件

（1）施工场地应先整平，清除桩位处地上、地下一切障碍物，场地低洼处黏性土料回填夯实，不得用杂填土回填。

（2）设备开机前应经检修、调试，检查桩机运行和输料管畅通情况。

（3）开工前应检查水泥及外加剂的质量、桩位、搅拌机工作性能及各种计量设备完好程度（主要是水泥浆流量计和其他计量装置）。

（五）材料质量控制要点

（1）施工所用水泥，必须经强度试验和安定性试验合格才能适用。

（2）所用砂子必须严格控制含泥量，外加剂必须无变质。

三、施工工艺

（一）工艺流程

（1）水泥土搅拌桩施工的施工顺序为：深层搅拌机定位→预搅下沉→配制水泥浆（或砂浆）→喷浆搅拌、提升→重复搅拌下沉→重复搅拌提升直至孔口→关闭搅拌机、清洗→移至下一根桩，重复以上工序。

（2）旋喷法施工程序为：机具就位→贯入注浆管→试喷射→喷射注浆→拔管及冲洗等。

（二）施工要点

泥土搅拌桩施工参照以下要点：

泥土搅拌桩适用于处理正常固结的淤泥与淤泥质土、粉土、饱和黄土、素填土、黏性土及无流动地下水的饱和松散砂土等地基。水泥土搅拌桩地基是利用水泥作为固化剂，通过深层搅拌机在地基深部，就地将软土和固化剂（浆体或粉体）强制拌和，利用固化剂和软土发生一系列物理、化学反应，使凝结成具有整体性、稳定性好和较高强度的水泥加固体，与天然地基形成复合地基。其加固原理是：水泥加固土由于水泥用量很少，水泥水化反应完全是在土的围绕下产生的，凝结速度比在混凝土中缓慢。水泥与软黏土拌和后，水泥矿物和土中的水分发生强烈的水解和水化反应，同时从溶液中分解出氢氧化钙生成硅酸三钙（$3CaO \cdot SiO_2$）、硅酸二钙（$2CaO \cdot SiO_2$）、铝酸三钙（$3CaO \cdot Al_2O_3$）、铁铝酸四钙（$4CaO \cdot Al_2O_3 \cdot Fe_2O_3$）、硫酸钙（$CaSO_4$）等水化物，有的自身继续硬化形成水泥石骨架，有的则与有活性的土进行离子交换和团粒反应、硬凝反应和碳酸化作用等，使土颗粒固结、结团，颗粒间形成坚固的联结，并具有一定的强度。

旋喷桩施工参照以下要点

旋喷桩是利用钻机把带有特制喷嘴的注浆管钻进至土层的预定位置后，以高压设备使浆液或水成为20 MPa左右的高压流从喷嘴中喷射出来，冲击破坏土体。钻杆一边经一定速度（20 r/min）旋转，一边以一定速度（15～30 cm/min）渐渐向上提升，使浆液与土粒强制混合，待浆液凝固后，便在土中形成一个具有一定强度（0.5～8 MPa）的固结体。固结体的形状与喷射流移动方向有关。一般分为旋转喷射（简称旋喷）、定向喷射（简称定喷）和摆动喷射(简称摆喷)三种注浆形式。作为地基加固,通常采用旋喷注浆形式。

施工注意事项:

(1)水泥搅拌桩施工时必须严格控制配合比,当水泥砂浆作固化剂,其配合比为1:(1~2)(水泥:砂),为增加流动性,可掺入0.2%~0.25%的木质素磺酸钙减水剂与1%硫酸钠和2%石膏;水灰比0.43~0.5。

(2)施工中固化剂应严格按照预定的配合比拌制,并应有防离析措施。起吊应保证起吊设备的平整度和导向架的垂直度。成桩要控制搅拌机的提升速度和次数,使连续均匀,以控制注浆量,保证搅拌均匀,同时泵送必须连续。

(3)旋喷所用的水泥浆水灰比1:1~1.5:1,为消除离析,一般加入水泥用量3%的陶土、0.09%的碱,浆液宜在旋喷前1 h以内配制。

质量控制要点:

(1)搅拌机预搅下沉时,不宜冲水,当遇到较硬土层下沉太慢时,方可适量冲水,但应考虑冲水成桩对桩身强度的影响。

(2)深层搅拌桩的深度、截面尺寸、搭接情况、整体稳定性和桩身强度必须符合设计要求。检验方法:在沉桩后7 d内用轻便触探击数,用对比法判断桩身强度。

(3)施喷注浆深度、直径、抗压强度和透水性必须符合设计要求。质量检验应在喷浆4周后进行。检验点数为注浆孔数的2%~5%,不合格者应进行补喷。

四、成品保护措施

(1)雨期或冬期施工,应采取防雨防冻措施,防止水泥土受雨水淋湿或冻结。

(2)深层搅拌机和钻机周围必须做好排水工作,防止泥浆或污水灌入已施工完的桩位处。

五、安全、环保措施

(1)施工现场的一切电源、电路的安装和拆除,应由持证电工专管,电器必须严格接地、接零和设置漏电保护器,现场电线、电缆必须按规定架空,严禁拖地和乱拉、乱搭。

(2)所有机器操作人员必须持证上岗。

(3)施工现场必须做到场地平整、无积水,挖好排浆沟,深层搅拌机钻机行进时必须顺畅。

(4)水泥堆放必须有防雨、防潮措施,砂子要有专用堆场,不得污染。

(5)施工机械、电气设备、仪表仪器等在确认完好后方准使用,并由专人负责使用。

(6)深层搅拌机的入土切削和提升搅拌,当负载太大及电机工作电流超过预定值时,应减慢升降速度或补给清水,一旦发生卡钻或停钻现象,应切断电源,将搅拌机强制提起之后,才能启动电机。

六、质量标准

(1)水泥土墙支护结构指水泥土搅拌桩(包括加筋水泥土搅拌桩)、高压喷射注浆桩所构成的围护结构。

加筋水泥土搅拌桩是在水泥土搅拌桩内插入筋性材料,如型钢、钢板桩、混凝土板桩、混凝土工字梁等。这些筋性材可以拔出,也可不拔,视具体条件而定。如要拔出,应考虑相应的填充措施,而且应与拔出的时间同步,以减少周围的土体变形。

（2）水泥土搅拌桩及高压喷射注浆桩的质量检验应满足规范的规定。

（3）加筋水泥土搅拌桩质量检验标准必须符合表3-5的规定。

表3-5 加筋水泥土搅拌桩质量检验标准

序号	检查项目	允许偏差或允许值		检查方法
		单位	数值	
1	型钢长度	mm	±10	用钢尺量
2	型钢垂直度	%	<1	经纬仪
3	型钢插入标高	mm	±30	水准仪
4	型钢插入平面位置	mm	10	用钢尺量

第三节 型钢水泥土搅拌墙支护

一、适用范围

型钢水泥土搅拌墙通常称为 SMW 工法,是一种在连续套接的三轴水泥土搅拌桩内插入型钢形成的复合挡土隔水结构。即型钢承受土侧压力,而水泥土则具有良好的抗渗性能,因此 SMW 墙具有挡土与止水双重作用。除了插入 H 型钢外,还可插入钢管、拉森钢板桩等。由于插入了型钢,故也可设置支撑。即利用三轴搅拌桩钻机在原地层中切削土体,同时钻机前端低压压入水泥浆液,与切碎土体充分搅拌形成隔水性较高的水泥土柱列式挡墙,在水泥土浆液尚未硬化前插入型钢的一种地下工程施工技术。

二、施工准备

（一）技术准备

（1）施工现场应先进行场地平整,清除施工区域的表层硬物和地下障碍物,遇明洪（塘）及低洼地时应抽水和清淤,回填黏性土并分层夯实。路基承载能力应满足重型桩机和吊车平稳行走移动的要求。

（2）按照搅拌桩桩位平面布置图,确定合理的施工顺序及配套机械、水泥等材料的放置位置。

（3）技术人员根据设计图纸和测量控制点放出桩位,桩心距用红色油漆做好标记,保证搅拌桩定位准确,并经监理复核验收签证。桩位平面偏差不大于 5 mm。

（4）根据基坑围护内边控制线开挖导向沟,并在沟槽边设置搅拌桩定位型钢,标出搅拌桩位置和型钢插入位置。

（5）三轴搅拌机与桩架进场组装并试运转正常后方可就位。

（6）采用现浇的钢筋混凝土施工导墙时,导墙宜筑于密实的黏性土层上,并高出地面100 mm,导墙净距应比水泥土搅拌墙设计厚度增加 40 ~ 60 mm。

（二）机械配备

搅拌桩施工应根据项目地质条件与成桩深度选用不同形式或不同功率的三轴搅拌机，在黏性土中宜选用以叶片式为主的搅拌形式；在砂性土中宜选用螺旋叶片式为主的搅拌形式；在沙砾土中宜选用螺旋叶片搅拌形式。与其配套的桩架性能参数必须与三轴搅拌机的成桩深度和提升力要求相匹配。搅拌机工作电流、立架垂直度、卷扬机功能、搅拌轴的定位导向装置、注浆泵的工作压力应符合相关要求。SMW 工法桩施工机具见表 3-6。

表 3-6　SMW 工法桩施工机具

序号	机具名称	型号	数量	作用
1	挖掘机	WY－100		开挖基槽
2	三轴搅拌桩机	PAS－120VAR		水泥土搅拌
3	吊机	50 t		吊放搅拌机
4	汽吊	16/25 t		吊型钢
5	压浆泵	UBJ－2		注浆
6	空压机	W－6/7		凿出桩头
7	振动锤			插入型钢
8	灰浆搅拌机	200 L		拌浆
9	千斤顶			起拔型钢

注:施工机具的型号及数量根据项目的需要可灵活选择。

三、施工工艺

（一）施工工艺流程

施工工艺流程如图 3-2 所示。

（二）施工步骤

施工步骤见图 3-3。

（三）SMW 工法桩施工步骤及要求（以 H 型钢为例）

1. 开挖导沟、设置定位型钢

沿 SMW 墙体使用挖掘机时，在搅拌桩桩位上预先开挖沟槽，沟槽宽约 1.2 m，深 1.5 m，作用是：

（1）施工导向。

（2）临时堆放置换出来的残土和泥浆，并设置定位型钢。

如果做导墙，施工方法和地连墙导墙施工方法一样；如果采用型钢，垂直沟槽方向放置两根 H 型定位型钢，规格为 200 mm×200 mm，长约 2.5 m，再在平行沟槽方向放置两根 H 型定位型钢，规格为 300 mm×300 mm，长 8～12 m。并在导墙或型钢上面做好桩心位置。

2. 桩机就位

1）桩机平面位置控制

用卷扬机和人力移动搅拌机到达作业位置，使钻杆中心对准桩位中心。桩机移位由当班

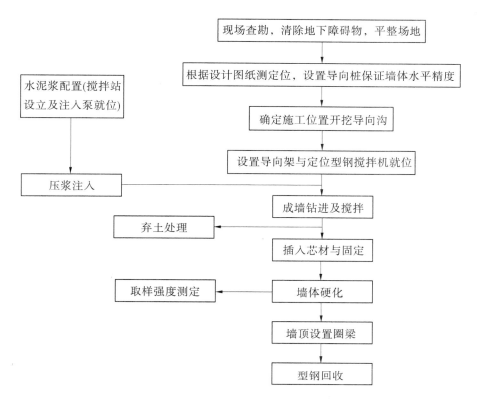

图 3-2　施工工艺流程

机长统一指挥,移动前仔细观察现场情况,保证移位平稳、安全。桩位偏差不得大于 30 mm。

2)垂直度控制

在桩架上焊接一半径为 5 cm 的铁圈,10 m 高处悬挂一铅锤,利用经纬仪校直钻杆垂直度,使铅锤线正好通过铁圈中心。每次施工前适当调节钻杆,使铅锤位于铁圈内,即把钻杆垂直度误差控制在 3‰以内。

3)桩长控制标记

施工前在钻杆上做好标记,控制搅拌桩桩长不小于设计桩长,当桩长变化时擦去旧标记,做好新标记。

3. 搅拌施工顺序

施工按连接方式分间隔式双孔全套复搅式连接和单侧挤压式连接方式两种,其中阴影部分为重复套钻,以保证墙体的连续性和接头的施工质量,水泥搅拌桩的搭接以及施工设备的垂直度补正依靠重复套钻来保证,以达到止水的作用。

(1)间隔式双孔全套复搅式连接,一般情况下均采用图 3-4 的施工顺序进行施工。

(2)单侧挤压式连接方式:对于围护桩转角处或有施工间断情况下采用图 3-5 的施工顺序进行施工。

4. 预搅下沉

待搅拌桩机钻杆下沉到 SMW 工法桩的设计桩顶标高时,开动灰浆泵,待纯水泥浆到达搅拌头后,按 1 m/min 的速度下沉搅拌头,边注浆(注浆泵出口压力控制在 0.4 ~ 0.6 MPa)、

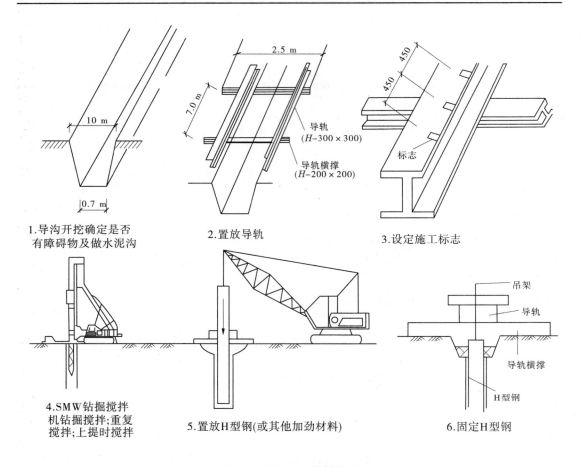

图 3-3　型钢水泥土搅拌墙施工

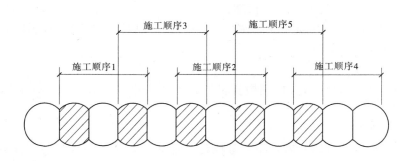

图 3-4　SMW 工法桩间隔式双孔全套复搅式施工顺序示意图

边搅拌、边下沉,使水泥浆和原地基土充分拌和,通过观测钻杆上桩长标记,待达到桩底设计标高。下沉速度可由电机的电流监测表控制,工作电流不大于 70 A。

　　5. 制备水泥浆

　　待钻掘搅拌机下沉时,即开始按设计确定的配合比拌制水泥浆,待压浆前将水泥浆倒入集料斗中。所使用的水泥都应过筛,制备好的浆液不得离析,拌制水泥浆液的水、水泥和外加剂用量以及泵送浆液的时间由专人记录。

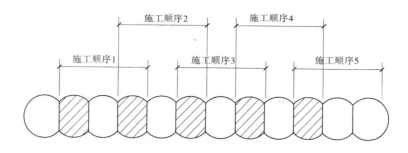

图 3-5 SMW 工法桩单侧挤压式施工顺序示意图

6. 喷浆搅拌提升

钻掘搅拌机下沉到设计深度后,稍上提 10 cm,再开启灰浆泵,边喷浆、边旋转搅拌钻头,泵送必须连续。同时严格按照设计确定的提升速度提升钻掘搅拌机,喷浆量及搅拌深度必须采用经国家计量部门认证的监测仪器进行自动记录。

钻杆在下沉和提升时均需注入水泥浆液。

7. 重复搅拌下沉和提升至孔口

为使土体和水泥浆充分搅拌均匀,要重复上下搅拌,但要留一部分浆液在第二次上提复搅时灌入,最终完成一根均匀性较好的水泥土搅拌桩。SMW 工法桩主要施工技术参数见表 3-7。

表 3-7 SMW 工法桩主要施工技术参数

序号	项目	技术指标
1	水泥掺量	不小于 22%
2	下沉速度	0.8 ~ 1.0 m/min
3	提升速度	2.0 m/min
4	搅拌转速	30 ~ 50 r/min
5	浆液流量	40 L/min

8. 桩机移位

将深层搅拌机移位,重复步骤 1 ~ 6,进行下一根桩的施工。

9. 减摩剂的调制、涂抹及保护

H 型钢的减摩,是 H 型钢插入、顶拔顺利进行的关键工序。减摩剂要严格按试验配合比及操作方法并结合环境温度制备,将减摩剂均匀涂抹到型钢表面 2 遍以上,厚度控制在 3 mm 左右,型钢表面不能有油污、老锈或块状锈斑。涂完减摩剂的型钢在吊运过程中应避免变形过大和碰撞受损。若插入桩体前发现上述情况,应及时补涂。在施工过程中特别注意以下几点:

(1)清除 H 型钢表面的污垢和铁锈。

(2)用电热棒将减摩剂加热至完全熔化,搅拌均匀,方可涂敷于 H 型钢表面,否则减摩剂涂层不均匀,容易产生剥落。

(3)如遇雨雪天,型钢表面潮湿,应事先用布擦去型钢表面积水,待型钢干燥后方可涂刷减摩剂。

（4）型钢表面涂刷完减摩剂后若出现剥落现象应及时重新涂刷。

10. 插入型钢

在插入型钢前,安装由型钢组合而成的导向轨,其边扣用橡胶皮包贴,以保证型钢能较垂直地插入桩体并减少表面减摩剂的受损。每搅拌 1～2 根桩,便及时将型钢插入,停止搅拌至插桩时间控制在 30 min 内,不能超过 1 h。现场还要准备锤压机具,以备型钢依靠自重难以插入到位时使用。

型钢水泥土搅拌墙中型钢的间距和平面布置形式应根据计算和设计图纸确定,常用的型钢布置型式有"密插、插二跳一和插一跳一"三种,如图 3-6 所示。

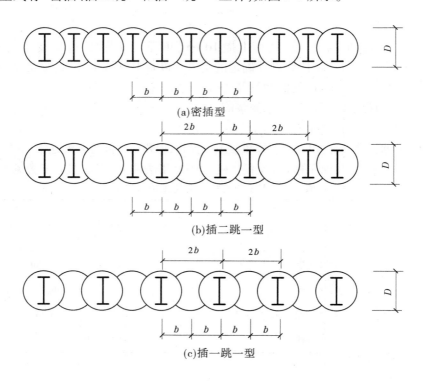

(a)密插型

(b)插二跳一型

(c)插一跳一型

图 3-6　搅拌桩和内插型钢的平面布置

如果不采用筒靴下插定位型钢,则安装型钢定位卡,见图 3-7。

型钢的起吊和下插型钢插入施工见图 3-8。

（1）型钢起吊前在型钢顶端 150 mm 处开一中心圆孔,孔径约 100 mm,装好吊具和固定钩,根据引设的高程控制点及现场定位型钢标高选择合理的吊筋长度及焊接点。

（2）型钢用两台吊车合吊,以保证型钢在起吊过程中不变形。吊车起吊吨位根据计算确定(以 25 t 和 16 t 为例),吊点位置和数目按正负弯矩相等的原则计算确定,在型钢离地面一定高度后,再由 25 t 吊垂直起吊,16 t 的汽车吊水平送吊,成竖直方向后,用 25 t 吊车一次进行起吊垂直就位,型钢定位卡牢固、水平,将 H 型钢底部中心对准桩位中心沿定位卡靠自重垂直插入水泥搅拌桩内。在孔口设定向装置,当型钢插到设计标高时,用 $\phi 8$ 吊筋将型

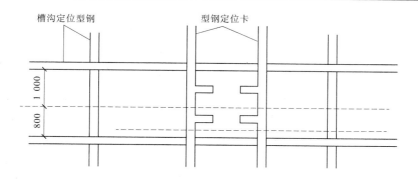

图 3-7　定位型钢示意图

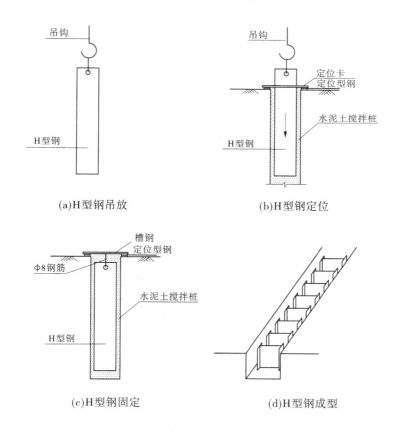

图 3-8　型钢插入施工

钢固定。当 H 型钢不能靠自重完全下插到位时,采取 SMW 钻管头部,静压或采用振动锤进行振压。H 型钢留置长度为高出顶圈梁 500 mm,以便型钢回收时拔出。

11. 清洗

向集料斗中注入适量的清水,开启灰浆泵,清洗全部管路中残余的水泥浆,直至基本干净,并将黏附在搅拌头上的软土清除干净。

12.型钢回收

在 SMW 工法桩施工中,型钢的造价通常占总造价的 40% ~ 50%。要保证型钢顺利拔出回收,其施工要点如下:

(1)在围护结构完成使用功能后,由总包方或监理方书面通知进场拔除。并根据基坑周围的基础形式及其标高,对型钢拔出的区块和顺序进行合理划分。具体做法是:先拔较远处型钢,后拔紧靠基础的型钢;先短边后长边的顺序对称拔出型钢。

(2)用振动拔桩机夹住型钢顶端进行振动,待其与搅拌桩体脱开后,边振动边向上提拔,直至型钢拔出。

(3)另在现场准备液压顶升机具,主要用于场地狭小区域或环境复杂部位。

(4)型钢起拔时加力要垂直,不允许侧向撞击或倾斜拉拔。型钢露出地面部分,不能有串连现象,否则必须用氧气、乙炔把连接部分割除,并用磨光机磨平。

四、质量控制

(一)施工要点

(1)正式施工前通过试桩确定施工参数,包括浆液到达喷浆口的时间、提升速度等。

(2)施工前必须清除现场地面、地下一切障碍物,开机前必须调试、检查桩机运转及输浆管畅通情况。为保证搅拌桩垂直度,注意起吊设备的平整度和导向架的垂直度,用线锤检查。

(3)严格按设计要求配置浆液,浆液不能发生离析。为防止灰浆离析,拌浆时间 ≥ 2 min,注浆前必须搅拌 30 s 再倒入存浆桶。

(4)搅拌机预搅下沉不得冲水,遇到硬土层,下沉太慢时,方可适量冲水,但要保证搅拌时间,增加搅拌次数,提高搅拌转数,降低钻进速度。

(5)严格控制下沉速度,使原状土被充分搅拌充分破碎,有利于同水泥浆均匀拌和。水泥浆必须不间断供应,压浆阶段不允许发生断浆现象,输浆管道不能堵塞,全桩须注浆均匀,以保证不出现夹心层现象。水泥土搅拌桩的渗透系数应小于 10 ~ 7 cm/s。

(6)发生管道堵塞,立即停泵处理,待处理结束后把搅拌钻具下沉 1.0 m 后方能注浆,等 10 ~ 20 s 恢复向上提升搅拌,以防断桩。当相邻桩的施工因故停止超过 8 h 时,重新进行套打搅拌。如因相融时间过长,致使第二个桩无法搭接,则在设计认可下采取局部补桩或注浆措施。

(7)桩体 28 d 的无侧限抗压强度应大于 1.2 MPa,施工时为了改善水泥土搅拌桩的性能和提高早期强度,可掺加少量的早强剂。

(8)H 型钢的接头设在基坑底标高以下,翼板和腹板的焊接应相互错开,并满足等强度焊接要求。型钢表面平整度控制在 1‰ 以内,并除锈,在干燥条件下涂抹减摩剂,搬运使用应防止碰撞和强力擦挤。

(9)控制注浆量和提升速度(下沉不大于 1 m/min,上提 2 m/min)。

(10)H 型钢插入的时间,搅拌桩完成后 30 min 内插入 H 型钢,若水灰比或水泥掺入量较大,H 型钢的插入时间可相应增加。

水泥土搅拌桩成桩允许偏差见表 3-8。

表 3-8　水泥土搅拌桩成桩允许偏差

序号	检查项目	允许偏差或允许值	检查频率		检查方法
			范围	点数	
1	桩底标高（mm）	50	每根	1	测钻杆长度
2	桩位偏差（mm）	50	每根	1	用钢尺量
3	桩径（mm）	±10	每根	1	用钢尺量
4	桩体垂直度	≤1/200	每根	全过程	经纬仪测量

型钢插入允许偏差见表 3-9。

表 3-9　型钢插入允许偏差

序号	检查项目	允许偏差或允许值	检查频率		检查方法
			范围	点数	
1	型钢垂直度	≤1/200	每根	全过程	经纬仪测量
2	型钢长度（mm）	±10	每根	1	用钢尺量
3	型钢底标高（mm）	−30	每根	1	用水准仪量
4	型钢平面位置（mm）	50（平行于基坑方向）	每根	1	用钢尺量
		10（垂直于基坑方向）	每根	1	用钢尺量
5	型心转角 A（*）	3	每根	1	量角器测量

（二）施工质量保证措施

对周围局部区域管线的保护措施如下：

（1）施工前对管线：煤气、电缆、上下水管线，特别是大口径压力管线的埋设深度、路径与围护的距离调查清楚，并设立监测点，施工全过程实时监控。

（2）施工期间，管线位移出现报警时，应立即采取控制搅拌桩的施工速度、调整工艺参数等有效措施。

（三）成桩施工期的质量控制

（1）认真做好各施工班组作业人员分层次技术交底，以及上岗前的培训工作，持证上岗，确保岗位工作质量。

（2）材料供应部门在材料送至现场时，应同时提交材料质保单，水泥要做安定性试验，测试报告应在正式施工前完成，确保使用设计强度等级的水泥，进场水泥及时送检，合格后方可使用。

（3）对多规格桩长和型钢长度在施工过程，每班项目技术负责要下达当日作业指导书，明确作业要求。施工时，质量员即时检查，做好隐蔽记录，班后由班长、质量员核对，防止出现差错。

（4）保证施工机械设备性能良好状态,施工时及时例保,对压浆泵进行每分钟压浆量检测,并准备应急备用压浆泵一套,从而确保喷浆的均匀性和连续性。

（5）成桩期间,每天每台机械要求做一组规格为 7.07 cm × 7.07 cm × 7.07 cm 的试块,试块宜取自最后一次搅拌钻头提升出来的附于钻头上的水泥土,试块制作好后进行编号、记录、养护,及时送实验室。

（6）在施工过程中,若因处理障碍物、机械设备坏修、断电等意外情况发生而造成施工时间过长时,需在相邻两幅桩外侧进行补桩。

（四）确保桩身强度和均匀性质量要求

（1）水泥流量、注浆压力采用人工控制,严格控制每桶搅拌桶的水泥用量及液面高度,用水量采取总量控制,并用比重仪随时检查水泥浆的比重。土体应充分搅拌,严格控制钻孔下沉、提升速度,使原状土充分破碎,有利于水泥浆与土均匀拌和。

（2）浆液不能发生离析,水泥浆液应严格按预定配合比制作,为防止灰浆离析,放浆前必须搅拌 30 s 再倒入存浆桶。

（3）压浆阶段输浆管道不能堵塞,不允许发生断浆现象,全桩须注浆均匀,不得发生土浆夹心层。

（4）发生管道堵塞,应立即停泵处理。待处理结束后立即把搅拌钻具上提和下沉 1.0 m 后方能继续注浆,等 10 ~ 20 s 恢复向上提升搅拌,以防断桩发生。

（五）开挖前养护期的质量控制

（1）按 500 t 散装水泥、200 t 袋装水泥为一个检验批,及时将水泥送实验室进行 28 d 水泥检测。

（2）搅拌桩试块及时送实验室做 28 d 无侧限抗压强度测试,测得的 28 d 无侧限抗压强度不应小于设计强度。

（六）插入型钢质量保证措施

（1）型钢到场需得到监理确认,待监理检查型钢的平整度、焊接质量,认为质量符合施工要求后,进行下插型钢施工。

（2）型钢进场要逐根吊放,型钢底部垫枕木以减少型钢的变形,下插型钢前要检查型钢的平整度,确保型钢顺利下插。

（3）型钢插入前必须将型钢的定位设备准确固定,并校核其水平。

（4）型钢吊起后用经纬仪调整型钢的垂直度,达到垂直度要求后下插型钢,利用水准仪控制型钢的顶标高,保证型钢的插入深度和留置长度。

（5）型钢起吊安装前必须重新检验表面的减摩剂涂层是否完整。

五、施工特殊情况处理措施

（一）施工冷缝处理

（1）由常规套钻 1 个孔改为套钻 2 个孔来增加搭接的强度和抗渗度。

（2）严格控制上提和下沉的速度,做到轻压慢速以提高搭接的质量。

（3）如上述方法无法满足要求,采取在冷缝处围护桩外侧补搅素桩方案,以防偏钻,保证补桩效果,素桩与围护桩搭接厚度约 10 cm,确保围护桩的止水效果。

施工冷缝处理见图 3-9。

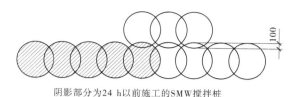

阴影部分为24 h以前施工的SMW搅拌桩

图 3-9　施工冷缝处理

（二）渗漏水处理

在整个基坑开挖阶段,需组织工地现场小组常驻工地并备好相应设备及材料,密切注视基坑开挖情况,一旦发现墙体有漏点,及时进行封堵。具体采用以下两种方法补漏。

1. 引流管

在基坑渗水点插引流管,在引流管周围用速凝防水水泥砂浆封堵,待水泥砂浆达到强度后,再将引流管打结。

2. 双液注浆

（1）配制化学浆液。

（2）将配制拌和好的化学浆和水泥浆分别送入储浆桶内备用。

（3）注浆时启动注浆泵,通过 2 台注浆泵 2 条管路同时接上 Y 型接头从出口混合注入孔底被加固的土体部位。

（4）注浆过程中应尽可能控制流量和压力,防止浆液流失。施工前应做双液注浆初凝时间地表试验。

（三）遇孤石的处理措施

一般情况下,三轴搅拌机对粒径 10 cm 以下的卵石地层亦适用。在成桩过程中如遇较大孤石,则采用加水冲击,提高水泥掺量的方法,若孤石较大无法冲脱,则采用加桩补强的方法。

（四）垂直度控制及纠斜措施

准确定位桩的平面位置,桩机就位严格按桩的平面位置就位;对于有偏斜的桩位,采取加桩的措施,在其背面补作加强桩。

（五）意外停机时的应急措施

发生意处停机事件,将钻杆下沉 1.0 m,重新喷浆搅拌,防止出现断桩或夹层现象,若两桩咬合超过 24 h,则第二根桩采用增加 20% 浆量,或采用加桩。

（六）断桩、开叉等的补救措施

在基坑开挖中发现 SMW 桩有断桩、开叉处,则采用在开挖内侧注浆,外侧旋喷桩止水,并用 $t = 12$ mm 钢板在断桩、开叉处封闭,钢板与 SMW 工法桩内的型钢满焊。

（七）SWM 桩与钻孔围护桩接头的接缝处理

钻孔桩施工时由于混凝土外溢,造成接面处不规则,易产生大规模涌水、涌砂现象。在钻孔桩与 SMW 桩接头处采取以下技术措施:

（1）在接头处的桩增加水泥浆量和搅拌次数，提高水泥掺量并使之与土体充分搅拌，施工中严禁冲水下沉。

（2）在接头处外侧作 $\phi650$ 旋喷桩止水帷墙，起止水和补充加固土体作用。

（3）在内侧采用 $t = 12$ mm 的钢板将 SMW 工法中靠近钻孔桩的第一根型钢与钻孔桩主筋焊接，焊接要求为满焊，钢板背后空隙用快速水泥封堵。

（八）其他情况的处理

（1）有异常时，如施工遇无法达到设计深度，应及时上报甲方、监理，经各方研究后，采取补救措施。

（2）在碰到地面沟或地下管线无法按设计走向施工时，宜与设计单位、业主、监理共同协商，确定解决办法。

（3）施工过程中，如遇到停电或特殊情况造成停机导致成墙工艺中断，均应将搅拌机下降至停浆点以下 0.5 m 处，待恢复供浆时再喷浆钻搅，以防止出现不连续墙体；如因故停机时间较长，宜先拆卸输浆管路，妥为清洗，以防止浆液硬结堵管。

（4）发现管道堵塞，应立即停泵处理。待处理结束后立即把搅拌钻具上提和下沉 1.0 m 后方能继续注浆，等 10 ~ 20 s 恢复向上提升搅拌，以防断桩发生。

六、安全、环保及职业健康保证措施

（一）安全要求

（1）当发现搅拌机的入土切削和提升搅拌负荷太大及电机工作电流超过额定值时，应减慢升降速度或补给清水；发生卡转、停转现象时，应切断电源，并将搅拌机强制提升出地面，然后再重新启动电机。

（2）当电网电压低于 350 V 时，应暂时停工，以保护电机。

（3）泵送水泥浆前，管路应保持湿润，以利输浆。

（4）水泥浆内不得夹有硬结块，以免吸入泵内损坏缸体，可在集料斗上部装设细网进行过筛。

（5）输浆管路应保持干净，严防水泥浆结块，每日完工后应彻底清洗一次。喷浆搅拌施工过程中，如果发生事故而停机半小时以上，应先拆卸管路，排除水泥结石，然后进行清洗。

（6）应定期拆卸清洗灰浆泵，注意保持齿轮减速箱内润滑油的清洁。

（二）环保要求

（1）施工场地必须做到场地平整无积水，挖好排水沟，深层搅拌钻机行进时必须顺畅。

（2）水泥、石灰等细颗粒散体材料，应遮盖存放。水泥堆放必须有防雨、防潮措施，不得污染。

（3）深层搅拌机和钻机周围必须做好排水工作，防止泥浆或污水灌入已施工完的桩位处。

（4）施工现场制定洒水降尘措施，指定专人负责现场洒水降尘和及时清理浮土，避免扬尘。

（5）冬期施工有对水、水泥浆、输浆管路及储浆设施进行有效保温的措施，防止冻结。

第四节 土钉墙与复合土钉墙支护

一、土钉墙的类型

（一）土钉墙

土钉是置于原位土体中的细长受力杆件,通常可采用钢筋、钢管、型钢等。按土钉置入方式可分为钻孔注浆型、直接打入型、打入注浆型。面层通常可采用钢筋混凝土结构,也可采用喷射工艺或现浇工艺。面层与土钉通过连接件进行连接,连接件一般采用钉头筋或垫板,土钉之间的连接一般采用加强筋。土钉墙支护一般需设置防排水系统,基坑侧壁有透水层或渗水层时,面层可设泄水孔。土钉墙的结构较合理,施工设备和材料简单,操作方便灵活,施工速度快捷,对施工条件要求不高,造价较低;但其不适合变形要求较为严格或较深的基坑,对用地红线有严格要求的场地具有局限性。

（二）复合土钉墙

复合土钉墙是土钉墙与各种隔水帷幕、微型桩及预应力锚杆等构件的结合,可根据工程具体条件选择与其中一种或多种组合,形成复合土钉墙。它具有土钉墙的全部优点,克服了其较多的缺点,应用范围大大拓宽,对土层的实用性更广、整体稳定性、抗隆起及抗渗透性能大大提高,基坑风险降低。土钉与隔水帷幕结合的复合土钉墙,如图3-10所示。

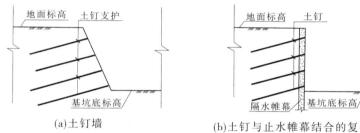

(a)土钉墙　　　　　　　　(b)土钉与止水帷幕结合的复合土钉墙

图3-10　土钉墙典型剖面

二、施工机械与设备

土钉墙施工主要机械设备包括钻孔机具、注浆泵、混凝土喷射机、空气压缩机。其中空气压缩机是提供钻孔机械和注浆泵的动力设备。钻孔机具包括锚杆钻机、地质钻机和洛阳铲。

三、施工工艺

（一）材料准备

土钉一般采用带肋钢筋(直径18~32 mm)、钢管、型钢等,使用前应调直、除锈、除油;面层混凝土水泥优先选用强度等级为42.5的普通硅酸盐水泥;砂应采用干净的中粗砂,含水量应小于5%;钢筋网采用钢筋(直径6~8 mm)绑扎成型;速凝剂应做与水泥相容性试验及水泥浆凝结效果试验;土钉墙采用水泥浆或强度等级不低于M10的水泥砂浆。

（二）施工机具准备

（1）成孔机具和工艺视场地土质特点及环境条件选用，要保证进钻和抽出过程中不引起塌孔的机具，一般选用体积小、重量较轻、装拆移动方便的机具。常用的有锚杆钻孔机、地质钻机、洛阳铲等，在易塌孔的土体中易采用套管成孔或挤压成孔工艺。

（2）注浆泵规格、压力和输浆量应满足设计要求。宜选用小型、可移动、可靠性好的注浆泵，压力和输浆量应满足施工要求。工程中常用灰浆泵和注浆泵。

（3）混凝土喷射机应密封良好，输料连续均匀，输送距离应满足施工要求，输送水平距离不宜小于 100 m，垂直距离不宜小于 30 m。

（4）空压机应满足喷射机工作风压和风量要求。作为钻孔机械和混凝土喷射机械的动力设备，一般选用风量 9 m³/min 以上，压力大于 0.5 MPa 的空压机。若 1 台空压机带动 2 台以上钻机或混凝土喷射机，要配备储气罐。

（5）宜采用商品混凝土，若现场搅拌混凝土，宜采用强制式搅拌机。

（6）输料管应能承受 0.8 MPa 以上的压力，并应具有良好的耐磨性。

（7）供水设施应有足够的水量和水压（不小于 0.2 MPa）。

（三）其他准备工作

充分理解设计及施工方案，掌握工程质量、施工监测的内容和要求、基坑变形控制和周边环境控制要求；根据设计图纸确定和设置基坑开挖线、轴线定位点、水准点、基坑及周边环境监测点等，并采取保护措施；编制基坑工程施工组织设计，确定支护施工与土方开挖的关键技术方案；地下水位降低至基坑底以下，设置合理的坑内外明排水系统；组织合理的施工资源，包括满足要求的施工材料、施工机具、劳动力及相关的管理资源。

四、土钉墙施工工艺流程

（一）土钉墙施工流程

开挖工作面→修整坡面→施工第一层面层→土钉定位→钻孔→清孔检查→放置土钉→注浆→绑扎钢筋网→安装泄水管→施工第二层面层→养护→开挖下一层工作面→重复上述步骤直至基坑符合设计深度。

（二）复合土钉墙施工流程

止水帷幕或微型桩施工→开挖工作面→修整坡面→施工第一层混凝土面层→土钉或锚杆定位→钻孔→清孔检查→放置土钉或锚杆→注浆→绑扎面层钢筋网及腰梁钢筋→安装泄水管→施工第二层混凝土面层及腰梁→养护→锚杆张拉→开挖下一层工作面→重复上述步骤直至基坑符合设计深度。

五、土钉墙主要施工方法及操作要点

（一）土方开挖

基坑土方应分层开挖，且应与土钉支护施工作业紧密协调和配合。挖土分层厚度与土钉竖向间距一致，开挖标高宜为相应土钉位置下 200 mm，逐层开挖并施工塔吊，严禁超挖。每层土开挖完成后应进行修整，并在坡面施工第一层面层，若土质良好可省去该道面层。开挖后应及时完成土钉安设和混凝土面层施工；在淤泥质土层开挖时，应限时完成土钉安设和混凝土面层。完成上一层作业面土钉和面层后，应待其达到 70% 设计强度以上后，方可进行下一层作业面的开挖。开挖应分段进行,分段长度取决于基坑侧壁的自稳能力,且与土钉墙的流程相互衔接,一般每层的分段长度不宜大于 30 m。有时为了侧壁的稳定,保护周边环境,可采用划分小段开挖的方法,也可采用跳段同时开挖的方法。基坑土方开挖应提供土钉成孔施工的工作面宽度,土方开挖和土钉施工应形成循环作业。

(二)土钉施工

土钉施工根据选用的材料不同可分为两种,即钢筋土钉施工和钢管土钉施工。

钢筋土钉施工是按设计要求确定孔位标高后先成孔。成孔可分为机械成孔和人工成孔,其中人工成孔一般采用洛阳铲,目前应用较少。机械成孔一般采用小型钻孔机械,保持其与面层的一定角度,先采用合金钻头钻进,放入护壁套管,再冲水钻进。钻进设计位置后应继续供水洗孔,待孔口溢出清水。机械成孔采用机具应符合土层特点,在进钻和抽出钻杆过程中不得引起土体塌孔。宜塌孔土体中钻孔时宜采用套管成孔或挤压成孔。成孔过程中应按土钉编号逐一记录取出土体的特征、成孔质量等,并将取出土体与设计认定的土质对比,发现有较大的偏差时要及时修改土钉的设计参数。

钢管土钉施工一般采用打入法,即在确定孔位标高处将管壁留孔的钢管保持与面层一定的角度打入土体内。目前一般采用气动潜孔锤或钻探机。

施工前应完成土钉杆件的制作加工。钢筋土钉和钢管土钉的构造如图 3-11 所示。

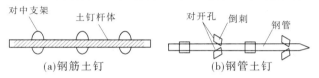

图 3-11 土钉杆体构造

插入土钉前应清孔和检查。土钉置入孔中前,先在其上安装连接件,以保证钢筋处于孔位中心位置且注浆后保证其保护层厚度。连接件一般采用钢筋或垫板,如图 3-12 所示。

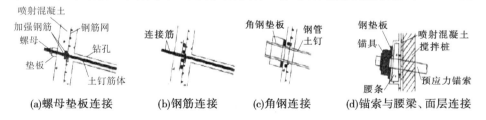

图 3-12 土钉(锚索)与面层连接构造

(三)注浆

钢筋土钉注浆前应将孔内的残留或松动的杂土清除。根据工艺要求和工艺试验,选择合适的注浆机具,确定注浆材料和配合比。注浆材料一般采用水泥浆或水泥砂浆。一般采用重力、低压 0.4 ~ 0.6 MPa 或高压(1 ~ 2 MPa)注浆。水平注浆多采用低压或高压,注浆时应在孔口或规定的位置设置止浆塞,注满后保持压力 3 ~ 5 min;斜向注浆采用重力或低压注浆,注浆导管底端插至距孔底 250 ~ 500 mm 处,在注浆时将导管匀速缓慢地撤出,过程中注浆导管口始终埋在浆体表面下。有时为了提高土钉抗拔能力,还可以采用二次注浆工艺。每批注浆所用砂浆至少取 3 组试件,每组 3 块,立方体试块经标准养护后测定 3 d 和 28 d

强度。

（四）混凝土面层施工

应根据施工作业面分层分段铺设钢筋网,钢筋网之间的搭接可采用焊接或绑扎,钢筋网可采用插入土中的钢筋固定。钢筋网宜随壁面铺设,与坡面间隙不小于 20 mm。土钉与面层钢筋网的连接可以通过垫板、螺帽及端部螺纹杆、井字加强钢筋焊接等方式固定。

喷射混凝土一般采用混凝土喷射机,施工时应分段进行,同一分段内喷射顺序应自下而上,喷头运动一般按螺旋式轨迹一圈压半圈均匀缓慢移动;喷头与受喷面应保持垂直,距离宜为 0.6～1.0 m,一次喷射厚度不宜小于 40 mm;在钢筋部位可先喷钢筋后方,以防止其背面出现空隙;混凝土上下层及相邻段搭接结合处,搭接长度一般为厚度的 2 倍以上,接缝应错开。混凝土终凝后 2 h 后应喷水养护,保持混凝土表面湿润,养护期视当地环境条件而定,宜为 3～7 d。喷射混凝土强度可用试块进行测定,每批至少留取 3 组试件,每组 3 块。

（五）排水系统的设置

基坑边若含有透水层,混凝土面层上应做泄水孔,即按间距 1.5～2.0 m 均布设长0.4～0.6 m、直径不小于 40 mm 的塑料排水管,外管口略向下倾斜,管壁上半部分可钻透水孔,管中填满粗砂或圆砾作为滤水材料,以防止土颗粒流失。也可在喷射混凝土面层施工前预先沿坡壁面每隔一定距离设置一条竖向排水带,即用带状皱纹滤水材料夹在土壁与面层之间形成定向导流带,使土坡中渗出的水有组织地导流到坑底后集中排除。

六、质量控制

（一）土钉墙工程质量控制标准

土钉支护成孔、注浆、喷混凝土等工艺可参照《基坑土钉支护技术规程》(CECSS 96)、《建筑基坑支护技术规程》(JGJ 120)、《喷射混凝土施工技术规程》、《地基基础工程施工质量验收规范》(GB 50202)等。土钉钻孔孔距允许偏差为 ±100 mm;孔径偏差为 ±5 mm;孔深允许偏差为 ±30 mm;倾角允许偏差 ±1°。

（二）土钉墙工程质量检验

1. 材料

所使用原材料(钢筋、钢管、水泥、砂、碎石等)质量应符合有关规范规定标准和设计要求,并要具备出厂合格证及试验报告书。材料进场后应按有关标准进行抽样质量检验。

2. 土钉现场测试

土钉支护设计与施工应进行土钉现场抗拔试验,包括基本试验和验收试验。

通过基本试验可取得所需的有关参数,如土钉与各层土体之间的界面黏结强度等,以保证设计的正确性、合理性,或反馈信息以初步设计方案;基本试验往往在大面积土钉施工前进行。验收试验是检验土钉支护工程质量的有效手段。

(1)土钉现场测试应采用接近于土钉实际工作条件的试验方法,应在专门设置的非工作钉上进行抗拔试验直至破坏,用来确定极限荷载,并据此估计土钉的界面极限黏结强度。每一典型土层中至少应有 3 个专门用于测试的非工作钉。

(2)测试钉除其总长和黏结长度与工作钉有区别外,应与工作钉采用相同的施工工艺、施工参数。测试钉注浆黏结长度不小于工作钉长度的 1/2 且不短于 5 m,在满足钢筋不发生屈服并最终发生拔出破坏的前提下取较长的黏结段,必要时适当加大土钉钢筋的直径。

为消除加载试验时支护面层变形对黏结界面强度的影响,测试钉在距孔口处应保留不小于1 m长的非黏结段。在试验结束后,非黏结段再用浆体回填。

（3）土钉的现场抗拔试验宜用穿孔液压千斤顶加载,土钉、千斤顶、测力杆三者应在同一轴线上,千斤顶反力支架可置于混凝土面层上,加载时用油压表大体控制加载值并有测力杆准确计量。土钉拔出位移量用百分表测量。

（4）测试钉进行抗拔试验时的注浆体抗压强度不应低于6 MPa。试验采用分级连续加载。根据试验得出的极限荷载,可算出界面黏结强度的测试值。这一试验平均值应大于设计计算值的1.25倍,否则应进行反馈修改设计。极限荷载下的总位移必须大于测试钉非黏结长度土钉弹性伸出理论计算值的80%。否则这一测试数据无效。

（5）上述试验也可不进行到破坏,但此时所加的最大荷载值应使土钉界面黏结应力的计算值(按黏结应力沿长度均匀分布算出)超出设计计算所用标准值的1.25倍。

3. 混凝土面层的质量检验

混凝土养护28 d后应进行抗压强度试验。试块数量为每500 m² 取1组,且不少于3组;墙面喷射混凝土厚度应采用钻孔检测,钻孔数按每100 m² 墙面取1组,每组不应小于3点。合格条件为全部检查孔处厚度的平均值不小于设计厚度,厚度达不到设计要求的面积不大于50%,最小厚度不应小于设计厚度的60%并不小于50 mm;混凝土外观检查应符合设计要求,无漏喷现象。

4. 施工质量检验

根据《地基基础工程施工质量验收规范》(GB 50202),土钉墙支护工程质量检验标准应符合表3-10的要求。

表3-10　土钉墙支护工程质量检验标准

项目	序号	检查项目	允许偏差或允许值		检查方法
			单位	数值	
主控项目	1	土钉长度	mm	±30	钢尺量
一般项目	1	土钉位置	mm	±100	钢尺量
	2	钻孔倾斜度	(°)	±1	测钻机倾角
	3	浆体强度	设计要求		试样送检
	4	注浆量	大于理论计算浆量		检查计量数据
	5	土钉墙面厚度	mm	±10	钢尺量
	6	墙体强度	设计要求		试样送检

第五节　锚杆支护施工技术标准

层锚杆简称土锚杆,它是在深开挖的地下室墙面[排桩墙、地下连续墙或挡土墙或地面,或已开挖的基坑立壁土层钻孔(或掏孔)],达到一定设计深度后,或再扩大孔的端部,形成柱状或其他形状,在孔内放入钢筋、钢管或钢丝束、钢绞线或其他抗拔材料。灌入水泥浆或化学浆液,使之与土层结合成为抗拔(拉)力强的锚杆。锚杆是一种新型受拉杆件,它的一端与工程结构物或挡土桩墙连接,另一端锚杆在地基的土层或岩层中,以承受结构物的上托力、拉拔力、倾侧力或挡土墙的土压力、水压力等。其特点是能与土体结合在一起承受很多的拉力,以保持结构的稳定;可用高强钢材,并可施加预应力,可有效地控制建筑物的变形量;施工所需钻孔孔径小,不用大型机械;用它代替钢横梁称作侧壁支护,可节省大量钢材;能为地下工程施工提供开阔的工作面;经济效益显著,可大量节省劳力,加快工程进度。土层锚杆施工适用于深基坑支护、边坡加固、滑坡整治、水池、泵站抗浮、挡土墙锚固及结构抗倾覆等工程。

锚杆由锚头、锚具、锚筋、塑料套管、分割器、腰梁及锚固体等组成,如图3-13～图3-16所示。锚头是锚杆体的外露部分,锚固体通常位于钻孔的深部,锚头和锚固体间一般还有一段自由段,锚筋是锚杆的主要部分,贯穿锚杆全长。

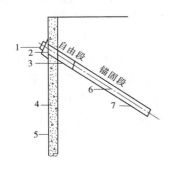

1—锚夹;2—腰梁;3—塑料管;4—挡土桩墙;
5—基坑;6—锚筋;7—灌浆锚杆

图 3-13　锚杆示意图

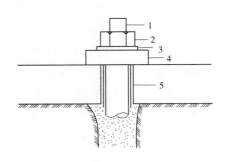

1—钢筋;2—螺帽;3—垫圈;
4—承载板;5—混凝土墙

图 3-14　钢筋锚杆、锚头装置

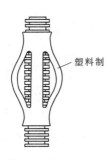

塑料制

图 3-15　定位分隔器

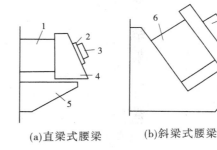

(a)直梁式腰梁　　(b)斜梁式腰梁

1—钢腰梁;2—承压板;3—锚具;4—锚座;
5—腰梁支板;6—腰梁;7—锚具;8—张拉支座;9—异形板

图 3-16　腰梁种类

锚杆有三种基本类型,第一种锚杆类型如图3-17(a)所示,系一般注浆(压力为0.3～0.5 MPa)圆柱体,孔内注水泥浆或水泥砂浆,适用于拉力不高、临时性锚杆。第二种锚杆类型如图3-17(b)所示,为扩大的圆柱体或不规则体,系用压力注浆,压力从2 MPa(二次注浆)到高压注浆5 MPa左右,在黏土中形成较小的扩大区,在无黏性土中可以扩大较大区。第三种锚杆类型如图3-17(c)所示,是采用特殊的扩孔机具,在孔眼内沿长度方向扩一个或几个扩大头的圆柱体,这类锚杆用特制扩孔机械,通过中心杆压力将扩张式刀具缓缓张开削土成型,在黏土及无黏性土中都可适用,也可承受较大的拉拔力。

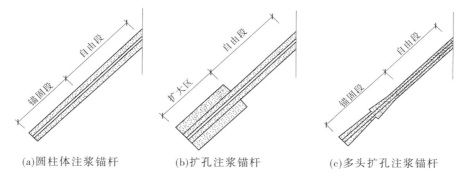

(a)圆柱体注浆锚杆　　　　(b)扩孔注浆锚杆　　　　(c)多头扩孔注浆锚杆

图 3-17　锚杆的基本类型

一、施工机械与设备

锚杆钻孔机械有多种不同类型,每种类型有不同施工工艺特点与适用条件。按工作原理可分为回转式钻机、螺旋钻机、旋转冲击钻及潜孔冲击钻等,主要根据土层的条件、钻孔深度和地下水情况进行选择。

灌浆机具设备有灰浆泵、灰浆搅拌机等。锚杆灌浆宜选用小型、可移动、安全可靠的注浆泵。主要有 UBJ 系列挤压式灰浆泵、BMY 系列锚杆注浆泵等。

张拉设备包括穿心式千斤顶锚具和电动油泵。根据锚杆、锚索的直径、张拉力、张拉行程选择穿心式千斤顶,然后选择与千斤顶配套的电动油泵和锚具。

二、施工工艺

(一)施工准备

(1)预应力杆体材料宜选用钢绞线、高强度钢丝或高强度螺纹钢筋。当预应力值较小或锚杆长度小于 20 m 时,预应力筋也可采用 HRB335 级或 HRB400 级钢筋。

(2)水泥浆体所需的水泥应选用普通硅酸盐水泥,必要时可采用抗硫酸盐水泥,不得使用高铝水泥;骨料应选用粒径小于 2 mm 的中细砂。

(3)塑料套管材料应具有足够的强度,具有抗水性和化学稳定性,与水泥砂浆和防腐剂无不良反应。隔离架应由钢、塑料或其他对杆体无害的材料制作,不得使用木质隔离架。

(4)防腐材料应具有耐久性,在规定的工作温度内或张拉过程中不开裂、变脆或成为流体,应保持其化学稳定性和防水性,不得对锚杆自由段的变形产生任何限制。

(5)锚杆施工必须掌握施工区域的工程地质和水文地质条件。

(6)应查明锚杆施工区域的地下管线、构筑物等位置和情况,慎重研究锚杆施工对其产生的不利影响。

(7)根据设计要求、土层条件和环境条件,合理选择施工设备、器具和工艺。相关的电源、注浆机泵、注浆管索、腰梁、预应力张拉设备等准备就绪。

(8)根据设计要求和机器设备的规格、型号,平整场地以保证安全和有足够的施工场地。

(9)工程锚杆施工前,按锚杆尺寸宜取两根锚杆进行钻孔、穿筋、灌浆、张拉与锁定等工艺试验性作业,检验锚杆质量,考核施工工艺和施工设备的适应性。掌握锚杆排数、孔位高低、孔距、孔深、锚杆及锚固件形式。清点锚杆及锚固件的数量。定出挡土墙、桩基线和各个锚杆的孔位,锚杆的倾斜角。

(二)孔位测量校正

钻孔前按设计及土层定出孔位做出标记。钻机就位时应测量校正孔位的垂直、水平位置和角度偏差,钻进应保持垂直于坑壁平面。钻进时应控制钻进速度、压力及钻杆的平直。钻进速度一般以 0.3 ~ 0.4 m/min 为宜。对于自由段,钻进速度可稍快;对于锚固段,尤其在扩孔时,钻进速度适当降低。遇流沙层应适当加快钻进速度提高孔内水头压力,成孔后尽快灌浆。应保证钻孔位置正确,随时调整锚孔位置及角度。锚杆水平方向孔距误差不大于 50 mm,垂直方向孔距误差不大于 100 mm。钻孔底部偏斜尺寸不大于长度的 3%。

(三)成孔

由于土层锚杆的施工特点,要求孔壁不得松动塌陷,以保证钢拉杆安放和锚杆承载力;孔壁要求平直以便于安放钢拉杆和浇筑水泥浆;为了保证锚固体与土壁间的摩阻力,钻孔时不得使用膨润土循环泥浆护壁,以免在孔壁上形成泥皮;应保证钻孔的准确方向和线性。常用的钻进成孔方法有螺旋干作业钻孔法、潜钻成孔法和清水循环钻进法等。

螺旋干作业钻孔法用于无地下水、处于地下水位以上或呈非浸水状态时的黏性土、粉质黏土、砂土等地层。该方法利用螺旋钻杆、在一定钻压和钻速下,在向土体钻进的同时将切削下来的土体排除孔外。采用该方法应根据不同土质选用不同的回转速度和扭矩。

潜钻成孔法主要用于孔隙率大,含水量低的土层,它采用风动成孔装置,有压缩空气驱动,利用活塞的往复运动作定向冲击,使成孔器挤压土层向前运动成孔。该方法具有成孔效率高、噪声低、孔壁光滑而坚实、孔壁无塌落和堵塞等特点。冲击器有较好的导向作用,即使在卵石、砾石的土层中成孔亦较直。成孔速度可达 1.3 m/min。

清水循环钻进法是锚杆施工应用较多的一种钻孔工艺,适用于各种地层,可采用地质钻机或专用钻机,但需要配备供排水系统。对于土质松散的粉质黏土、粉细砂以及有地下水的情况下应采用护壁套管。该方法可把钻孔过程中的钻进、出渣、固壁清孔等工序一次完成,可防塌孔,不留残土。但此方法应具有良好的排水系统。

扩孔主要有机械法扩孔、爆破法扩孔、水力法扩孔和压浆法扩孔四种方法。机械法扩孔多适用于黏性土,需要专门的扩孔装置。爆破法扩孔时引爆预先放置在孔内的炸药,把土体向四侧挤压成球形扩大头,多适用于砂性土,但在城市中不推广。水力法扩孔虽会扰动土体,但施工容易,常与钻进并举。压浆法扩孔是用 10 ~ 20 个大气压,使浆液渗入土中充满孔隙与土结成共同工作块体,提高土的强度,在国外广泛采用,但需用堵浆设施。我国多用二次灌浆法来达到扩大锚固段直径的目的。

(四)杆体组装安放

锚杆用的拉杆常用的有钢筋、钢丝束和钢绞线,主要根据锚杆的承载力和现有材料情况选择。承载能力较小时,多用粗钢筋;承载能力较大时,多用钢绞线。

1. 钢筋拉杆

钢筋拉杆(包括各种钢筋、精扎螺纹钢筋、中空螺纹钢管)的制作较简单。预应力筋前部常焊有导向帽以便于预应力筋的插入,在预应力筋长度方向每隔 1 ~ 2 m 焊有对中支架。自由段需外套塑料管隔离,对防腐有特殊要求的锚固段钢筋应提供具有双重防腐作用的波形管并注入灰浆或树脂。钢筋拉杆长度一般都在 10 m 以上,为了将拉杆安装在钻孔中心,防止其自由段挠度过大、插入时不扰动、增加拉杆与锚固体的握裹力,需在拉杆表面设置定位器(或撑筋环)。定位器的外径宜小于钻孔直径 1 cm,定位器示意图如图 3-18 所示。

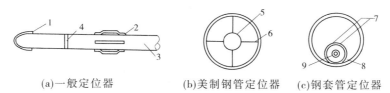

(a)一般定位器　　　　(b)美制钢管定位器　　　　(c)钢套管定位器

1—挡土板;2—支承滑条;3—拉杆;4—半圆环;5—φ38 钢管内穿φ32 拉杆;
6—35×3 钢带;7—2φ32 钢筋;8—φ65 钢管 L=60,间距 1~1.2 m;9—灌浆胶管

图 3-18　粗钢筋拉杆用的定位器

2. 钢丝束拉杆

钢丝束拉杆在施工时将灌浆管与钢丝束绑扎在一起同时沉放。钢丝束拉杆的自由段需进行防腐处理,可用玻璃纤维布缠绕两层,外面再用粘胶带缠绕,也可将自由段插入特制护管内,护管与孔壁间的空隙可与锚固段同时进行灌浆。钢丝束拉杆的锚固段亦需定位器,该定位器为撑筋环,如图 3-19 所示。钢丝束外层钢丝绑扎在撑筋环上,撑筋环上的间距为0.5~1.0 m,锚固段形成一连串菱形,使钢丝束与锚固体砂浆的接触面积增大,增强黏结力。

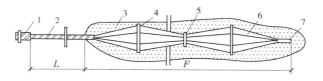

1—锚头;2—自由段及防腐层;3—锚杆体砂浆;4—撑筋环;
5—钢丝束结;6—锚固端的外层钢丝;7—小竹筒

图 3-19　钢丝束拉杆的撑筋环

3. 钢绞线拉杆

钢绞线分为有黏结钢绞线和无黏结钢绞线。有黏结钢绞线锚杆制作时应在锚杆自由段的每根钢绞线上做防腐层和隔离层。由于钢绞线拉杆的柔性好,在向钻孔中沉放时较方便,因此在国内外应用较多,常用于承载大的锚杆。锚固段的钢绞线要清除其表面的油脂,以防止其与锚固体砂浆黏结不良。自由段的钢绞线应套聚丙烯防护套等进行防腐处理。钢绞线拉杆还需用特制的定位架。钢丝束或钢绞线一般在现场装配,下料时应对各股长度精确控制,每股长度误差不大于 50 mm,以保证受力均匀和同步工作,组装方式如图 3-20 所示。

（五）灌浆

灌浆用水泥砂浆的成分及拌制、注入方法决定了灌浆体与周围土体的黏结强度和防腐效果。灌浆浆液为水泥砂浆或水泥浆。水泥通常采用质量良好的普通硅酸盐水泥,不宜用高铝水泥,氯化物含量不应超过水泥重的 0.1%。压力型锚杆宜采用高强度水泥。拌和水泥浆或水泥砂浆所用的水,一般应避免采用含高浓度氯化物的水。

一次灌浆法宜选用砂灰比 0.8~1.0、水灰比 0.38~0.45 的水泥浆,或水灰比 0.40~0.50 的纯水泥浆;二层灌浆法中的二次高压灌浆,宜用水灰比 0.45~0.55 的水泥浆。浆体

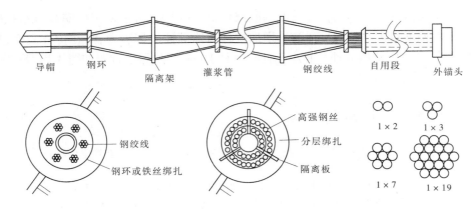

导帽　钢环　隔离架　灌浆管　钢绞线　自用段　外锚头

钢绞线
钢环或铁丝绑扎

高强钢丝
分层绑扎
隔离板

1×2　1×3
1×7　1×19

图 3-20　锚索组装示意图

强度一般 7 d 不应低于 20 MPa,28 d 不应低于 30 MPa;压力型锚杆浆体强度 7 d 不应低于 25 MPa,28 d 不应低于 35 MPa。二次灌浆法是在一次灌浆形成注浆体的基础上,对锚杆锚固段进行二次高压劈裂注浆,使浆液向周围地层挤压渗透,形成直径较大的锚固体并提高周围地层的力学性能,可提高锚杆承载力。二次灌浆通常在一次灌浆后 4~24 h 进行,具体时间间隔有浆体强度达到 5 MPa 左右而加以控制。二次灌浆适用于承载力低的土层中的锚。

(六)腰梁安装

腰梁是传力结构,将锚头轴拉力进行有效传递,分成水平力及垂直力。腰梁设计应考虑支护结构特点、材料、锚杆倾角、锚杆垂直分力以及结构形式等。直梁式腰梁是利用普通托板将工字钢组合梁横置,如图 3-16(a)所示。其特点是垂直分力较小,由腰梁托板承受,制作简单,拆装方便。斜梁式腰梁是通过异形支撑板,将工字钢组合梁斜置,如图 3-16(b)所示。其特点是由工字钢组合梁承受轴压力,由异形钢板承受垂直分力,结构受力合理,节约钢材、加工简单。腰梁的加工安装应使异形支撑板承压面在一个平面内,以保证梁受力均匀。安装腰梁应考虑维护墙的偏差。一般是通过实测桩偏差,现场加工异形支撑板,锚杆尾部也应进行标高实测,找出最大偏差和平均值,用腰梁的两根工字钢间距进行调整。

腰梁安装有直接安装法和整体吊装法。直接安装法是把工字钢放置在围护墙上,垫平后焊板组成箱梁,安装较为方便,但后焊缀板的焊缝质量较难控制。整体吊装法是在现场将梁分段组装焊接,再运到坑内整体吊装安装;该方法质量可靠,可与锚杆施工流水作业,但安装时要有吊运机具,较费工时。

(七)张拉和锁定

锚杆压力灌浆后,养护一段时间,按设计和工艺要求安装好腰梁,并保证各段平直,腰梁与挡土墙之间的空隙要紧贴密实,并安装好支撑平台。待锚固段的强度大于 15 MPa 并达到设计强度等级的 70%~80% 后方可进行张拉。对于作为开挖支护的锚杆,一般施加设计承载力的 50%~100% 的初期张拉力。初期张拉力并非越大越好,因为当实际荷载较小时,张拉力作为反向荷载可能过大而对结构不利。

锚杆宜张拉至设计荷载的 90%~100% 后,再按设计要求锁定。锚杆张拉控制应力,不应超过拉杆强度标准值的 75%。锚杆张拉时,其张拉顺序要考虑对邻近锚杆的影响。

锚体养护一般达到水泥(砂浆)强度的 70%~80%,锚固体与台座的混凝土强度大于 15 MPa 时(或注浆后至少有 7 d 养护时间),方可进行张拉。正式张拉前应取设计拉力的

10% ~20%,对锚杆预张 1~2 次,使各部位接触紧密和杆体完全平直,标准张拉数据准确。

正式张拉宜分级加载,每级加载后,保持 3 min,记录伸长值。锚杆张拉至(1.1~1.2)设计轴向力值 N_t 时,土质为砂土时保持 10 min,为黏性土时保持 15 min,且不再有明显伸长,然后卸荷至锁定荷载进行锁定作业。锚杆张拉荷载分级观测时间遵守表3-11的规定。

表 3-11　锚杆张拉荷载分级观测时间

张拉荷载分级	观测时间(min)		张拉荷载分级	观测时间(min)	
	沙质土	黏性土		沙质土	黏性土
$0.1N_t$	5	5	$1.0N_t$	5	10
$0.25N_t$	5	5	$(1.1~1.2)N_t$	10	15
$0.50N_t$	5	5	锁定荷载	10	10
$0.75N_t$	5	5			

锚杆锁定工作,应采用符合技术要求的锚具。当拉杆预应力没有明显衰减时,即可锁定拉杆,锁定预应力以设计轴拉力的75%为宜。锚杆锁定后,若发现有明显预应力损失,应进行补偿张拉。

三、试验和检测

锚杆工程常用的试验主要有基本试验、验收试验和蠕变试验。

(一)基本试验

基本试验亦称极限抗拔试验,用以确定设计锚杆是否安全可靠,施工工艺是否合理,并根据极限承载力确定允许承载力,掌握锚杆抵抗破坏的安全程度,揭示锚杆在使用过程中可能影响其承载力的缺陷,以便在正式使用锚杆前调整锚杆结构参数或改进锚杆制作工艺。任何一种新型锚杆或已有锚杆用于未曾应用的土层时,必须进行基本试验。试验应在有代表性的土层中进行,所有锚杆的材料、几何尺寸、施工工艺、土的条件等应与工程实际使用的锚杆条件相同。

(1)基本试验锚杆数量不得少于 3 根。

(2)基本试验最大的试验荷载不宜超过锚杆杆体承载力标准值的0.9。

(3)锚杆基本试验采用分级加、卸载法。拉力型锚杆的起始荷载为计划最大试验荷载的10%,压力分散型或拉力分散型锚杆的起始荷载为计划最大试验荷载的20%。

(4)锚杆破坏标准:后一级荷载产生的锚头位移增量达到或超过前一级荷载产生位移增量的 2 倍时;锚头位移不稳定;锚杆杆体拉断。

(5)试验结果宜按循环荷载与对应的锚头位移读数列表整理,并绘制锚杆荷载—位移(Q—S)曲线,锚杆荷载—弹性位移(Q—S_e)曲线和锚杆荷载—塑性位移(Q—S_p)曲线。

(6)锚杆弹性变形不应小于自由段变形计算值的80%,且不应大于自由段长度与1/2锚固段长度之和的弹性变形计算值。

(7)锚杆极限承载力取破坏荷载的前一级荷载,在最大试验荷载下未达到基本试验中的第 3 条规定的破坏标准时,锚杆极限承载力取最大试验荷载值。

(二)验收试验

验收试验是检验现场施工的锚杆的承载力是否达到设计要求,确定在设计荷载作用下的安全度,并对锚杆的拉杆施加一定的预应力。加荷设备亦用穿心式千斤顶在原位进行。检验时的加荷方式,依次为设计荷载的0.5倍、0.75倍、1.0倍、1.2倍、1.33倍、1.5倍,然后卸荷至某一级荷载值,接着将锚头的螺帽紧固,此时即对锚杆施加了预应力。验收试验锚杆数量不小于锚杆总数的15%,且不得少于3根。

(1)锚杆验收试验加荷等级及锚头位移测读间隔应符合下列规定:

①初始荷载宜取锚杆轴向设计值的0.5。

②加荷等级与观测时间宜按表3-12规定进行。

表3-12　验收试验锚杆加荷等级及观测时间

加荷等级	$0.5N_t$	$0.75N_t$	$1.0N_t$	$1.2N_t$	$1.33N_t$	$1.5N_t$
观测时间(min)	5	5	5	10	10	15

③在每级加荷等级观测时间内,测读锚头位移不应少于3次。

④达到最大试验荷载后观测15 min,并测读锚头位移。

(2)试验结果宜按每级荷载对应的锚头位移列表整理,绘制锚杆荷载—位移(Q—S)曲线。

(3)锚杆验收标准:在最大试验荷载作用下,锚头位移稳定,应符合上述基本试验中第5条规定。

(三)蠕变试验

为判明永久性锚杆预应力的下降,蠕变可能来自锚固体与地基之间的蠕变特性,也可能来自锚杆区间的压密收缩,应在设计荷载下长期量测张拉力与变位量,以便决定什么时候需要做张拉,这就是蠕变试验,判定可能发生的蠕变变形是否在容许范围内。

蠕变试验需要能自动调整压力的油泵系统,使作用于锚杆上的荷载保持恒量,不因变形而降低,然后按一定时间间隔(1 min、2 min、3 min、4 min、5 min、10 min、15 min、20 min、25 min、30 min、45 min、60 min)精确测读1 h变形值,在半对数坐标纸上绘制蠕变时间关系图,曲线(近似为直线)的斜率即锚杆的蠕变系数K_s。一般认为,$K_s \leqslant 0.4$ mm,锚杆是安全的;$K_s > 0.4$ mm时,锚固体与土之间可能发生滑动,使锚杆丧失承载力。

(四)永久性锚杆及重要临时性锚杆的长期监测

锚杆监测的目的是掌握锚杆预应力或位移变化规律,确认锚杆的长期工作性能。必要时,可根据检测结果,采取二次张拉锚杆或增设锚杆等措施,以确保锚固工程的可靠性。

永久性锚杆及用于重要工程的临时性锚杆,应对其预应力变化进行长期监测。永久性锚杆的监测数量不应少于锚杆数量的10%,临时性锚杆的监测数量不应少于锚杆数量的5%。预应力变化值不宜大于锚杆设计拉力值的10%。必要时可采取重复张拉或恰当放松的措施以控制预应力值的变化。

1.锚杆预应力变化的外部因素

温度变化、荷载变化等外部因素会使锚杆的应力变化,影响锚杆的性能。爆破、重型机械和地震力发生时的冲击引起的锚杆预应力损失量,较之长期静荷载作用引起的预应力损失量大得多,必须在受冲击范围内定期对锚杆重复施加应力。车辆荷载、地下水位变化等可变荷载,对保持锚杆预应力和锚固体的锚固力具有不利影响。温度变化会使锚杆和锚固结构产生膨胀或收缩,被锚固结构的应力状态变化对锚杆预应力产生较大影响,土体内部应力增大也会使锚杆应力增加。

2. 锚杆预应力随时间的变化

随着时间的推移，锚杆的初始预应力总是会有所变化。一般情况下，通常表现为预应力的损失。在很大程度上，这种预应力损失是由锚杆钢材的松弛和受荷地层的徐变造成的。长期受荷的钢材预应力松弛损失量通常为 5% ~10%。钢材的应力松弛与张拉荷载的大小密切相关，当施加的应力大于钢材强度的 50% 时，应力松弛就会明显加大。地层在锚杆拉力的作用下徐变，是由于岩层或土体在受荷影响区域内的应力作用下产生的塑性压缩或破坏造成的。对于预应力锚杆，徐变主要发生在应力集中区，即靠近自由段的锚固区域及锚头以下的锚固结构表面处。

3. 锚杆预应力的测量仪器

对预应力锚杆荷载变化进行观测，可采用按机械、液压、振动、电气和光弹原理制作的各种不同类型的测力计。测力计通常都布置在传力板与锚具之间。必须始终保证测力计中心受荷，并定期检查测力计的完好程度。

四、锚杆的防腐

土层锚杆要进行防腐处理，锚杆的防腐主要有如下三方面。

（一）锚杆锚固段的防腐处理

（1）一般腐蚀环境中的永久锚杆，其锚固段内杆体可采用水泥浆或砂浆封闭防腐，但杆体周围必须有 2.0 cm 厚的保护层。

（2）严重腐蚀环境中的永久锚杆，其锚固段内杆体宜用波纹管外套，管内孔隙用环氧树脂水泥浆或水泥砂浆充填，套管周围保护层厚度不得小于 1.0 cm。

（3）临时性锚杆锚固段应采用水泥浆封闭防腐，杆体周围保护层厚度不得小于 1.0 cm。

（二）锚杆自由段的防腐处理

（1）永久性锚杆自由段内杆体表面宜涂润滑油或防腐漆，然后包裹塑料布，在塑料布面再涂润滑油或防腐漆，最后装入塑料套管中，形成双层防腐。

（2）临时性锚杆的自由段可采用涂润滑油或防腐漆，再包裹塑料布等简易防腐措施。

（三）外露锚杆部分的防腐处理

（1）永久性锚杆采用外部露头时，必须涂以沥青等防腐材料，再用混凝土密封，外露钢板和锚具的保护层厚度不得小于 2.5 cm。

（2）永久性锚杆采用盒具密封时，必须用润滑油填充盒具的空隙。

（3）临时性锚杆的锚头宜采用沥青防腐。

五、质量控制

（1）锚杆工程所用材料，钢材、水泥、水泥浆、水泥砂浆强度等级，必须符合设计要求，锚具应有出厂合格证和试验报告。水泥、砂浆及接驳器必须经过试验，并符合设计和施工规范的要求，有合格的试验资料。

（2）锚具的直径、标高、深度和倾角必须符合设计要求。

（3）锚杆的组装和安放必须符合《土层锚杆设计与施工规范》（CECS 22）的要求。在进行张拉和锁定时台座的承压平面应平整，并与锚杆的轴线方向垂直。

（4）锚杆的张拉、锁定和防腐处理必须符合设计和施工规范的要求。

（5）土层锚杆的试验和监测必须符合设计和施工规范的规定。进行基本试验时，所施加最大试验荷载（Q_{max}）不应超过钢丝、钢绞线、钢筋强度标准值的0.8。基本试验所得的总弹性位移应超过自由段理论弹性伸长的80%，且小于自由段长度的1/2锚固段长度之和的理论弹性伸长。

（6）允许偏差：锚杆水平方向孔距误差不应大于50 mm，垂直方向孔距误差不应大于100 mm。钻孔底部的偏斜尺寸不应大于锚杆长度的3%。锚杆孔深不应小于设计长度，也不宜大于设计长度的1%。锚杆锚头部分的防腐处理应符合设计要求。土层锚杆施工质量检验标准见表3-13。

表3-13　土层锚杆施工质量检验标准

项目	序号	检查项目	允许偏差或允许值		检查方法
			单位	数值	
主控项目	1	锚杆土钉长度	mm	±30	用钢尺量
	2	锚杆锁定力	设计要求		现场实测
一般项目	1	锚杆或土钉位置	mm	±100	用钢尺量
	2	钻孔倾斜度	（°）	±1	测钻机倾角
	3	浆体强度	设计要求		试样送检
	4	注浆量	大于理论计算浆量		检查计量数据
	5	土钉墙面厚度	mm	±10	用钢尺量
	6	墙体强度	设计要求		试样送检

第六节　钢支撑及混凝土支撑系统

一、适用范围

对深度较大，面积不大，地基土质较差的基坑，为使围护排桩受力合理和受力后变形小，可在基坑内沿围护排桩（墙）竖向设置一定支承点组成内支撑式基坑支护体系，以减少排桩的无支长度，提高侧向刚度，减小变形。内支撑支护系统适用范围极广，用其他支护型式解决不了的问题，一般都能用它解决，也相对安全可靠。在无法采用锚杆的场合和锚杆承载力无法满足要求的软土地层也可采用内支撑解决（见图3-21）。

排桩内支撑体系，一般由挡土结构和支撑结构组成，二者构成一个整体，共同抵挡外力的作用。支撑结构一般由围檩（横档）、水平支撑、八字撑和立柱等组成。围檩固定在

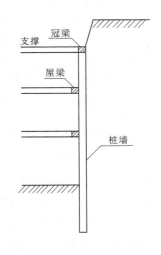

图3-21　桩墙——内支撑
结构剖面示意图

排桩墙上,将排桩承受的侧压力传给纵、横支撑。支撑为受压构件,长度超过一定限度时稳定性降低,一般再在中间加设立柱,以承受自重和施工荷载,立柱下端插入工程桩内;当其下无工程桩时,再在其下设置专用灌注桩,这样每道支撑形成一个平面支撑系统,平衡支护桩所传来的水平力。

（一）支撑系统的缺点

（1）由于支撑设在基坑内部,影响主体地下室施工,在地下室施工过程中要逐层拆除,施工技术难度大。

（2）一般支撑系统都要设置立柱,立柱要在基坑开挖前施工,并进入基坑面以下的持力土层,底板施工时立柱不能拆除,使底板在立柱处不能一次浇筑混凝土,给后期防水处理造成一定困难,容易影响防水质量。

（3）基坑土方和支撑施工交叉作业,支撑做好后,影响支撑下部的土方开挖,难以设置出土运输坡道,有时只能人工挖土和垂直运输,显著影响挖土效率。

（4）当基坑面积较大时,一般支撑系统都较庞大,工程量大,造价也高,从经济上不具有优越性。但是当采用可重复使用的可拆装工具式支撑时,可解决此问题。但工具式支撑一次性投资很高,目前在我国还不具备推广应用的客观条件。

（二）钢支撑及混凝土支撑的特点及使用范围

常用的支撑结构按材料划分可分为钢筋混凝土支撑、钢支撑、钢筋混凝土和钢的组合支撑等形式;按支撑受力特点和平面结构形式可划分为简单对撑、水平斜撑、竖向斜撑、水平桁架式对撑、水平框架式对撑、环形支撑等形式,一般对于平面尺寸较大、形状不规则的基坑常根据工程具体情况采用上述形式的组合形式。

（1）钢支撑:装卸方便、快速,能较快发挥支撑作用,减小变形,并可回收重复使用;可以租赁,可施加预紧力,控制围护墙变形发展。钢支撑尤其是组装式工具支撑可重复利用,材料轻,用量小,施加预应力构造简单,支撑施工速度较快。节点如采用焊接,质量较难保证,在复杂内力下容易剪断、拉坏。

（2）钢筋混凝土支撑:形状可以多样化,可根据基坑平面形状,浇筑成最优化的布置形式;承载力高,整体性好,刚度大,变形小,使用安全可靠,有利于保护邻近建筑物和环境;但现浇费工费时,拆除困难,不能重复使用。

二、施工准备

（一）技术准备

（1）施工前应熟悉支撑系统的图纸及各种计算工况。掌握开挖及支撑设置的方式、预顶力及周围环境保护的要求。

（2）根据设计的支撑类型编制施工方案（如为重复使用的钢支撑,还应提出改造方案）。

（3）编制技术交底,向参加施工人员进行详细的技术和安全文明施工交底。

（二）材料准备

（1）钢支撑常用材料:型钢、钢管、钢板、焊条等。

（2）钢筋混凝土支撑常用材料有水泥、砂、石子、钢筋、钢板、焊条、模板及支撑系统等材料。

(3)所用材料应按设计图纸要求提出详细的需用量计划,并按计划组织进场。

(三)主要机具

(1)安装钢支撑常用:吊车、电焊机、氧乙炔切割机等。

(2)混凝土支撑:混凝土搅拌机械、钢筋加工机械、木工加工机械、混凝土浇筑与振捣机械、电焊机等。

(四)作业条件

(1)围护墙已按设计要求施工完毕,围护墙如为混凝土灌注桩或地下连续墙时,已达到设计强度。

(2)需降低地下水位时,已按要求将地下水位降低至基坑底以下 $0.5 \sim 1.0$ m。

(3)支撑系统所用材料和机具已按计划进场,满足施工需要。

(五)材料质量控制要点

(1)钢材的品种、规格必须符合设计要求,并有出厂合格证和试验报告。

(2)电焊条有出厂合格证,规格、品种符合设计和规范规定。

(3)水泥、砂、石子等混凝土材料经检验符合国家规范规定,并有合格证和复试报告。

三、施工工艺

(一)工艺流程

(1)支护结构施工基坑开挖应按"分层开挖,先撑后挖"的原则进行。

(2)支护体系施工顺序为:挡土灌注桩(或其他排桩)施工→水泥土抗渗桩施工→锁口联系梁施工→开挖第一层土方→安装第一道钢管支撑→开挖第二层土方→安装第二道钢管支撑→如此循环作业直至基坑底部土方开挖完成。

(3)内支撑安装顺序为:焊围檩托架→安装围檩→安装横向水平支撑→安装纵向水平支撑→安装立柱并与纵横水平支撑固定→在围檩与排桩间空隙处用 C20 混凝土填实。

(4)钢支撑工艺流程:基础灌注桩施工时插入钢立柱→挖出支护桩头→截桩、整理桩头钢筋→支设冠梁模板→绑扎冠梁钢筋、埋设支撑埋件→浇筑冠梁混凝土→混凝土养护、拆模→安装第一层钢支撑→开挖第一层土方→设置腰梁→安装第二层钢支撑→挖一层土方、安装一层钢支撑→直至最下一层钢支撑安装完毕。

(5)钢筋混凝土支撑工艺流程:基础灌注桩施工时插入钢立柱→挖出支护桩头→截桩、整理桩头钢筋→支设冠梁、支撑模板→绑扎冠梁、支撑钢筋→浇筑混凝土→混凝土养护、拆模→安装第一层钢支撑→开挖第一层土方→支设腰梁、支撑模板→绑扎钢筋→浇筑混凝土→混凝土养护→开挖下一层土方→同上方法设置下一层腰梁和支撑→直至最下一层支撑。

(二)施工要点

1. 内支撑材料的选择

1)钢支撑和钢筋混凝土支撑的区别

内支撑一般有钢支撑和钢筋混凝土支撑两类,区别如表3-14所示。

表 3-14 钢支撑和钢筋混凝土支撑的区别

分类	钢支撑	钢筋混凝土支撑
材料	钢管或型钢	钢筋混凝土
施工方法	预制后采用现场拼装,节点采用焊接或螺栓连接	现场浇筑
适应性	适用于对撑系布置方案,平面布置变化受限,只能受压,不能受拉,不宜用作深基坑第一道支撑	易于通过调整断面尺寸和平面布置形式为施工留出较大的挖土空间,既能受压,又能受拉,亦经得起施工设备撞击。荷载水平高,布置不受限制,可放大截面尺寸以满足较大间距的要求
对布局的限制	荷载水平低,在竖向和水平向间距小	荷载水平高,布置不受限制,可放大截面尺寸以满足较大间距的要求
支撑的形成	安装结束时即已形成支撑作用,还可以用千斤顶施加轴力以调整维护结构的变形	混凝土硬结后才能整体形成支撑作用,混凝土收缩变形大,影响支撑内力的增长
重复使用的可能性	在等宽度的沟渠开挖时可做成工具式重复使用,但在建筑基坑中因尺寸各异难以实现重复使用的要求	不能回收后重复利用
支撑的利用或拆除	安装和拆除方便,但无法在永久性结构中使用	在围护结构兼作永久性结构的一部分时,钢筋混凝土支撑可以作为永久结构的构件。但不作为永久性构件,则拆除量比较大;支撑施工时间较长
支撑体系的刚度和变形	刚度小,整体变形较大	刚度大,整体变形小
支撑体系的稳定性	稳定性取决于现场拼装的质量,包括节点轴线的对中精度、杆件受力的偏心程度以及节点连接的可靠性,个别节点的失稳会引起整体破坏	现浇的混凝土体系节点牢固,支撑体系的稳定性可靠

2)钢支撑

钢支撑常用的有钢管和型钢,前者多采用直径 605 mm、580 mm、406 mm 钢管,壁厚有 10 mm、12 mm、14 mm 等;后者多用 H 型钢,常用规格(高×宽×腹板厚×上下翼板厚,mm)有:200 mm × 200 mm × 8 mm × 12 mm,250 mm × 250 mm × 9 mm × 14 mm,300 mm × 300 mm × 10 mm × 15 mm,350 mm × 350 mm × 12 mm × 19 mm,400 mm × 400 mm × 13 mm × 21 mm,594 mm × 302 mm × 14 mm × 12 mm 等,以适应不同的承载力。在纵横向水平支撑的交叉部位,可用上下叠交固定,只纵横向支撑不在一个平面内,整体刚度要差,亦可用专门制作的十字形定型接头,以便连接纵、横向支撑构件,使纵、横支撑处于一个平面内,刚度大,受力性能好。在接头设活络接头和琵琶式斜撑构造。所用支撑可做成定型工具式的,每节长度为 3 m、6 m 等,以便组合。通过法兰盘用螺栓组装成支撑所需长度,每根支撑端部有一节为活络头,可调节长短,供对支撑施加顶紧力之用。

3）钢筋混凝土支撑

钢筋混凝土支撑是采取随挖土的加深,按支撑设计规定的位置,现场支模现浇支撑,截面经计算确定,围檩和支撑截面常用 600 mm × 800 mm（高 × 宽）、800 mm × 1 000 mm、800 mm × 1 200 mm 和 1 000 mm × 1 200 mm,配筋由计算确定。对平面尺寸较大的基坑,在支撑交叉点处设立柱,以支承平面支撑。立柱可用四个角钢组成的格构式钢柱、钢管或型钢,立柱插入工程灌注桩内,深度不小于 2 m;当无工程桩时,则应另设专用灌注桩。

2. 支撑的平面布置

内支撑的结构形式应考虑支撑材料的性质、基坑的平面形状、面积大小、开挖深度与土质条件、基坑挖土与出土方案以及环境对变形控制的要求等因素,通常应考虑几种不同的布置方案进行方案的比较、论证,选择最佳方案采用。钢支撑和钢筋混凝土支撑的材料刚度和节点构造有较大差异,平面布置时考虑问题的侧重面也不同:

（1）钢支撑的结构布置可采取下列形式:

①一般情况宜优先采用相互正交、均匀布置的平面对撑体系。

②对于长条形基坑一般可采用简单的对撑体系,加适当的横撑,并在基坑四角设置水平角撑。对撑体系受力明确,设计条件简单,安装的偏差所产生的附加内力一般不大,支撑之间没有受力的相互联系。一般可按压杆稳定进行计算和断面设计。当支撑轴力较大,压杆计算长度较大时,应在支撑下设置立柱以减小支撑垂直方向的计算长度和增加受压稳定系数。但立柱不能增加水平方向的受压稳定系数,可采用支撑两端设斜向压杆形成燕尾形支撑来增加水平向的受压稳定系数。

③钢支撑与围护结构连接处应设置围檩（又称腰梁）。

④当相邻支撑之间水平距离较大时,应在支撑端部设置八字撑（或琵琶撑）以减小围檩的计算跨距,八字撑宜左右对称,长度不宜大于 9 m,与围檩之间的夹角宜为 60°。

（2）钢筋混凝土支撑除了可以采用钢支撑的那些平面布置形式外,还可以适应复杂的地基平面形状,采用下列不同的组合,灵活布置:

①当基坑尺寸较大、支撑较长时,可沿支撑设置多个立柱,形成多跨的支撑,同时对撑可设计成桁架式,增加水平方向的受压稳定。对撑的设计应在水平方向和垂直方向都满足受压稳定的要求。受压稳定应根据支撑轴力的大小按结构规范的相关要求进行设计。

②在不正交的基坑角上可布置桁架式斜撑以适应不同的角点部位并根据斜撑轴力进行设计。斜支撑除满足受压稳定要求外,应验算支撑端部的受剪承载力。钢支撑应验算其焊缝的抗剪强度并严格保证焊接施工质量,钢筋混凝土支撑应验算截面的受剪承载力。

③对于需要留出较大的作业空间时,可采用对撑和斜撑桁架组成的平面体系,也可以采用平面圆环形或椭圆形支撑和桁架式边撑组成的体系,后者特别适用于平面接近于圆形、正方形或拟正方形的基坑。圆形内支撑将作用在圆径向的荷载转变为切向的压力,能充分利用混凝土的受压强度高的特性,一般圆环支撑与桩墙间用压杆连接以传递荷载。圆环内支撑中心形成一个较大的空间,对基坑土方的开挖创造了方便的条件。应注意的是:理论上受均匀荷载的圆环截面只有轴力没有弯矩,但由于基坑四周土质条件的差异,土压力大小不

同,圆环支撑与桩墙之间连接杆件的长度和方向不同,基坑四周开挖的先后顺序不同等因素,实际上圆环上的内力不仅有轴心受压还有不同程度的附加弯矩,实际工程中应予以考虑。圆环支撑一般也应设置立柱,以承受支撑自重和防止支撑平面外的受压失稳。

④相邻支撑之间的水平距离应满足土方工程的施工要求,通常不宜小于 4 m,当采用机械挖土时,不宜小于 8 m。

⑤沿围檩长度方向水平支撑点的间距,对于钢围檩不宜大于 4 m,对于钢筋混凝土支撑不宜大于 9 m。

(3)支撑和锚杆的竖向布置。

在竖向布置支撑和锚杆时,必须综合考虑各种因素,反复验算确定。制约内支撑布置的因素比锚杆更多,处理更复杂。

锚杆锚固体上下排间距不宜小于 2.5 m,水平方向间距不宜小于 1.5 m。锚杆锚固体的上覆土层厚度不宜小于 4 m。斜锚杆的斜角以 15°~35°为宜。

因为支撑的竖向位置不仅取决于满足维护结构稳定和变形要求,而且在很大程度上还受控于地下室梁板构件的位置以及施工最小空间的要求,所以支撑布置形式、支点位置和尺寸应根据工程的具体条件、施工经验和通过计算来决定,其中支撑的标高应考虑下面几个因素:

①在竖向平面内,水平支撑的层数与标高应根据开挖深度、维护结构类型、工程地质条件及地下室的建筑布置和施工方案,结合围护结构的计算结果和地下室建筑剖面综合确定。

②上、下层水平支撑轴线应布置在同一竖向平面内;竖向相邻支撑的水平净距不宜小于 3 m,当采用机械下坑开挖及运输时,不宜小于 4 m。

③设定的各层水平支撑标高不能妨碍主体工程地下室机构构件的施工。应考虑地下室各层楼板施工时,每层支撑拆除的方便,不影响地下室施工。避免当楼板替换支撑时,支护结构桩墙内力和上层支撑轴力产生突然的增长,影响支护结构的安全或增大设计截面和配筋。

④第一道水平支撑的围檩可同时作为围护结构墙顶圈梁。为降低计算深度,可以放低墙顶圈梁的标高,但不宜低于自然地面以下 3 m。

⑤单层或多层支撑应通过调整支撑点标高,使支撑的断面设计合理,桩墙的弯矩分布比较均匀,避免出现过大的支撑力和弯矩。

(4)支撑立柱的设置。

支撑立柱的作用一是承受支撑自身的自重荷载,二是增加支撑的受压稳定性。无论是钢筋混凝土支撑还是钢支撑,如不设立柱,支撑重量将传到两端与桩墙连接的节点上,使节点承受很大的作用力,增大节点设计难度,同时自重作用下支撑产生弯矩和挠度,降低了支撑的稳定性,设置立柱可以满足结构设计上的要求。支护结构的支撑设计一般由受压稳定控制,设置立柱后,竖向的压杆细长比增大,可以有效地减小支撑截面尺寸和自重或提高受压承载力。但立柱不能支撑水平方向的受压稳定系数。这一点在实际工程中不可忽视,以避免造成支撑水平失稳,对于支撑杆件或支撑桁架,水平和竖直的受压稳定性应相互协调,避免两者一个过大一个过小的不合理设计。增加支撑水平方向的受压稳定能力一般可采用桁架形式,或支撑间设立杆来解决。

立柱是支撑体系的竖向受力杆件,应具有一定的刚度和承载力,并与支撑在节点处固定连接以形成支撑体系的整体刚度。立柱的设置应符合下列要求：

①立柱应布置在纵横向支撑的交点处或桁架式支撑的节点位置上，并应避开主体结构梁、柱及剪力墙的位置。立柱的间距一般在 12～15 m。

②为了不影响底板绑扎钢筋和浇筑混凝土，立柱宜采用型钢格构式截面，使钢筋从中通过并能浇筑混凝土。

③为了防止在底板与立柱连接处渗水，应设置止水钢板。

④立柱下端不能直接支撑在地基上，如基础为钢筋混凝土灌注桩，可直接将钢立柱插入工程灌注桩内，插入长度一般不小于 1.5 倍的立柱边长。立柱位置如无工程桩，应增加立柱桩，且应支承在较好的土层上。

⑤要处理好支撑与立柱的节点，尤其是钢支撑与立柱的节点构造需要专门设计。

（5）斜撑的布置。

当悬臂式挡墙的水平位移过大时，可以设置竖向斜撑，斜撑的优点是坑内的施工空间比较大，而且节省支撑材料。斜撑特别适用于平面尺寸比较大而开挖深度相对比较浅的基坑。由于基坑的平面尺寸大，如设置对撑则支撑的长度很长；如基坑深度过大，斜撑就不一定经济。斜撑在基坑底部需要用基础平衡反力，通常可以利用已经浇筑的底板承受反力，但这只有在中心岛法施工开挖留土时才有可能利用；在对维护结构进行补强加固时，斜撑是经常采取的一种措施，因此斜撑通常采用型钢或组合型钢截面的支撑。

斜撑布置一般应符合下列规定：

①竖向斜撑体系通常由斜撑、腰梁和斜撑基础等构件组成，当斜撑长度大于 15 m 时，宜在斜撑中部设置立柱。

②竖向斜撑宜均匀、对称布置，水平间距不大于 6 m。

③斜撑与基坑底面之间的夹角一般不大于 35°，在地下水位较高的地区不宜大于 26°，并与基坑内留土的边坡相一致。

④斜撑基础与围护结构墙体之间的水平距离不应小于围护结构插入深度的 1.5 倍。

⑤斜撑与腰梁、斜撑与基础、腰梁与围护结构之间的连接应满足斜撑水平分力和垂直分力的传递要求。

（6）防止支撑系统局部薄弱环节。

支撑的设计形式最好采用受力简单、明确的形式，避免受力复杂的支撑形式，这不仅是为了计算和设计简单的问题，由于支护结构受力的复杂性和基坑开挖分区进行的特点，往往实际开挖过程中支撑的受力和计算条件下的受力有较大差别，难以考虑得十分周全。当支撑杆件较多和布置复杂时，某些压杆或拉杆会受力集中，超过设计值，而先造成个别杆件的失稳。某个杆件破坏后退出工作，使相邻杆件受力骤增，随之破坏，使支撑杆件各个击破，发展为整个支撑系统的破坏。

（7）挖土要分层、对称，避免不利工况的出现。

由于支撑体系具有整体受力，支撑杆件相互牵连、相互约束的特点，同时基坑开挖的步骤不同，支撑的受力也不同。因此，在基坑开挖时，应防止支撑局部受力过大。基坑挖土应分层进行，根据每层支撑的标高，挖到相应深度，待一层支撑全部做好后，再开挖下一层支撑位置以上的土方，这样一层一层挖土，使每层支撑受力均匀，绝不能为了挖土方便，局部超挖，造成事故的隐患。每一层挖土应尽量做到对称开挖，使支撑两端同时受力，变形协调。

防止在不平衡的受力条件下,使支撑偏斜。

(8)其他注意事项。

为使支撑受力均匀,在挖土前宜先给支撑施加预应力。预应力可加到设计应力的 50%~60%。方法是用千斤顶在围檩与支撑的交接处施压,在缝隙处塞进钢楔锚固,然后撤去千斤顶。

当采用钢筋混凝土支撑时,如构件长度较长,支撑系统宜分段浇筑,待混凝土完成主要收缩后再浇筑封闭;或在混凝土中掺加 UEA 微膨胀剂。

在支模浇筑地下结构时,拆除上一道支撑前应先换撑。换撑位置可设在下部已浇筑完并达到一定强度的结构上。应先设置换撑,再拆除上层支撑,以保证受力可靠、安全。在施工阶段应对支护结构的位移、沉降和侧向变形进行观测和跟踪观测,发现问题及时进行加强处理。

作为永久性结构的支撑系统尚应符合现行国家标准《混凝土结构工程施工质量验收规范》(GB 50204)的要求。

(9)支撑的拆除。

①拆除支撑时,为防止围护墙变形,一般采取逐层换撑、逐层拆除以及逐层回填土的方法。

②支撑的拆除方法应在支撑设计时进行明确。

③采用在地下室外墙上设置临时支撑的办法进行换撑时,应考虑支撑压力对地下室墙体结构的影响,需通过计算确定临时支撑的设置间距。

④钢筋混凝土支撑,在制作时预留爆破孔洞,采用静态爆破的方法拆除支撑。

四、成品保护措施

(1)支撑安装、拆除时,应尽量利用已安装的塔吊起吊。如另用吊车进行安装或拆除,立吊车位置的支护结构应进行核算,以免引起局部超载,使支护结构遭到破坏。

(2)全部支撑安装结束后,仍应维持整个系统的正常运转直至支撑全部拆除。支撑安装结束,即已投入使用,应对整修使用期做观测,尤其一些过大的变形应尽可能防止。

(3)在安装支撑系统过程中,防止安装下层支撑而碰撞上层支撑。

(4)土方开挖应选择合适的挖土机械,在基坑上开挖采用抓斗施工时,抓斗起落应防止碰撞支撑系统;采用小型挖掘机下坑内挖土,应设置坡道,自一端开始挖土,支撑系统下部土方应采用人工掏挖;土方运输采用小型自卸汽车或机动翻斗车,以免碰撞支撑系统。

(5)挖土过程中,支撑立柱周围附近土方应用人工挖掘,防止机械挖掘破坏立柱。

五、安全、环保措施

(1)基坑开挖应严格按支护设计要求进行。应熟悉维护结构撑、锚系统的设计图纸,包括围护墙的类型。

(2)混凝土灌注桩、水泥土墙等支护应有 28 d 以上龄期,达到设计要求时,方能进行基坑开挖。

(3)围护结构撑锚系统的安装和拆除顺序应与维护结构的设计工况相一致,以免出现变形过大、失稳、倒塌等安全事故。

（4）围护结构撑锚安装应遵循时空效应原理，根据地质条件采取相应的开挖、支护方式。一般竖向应严格遵守"分层开挖，先支撑后开挖"，撑锚与挖土密切配合，严禁超挖的原则。使土方挖到设计标高的区段内，能及时安装并发挥支撑作用。

（5）撑锚安装应采用开槽架设，在撑锚顶面需运行施工机械时，撑锚顶面安装标高应低于坑内土面 20～30 cm。钢支撑与基坑土之间的空隙应用粗砂土填实，并在挖土机或土方车辆的通道处铺设道板。钢结构支撑宜采用工具式接头，并配有计量千斤顶装置，并定期校验，使用中有异常现象应随时校验或更换。钢结构支撑安装后应施加预应力。预压力控制值一般不应小于支撑设计轴向力的 50%，也不宜大于 75%。采用现浇混凝土支撑必须在混凝土强度到达设计强度的 80% 以上，才能开挖支撑以下的土方。

（6）在基坑开挖时，应限制支护周围振动荷载的作用，并做好机械上、下基坑坡道部位的支护。不得在挖土过程中，碰撞支护结构，损坏支护背面截水帷幕。

（7）在挖土和撑锚过程中，应有专人进行监察和监测，实行信息化施工，掌握围护结构的变形及其上边坡土体稳定情况，以及邻近建筑物、管线的变形情况。发现异常现象，应查清原因，采取安全技术措施认真处理。

六、质量标准

（1）支撑系统包括围图及支撑，当支撑较长时（一般超过 15 m），还包括支撑下的立柱及相应的立柱桩。

工程中常用的支撑系统有混凝土围图、钢围图、混凝土支撑、钢支撑、格构式立柱、钢管立桩、型钢立柱等，立柱往往埋入灌注桩内，也有直接打入一根钢管桩或型钢桩，使桩柱合为一体。甚至有钢支撑和混凝土支撑混合使用的实例。

（2）施工前应熟悉支撑系统的图纸及各种计算工况，掌握开挖及支撑设置的方式、预顶力及周围环境保护的要求。预顶力应由设计规定，所用的支撑应能施加预顶力。

（3）施工过程中应严格控制开挖和支撑的程序及时间，对支撑的位置（包括立柱及立柱桩的位置）、每层开挖深度、预加顶力（如需要）、钢围图与围护体或支撑与围图的密贴度应做周密检查。

一般支撑系统不宜承受垂直荷载，因此不能在支撑上堆放钢材，甚至做脚手架用。只有采取可靠的措施，并经复核后方可做他用。

（4）全部支撑安装结束后，仍应维持整个系统的正常运转直至支撑全部拆除。

支撑安装结束，即已投入使用，应对整修使用期做观测，尤其一些过大的变形应尽可能防止。

（5）作为永久性结构的支撑系统尚应符合现行国家标准《混凝土结构工程施工质量验收规范》（GB 50204）的要求。

有些工程采用逆做法施工，地下室的楼板、梁结构做支撑系统用，此时就按现行国家标准《混凝土结构工程施工质量验收规范》（GB 50204）的要求验收。

（6）钢或混凝土支撑系统工程质量检验标准应符合表 3-15 的规定。

表 3-15　钢或混凝土支撑系统工程质量检验标准

项目	序号	检查项目	允许偏差或允许值		检查方法
			单位	数值	
主控项目	1	支撑位置:标高 平面	mm	30 100	水准仪 用钢尺量
	2	预加应力	kN	±50	油泵读数或传感器
一般项目	1	围图标高	mm	30	水准仪
	2	立柱桩	参见桩基部分		参见桩基部分
	3	立柱位置:标高 平面	mm mm	30 50	水准仪 用钢尺量
	4	开挖超深(开槽放支撑 不在此范围)	mm	<200	水准仪
	5	支撑安装时间	设计要求		用钟表估测

第七节　沉井与沉箱

一、适用范围

沉井是修建深基础和地下构筑物的一种施工工艺方法。施工时,先在地面或基坑内制作开口的钢筋混凝土井身,待其达到要求的强度后,在井筒内分层挖土运出,随着挖土和井内土面的逐渐降低,沉井筒身借其自重或其他技术措施下克服与土壁之间的摩阻力和刃脚反力,不断下沉,直至设计标高就位、封底。见图 3-22。

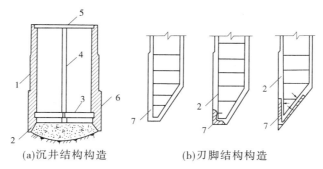

(a)沉井结构构造　　　　(b)刃脚结构构造

1—井壁;2—刃脚;3—底板(封底);4—内隔墙;
5—顶盖;6—凹槽;7—角钢或钢板

图 3-22　沉井及刃脚构造

(一)沉井结构和施工方法的特点

(1)沉井结构截面尺寸和刚度大,承载力高,抗渗、耐久性好,内部空间可资利用,可用于很大深度地下工程的施工,深度可达 50 m。

（2）施工不需复杂的机具设备，在排水和不排水情况下均能施工。

（3）可用于各种复杂地形、地质和场地狭窄条件下施工，对邻近建筑物、构筑物影响较小，甚至不受影响。

（4）当沉井尺寸较大，在制作和下沉时，均能使用机械化施工。

（5）可在地下水很大、土的渗透系数大，难以将地下水排干、地下有流沙或有其他有害的土层情况下施工。

（6）比大开挖施工，可大大减少挖、运、回填土方量，加快施工速度，降低施工费用。

（7）存在问题：施工工序较多，施工工艺较为复杂，技术要求高，质量控制要求严。

（二）适用范围

沉井适用于工业建筑的深坑（料坑、料车坑、铁皮坑、井或炉、翻车机室）、地下室、水泵房、设备深基础、桥墩、码头等工程，并可用在松软、不稳定含水土层、人工填土、黏性土、砂土、砂卵石等地基中。一般讲，在施工场地复杂，邻近有铁路、房屋、地下构筑物等障碍物，加固、拆迁有困难或大开口施工会影响周围邻近建（构）筑物安全时，应用最为合理、经济。

二、施工准备

（一）技术准备

1. 勘察地质

在沉井施工地点钻探，了解该处地质（包括土力学指标、休止角、摩擦系数、地质构造、分层情况等）和地下水文情况及地下埋设物、障碍物情况，绘制地质剖面图，制定沉井施工方案提供可靠技术依据。

2. 编制施工方案

根据工程结构特点、地质水文情况、施工设备条件及技术可能性，编制切实可行的施工方案或施工技术措施，以指导施工。

3. 整平场地

整平场地至要求标高，按施工要求拆迁沉井周围土的破坏棱体范围内的地上障碍物，如房屋、电线杆、树木及其他设施，清除地面下 3 m 以内的地下埋设物，如上下水管道、电缆线路及基础、设备基础和人防设施等。

4. 修建临时设施

按施工总平面图布置，修建临时设施，修筑道路、排水沟、截水沟，安装临时水、电线路，安设施工设备，并试水、试电、试运转。

5. 布设测量控制网

按设计总图和沉井平面布置要求设置测量控制网和水准基点，进行测量定位放线，定出沉井中心轴线和基坑轮廓线，作为沉井制作和下沉定位的依据。在原有建筑物附近下沉沉井，应在原建筑物上设置沉降观测点，定期进行沉降观测。

6. 技术交底

使施工人员了解并熟悉工程结构、地质和水文情况，了解沉井制作和下沉施工技术要点、安全措施、质量要求及可能遇到的各种问题和处理方法。

（二）材料准备

（1）水泥：宜用 32.5 级或 42.5 级普通硅酸盐水泥或矿渣硅酸盐水泥。使用前必须查明其品种、标号及出厂日期。凡过期水泥,受潮或结块的水泥不准使用。

（2）细骨料:选用质地坚硬的中、粗砂,含泥量不大于3%,不得含有垃圾、泥块、草根等。

（3）粗骨料:应采用质地坚硬的碎石或卵石。石子级配粒径以5～40 mm组合为宜,最大粒径不宜大于50 mm,含泥量不大于2%。

（4）水:一般饮用水或洁净的天然水。

（5）钢材:有出厂合格证和复试报告,符合钢材技术指标的规定方可使用。

（6）外加剂:根据不同要求,通过试验确定后应用。沉井、沉箱过程中的模板、钢筋、混凝土、砌砖、钢壳制作等分项工程均应符合有关规定。

（三）主要机具

1.沉箱施工主要机具

沉井、沉箱施工主要机具设备见表3-16,沉井施工水力机械挖土需用机械设备见表3-17。

表3-16　沉井、沉箱施工主要机具设备

机具名称	规格、性能	单位	数量	用途
挖掘机	WY40型	台	1	基坑、沉井挖土
翻斗汽车	3.5 t	台	6	运输土方、混凝土、工具、材料
混凝土搅拌机	J1－400型	台	2	搅拌混凝土
灰浆搅拌机	HJ－200型	台	1	拌制砂、灰浆
推土机	T_1－100型	台	1	场地平整、集中土方、推送砂石
机动翻斗车	JS－1B型	台	6	运送混凝土及小型工具材料
振动器	HZ_6X－50型,插入式	台	10	振捣混凝土
振动器	HZ_2－5型,平板式	台	2	振捣混凝土
混凝土吊斗	1.2 m^3	台	4	吊运混凝土
履带式起重机	W_1－100型	台	2	吊运土方、混凝土、吊装构件
混凝土搅拌运输车	JC6Q型	台	6	搅拌运输混凝土
混凝土输送泵车	IPF－185B型	台	2	输送浇筑混凝土
水泵	4BA－6A型,105 m^3/h	台	4	基坑、沉井排水
水泵	3BA－9型,45 m^3/h	台	1	临时供水
潜水泵	QS32X25－4型,25 m^3/h	台	4	基坑、沉井排水
钢筋调直机	GJ_4－14/4型	台	1	调直钢筋
钢筋切断机	GJ_5－40－1型	台	1	切断钢筋
钢筋弯曲机	LIN_1－75型	台	1	成形钢筋
钢筋对焊机	MJ104型,Φ400 mm	台	1	对接钢筋
轮锯机	MB503A,300 mm	台	1	木材加工
平刨机	BX1－330型	台	1	模板加工

续表 3-16

机具名称	规格、性能	单位	数量	用途
电焊机	JJM-5型	台	1	现场焊接
卷扬机	JJM-3型	台	1	吊运土方,辅助起重
卷扬机	320 kVA	台	1	吊运土方,辅助起重
变压器	JBK型	台	1	变压用
蛙式打夯机	H-201型	台	1	回填土夯实

表 3-17　沉井施工水力机械挖土需用机械设备

名称	规格、型号	单位	数量	备注
水泵	8BA-12型,流量280 m³/h,扬程29.1 m,压力1.2 MPa以上	台	1	
水泵	8BA-18型,流量285 m³/h,扬程18 m,压力1.25 MPa以上	台	1	
水力冲泥机		台	6	2台备用
水力吸泥机		台	3	1台备用
进水管	φ150 mm(硬管或软管)	台	16	
排泥管	φ150 mm(硬管或软管) φ250 mm	台	280 280	
泥浆管	3PN型,流量108 m³/h,扬程21 m,带空气抽除器	台	3	1台备用

2. 沉箱施工主要机具

沉箱施工除以上沉井施工机具外,还应增加空气压缩站、升降井筒(附有电动机、调速器、卷扬机、吊斗和运料小斗车等)、气闸、箱顶管路(包括电缆管、水管、运风管、排气管、检查管)等。

(四)作业条件

(1)有齐全的技术文件和完整的施工组织设计方案,并已进行技术交底。

(2)进行场地平整至要求标高,按施工要求拆除区域内的障碍物,如房屋、电线杆、树木及其他设施,清除地面下的埋设物,如地下水管道、电缆线及基础、设备基础、人防设施等。

(3)施工现场有可使用的水源和电源,已设置临时设施,修建临时便道及排水沟,同时敷设输浆管、排泥管、挖好水沟,筑好围堤,搭设临时水泵房等,选定适当的弃土地段,设施沉淀池。

(4)已进行施工放线,在原有建筑物附近下沉的沉井(箱)应在原建筑物上设置沉降观测点,定期进行沉降观测。

(5)各种施工机具已运到现场并安装维修试运转正常,现场电源及供气系统应设双回路或备用设备,防止突然性停电、停气造成沉箱事故。

(6)对进入沉箱内工作人员进行体格检查,并在现场配备医务人员。

三、施工工艺

(一)工艺流程

沉井(箱)施工工艺流程:平整场地→测量、放线→开挖基坑→铺砂垫层和垫木或砌刃脚砖座→沉井制作→布设降水井点或挖排水沟、集水井→抽出垫木→封底、浇筑底板混凝土→施工内隔墙、梁、板、顶板及辅助设施。

(二)沉井施工要点

1. 沉井的制作顺序

场地整平→放线→挖土3~4m深→夯实基底→抄平放线验线→铺砂垫层→垫木或挖刃脚土模→安设刃脚铁件、绑钢筋→支刃脚、井身模板→浇筑混凝土→养护、拆模→外围围槽灌砂→抽出垫木或拆砖座。

2. 地基处理和筑岛

在松软地基上进行沉井制作,应先对地基进行处理,以防止由于地基不均匀下沉引起井身裂缝。处理方法一般采用砂、沙砾、碎石、灰土垫层,用打夯机夯实或机械碾压等措施使其密实。

如沉井在浅水(水深小于5m)地段下沉,可填筑人工岛制作沉井,岛面应高出施工期的最高水位0.5m以上,四周留出护道,其宽度:当有围堰时,不得小于1.5m;无围堰时,不得小于2.0m。筑岛材料应用低压缩性的中砂、粗砂、砾石,不得用黏性土、细砂、淤泥、泥炭等,也不宜采用大块石、砾石。如水流速度超过表3-18所列数值时,须在边坡用草袋堆筑或用其他方法防护。当水深在1.5m,流速在0.5m/s以内时,亦可直接用土填筑,而不设置围堰。人工筑岛制作沉井见图3-23。

表3-18　筑岛土料与容许流速

土的分类	容许流速(m/s)	
	土表面处流速	平均流速
粗砂(粒径1.0~2.5mm)	0.65	0.8
中等砾石(粒径2.5~40mm)	1.0	1.2
粗砾石(粒径40~75mm)	1.2	1.5

3. 刃脚支设

沉井制作下部刃脚的支设,可视沉井重量、施工荷载和地基承载力情况,采用垫架法、半垫架法、砖垫座或土底模。较大较重的沉井,在较软弱地基上制作,常采用垫架或半垫架法[见图3-24(a)、(b)]。垫架的作用是:

(1)使地基均匀承受沉井重量,不使在混凝土浇筑过程中产生突然下沉导致刃脚裂缝而破坏。

(2)保持沉井位置不致倾斜,便于调整。

(3)便于支撑和拆除模板。采用支垫架法施工,应计算一次浇筑高度,使不超过地基的承载力。直径(或边长)在8m以内的轻型沉井,当土质较好时,可采用砖垫座[见图3-24(c)],沿周长分成6~8段,中间留20mm空隙,以便拆除;砖砌刃脚热座砌筑应保证刃脚设

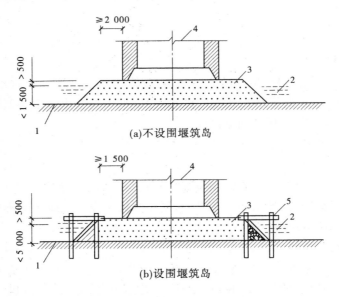

1—河床;2—河水位;3—人工筑岛;4—沉井;5—围堰

图 3-23　人工筑岛制作沉井

计要求的刃脚踏面宽度,砖刃脚强度及底面宽度应能抵抗刃脚斜面混凝土的水平推力作用而保持稳定;砖模内壁应用 1∶3 水泥砂浆抹平。重量较轻的小型沉井,土质好时,可采用砂垫层、灰土垫层或在地基中挖槽做成土模[见图 3-24(d)],其内壁用 1∶3 水泥砂浆抹平。

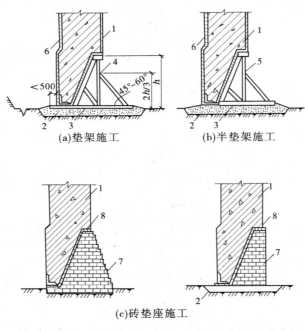

1—刃脚;2—砂垫层;3—枕(垫)木;4—垫架;5—模板;6—半垫架;
7—砌砖;8—抹水泥砂浆;9—土胎膜;10—刷隔离层

图 3-24　刃脚支设

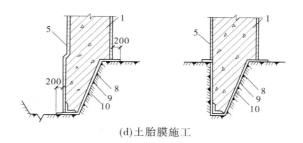

(d)土胎膜施工

续图 3-24

采用垫架（或半垫架）法，先在刃脚处铺设砂垫层，再在其上铺承垫木和垫架，垫木常用 16 cm×22 cm 枕木，垫架数量根据第一节沉井的重量和地基（或砂垫层）的容许承载力计算确定，间距一般为 0.5～1.0 m。垫架铺设应对称，一般先设 8 组定位垫架，每组由 2～3 个垫架组成，矩形沉井常设 4 组定位垫架，其位置在长边两端 0.15L（L 为长边边长），在其中间支设一般垫架，垫架应垂直井壁铺设。圆形沉井沿沉井刃脚圆弧部分对准圆心铺设。在垫木上支设刃脚、井壁模板。铺设垫木应使顶面保持在同一水平面上，用水准仪找平，使高差在 10 mm 以内，并在垫木间用砂填实，垫木中心线应与刃脚中心线重合；垫木埋深为其厚度的一半，在垫架内外设排水沟。

当地基承载力较低，经计算垫架需用量较多，铺设过密，应在垫木下设砂垫层加固，以减少垫架数量，将沉井的重量扩散到更大面积上，避免制作中发生不均匀沉降，同时可减少垫架数量，使易于找平，便于铺设垫木和抽除。

4.井壁制作

1）制作方式

沉井制作方式一般如下：

（1）在修建构筑物地面上制作。适用于地下水位高和净空允许的情况。

（2）人工筑岛制作。适于在浅水中制作。

（3）在基坑中制作。适于地下水位低、净空不高的情况，可减少下沉深度、摩阻力及作业面高度，可根据不同情况采用，使用较多的是在基坑中制作。

采取在基坑中制作，基坑应比沉井宽 2～3 m，四周设排水沟、集水井，使地下水位降至比基坑底面低 0.5 m，挖出的土方在周围筑堤挡水，要求护堤宽不少于 2 m（见图 3-25）。

按施工流程又有：一次制作一次下沉；分节制作，一次下沉；或分次制作，制作与下沉交替进行等方式，但后者往返交替，较费工时，可根据不同情况和条件采用。通常如沉井过高，常常不够稳定，下沉时易倾斜，一般高度大于 12 m 时，宜分节制作；在沉井下沉过程中或在井筒下沉各个阶段间歇时间，继续加高井筒。

在土质松软和筑岛上下沉时，其第一节应不超过 0.8B（B 为沉井宽度），其他各节应尽量放高，以利下沉，并可缩短作业时间。

2）模板支设

井壁钢模板由钢组合式定型模板或木定型模板组装而成（见图 3-26）。采用木定型模板时，外模靠混凝土一面刨光，并涂脱模剂两度。沉井支模可先支井体内模，外模亦一次支到施工缝略高 100 mm 处，竖缝处用 90 mm×90 mm 方木支撑在内部脚手架上，外模亦一次支到施工缝略高 100 mm 处，竖缝亦用木方或脚手钢管杆和 Φ16 拉紧螺栓固定，间距 600

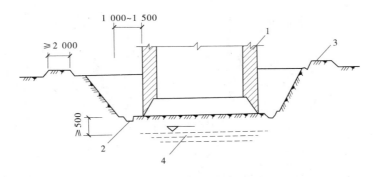

1—沉井;2—排水沟;3—挡水堤;4—地下水位线

图 3-25　在基坑中制作沉井　（单位：mm）

mm,有防渗要求的,在螺栓中间设止水板。圆形沉井,每隔 1.8 m 设一道 Φ20 钢丝绳箍紧,同时再设适当斜支撑支撑于基坑壁及外部脚手架上,在外模每隔 1.5 m 水平方向设一 300 mm×600 mm 浇筑口,沿高度方向在距刃脚底部 1.5 m 处亦应设置一道。在上下节水平缝处设企口缝或钢板止水带。模板间缝隙刮腻子,模板与已浇筑混凝土接触处垫 50 mm 宽泡沫塑料带,防止漏浆。第一节沉井筒壁应按设计尺寸周边加大 10 ~ 15 m,第二节相应缩小一些,以减少下沉摩阻力。当沉井内有隔墙与井壁同时浇筑时,隔墙比刃脚高,施工时需在隔墙下立排架或用土砂堤支设底模(见图 3-27)。对高度 15 m 以上的大型沉井,亦可采用滑模方法制作。

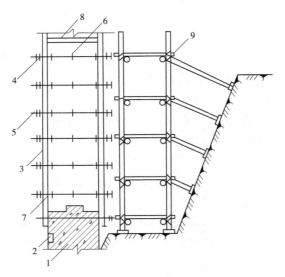

1—下一节沉井;2—预埋悬挑钢脚手铁件;3—组合式定型钢模板,
中间夹 100 mm×50 mm 木条;4—2 φ[8 钢楞;5—φ16 mm 对拉螺栓@1.0 m;
6—100 mm×3 mm 止水片;7—木垫板;8—顶撑木;9—钢管脚手架

图 3-26　沉井井壁钢模板支设

3)钢筋绑扎

沉井钢筋可用吊车垂直吊装就位,用人工绑扎,或在沉井近旁预先绑扎钢筋骨架或网

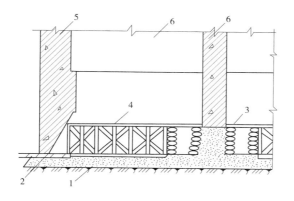

1—砂垫层;2—承垫木;3—草袋装砂;4—木排架;5—沉井井壁;6—沉井内隔墙

图 3-27 用排架直设沉井隔墙底模

片,用吊车进行大块安装(见图 3-28)。竖筋可一次绑好,水平筋分段绑扎,与前一节井壁连接处伸出的插筋采用焊接连接方法,接头错开 1/4,以保证钢筋位置和保护层正确。内外钢筋之间要加设 φ14 mm 钢筋铁码,每 1.5 m 不少于一个。钢筋用挂线法控制垂直度,用水平仪测量并控制水平度,用木卡尺控制间距,用水泥砂浆垫块控制保护层。沉井内隔墙可采取与井壁同时浇筑或在井壁与内隔墙连接部位预留插筋,下沉完后,再施工隔墙。

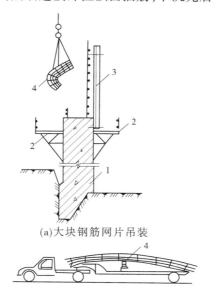

(a)大块钢筋网片吊装

(b)大块钢筋网片运输

1—沉井;2—移动式脚手架;3—内模板;4—大块钢筋网片

图 3-28 沉井大块钢筋网片安装

4)混凝土浇筑

沉井混凝土浇筑可采取以下几种方式:

(1)沿沉井周围搭设脚手平台,用 1.5 m 皮带运输机将混凝土送到脚手平台上,用手推车沿沉井通过串桶分布均匀地浇筑。

(2)用翻斗汽车运送混凝土,塔式或履带式起重机吊混凝土振动吊斗,通过漏斗、串桶沿井壁作均匀浇筑。

（3）在沉井上部搭设脚手平台，用 1 t 机动翻斗车运送混凝土直接沿井壁均匀浇筑。

（4）用混凝土运输搅拌车运送混凝土，混凝土泵车沿沉井周围进行分布均匀浇筑，每层 500 mm。

5）混凝土浇筑应注意的事项

（1）应将沉井分成若干段，同时对称均匀分层浇筑，每层厚 30 mm，以免造成地基不均匀下沉或产生倾斜。

（2）混凝土应一次连续浇筑完成，第一节混凝土强度达到 70% 始可浇筑第二节。

（3）井壁有抗渗要求时，上下节井壁的接缝应设置凸形水平缝，接缝处凿毛并冲洗处理后，再继续浇筑下一节，并在浇筑前先浇一层减半石子混凝土。

（4）前一节下沉应为后一节混凝土浇筑工作预留 0.5 ~ 1.0 m 高度，以便操作。

（5）混凝土可采用自然养护。为加快拆模下沉，冬期可在混凝土中掺加抗冻早强剂或用防雨帆布悬挂于模板外侧，使之成密闭气罩，通蒸汽加热养护。

5. 沉井下沉

1）下沉准备工作与验算

下沉前应进行结构外观检查；检查混凝土强度及抗渗等级，并根据勘测报告计算极限承载力，计算沉井下沉的分段摩阻力及分段的下沉系数，作为判断每个阶段可否下沉，是否会出现突沉以及确定下沉方法及采取措施的依据。当沉井高度不大时，应尽量采取一次制作下沉，以简化施工程序，缩短作业时间。当沉井高度和重量都大，重心高，如地基处理不好，操作控制不严，在下沉前很容易产生倾斜，宜采取分节制作。每节制作高度的确定，应保证地基及其自身稳定性，并有适当重量使其顺利下沉，一般每节高度以 7 ~ 8 m 为宜。在拟定高度后应验算下沉系数。下沉系数通常为 1.15 ~ 1.25 以上，以保证顺利下沉。当不能满足要求时，可采取在基坑中制作，减少下沉深度；或在井壁顶部堆放钢、铁、砂石等材料增加附加荷重；或在井壁与土壁间注入触变泥浆，以减少下沉的摩阻力等措施。当下沉系数较大，可沿井壁外周回填相应的土方，增大总摩擦力。

沉井下沉应具有一定强度，第一节混凝土或砌体砂浆达到设计强度的 100%，其上各节达到 70% 以后，方可开始下沉。

2）垫架、排架的拆除

垫架的拆除，对大型沉井混凝土应达到设计强度的 100%，小型沉井达到 70% 始可拆除。抽除刃脚下的垫架（垫木或砖垫座）应分区、分组、依次、对称、同步地进行。抽除次序：圆形沉井为先抽一般承垫架，后拆除定位垫架；矩形沉井先抽内隔墙下垫架，然后分组对称地抽除外墙两短边下的垫架，再抽除长边下一般垫架，最后同时抽除定位垫架。抽除方法是将垫木底部的土挖去，利用绞磨或推土机、拖拉机将相对垫木抽出。每抽出一根垫木后，刃脚下应立即用砂、卵石或砾砂填实，在刃脚内外侧应填筑成适当高度的小土堤，并分层夯实，使下沉重量传给垫层（见图 3-29）。抽除时要加强观测，注意下沉是否均匀，隔墙木排架拆除后的空穴部分用草袋装砂回填（见图 3-30）。

3）井壁孔洞处理

沉井壁中有时预留有与地下廊道、地沟、管道、进水窗等连接的孔洞，为避免下沉时泥土和地下水大量涌入井内，影响施工操作，对较大孔洞，还会造成沉井每边重量不等，影响重心偏移,使沉井易产生倾斜,在下沉前必须进行处理。对较大孔洞,在制作时,可在洞口预埋钢框、螺栓,用钢板、方木封闭,中填与空洞混凝土重量相等的砂石或铁块配重[(见图 3-31 (a)、(b)]。对进水窗则采取一次做好,内侧用钢板封闭[见图 3-31(c)]。沉井封底后,拆除封闭钢板,挡木等。

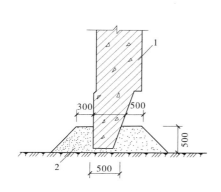

1—沉井刃脚;2—砂或砂卵石筑堤

图 3-29　刃脚回填砂或卵石

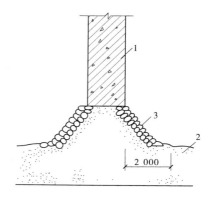

1—沉井内隔墙;2—砂;3—草袋砂筑堤

图 3-30　内隔墙用草袋砂回填

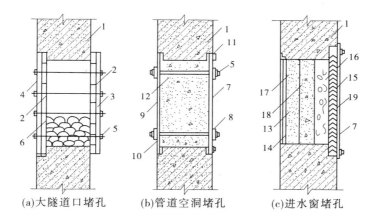

(a)大隧道口堵孔　　(b)管道空洞堵孔　　(c)进水窗堵孔

1—沉井井壁;2—50 mm 厚木板;3—枕木;4—槽内夹枕木;5—螺栓;6—配重;7—10 mm 厚钢板;
8—槽钢;9—100 mm×100 mm 方木;10—50 mm×100 mm 方木;11—橡皮垫;
12—钢筋算子;13—5 mm 孔钢丝网;14—卡片;15—钢百叶窗;16—15 mm 孔钢丝网;
17—砂;18—5~10 mm 粒径砂卵石;19—50~60 mm 粒径卵石

图 3-31　沉井井壁墙孔构造

4)下沉方案的选择

沉井下沉有排水下沉和不排水下沉两种方案,前者在渗水量不大(不大于 1 m³/min),稳定的黏性土(如黏土、粉质黏土及各种岩质土)或在沙砾层中渗水量虽很大,但排水并不困难时使用。后者在严重的流沙地层中和渗水量大的沙砾层,以及地下水无法排除或大量排水会影响附近建筑物的安全和生产的情况下使用。一般宜尽可能地采用排水法施工,因它在沉井内易于施工,遇障碍物易于处理;可投入较多的劳力,效率高,进度快,下沉易于控制平衡,技术和设备比较简单。

（1）排水下沉常用的排水方法。

①设明沟及集水井排水：在沉井内离刃脚 2～3 m 挖一圈排水沟，设 3～4 个集水井，深度比地下水深 1～1.5 m，沟和井底深度随沉井挖土而不断加深，在井内或井壁上设水泵，将地下水排出井外。为不影响井内挖土操作和避免经常搬动水泵，一般采取在井壁上预埋件，焊钢操作平台安设水泵，或设木吊架安水泵，用草垫或橡皮垫，避免振动（见图 3-32），水泵抽吸高度不大于 5 m。如果井内渗水量很少，则可直接在井内设高扬潜水泵将地下水排出井外。本法简单易行，费用较低，适于地质条件较好时使用。

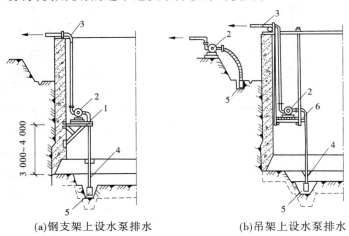

(a)钢支架上设水泵排水　　　　　　　(b)吊架上设水泵排水

1—钢支架；2—水泵；3—胶皮管；4—排水沟；5—集水井；6—吊架

图 3-32　明沟直接降水方法

②井点降水［见图 3-33（a）、（c）］：在沉井外部周围设置轻型井点、喷射井点或深井井点以降低地下水位，使井内保持挖土干土。适于地质条件较差，有流沙发生情况使用。

③井点与明沟排水相结合的方法［见图 3-33（b）］：在沉井外部周围设井点截水部分潜水，在沉井内再铺以挖明沟、集水井设排水。

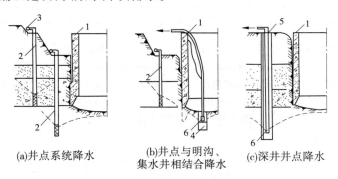

(a)井点系统降水　　(b)井点与明沟、　　(c)深井井点降水
　　　　　　　　　集水井相结合降水

1—沉井；2—井点管；3—井点总管；4—明沟、集水井；5—深井井点；6—潜水泵

图 3-33　井点系统降水

（2）不排水下沉方法。

用抓斗在水中取土；用水力冲土器冲刷土；用空气吸泥机吸泥，或水力吸泥机抽吸水中泥土等。

5）下沉挖土方法

沉井下沉挖土方法见图3-34。

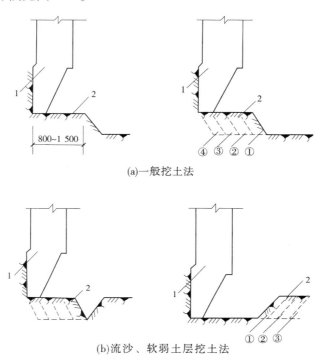

(a)一般挖土法

(b)流沙、软弱土层挖土法

1—沉井刃脚;2—土堤(垄);①、②、③、④为刷坡顺序

图 3-34　沉井下沉挖土方法

（1）排水下沉挖土方法。

沉井挖土采用人工或风动工具,对直径或边长16 m以上的大型沉井,可在沉井内用0.25～0.6 m³小型反铲挖掘机挖土。挖土方法一般是采用碗形挖土自重破土方式,先挖中间,逐渐挖向四周,每层挖土厚0.4～0.5 m,沿刃脚周围保留0.8～1.5 m宽土堤,然后再按每人负责2～3 m一段向刃脚方向逐层、全面、对称、均匀地切削薄土层,当土堤(垄)经不住刃脚的挤压时,便在自重作用下均匀垂直破土下沉［见图3-34（a）］,对有流沙情况发生或遇软土层时,也可采用从刃脚挖起,下沉后再挖中间的顺序［见图3-34（b）］,挖出土方装在吊斗内运出。当土垄挖至刃脚沉井仍不下沉,可采取分段对称地将刃脚下掏空或继续从中间向下进行第二层破土的方法。

大型沉井可在井内用两台有正铲和反铲的挖土机以高1 m的台阶挖土,然后装入容量为2 m³的土斗内再用起重机运出沉井。

挖掘机和C－100型推土机先拆成重5 t以内的部件用起重机吊入井内。

（2）不排水下沉挖土方法。

①抓斗挖土(见图3-35):用吊车吊抓斗挖掘井底中央部分的土,使形成锅底。在砂或砾石类土中,一般当锅底比刃脚低1～1.5 m时,沉井即可靠自重下沉,再从井孔中继续抓土,沉井即可继续下沉。在黏质土或紧密土中,刃脚下土不易向中央坍落,则应配以射水管冲土。沉井由多个井孔组成时,每个井孔宜配备一台抓斗。如用一台抓斗抓土,应对称逐孔

轮流进行,使其均匀下沉,各井孔内土面高差不宜大于0.5 m。

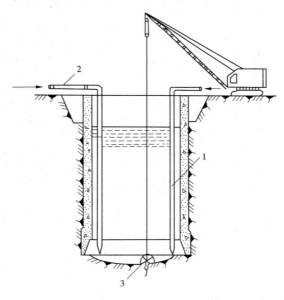

1—水枪;2—胶管;3—多瓣抓斗

图 3-35　用水枪冲土、抓斗水中抓土

②水力机械冲土(见图3-36):是用高压水枪射出的高压水流冲刷土层,使其形成一定稠度的泥浆汇流至集泥坑,然后用水力吸泥机(或空气吸泥机)将泥浆吸出,从排泥管道排出井外。冲黏性土时,宜使喷嘴接近90°的角度冲刷立面,将立面底部冲成缺口使之塌落。冲土顺序为先中央后四周,并沿刃脚留出土台,最后对称分层冲挖,尽量保持沉井受力均匀,不得冲空刃脚踏面下的土层。施工时,应使高压水枪冲入井底,所造成的泥浆量和渗入的水量与水力吸泥机吸入的泥浆量保持平衡。

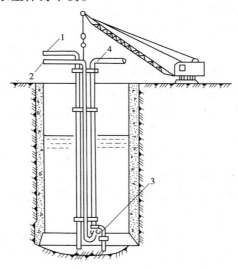

1—冲刷管;2—供水管;3—水里吸泥导管;4—排泥管

图 3-36　用水力吸泥器水中冲土

水力机械冲土的主要设备包括吸泥器(水力吸泥机或空气吸泥机)、吸泥管、扬泥管和高压水管、离心式高压清水泵、空气压缩机(采用空气吸泥时用)等。吸泥器内部高压水喷嘴处的有效水压,对于扬泥所需要的水压比值,平均约 7.5。各种土成为适宜稠度的泥浆密度:对于砂类土为 $1.08 \sim 1.18$ t/m³;对于黏性土为 $1.09 \sim 1.20$ t/m³。吸入泥浆所需的高压水流量,约与泥浆量相等,吸入的泥浆和高压水混合以后的稀释泥浆,在管路内的适当流速,应不超过 $2 \sim 3$ m/s,喷嘴处的高压水流一般为 $30 \sim 50$ m/s。

一般实际应用的吸泥机,其射水管对于高压水喷嘴截面的比值为 $4 \sim 10$,而吸泥管对于喷嘴截面的比值为 $15 \sim 20$。水力吸泥机的有效作用为高压水泵效率的 $0.1 \sim 0.2$,如每小时压入水量为 100 m³,可吸出泥浆含土量为 $5 \sim 10$ m³,吸出高度 $35 \sim 40$ m,喷射度则随水压、水量的增加而提高,必要时应向沉井内注水,以加高井内水位。在淤泥或浮土中使用水力吸泥时,应保持沉井内水位高出井外水位 $1 \sim 2$ m。

(3)沉井的辅助下沉方法(见图 3-37)。

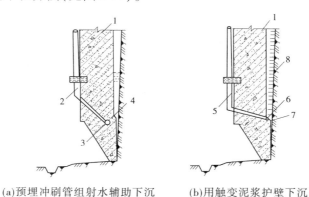

(a)预埋冲刷管组射水辅助下沉　　　(b)用触变泥浆护壁下沉

1—沉井;2—高压水管;3—环形水管;4—出口;
5—压浆管;6—压浆孔;7—橡胶皮一圈;8—触变泥浆护壁

图 3-37　沉井辅助下沉方法

射水下沉法:是预先安设在沉井外壁的水枪,借助高压水冲刷土层,使沉井下沉。射水所需水压:在砂土中,冲刷深度在 8 m 以下时,需要 $0.4 \sim 0.6$ MPa;在沙砾石层中,冲刷深度在 12 m 以下时,需要 $0.6 \sim 1.2$ MPa;在砂卵石层中,冲刷深度在 $10 \sim 12$ m 时,则需要 $8 \sim 20$ MPa。冲刷管的出水口径为 $10 \sim 12$ mm,每一管的喷水量不得小于 0.2 m³/s。但本法不适用于黏土中下沉[见图 3-37(a)]。

触变泥浆护壁下沉法:沉井外壁制成宽度为 $10 \sim 20$ cm 的台阶作为泥浆槽。泥浆使用泥浆泵、砂浆泵或气压罐通过预埋在井壁体内或设在井内的垂直压浆管压入[见图 3-37(b)],使外井壁泥浆槽内充满触变泥浆,其液面接近于自然地面。为了防止漏浆,在刃脚台阶上宜钉一层 2 mm 厚的橡胶皮,同时在挖土时注意不使刃脚底部脱空。在泥浆泵房内要储备一定数量的泥浆,以便下沉时不断补浆。在沉井下沉到设计标高后,泥浆套应按设计要求进行处理,一般采用水泥浆、水泥砂浆或其他材料置换触变泥浆,即将水泥浆、水泥砂浆或其他材料从泥浆套底部压入,使泥浆被压进材料挤出,水泥浆、水泥砂浆等凝固后,沉井即可稳定。

触变泥浆是以 20% 膨润土及 5% 石碱(碳酸钠)加水调制而成,采用本法可大大减少井壁的下沉摩擦阻力,同时还可起到阻水作用,方便取土;起维护沉井外围地基稳定的效用,保证其邻近建筑物的安全。

6)土方运输方法

(1)在沉井设置塔式起重机,土方装入装土吊斗内,斗容量为 1.5 ~ 2 m³,用吊车吊至井外装入自卸汽车运出。

(2)在井上搭设悬臂或人字桅杆,用卷扬机垂直提升到井上部平台装车运出。

(3)在井壁旁安装轻轨升土斗,将土方用卷扬机运至井外装车运出。

(4)在沉井两侧设悬索或起重机、吊活底吊桶装车运出。

(5)深度不大而面积很大的沉井,用皮带运输机,随挖土随运出井外装车运走。

(6)用履带式或轮胎式起重机吊多瓣抓斗自动抓土运至弃土堆放场堆放。

(7)以上第(1)条、第(6)条适用于大型沉井提运土方,其余适用于中小型沉井使用。

6. 沉井封底

当沉井下沉到距设计标高 0.1 m 时,应停止井内挖土和抽水,使其靠自重下沉至设计或接近设计标高,再经 2 ~ 3 d 下沉稳定,或经观测在 8 h 内累计下沉量不大于 10 mm 时,即可进行沉井封底,封底方法有以下两种。

1)排水封底(干封底)

方法是将新老混凝土接触面冲刷干净或打毛,对井底进行修整使之成锅底形,由刃脚向中心挖放射形排水沟,填以卵石做成滤水暗沟,在中部设 2 ~ 3 个集水井,深 1 ~ 2 m,井间用盲沟相互连通,插入 Φ 600 ~ 800 mm 四周带孔眼的钢管或混凝土管,或钢筋笼外缠绕 12 号钢丝,间隙 3 ~ 5 mm,外包二层尼龙窗纱,四周填以卵石,使井底的水流汇集在井中用潜水电泵排出,保持地下水位低于基底面 0.5 m 以下(见图 3-38)。

封底一般铺一层 150 ~ 500 mm 厚碎石或卵石层,再在其上浇一层厚 0.5 ~ 1.5 m 的混凝土垫层,在刃脚下切实填严,振捣密实,以保证沉井的最后稳定。达到 50% 设计强度后,在垫层上绑钢筋,两端伸入刃脚或凹槽内,浇筑上层底板混凝土。封底混凝土与老混凝土接触面应冲刷干净;浇筑应在整个沉井面积上分层,同时,不间断地进行,由四周向中央推进,每层厚 30 ~ 50 cm,并用振捣器捣实,当井内有隔墙时,应前后左右对称地逐孔浇筑。混凝土采用自然养护,养护期间应继续抽水。待底板混凝土强度达到 70% 后,对集水井逐个停止抽水,逐个封堵。封堵方法是将滤水井中水抽干,在套管内迅速用干硬性的高强度混凝土进行堵塞并捣实,然后上法兰盘用螺栓拧紧或四周焊接封闭,上部用混凝土垫实捣平。

干封底注意事项:

(1)沉井基底土面应全部挖至设计标高。

(2)井内积水应尽量排干。

(3)混凝土凿毛处应洗刷干净。

(4)浇筑混凝土时,应防止沉井不均匀下沉,在软土层中封底宜分格对称进行。

(5)在封底和底板混凝土未达到设计强度以前,应从封底以下的集水井中不间断地抽水。停止抽水时,应考虑沉井的抗浮稳定性。

2)不排水封底(水下封底)

当井底涌水量很大或出现流沙现象时,沉井应在水下进行封底(见图 3-39)。待沉井基

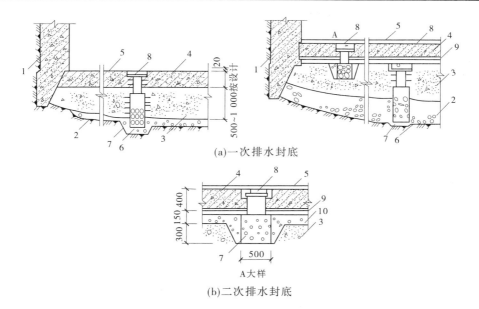

(a)一次排水封底

(b)二次排水封底

1—沉井;2—15～75 mm 粒径卵石盲沟;3—封底混凝土;4—底板;

5—抹防水水泥砂浆层;6—Φ600～800 mm 带孔钢板或混凝土管外包钢丝网;

7—集水井;8—法兰盘盖;9—卷材防水层;10—粒径10～40 mm 砂或卵石

图 3-38 沉井封底构造

本稳定后,将井底浮泥清除干净,新老混凝土接触面用水冲刷净,并抛毛石,铺碎石垫层。封底水下混凝土采用提升导管法灌注,灌注方法要求参见灌注桩。

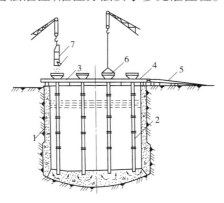

1—沉井;2—导管;3—大梁;4—平台;

5—机动车跑道;6—混凝土漏斗;7—混凝土料斗

图 3-39 不排水封底导管法灌注混凝土

待水下封底混凝土达到所需强度后(一般养护 7～14 d),方可从沉井内抽水,检查封底情况,进行检漏补修,按排水封底方法施工上部钢筋混凝土底板。

采用导管法进行水下混凝土封底时,注意事项如下:

(1)基底为软土层时,应尽可能将井底浮泥清除干净,并铺碎石垫层。基底为岩基时,把沉积物及风化岩块尽量清除干净。

(2)混凝土凿毛处应洗刷干净。

（3）水下封底混凝土应一次浇捣完。当井内有间隔墙,底梁或混凝土供应受到限制时,应预先隔断,分格浇筑。

（4）水下混凝土面平均上升速度不应小于 0.25 m/h,坡度不应小于 1:5。

（5）浇筑前,导管中应设置球塞与隔水;浇筑时,导管插入混凝土的深度不小于 1 m。

（6）水下混凝土达到设计强度后,方可从井内抽水。

混凝土的配合比:

（1）在选择配合比时,试配强度应比设计强度提高 15% ~20% 。

（2）水灰比不宜大于 0.6。

（3）有良好的和易性,坍落度应为 16 ~22 cm;在灌注初期为使导管下端形成混凝土堆,坍落度宜为 14 ~16 cm。

（4）水泥用量一般为 350 ~400 kg/m³。砂率一般为 45% ~50% 。

7.沉井轴线和标高控制与观测（见图 3-40）

（1）挖土下沉时,应分层(每层挖土厚 0.4 ~0.5 m)均匀、对称地进行。在刃脚处留 1 ~1.5 m 台阶,然后再沿沉井壁每 2 ~3 m 一段向刃脚方向逐层、全面、对称、均匀削薄土层,每次削 5 ~10 cm。当土层经不住刃脚的挤压而破裂下沉至稳住,再从沉井中间开始逐渐向四周,每层挖土厚 40 ~50 cm,如此反复操作,使沉井均匀竖直下沉,并防止有过大的倾斜。一般情况,不应从刃脚踏面下挖土。

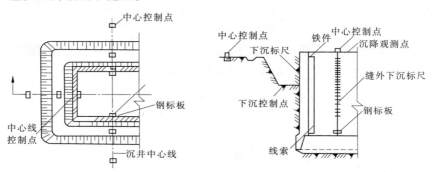

图 3-40　沉井下沉测量控制图

（2）由数个井孔组成的沉井,为使其下沉均匀,挖土时各井孔土面高差不应超过 1 m。

（3）在软土层中以排水法下沉沉井,当沉至距设计标高 2 m 时,对下沉与挖土情况应加强观测,如沉井仍不断自沉,则应向井内灌水或采取其他使沉井稳定的措施。

（4）沉井下沉过程中,每班至少测量两次,如有倾斜、位移应及时纠正。

（5）沉井位置、标高的控制,是在沉井外部地面及井壁顶部四面设置纵横十字中心线、水准基点,以控制位置和标高。沉井垂直度的控制是在井筒内按 4 份或 8 份标出垂直轴线,各吊线坠一个,对准下部板进行控制。挖土时,随时观测垂直度,当线坠离墨线达 50 cm 或四面标高不一致时,即应纠正。沉井下沉的控制,系在井壁上两侧用白铅油画出标尺、用水平尺或水准仪来观测沉降。使偏差控制在允许范围以内。

8.沉井施工应注意的事项

（1）沉井是下沉结构,必须掌握确凿的地质资料,钻孔可按下述要求进行:为保证沉井顺利下沉,对钻孔应有特殊的要求。

①面积在 200 m² 以下(包括 200 m²)的沉井(箱),应有一个钻孔(可布置在中心位置)。

②面积在 200 m² 以上的沉井(箱),在四角(圆形为相互垂直的两直径端点)应各布置一个钻孔。

③特大沉井(箱)可根据具体情况增加钻孔。

④钻孔底标高应深于沉井的终沉标高。

⑤每座沉井(箱)应有一个钻孔提供土的各项物理力学指标、地下水位和地下水含量资料。

(2)沉井(箱)的施工应由具有专业施工经验的单位承担。

(3)沉井制作时,承垫木或砂垫层的采用,与沉井的结构情况、地质条件、制作高度等有关。无论采用何种型式,均应有沉井制作时的稳定计算及措施。承垫木或砂垫层的采用,影响到沉井的结构,应征得设计的认同。

(4)多次制作和下沉的沉井(箱),在每次制作接高时,应对下卧层进行稳定复核计算,并确定确保沉井接高的稳定措施。沉井(箱)在接高时,一次性加了一节混凝土重量,对沉井(箱)的刃脚踏面增加了荷载。如果踏面下土的承载力不足以承担该部分荷载,会造成沉井(箱)在浇筑过程中,产生大的沉降,甚至突然下沉,荷载不均匀时还会产生大的倾斜。工程中往往在沉井(箱)接高之前,在井内回填部分砂,以增加接触面,减少沉井(箱)的沉降。

(5)沉井采用排水封底,应确保终沉时井内不发生管涌、涌土及沉井止沉稳定。如不能保证,应采用水下封底。排水封底,操作人员可下井施工,质量容易控制。但当井外水位较高,井内抽水后,大量地下水涌入井内,或者井内土体的抗剪强度不足以抵挡井外较高的土体质量,产生剪切破坏而使大量土体涌入,沉井(箱)不能稳定,则必须井内灌水,进行不排水封底。

(6)沉井施工除应符合现行国家标准《混凝土结构工程施工质量验收规范》(GB 50204)及《地下防水工程施工质量验收规范》(GB 50208)的规定。

(7)沉井(箱)在施工前应对钢筋、电焊条及焊接成形的钢筋半成品进行检验。如不用商品混凝土,则应对现场的水泥、骨料进行检验。

(8)混凝土浇筑前,应对模板尺寸、预埋件位置、模板的密封性进行检验。拆模后应检查浇筑质量(外观及强度),符合要求后方可下沉。浮运沉井尚需做起浮可能性检查。下沉过程中应对下沉偏差做过程控制检查。下沉后的接高应对地基强度、沉井的稳定做检查。封底结束后,应对底板的结构(有无裂缝)及渗漏做检查。有关渗漏验收标准应符合现行国家标准《地下防水工程施工质量验收规范》(GB 50208)的规定。下沉过程中的偏差情况,虽然不作为验收依据,但是偏差太大影响到终沉标高,尤当刚开始下沉时,应严格控制偏差不要过大,否则终沉标高不易控制在要求范围内,下沉过程中的控制,一般可控制四个角,当发生过大的纠偏动作后,要注意检查中心线的偏移。封底结束后,常发生底板与井墙交接处的渗水,地下水丰富地区,混凝土底板未达到一定强度时,还会发生地下水穿孔,造成渗水,渗漏验收要求可参照现行国家标准《地下防水工程施工质量验收规范》(GB 50208)。

(9)沉井(箱)竣工后的验收应对沉井(箱)的平面位置、终端标高、结构完整性、渗水等进行综合检查。

(三)沉箱施工要点

(1)沉箱施工应遵循沉井施工有关要求及气压沉箱安全技术有关规定。

(2)气闸、升降筒、储气罐等承压设备应按有关规定检验合格后,方可使用。沉箱上部箱壁模板和支撑系统,不得支撑在升降筒和气闸上。

(3)沉箱施工应有备用电源、备用抗气压缩机。沉箱下沉时,作业室内应设置枕木垛或采取其他安全措施。在下沉过程中,作业室内土面距顶板的高度不得小于 1.8 m。

沉箱开始下沉至填筑作业室完毕,应用两根或两根以上输气管不断地向沉箱作业室供给压缩空气,供气管路应装有逆止筏,以保证安全和正常施工。

沉放到水下基床的沉箱,应校核中心线,其平面位置和压载经核算符合要求后,方可排出作业室内的水。

如沉箱自重小于沉阻力,可采取降压强制下沉。强制下沉时,沉箱内所有人员应出闸;沉箱内压力降低值不得超过其原有工作压力的50%,每次强制下沉量不得超过0.5 m。

(4)沉箱下沉到设计标高后,应按要求填筑作业室,并采取压浆方法填实顶板与建筑物之间的缝隙。

四、成品保护措施

(1)沉井(箱)下沉前第一节应达到100%的设计强度,其上各节必须达到70%的设计强度。

(2)施工过程中妥善保护好场地轴线桩、水准点,加强复测,防止出现测量错误。

(3)加强沉井过程中的观测和资料分析,分区、依次、对称、同步地抽除垫架、枕木,发现倾斜及时纠正。

(4)沉至接近设计标高应加强测量观测、校核分析工作,下沉至距设计标高0.1 m时,停止挖土和井内抽水,使其完全靠自重下沉至设计标高或接近设计标高。

(5)沉至设计标高经2~3 d下沉已稳定,即可进行封底。

五、安全、环保措施

(1)做好地质详勘,查清沉井范围内的地质、水文,采取有效措施,防止沉井(箱)下沉施工中出现异常情况,以保证顺利和安全下沉。

(2)做好沉井(箱)垫架拆除和土方开挖程序,控制均匀挖土和刃脚处破土速度,防止沉井发生突然下沉和严重倾斜现象,导致人身伤亡事故。

(3)做好沉井下沉排降水工作,并设置可靠电源,以保证沉井挖土过程中不出现大量涌水、涌泥或流沙现象发生,造成淹井事故。

(4)沉井(箱)口周围设安全杆,井下作业应戴安全帽,穿胶鞋,半水下作业穿防水衣裤。

(5)采用排水下沉,井内操作人员应穿防水服、下井应设安全爬梯,并应有可靠的应急措施。

(6)遵守用电安全操作规程,防止超负荷作业,电动工具、潜水泵等应装设漏电保护器,夜班作业,沉井内外应有足够照明,井内应采用36 V低压电。

(7)沉箱内气压不应超过0.35 MPa(约合水深35 m),在特殊情况下不得超过0.4 MPa。超过此值,则应改用人工降低地下水位,降低工作室内压力施工。

(8)沉箱内的工作人员应先经过医生身体检查,凡患有心脏病、肺结核、有酗酒嗜好以及其他经医生认为有妨碍沉箱作业的疾病患者,均不得在沉箱内工作。

(9)为保证工作人员的健康,应根据工作室内气压,控制在沉箱内工作时间。

(10)沉箱工作人员离开工作室,应经过升降管进入空气闸之后,先把从空气闸通到升降管的门关好,然后开放闸门,使气压慢慢降低,减压时必须充分,经相当长的时间,减压的速率不得大于0.007 MPa/min,可防止得沉箱病,以保障人身健康。一旦得此病,应将工人立即送入另备的空气闸,加到工作室气压或接近沉箱的气压,然后慢慢减压即可。

(11)高压水系统在施工前应进行试压,试压压力应为计算压力的1.5倍。吸泥系统施工前应试运转。施工时应经常检查、维修、妥当保养。

（12）沉箱内与水泵间应安设信号装置，以便及时联系供水或停水。当发生紧急情况时，应迅速停泵。当停止输送高压水时，应立即关闭操纵水力冲泥机的阀门。水力冲泥机停止使用时，应对着安全方向。

（13）水力冲泥机工作时，应禁止站在水柱射程范围内，或用手接触喷嘴附近射出的水柱，不可以将水柱射向沉箱或岩层造成射水伤人。同时不要急剧地转动水力冲泥机。使用中的水力冲泥机要有人看管；不允许未关闭阀门而更换喷嘴，以免高压水柱射向人体，造成人身伤害。

（14）冲抓土层面及附近，不论在冲抓时或冲抓后，均不得站人，防止土方坍塌伤人。冲土作业工人应备有适当的劳动保护用品。

（15）输电线路应架设在安全地点，并绝缘可靠。操作人员应有良好的防护，因水有导电性，电压可能通过水柱至水力冲泥机再传入人体，造成触电事故。

（16）易于引起粉尘的细料或松散料运输时用帆布等遮盖物覆盖。

（17）施工废水、生活废水不得直接排入耕地、灌溉渠和水库。

（18）食堂保持清洁，腐烂变质的食物及时处理，食堂工作人员应有健康证。

（19）对驶出施工现场的车辆进行清理，设置汽车冲洗台及污水沉淀池。

（20）安排工人每天进行现场卫生清洁。

六、质量标准

（1）沉井是下沉结构，必须掌握确凿的地质资料，钻孔可按下述要求进行：

①面积在 200 m^2 以下（包括 200 m^2）的沉井（箱），应有一个钻孔（可布置在中心位置）。

②面积在 200 m^2 以上的沉井（箱），在四角（圆形为相互垂直的两直径端点）应各布置一个钻孔。

③特大沉井（箱）可根据具体情况增加钻孔。

④钻孔底标高应深于沉井的终沉标高。

⑤每座沉井（箱）应有一个钻孔提供土的各项物理力学指标、地下水位和地下水含量资料。

为保证沉井顺利下沉，对钻孔应有特殊的要求。

（2）沉井（箱）的施工应由具有专业施工经验的单位承担。

这也是确保沉井（箱）工程成功的必要条件，常发生由于施工单位无任何经验而使沉井（箱）沉偏或半路搁置的事例。

（3）沉井制作时，承垫木或砂垫层的采用，与沉井的结构情况、地质条件、制作高度等有关。无论采用何种形式，均应有沉井制作时的稳定计算及措施。

承垫木或砂垫层的采用，影响到沉井的结构，应征得设计的认同。

（4）多次制作和下沉的沉井（箱），在每次制作接高时，应对下卧层做稳定复核计算，并确定确保沉井接高的稳定措施。

沉井（箱）在接高时，一次性加了一节混凝土重量，对沉井（箱）的刃脚踏面增加了荷载。如果踏面下土的承载力不足以承担该部分荷载，会造成沉井（箱）在浇筑过程中，产生大的沉降，甚至突然下沉，荷载不均匀时还会产生大的倾斜。工程中往往在沉井（箱）接高之前，在井内回填部分黄沙，以增加接触面，减少沉井（箱）的沉降。

（5）沉井采用排水封底，应确保终沉时井内不发生管涌、涌土及沉井止沉稳定。如不能保证,应采用水下封底。

排水封底,操作人员可下井施工,质量容易控制。但当井外水位较高,井内抽水后,大量地下水涌入井内,或者井内土体的抗剪强度不足以抵挡井外较高的土体质量,产生剪切破坏而使大量土体涌入,沉井(箱)不能稳定,则必须井内灌水,进行不排水封底。

(6)沉井施工除应符合现行国家标准《混凝土结构工程施工质量验收规范》(GB 50204)及《地下防水工程施工质量验收规范》(GB 50208)的规定。

(7)沉井(箱)在施工前应对钢筋、电焊条及焊接成形的钢筋半成品进行检验。如不用商品混凝土,则应对现场的水泥、骨料做检验。

(8)混凝土浇筑前,应对模板尺寸、预埋件位置、模板的密封性进行检验。拆模后应检查浇筑质量(外观及强度),符合要求后方可下沉。浮运沉井尚需做起浮可能性检查。下沉过程中应对下沉偏差做过程控制检查。下沉后的接高应对地基强度、沉井的稳定做检查。封底结束后,应对底板的结构(有无裂缝)及渗漏做检查。有关渗漏验收标准应符合现行国家标准《地下防水工程施工质量验收规范》(GB 50208)的规定。

下沉过程中的偏差情况,虽然不作为验收依据,但是偏差太大影响到终沉标高,尤当刚开始下沉时,应严格控制偏差不要过大,否则终沉标高不易控制在要求范围内,下沉过程中的控制,一般可控制四个角,当发生过大的纠偏动作后,要注意检查中心线的偏移。封底结束后,常发生底板与井墙交接处的渗水,地下水丰富地区,混凝土底板未达到一定强度时,还会发生地下水穿孔,造成渗水,渗漏验收要求可参照现行国家标准《地下防水工程施工质量验收规范》(GB 50208)。

(9)沉井(箱)竣工后的验收应对沉井(箱)的平面位置、终端标高、结构完整性、渗水等进行综合检查。

(10)沉井(箱)的质量检验标准应符合表 3-19 的要求。

表 3-19　沉井(箱)的质量检验标准

| 项目 | 序号 | 检查项目 | 项目允许偏差或允许值 | | 检查方法 |
			单位	数值	
主控项目	1	混凝土强度	满足设计强度(下沉前必须达到70%设计强度)		查试件记录或抽样送检
	2	封底前,沉井(沉箱)的下沉稳定	mm/8 h	<10	水准仪
	3	封底结束后的位置:刃脚平均标高(与设计标高比)	mm	<100	水准仪
		刃脚平面中心线位移		<1%H	经纬仪,H 为下沉总深度,$H<10$ m 时,控制在 100 mm 之内
		四角中任何两角的底面高差		<1%L	水准仪,L 为两角的距离,但不超过 300 mm,$L<10$ m 时,控制在 100 mm 之内

续表 3-19

项目	序号	检查项目	项目允许偏差或允许值		检查方法
			单位	数值	
一般项目	1	钢材、对接钢筋、水泥、骨料等原材料检查	符合设计要求		查出厂质保书或抽样送检
	2	结构体外观	无裂缝、无风窝、空洞,不露筋		直观
	3	平面尺寸:长和宽	%	±0.5	用钢尺量,最大控制在 100 mm 之内
		曲线部分半径	%	±0.5	用钢尺量,最大控制在 50 mm 之内
		两对角线差预埋件	%	1.0	用钢尺量
			mm	20	用钢尺量
	4	下沉过程中的偏差　高差	%	1.5~2.0	水准仪,但最大不超过 1 m
		下沉过程中的偏差　平面轴线	<1.5%H		经纬仪,H 为下沉深度,最大应控制在 300 mm 之内,此数值不包括高差引起的中线位移
	5	封底混凝土坍落度	cm	18~22	坍落度测定器

注:主控项目 3 的三项偏差可同时存在,下沉总深度,是指下沉前后刃脚的高差。

第八节　地下连续墙支护

地下连续墙是在地面上采用一种挖槽机械,沿着深开挖工程的周边,在泥浆护壁的情况下,开挖一条狭长的深槽,清槽后,在槽内吊放钢筋笼,然后用导管法灌注水下混凝土,筑成一个单元槽段,如此逐段进行,在地下筑成一道连续的钢筋混凝土墙壁,作为截水、防渗、承重、挡水结构。

一、适用范围

施工振动小,墙体刚度大,整体性好,施工速度快,可省土石方,可用于密集建筑群中建造深基坑支护及进行逆做法施工,可用于各种地质条件下,包括砂性土层、粒径 50 mm 以下的沙砾层中施工等。

适用于建造建筑物的地下室、地下商场、停车场、地下油库、挡土墙、高层建筑的深基础、逆做法施工围护结构,工业建筑的深池、坑、竖井等。

二、材料及机具设备

水泥可用强度等级为 32.5、42.5 的普通硅酸盐水泥或矿渣硅酸盐水泥;砂宜用粒径良好的中、粗砂,含泥量小于 5%;石子宜采用卵石,如用碎石应增加水泥用量及砂率,最大粒径不应大于导管的 1/6 和钢筋最小间距的 1/4,且不大于 40 mm,含泥量小于 2% 。可根据需要掺加减水剂、缓凝剂等,掺量以试验确定。泥浆土料可选用膨润土或黏土。

成槽设备:多头式成槽机、抓斗式成槽机、冲击钻、砂泵或空气吸泥机、轨道转盘等。混凝土浇筑机具:混凝土搅拌机、浇筑架、金属导管和运输设备等。制浆机具:泥浆搅拌机、泥浆泵、空压机、水泵、软轴搅拌器、旋流器、振动筛、泥浆比重秤、漏斗黏度计、秒表、量筒或量杯、失水量仪、静切力计、含砂量测定器、pH 试纸等。槽段接头设备:金属接头管、履带或轮胎起重机、顶升架或振动拔管机等。其他还包括钢筋加工机械等机具设备。

三、施工工艺

(一)工艺流程

多头钻施工及泥浆循环工艺,见图 3-41。

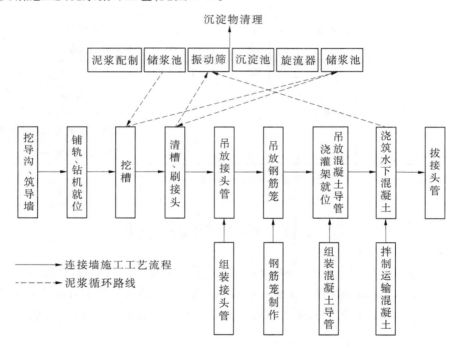

图 3-41 地下连续墙工艺流程

地下连续墙采用逐段施工方法,且每段的施工过程,可分为五步:

(1)在始终充满泥浆的沟槽中,利用专用挖槽机械进行挖槽。

(2)两段放入接头管(又称锁口管)。

(3)将已制备的钢筋笼下沉到设计高度,当钢筋笼太长,一次吊沉有困难,也可在导墙上进行分段连接,逐步下沉。

(4)待插入水下灌注混凝土导管后,即可进行混凝土灌注。

(5)待混凝土初凝后,拔去接头管。

作为地下连续墙,整个施工工艺过程还包括施工前的准备、泥浆的制备、处理和废弃等许多细节。

（二）导墙设置

（1）在槽段开挖前,沿边连续墙纵向轴线位置构筑导墙,采用现浇混凝土或钢筋混凝土浇筑。

（2）导墙深度一般为 1~2 m,其顶面略高于地面 50~100 mm,以防地表水流入导沟。导墙的厚度一般为 100~200 mm,内墙面应垂直,内壁净距应为连续墙设计厚度加施工余量（一般为 40~60 mm）。墙面与纵轴线距离允许偏差为 ±10 mm,内外导墙间距允许偏差为 ±5 mm,导墙顶面应保持水平。

（3）导墙宜筑于密实的黏性土地基上。墙背宜以土壁代模,以防止槽外地表水渗入槽内。如果墙背侧需回填土,应用黏性土分层夯实,以免漏浆。每个槽段内的导墙应设一个溢浆孔。

（4）导管顶面应高出地下水位 1 m 以上,以保证槽内泥浆液面高于地下水位 0.5 m 以上,且不低于导墙顶面 0.3 m。

（5）导墙混凝土强度应达到 70% 以上方可拆模。拆模后,应立即将导墙间加木支撑,直至槽段开挖拆除。严禁重型机械通过、停置或作业,以防导墙开裂或变形。

（三）泥浆制备和使用

（1）在施工过程中应加强检查和控制泥浆的性能,定时对泥浆性能进行测试,随时调整泥浆配合比,做好泥浆质量检测记录。

（2）泥浆必须经过充分搅拌,常用方法有:低速卧式搅拌机搅拌;螺旋式搅拌机搅拌;压缩空气搅拌;离心泵重复循环。泥浆搅拌后应在储浆池内静置 24 h 以上,或加分散剂,使膨润土或黏土充分水化后方可使用。

（3）通过沟槽循环或混凝土换置排出的泥浆,如重复使用,必须进行净化再生处理。一般采用重力沉降处理,它是利用泥浆和土渣的密底差,使土渣沉淀。

（4）在容易产生泥浆渗漏的土层施工时,应适当提高泥浆黏度和增加储备量,并备堵漏材料。如发生泥浆渗漏,应及时补浆和堵漏,使槽内泥浆保持正常。

（四）槽段开挖

（1）挖槽施工前应预先将槽段连续划分为若干单元,其长度一般为 4~7 m。每个单元槽段由若干个开挖段组成。在导墙顶面划好槽段的控制标记,如有封闭槽段,必须采用两段式成槽,以免最后一个槽段无法钻进。

（2）成槽前对钻机进行一次全面检查,各部件必须连接可靠,特别是钻头连接螺栓不得有松动现象。

（3）为保证机械运行和工作平稳,轨道铺设应牢固可靠,道渣应铺填密实。连续墙钻机就位后应使机架平稳,并使悬挂中心点和槽段中心一致。钻机调好后,应用夹轨器固定牢靠。

（4）挖槽过程中,应保持槽内始终充满泥浆,以保持槽壁稳定。成槽时,依排渣和泥浆循环方式分为正循环和反循环。当采用砂泵排渣时,依砂泵是否潜入泥浆中,又分为泵举式和泵吸式。一般采用泵举式反循环,操作简便,排泥效率高,但开始钻进须先用正循环方式,待潜水砂泵电机潜入泥浆中后,再改用反循环排泥。

（5）当遇到坚硬地层或遇到局部岩层无法钻进时,可辅以采用冲击钻将其破碎,用空气吸泥机或砂泵将土渣吸出地面。

（6）成槽时要随时掌握槽孔的垂直精度，应利用钻机的测斜装置经常观测偏斜情况，不断调整钻机操作，并利用纠偏装置来调整下钻偏斜。

（7）挖槽时应加强观测，如槽壁发生较严重的局部坍落，应及时回填并妥善处理。槽段开挖结束，应检查槽位、槽深、槽宽及槽壁垂直度等项目，合格后方可进行清槽换浆。在挖槽过程中应做好施工记录。

（五）清槽

（1）当挖槽达到设计深度后，应停止钻进，仅使钻头空转而不进尺，将槽底残留的土打成小颗粒，然后开启砂泵，利用反循环抽浆，持续吸渣 10 ~ 15 min，将槽底钻渣清除干净。也可用空气吸泥机进行清槽。

（2）当采用正循环清槽时，将钻头提高槽底 100 ~ 200 mm，空转并保持泥浆正常循环，以中速压入泥浆，把槽孔内的浮渣置换出来。

（3）对采用原土造浆的槽孔，成槽后可使钻头空转不进尺，同时射水，待排出泥浆密度降到 1.1 左右，即认为清槽合格。但当清槽后至浇筑混凝土间隔时间较长时，为防止泥浆沉淀和保证槽壁稳定，应用符合要求的新泥浆将槽孔的泥浆全部置换出来。

（4）清理槽底和置换泥浆结束 1 h 后，槽底沉渣厚度不得大于 200 mm；浇混凝土前槽底沉渣厚度不得大于 300 mm，槽内泥浆密度为 1.1 ~ 1.25、黏度为 18 ~ 22 s、含砂量应小于 8%。

（六）钢筋笼制作及安放

（1）钢筋笼的加工制作，要求主筋保护层为 70 ~ 80 mm。为防止在插入钢筋笼时擦伤槽面，并确保钢筋保护层厚度，宜在钢筋笼上设置定位钢筋环、混凝土垫块。纵向钢筋底端距槽底的距离应有 100 ~ 200 mm，当采用接头管时，水平钢筋的端部至接头管或混凝土接头面应留有 100 ~ 150 mm 间隙。纵向钢筋应布置在水平钢筋的内侧。为便于插入槽内，纵向钢筋底端宜稍向内弯折。钢筋笼的内空尺寸，应比导管连接处的外径大 100 mm 以上。

（2）为了保证钢筋笼的几何尺寸和相对位置准确，钢筋笼宜在制作平台上成型。钢筋笼每棱边（横向及竖向）钢筋的交点处应全部点焊，其余交点处采用交错点焊。对成型时临时扎结的铁丝，宜将线头弯向钢筋笼内侧。为保证钢筋笼在安装过程中具有足够的刚度，还应设置斜拉筋及附加钢筋。

（3）钢筋笼吊放应使用起吊架，采用双索或四索起吊，以防起吊时因钢索的收紧力而引起钢筋笼变形。同时要注意在起吊时不得拖拉钢筋笼，以免造成弯曲变形。为避免钢筋笼吊起后在空中摆动，应在钢筋笼下端系上溜绳，用人力加以控制。

（4）钢筋笼需要分段吊入接长时，应注意不得使钢筋笼产生变形。下段钢筋笼入槽后，临时穿钢管搁置在导墙上，再焊接接长上段钢筋笼。钢筋笼吊入槽内时，吊点中心必须对准槽段中心，竖直缓慢放至设计标高，再用吊筋穿管搁置在导墙上。如果钢筋笼不能顺利地插入槽内，应重新吊出，查明原因，采取相应措施加以解决，不得强行插入。

（七）水下混凝土浇筑

（1）混凝土配合比中水泥用量一般不小于 400 kg/m³，水灰比不应大于 0.6，坍落度宜为 18 ~ 20 cm，混凝土初凝时间一般不宜低于 3 ~ 4 h。

（2）接头管和钢筋就位后，应检查沉渣厚度并在 4 h 以内浇筑混凝土。导管内径一般选用 250 mm，每节长度一般为 2.0 ~ 2.5 m，导管接头应密封，防止漏水。在浇筑时导管应保持 2～4 m 的埋深,在任何情况下不得小于 1.5 m 或大于 6 m。

(3)导管下口与槽底的间距,以能放出隔水栓和混凝土为底,为防止粗骨料卡住隔水栓,在浇筑混凝土前宜先灌入适量的水泥砂浆,通过计算应控制混凝土的首次浇筑量,一般以导管底端埋入混凝土中 0.8～1.2 m 为宜。

(4)混凝土应连续浇筑,混凝土面上升速度一般不宜小于 2 m/h,中途不得间歇。当混凝土不能畅通时,应将导管上下提动,但不宜超过 300 mm。导管不能做横向移动。提升导管应避免碰挂钢筋笼。

(5)在一个槽段内同时使用两根导管灌注混凝土时,其间距不应大于 3.0 m,导管距槽段端头不宜大于 1.5 m,混凝土应均匀上升,各导管处的混凝土表面的高差不宜大于 0.3 m,混凝土浇筑完毕,浇筑高度应高于设计要求 0.3～0.5 m,此部分浮浆层以后凿去。

(6)在浇筑过程中应随时掌握混凝土浇筑量,应有专人每 30 min 测量一次导管埋深和管外混凝土标高。测定应取三个以上测点,用平均值确定混凝土上升状况,以决定导管的提拔长度。

(八)接头施工

(1)连续墙接头形式包括直接连接构成接头、接头管接头、接头箱接头、隔板式接头及预制构件接头。一般常用为半圆形接头管接头,方法是在未开挖一侧的槽段端部先放置接头管,后放入钢筋笼,浇筑混凝土,根据混凝土的凝结速度,徐徐拔出接头,最后在浇筑段的端部形成半圆形的接合面,在浇筑下段混凝土前,用特制的钢丝刷沿接头上下往复移动数次,刷去残留泥浆,以利新旧混凝土的结合。

(2)接头管一般用起重机组装、吊放,提拔使用顶升架。吊放时,要紧贴单元槽段的端部和对准槽段中心,保持接头管垂直并缓慢地插入槽内。

(3)提拔接头管必须掌握好混凝土的浇筑时间、浇筑高度、混凝土硬化速度。一般宜在混凝土开始浇筑后 2～3 h 即开始提动接头管,然后使管子回落,以后每隔 15～20 min 提动一次,每次提起 100～200 mm,使管子在自重下回落,说明混凝土尚处于塑性状态。如管子不回落,管内又没有涌浆等现象,宜每隔 20～30 min 拔出 0.5～1.0 m,如此重复。在混凝土浇筑结束后 5～8 h 内将接头管全部拔出。

四、质量控制

(1)槽段开挖是地下连续墙的中心环节,应在施工中控制槽段不坍塌,保持槽壁稳定。

(2)应做好地下连续墙的渗漏水的控制,处理好接头的连接,防止混凝土冷缝的出现,作为永久性结构的地下连续墙,其抗渗质量应满足地下防水工程的要求。

(3)地下连续墙槽段间的连接接头形式,应根据地下连续墙的使用要求选用,无论选用何种接头,在浇筑混凝土前,接头处必须刷洗干净,不留任何泥沙或污物。

(4)地下墙与地下室结构顶板、楼板、底板及梁之间连接可预埋钢筋或接驳器,对接驳器也应按原材料检验要求,抽样复验。数量每 500 套为一个检验批,每批应抽查 3 件,复验内容为外观、尺寸、抗拉试验等。

(5)施工前应检验进场的钢材、电焊条。已完工的导墙应检查其净尺寸,墙面平整度与垂直度,地下连续墙壁应用商品混凝土。

(6)施工中应检查成槽的垂直度、槽底的淤积物厚度、泥浆比重、钢筋笼尺寸、浇筑导管位置、混凝土上升速度、浇筑面标高、地下墙连接面的清洗程度、商品混凝土的坍落度、锁口管或接头箱的拔出时间及速度等。

　　(7)成槽结束后应对成槽的宽度、深度及倾度进行检验,重要结构每段槽段都应检查,一般结构可抽查总槽段数的 20% ,每槽段应抽查 1 个段面。

　　(8)永久性结构的地下墙,在钢筋笼沉放后,应做二次清孔,沉渣厚度应符合要求。

　　(9)每 50 m³ 地下墙应做 1 组试件,每幅槽段不得小于 1 组,在强度满足设计要求后方可开挖土方。

　　(10)地下连续墙的钢筋笼检验标准应符合表 2-11 的规定。其他标准应符合表 3-20 的规定。

表 3-20　地下连续墙质量检验标准

项目	序号	检查项目		允许偏差或允许值	检查方法
主控项目	1	墙体强度		设计要求	查试件记录或取芯试压
	2	垂直度:永久结构 临时结构		1/300 1/150	测声波、测槽仪或成槽机上的监测系统
一般项目	1	导墙尺寸	宽度 墙面平整度 导墙平面位置	$W + 40$ mm <5 mm ±10 mm	用钢尺量,W 为墙厚 用钢尺量 用钢尺量
	2	沉渣厚度:永久结构 临时结构		≤100 mm ≤200 mm	重锤测或沉积物测定仪测
	3	槽深		+100 mm	重锤测
	4	混凝土坍落度		±20 mm	用钢尺量
	5	钢筋笼尺寸		见表 2-11	见表 2-11
	6	地下墙表面平整度	永久结构 临时结构 插入式结构	<100 mm <150 mm <20 mm	此为均匀黏土层,松散及易坍土层由设计决定
	7	永久结构时的预埋件位置	水平向 垂直向	≤10 mm ≤20 mm	用钢尺量 水准仪

五、成品保护

　　(1)钢筋笼制作、运输和吊放过程中,应采取技术措施,防止变形。吊放入槽时,不得碰伤槽壁。

　　(2)挖槽完毕,应尽快清槽、换浆、下钢筋笼,并在 4 h 内浇筑混凝土。在灌注过程中,应固定钢筋笼和导管位置,并采取措施防止泥浆污染。

　　(3)注意保护外露的主筋和预埋件不受损坏。

　　(4)施工过程中,应注意保护现场的轴线和水准基点桩,不变形、不位移。

六、安全措施

（1）施工前，做好地质勘查和调查研究，掌握地质和地下埋设物情况，清除 3 m 内的地下障碍物、电缆、管线等，以保证安全操作。

（2）操作人员应熟悉成槽机械设备性能和工艺要求，严格执行各专用设备使用规定和操作规程。

（3）潜水钻机等水下用设备，应有安全保险装置，严防漏电；电缆收放要与钻进同步进行，防止拉断电缆，造成事故；应控制钻进速度和电流大小，严禁超负荷钻进。

（4）成槽施工中要严格控制泥浆密度，防止漏浆、泥浆液面下降、地下水位上升过快、地面水流入槽内、泥浆变质等情况的发生，使槽壁面坍塌，而造成槽多头钻机埋在槽内，或造成地面下陷，导致机架倾覆，或对邻近建筑物或地下埋设物造成损坏。

（5）钻机成孔时，如被塌方或孤石卡住，应边缓慢旋转，边提钻，不可强行拔出，以免损坏钻机和机架，造成安全事故。

（6）钢筋笼吊放，要加固，并使用铁扁担均匀起吊，缓慢下放，使其在空中不晃动，以避免钢筋笼变形、脱落。

（7）槽孔完成后，应立即下钢筋笼灌注混凝土，如有间歇，槽孔应用跳板覆盖。

（8）所有成孔机械设备必须有专人操作，实行专人专机，严格执行交接班制度和机具保养制度，发现故障和异常现象时，应及时排除，并通知有关专业人员维修和处理。

七、施工注意事项

（1）地下连续墙施工，应制订出切实可行的挖槽工艺方法、施工程序和操作规程，并严格执行。挖槽时，应加强监测，确保槽位、槽深、槽宽和垂直度符合设计要求。遇有槽壁坍塌的事故，应及时分析原因，妥善处理。

（2）钢筋笼加工尺寸，应考虑结构要求、单元槽段、接头形式、长度、加工场地、现场起吊能力等情况。钢筋笼的吊点位置、起吊方式和固定方法应符合设计和施工要求。在吊放钢筋笼时，应对准槽段中心，并注意不要碰伤槽壁壁面，不能强行插入钢筋笼，以免造成槽壁坍塌。

（3）施工过程中应注意保证护壁泥浆的质量，彻底进行清底换浆，严格按规定灌注水下混凝土，以确保墙体混凝土的质量。

第九节　降水与排水

在基坑开挖过程中，当基坑底面低于地下水位时，由于土的含水层被切断，地下水会不断地渗入坑内。雨期施工时，地面水也会不断地流入坑内。如果不采取降水措施，把流入基坑内的水及时排走或把地下水位降低，不仅会使施工条件恶化，而且地基土被水泡软后，容易造成边坡塌方并使地基的承载力下降。另外，当基坑下遇有承压含水层时，若不降水减压，则基底可能被冲坏。因此，为了保证工程质量和施工安全，在基坑开挖或开挖过程中，必须采取措施，控制地下水位，使基坑土在开挖及基础施工时保持干燥。

地下水控制的设计和施工应满足支护结构设计要求，应根据场地及周边工程地质条件、水文地质条件和环境条件并结合基坑支护和基础施工方案综合分析、确定。

地下水控制方法可分为集水明排、降水、截水和回灌等形式单独或组合使用,可按表3-21选用。

表3-21　地下水控制方法适用条件

方法名称		土类	渗透系数（m/d）	降水深度（m）	水文地质特征
集水明排			7~20.0	<5	
降水	轻型井点	填土、粉土、黏性土、砂土	0.1~20.0	单级<6 多级<20	上层滞水或量不大的潜水
	喷射井点		0.1~20.0	<20	
	管井井点	粉土、砂土、碎石土、可溶岩、破碎带	1.0~200.0	>5	含水丰富的潜水、承压水、裂隙水
截水		黏性土、粉土、砂土、碎石土、岩溶土	不限	不限	
回灌		填土、粉土、砂土、碎石土	0.1~200	不限	

一、地下水的不良作用及防治

(一)潜蚀

1.分类

1)机械潜蚀

在动水压力作用下,土颗粒受到冲刷,将细颗粒冲走,使土的结构破坏。

2)化学潜蚀

水溶解土中的易溶盐分,使土颗粒间的胶结破坏,削弱了结合力,松动了土的结构。

2.产生条件

地下水产生潜蚀主要有两个条件:一是适宜的土的组成;二是足够的水动力条件。

(1)当土层的不均匀系数即 d_{60}/d_{10} 愈大时,愈易产生潜蚀,一般 $d_{60}/d_{10}>10$ 时,极易产生潜蚀。

(2)两种相互接触的土层,当二者的渗透系数之比 $k_1/k_2>2$ 时,易产生潜蚀。

(3)当渗透水流的水力坡度 $i>5$ 时,产生潜蚀。

3.防治措施

(1)加固土层(如灌浆等)。

(2)人工降低地下水的水力坡度。

(3)设置反滤层。反滤层的层数大多采用三层,也有二层,各层厚度通常为反滤层构造1.5~2.0 mm。反滤层构造见图3-42。

(二)流沙

流沙是指土的松散细颗粒被地下水饱和后,在动水压力即水头差的作用下,产生的悬浮流动现象。它多发生在颗粒级配均匀而细的粉砂、细砂等砂性土中,有时在粉土中亦会发

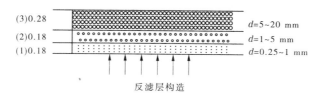

图 3-42　反滤层构造

生。其表现形式是所有的颗粒同时从一近似管状通道中被渗透水流冲走。发展结果是使基础发生滑移和不均匀下沉,基坑坍塌,基础上浮等。它的发生一般是突然性的,对工程的危害极大。

1. 流沙现象的产生

流沙现象按程度分以下三种:

(1)轻微程度的流沙。支护墙体缝隙不密,有一部分细沙随地下水一起穿过缝隙流入基坑,造成坑边外侧水土流失,并增加坑内泥泞程度。

(2)中等程度的流沙。在基坑底部,尤其是靠近支护墙体底部的地方,有一堆细砂缓缓冒起,仔细观察可看到细砂堆中有许多细小流水槽,冒出的水夹带着细砂颗粒慢慢流动。

(3)严重程度的流沙。在发生中等程度流沙现象后若未采取措施而继续下挖,有时可能会造成基底冒出的流沙速度很快,基坑底部呈现流动状态,无法正常施工,并可能由于流失严重而造成周围建筑物或地下管线沉降过大而破坏。严重流沙是危害较大的,因此施工时应避免发生。

流沙是由动水压力造成的,而动水压力又与水力坡度成正比,故流沙现象的产生与水力坡度值有关。产生流沙时的水力坡度叫临界水力坡度 i_{cr}。

2. 流沙产生的因素

在一定的动水压力作用下,颗粒均匀,松散而饱和的细颗粒土容易产生流沙现象,产生流沙现象的因素大致有:

(1)主要外因取决于水力坡度的大小,即地下水位越高,基坑挖深越大,水力压力差值越大,越容易产生流沙现象。

(2)土的颗粒组成中黏土含量小于 10%,而粉砂含量大于 75%。

(3)土的不均匀系数 $D_{60}/D_{10} < 5$。

(4)土的含水量大于 30%。

(5)土的孔隙率大于 43%。

(6)在黏性土中砂夹层的地质构造中,砂质粉土或砂层的厚度大于 250 mm。

3. 防范流沙的措施

防范流沙现象的产生,可从两方面入手:一方面可以通过减小水位差,另一方面可以通过增加地下水的渗流路线,从而减小其水力坡度。在具体施工时,可以采取降水或设置挡水帷幕等措施。

1)降水

根据开挖工程的具体情况,包括工程性质、开挖深度、土质条件等,并综合考虑经济因素而采取相适应的降水方法。开挖深度较浅的基坑($H \leqslant 6$ m)可采用普通轻型井点;深基坑

（$H>6$）可考虑采用喷射井点、深井井点等井点降水措施，也可结合基坑的平面形状及周围环境条件，采用多级轻型井点或综合采用多种井点降水方式以求达到经济合理的降水效果。

2）挡水帷幕

挡水帷幕的作用为加长地下水渗流路线，以阻止或限制地下水渗流到基坑中去。常用挡水帷幕主要包括：

（1）钢板桩。

钢板桩作为挡水帷幕的有效程度取决于板桩之间的锁合程度及钢板桩的长度。一般板缝间易漏水，因此钢板桩挡水帷幕只能阻挡较大水流，对于局部的施工（如电梯坑、集水井等）可在四周打设钢板桩，进行水下挖土然后水下浇筑混凝土以止水，而水下混凝土封闭必须能承受上升的浮力。对于一般基坑工程还需结合降水或其他挡水措施以增强挡水效果。

（2）水泥搅拌桩。

相互搭接形成墙体，水泥搅拌桩桩身渗流系数极小，挡水效果较好。如桩体搭接不严密而造成漏水，可通过局部注浆来进行防治。

（3）地下连续墙。

地下连续墙为钢筋混凝土墙，挡水效果较好，但造价高，一般作为支护墙体，同时起挡水的作用，施工时需注意槽段间接头处的施工质量以防止漏水，必要时可采取局部注浆措施以加强挡水效果。

（4）注浆挡水帷幕。

沿基坑边采用压密注浆形成密闭挡水帷幕可起到截流地下水以防范流沙的目的。注浆材料可采用水泥浆或化学浆液，常用的有：水泥和水；水泥、膨胀土、减少表面张力的黏合剂和水；硅胶、$Am-9$、丙凝等。其有效程度取决于能否形成一个连续的帷幕和注浆体本身的均匀性，要求施工时严格控制其质量以防止内部形成水流通道。

（5）冻结法。

采用冻结法将基坑周围或基底土体一定范围内地下水冻结，一方面起到加固土体同时作为支护的作用，另一方面达到挡水以防范流沙的目的。

（三）管涌

当基坑底面以下或周围的土层为疏松的砂土层时，地基土在具有一定渗透速度（或水力坡度）的水流作用下，其细小颗粒被冲走，土中的孔隙逐渐增大，慢慢形成一种能穿透地基的细管状渗流通路，从而掏空地基，使之变形、失稳，此现象即为管涌。

管涌破坏示意如图 3-43 所示。

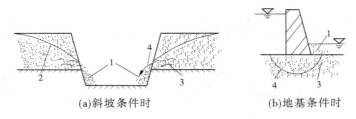

(a)斜坡条件时　　　　(b)地基条件时

1—管涌堆积颗粒；2—地下水位；3—管涌通道；4—渗流方向

图 3-43　管涌破坏示意

1. 管涌产生的条件

管涌多发生在砂性土中,其特征是:颗粒大小差别较大,往往缺少某种粒径,孔隙直径大且互相连通。颗粒多由重度较小的矿物组成,易随水流移动,有较大和良好的渗流出路。具体包括:

(1)土中粗、细颗粒粒径比 $D/d > 10$。

(2)土的不均匀系数 $d_{60}/d_{10} > 10$。

(3)两种互相接触土层渗透系数之比 $k_1/k_2 > 2 \sim 3$。

(4)渗流的水力坡度大于土的临界水力坡度。

2. 管涌的防治措施

(1)增加基坑围护结构的入土深度,使地下水流线路长度增加,降低动水水力坡度,对防止管涌现象的发生是有利的。

(2)人工降低地下水位,改变地下水的渗流方向。

(四)基坑突涌

当基坑之下有承压水存在,开挖基坑减小了含水层上覆水透水层的厚度,当它减小到一定程度时,承压水的水头压力能顶裂或冲毁基坑底部,造成突涌。

1. 突涌的形式

(1)基底顶裂,出现网状或树状裂缝,地下水从裂缝中涌出,并带出下部的土颗粒。

(2)基坑底发生流沙现象,从而造成边坡失稳和整个地基悬浮流动。

(3)基底发生类似于"沸"的喷水现象,使基坑积水,地基土扰动。

2. 突涌产生的条件

基坑开挖后,不透水层的厚度(H)不能承受承压水头压力,即 $H < \gamma_w h/\gamma$ 可能发生突涌。其中,H 为基坑开挖后不透水层厚度,m;γ 为土的浮重度,kN/m^3;γ_w 为水的重度,kN/m^3;h 为承压水头高于含水层顶板的高度,m。

3. 突涌的防治措施

当 $H < \gamma_w h/\gamma$ 时,则应用减压井降低基坑下部承压水头,防止由于承压水压力引起基坑突涌。

二、集水明排

集水明排是在基坑开挖过程中,在坑底设置集水井,并沿坑底的周围或中央开挖排水沟,使水流入集水井内,然后用水泵抽出坑外,抽出的水应予引开,以防倒流。雨期施工时应在基坑四周或水的上游,开挖截水沟或修筑土堤,以防地面水流入坑内。

(一)排水沟和集水井的设置

1. 排水沟

在施工时,于开挖基坑的周围一侧或两侧,有时在基坑中心设置排水沟。水沟截面要考虑基坑排水量及对邻近建筑物的影响,一般排水沟深度为 0.4 ~ 0.6 m,最浅 0.3 m,宽≥0.4 m,最小纵坡 0.2% ~ 0.5%,排水沟宜采用砖砌或混凝土等形式。

2. 集水井

沿排水沟纵向每隔 30 ~ 40 m 可设一个集水井,便于水泵将水排出基坑以外。集水井应低于排水沟 0.8 m 左右并深于抽水泵进水阀的高度。集水井井壁直径一般为 0.6 ~ 0.8 m,

井壁宜用砖砌,井底反滤层铺 0.3 m 左右的碎石、卵石。

排水沟和集水井应随挖土随加深,以保持水流通畅。

(二)分层排水沟及集水井排降水

对于基坑深度较大,地下水位较高以及多层土中上部有透水性较强的土,或上下层土体虽为相同的均质土,但上部地下水较丰富的情况,为避免上层地下水冲刷下层土体边坡造成塌方,并减少边坡高度和水泵的扬程,可采用分层排降水的方式。

运用此方法的缺点是土方量增加,因为上层的排水沟使开挖面积增大。

(三)抽水设备选用

水泵容量的大小及数量根据涌水量而定,一般应为基坑总涌水量的 1.5~2.0 倍。在一般的集水井设置口径 50~200 mm 水泵即可。

涌水量与水泵类型如表 3-22 所示。

表 3-22　涌水量与水泵类型

涌水量	水泵类型	备注
$Q \leqslant 20$ m³/h	隔膜式水泵、潜水泵	隔膜式水泵可排除泥浆水
20 m³/h $< Q \leqslant 60$ m³/h	隔膜式或离心式水泵、潜水泵	
$Q > 60$ m³/h	离心式水泵	

三、轻型井点降水

轻型井点是沿基坑的四周或一侧,将直径较细的井点管沉入深于坑底的含水层内,井点管上部与总管连接,通过总管利用抽水设备由于真空作用将地下水从井点管内不断抽出,使原有的地下水位降低到坑底以下。适用于渗透系数为 0.1~5.0 m/d 的土层,而对土层中含有大量的细砂和粉砂层特别有效,可以防止流沙现象和增加土坡稳定,且便于施工。

轻型井点分机械真空泵和水射泵两种。

(一)轻型井点设备

轻型井点系统由井点管、连接管、集水总管及抽水设备等组成。

1.井点管

井点管采用直径 38~55 mm 的钢管,长度为 5~7 m。井点管的下端装有滤管,滤管直径与井点管直径相同,长度为 1.0~1.7 m,管壁上钻直径 12~18 mm 的孔呈梅花形分布,管壁外包两层粗细滤网。

2.连接管与集水总管

连接管用胶皮管、塑料透明管或钢管弯头制成,直径 38~55 mm。每个连接管均宜装设阀门,以便检修。集水总管一般用 $\phi 100 \sim \phi 127$ 的钢管分节连接,每节约长 4 m,其上装有与井点管相连接的短接头,间距 0.8 m、1.2 m 或 1.6 m。

3.抽水设备

根据水泵和动力设备的不同,轻型井点分为干式真空泵井点、射流泵井点和隔膜泵井点三种。具体见表 3-23。

表 3-23 各种轻型井点的配用功率、井点根数与总管长度

轻型井点类别	配用功率(kW)	井点根数(根)	总管长度(m)
真空泵井点	18.5~22.0	80~100	96~120
射流泵井点	7.5	30~50	40~60
隔膜泵井点	3	50	60

真空泵井点排水和排气能力大;射流泵井点排气量小,但耗电少、重量轻、体积小、机动灵活,使用时应保持水质清洁。

(二)轻型井点的布置

1.平面布置

平面布置主要取决于基坑的平面形状和降水深度。应尽可能将要施工的建筑物基坑面积内各主要部分都包围在井点系统之内。可根据基坑形状采用单排线状井点、双排线状井点、U形环状井点,以利挖土机械等的进出。井点管间距一般用 0.8~1.6 m,由计算或经验确定,集水总管标高宜尽量接近地下水位线,在基坑四角部分适当加密。

平面布置应注意以下事项:

(1)应尽可能将建筑物、构筑物的主要部分纳入井点系统范围,确保主体工程的顺利进行。

(2)尽可能压缩井点降水范围,总管设在基坑外围或沟槽外侧,井点则朝向坑内。

(3)总管线形随基坑形状布置,但尽可能直线、折线铺设,不应弯弯曲曲,安装困难,易漏气。

(4)总管平台宽度一般为 1~1.5 m,平面布置要充分考虑排水出路,一般应引向离基坑愈远愈好,以防回水。

2.高程布置

轻型井点的降水深度,在管壁处一般可达 6~7 m。井点管需要的埋设深度 H(不包括滤管),可按下式进行计算:

$$H \geqslant H_1 + h + IL$$

式中 H_1——井点管埋设面至基坑底的距离;

h——降低后的地下水位至基坑中心底的距离,一般不应小于 0.5 m;

I——地下水降落坡度,环状井点为 1/10,单排井点为 1/4~1/5;

L——井点管至群井中心的水平距离。

此外,确定井点管埋设深度时,应注意计算得到的 H 应小于水泵的最大抽吸高度,还要考虑到井管一般要露出地面 0.2 m 左右。

如 H 小于 6 m,可用一级井点;如稍大于 6 m,可设法降低井点总管。当一级井点无法达到降水深度要求时,可采用二级井点。

高程布置应注意以下事项:

(1)井点系统集水总管的高程,最好是布设在接近地下水位处。

(2)井点泵轴心高度应尽可能与集水总管在同一高程上,要防止地面雨水径流,坑四周围堰阻水。

（3）在同一井点系统中，线状、环形布置中的各根井管长度须相同，使各井管下滤管顶部能在同一高程上，以防高差过大，影响降水效果。

（4）井点泵系统、集水总管都应设置在比较可靠的地点、平台上，一般井点泵装置地要以垫木或夯实整平。

（三）轻型井点施工

施工工艺程序是：放线定位→铺设总管→冲孔→安装井点管、填沙砾滤料、上部填黏土密封→用弯联管与总管接通→安装集水箱和排水管→开动真空泵排气，再开动离心水泵抽水→测量观测井中地下水位变化。

井管沉设分为：水冲法、套管法、射水法、套管水冲法。

井点运行后要连续工作，应准备双电源；抽水过程中要注意真空度，如真空度不够，发现管路漏气应及时修复。

在降水过程中应进行井点监测，主要是流量观测、地下水位观测、孔隙水压力观测、沉降观测，如出现异常现象应加密观测次数。

地下室或地下结构物要在基坑回填后，方可拆除井点系统。拔出井点管多借助于倒链、起重机等。所留孔洞用砂或土填塞，对地基有防渗要求时，地面下 2 m 可用黏土填塞密实。另外，井点的拔除应在基础及已施工部分的自重大于浮力的情况下进行，且底板混凝土必须要有一定的强度。防止因水浮力引起地下结构浮动或破坏底板。

四、喷射井点

喷射井点降水是在井点管内部装设特制的喷射器，用高压水泵或空气压缩机通过井点管中的内管向喷射器输入高压水（喷水井点）或压缩空气（喷气井点），形成水气射流，将地下水经井点外管与内管之间的间隙抽出排走。本法设备较简单，一级喷射井点可达 8 ~ 20 m，适用于土渗透系数为 3 ~ 50 m/d 的砂土或渗透系数为 0.1 ~ 3 m/d 的粉土、粉砂、淤泥质土、粉质黏土中的降水工程。

（一）喷射井点设备

1. 喷射井管

喷射井管分内管和外管两部分，内管下端装有喷射器，并与滤管相接。喷射器由喷嘴、混合室、扩散室等组成。常用喷射井管为 ϕ 100 mm、ϕ 75 mm。

2. 高压水泵

用 6SH6 型或 150S78 型高压水泵或多级高压水泵 1 ~ 2 台，每台可带动 25 ~ 30 根喷射井点管。

3. 循环水箱

钢板板制，尺寸为 2.5 m × 1.45 m × 1.2 m。

4. 管路系统

管路系统包括进水、排水总管（直径 150 mm，每套长 60 m）、接头、阀门、水表、溢流管、调压管等管件、零件及仪表。

（二）喷射井点施工

1. 井点布置

喷射井点在设计时其管路布置和高程布置与轻型井点基本相同。基坑面积较大时，采用环形布置；基坑宽度小于 10 m 时采用单排线型布置；大于 10 m 时做双排布置。喷射井点间距一般为 2 ~ 3.5 m。

2. 喷射井点施工

1）井点管埋设与使用

（1）喷射井点井管埋设方法与轻型井点相同。为保证埋设质量，宜用套管法冲孔加水及压缩空气排泥。

（2）全部井点管沉没完毕后，再接通回水总管全面试抽，然后使工作水循环，进行正式工作。各套进水总管均应用阀门隔开，各套回水管应分开。

（3）为防止喷射器损坏，安装前应将喷射井管逐根冲洗，开泵压力要小，以后再将其逐步开足。如发现井点管周围有翻砂、冒水现象，应立即关闭井管检修。

（4）工作水应保持清洁，试抽 2 d 后，应更换清水，此后视水质污染程度定期更换清水，以减轻对喷嘴及水泵叶轮的磨损。

2）施工注意事项

（1）喷射井点降低地下水位，扬水装置加工的质量十分重要，加工尺寸要求精确。

（2）工作水要干净，不得含泥沙及其他杂物，尤其在工作初期更应注意工作水的干净。

（3）用喷射井点降水，为防止产生工作水反灌现象，在滤管下端最好增设逆止球阀。

3）喷射井点的运转和保养

在喷射井点运转期间需要注意的方面包括：

（1）及时观测地下水位变化。

（2）测定井点抽水量，通过地下水量的变化分析降水效果及降水过程中出现的问题。

（3）测定井点管真空度，检查井点工作是否正常。出现故障的现象包括：

①真空管内无真空，主要原因是井点芯管被泥沙填住，其次是异物堵住喷嘴。

②真空管内无真空，但井点抽水通畅，这是由于真空管本身堵塞和地下水位高于喷射器。

③真空出现正压（工作水流出），或井管周围翻砂，这表明工作水倒灌，应立即关闭阀门，进行维修。

排除故障的方法如下：

（1）反冲法。遇有喷嘴堵塞、芯管、过滤器淤积，可通过内管反冲水疏通，但水冲时间不宜过长。

（2）提起内管，上下左右转动、观察真空度变化，真空度恢复了则正常。

（3）反浆法。关住回水阀门，工作水通过滤管冲上，破坏原有滤层，停冲后，悬浮的滤砂层重新沉淀，若反复多次无效，应停止井点工作。

（4）更换喷嘴。将内管拔出，重新组装。

五、管井井点

管井井点是沿基坑每隔一定距离设置一个管井，或在坑内降水时每一定范围设置一个管井,每个管井单独用一台水泵不断抽取管井内的水来降低地下水位。管井井点具有排水量大、排水效果好、设备简单、易于维护等特点。

管井井点适用于轻型井点不易解决的含水层颗粒较粗的粗砂、卵石地层,渗透系数较大、水量较大且降水深度较深(一般为 8 ~ 20 m)的潜水或承压水地区。

(一)管井井点设备

1. 滤水井管

下部滤水井管过滤部分用钢筋焊接骨架,外包孔眼为 1 ~ 2 mm 滤网,长 2 ~ 3 m,上部井管部分用直径 200 mm 以上的钢管或塑料管。

2. 吸水管

用直径 50 ~ 100 mm 的钢管或胶皮管,插入滤水井管内,其底端应沉到管井吸水时的最低水位以下,并装逆止阀,上端装设带法兰盘的短钢管一节。

3. 水泵

采用 BA 或 B 型、流量 10 ~ 25 m³/h 离心式水泵或自吸泵。每个井管装置一台,当水泵排水量大于单孔滤水井涌水量数倍时,可另加设集水总管,将相邻相应数量的吸水管连成一体,共用一台水泵。

(二)管井井点布置

基坑总涌水量确定后,再验算单根井点极限涌水量,然后确定井的数量。管井井点布置可采用以下两种形式。

1. 坑(槽)外布置

采用基坑外降水时,根据基坑的平面形状或沟槽的宽度,沿基坑外围呈环状或沿基坑或沟槽两侧或单侧呈直线形布置。井中心距基坑或沟槽边壁的距离根据井成孔所用钻机的钻孔方法而定,当用冲击式钻机并用泥浆护壁时为 0.5 ~ 1.5 m,用套管法时不小于 3 m。管井的埋设深度间距,根据需降水的范围和深度以及土层的渗透系数而定,埋设深度可为 5 ~ 10 m,间距为 10 ~ 50 m。

2. 坑(槽)内布置

当基坑开挖面积较大或者出于防止降低地下水对周围环境的不利影响的目的而采用坑内降水时,可根据所需降水深度、单井涌水量以及抽水影响半径 R 等确定管井井点间距,再以此间距在坑内呈盘状点状布置,管井间距一般为 10 ~ 15 m。

(三)管井的埋设与使用

管井的埋设可采用泥浆护壁钻孔法或套管法。当采用泥浆护壁钻孔法时,钻孔直径比滤水管井外径大 200 mm 以上。管井下沉前应进行清洗滤井,冲除沉渣,管井与土壁之间用 3 ~ 15 mm 粒径砾石填充作为过滤层,地面下 0.5 m 范围内用黏土填充夯实。

管井使用时,应经试抽水,检查出水是否正常,有无淤塞现象,应经常对各设备进行检查,并对井内水位下降和流量进行观测和记录。

管井使用完毕后,可使用起重设备将管井管口套紧徐徐拔出,滤水管拔出后可洗净再用。所留孔洞应用沙砾填实,上部 500 mm 用黏性土填充夯实。

六、回灌井点

由于井点降水作用,使地下水位降低,黏性土含水量减少,并产生压缩、固结,使浮力消减,从而使黏性土的孔隙水压力降低,土的有效应力相应增大,土体产生不均匀沉降而影响邻近建筑物的安全。为避免此类现象的产生,可采用回灌井点的方法。

（一）工作原理

回灌井点降水施工原理是在降水区与邻近建筑物之间的土层中埋置一道回灌井点,采用补充地下水的方法,使降水井点的影响半径不超过回灌井点的范围,形成一道隔水屏幕,阻止回灌井点外侧建筑物下的地下水流失,使地下水保持不变。

（二）施工要点和注意事项

（1）回灌水宜用清水,回灌水量和压力大小,均需通过水井理论进行计算,并通过对观测井的观测资料来调整。

（2）降水井点和回灌井点应同步起动或停止。

（3）回灌井点的滤管部分,应从地下水位以上 0.5 m 处开始直至井管底部。也可采用与降水井点管相同的构造,但必须保证成孔和灌砂的质量。

（4）回灌与降水井点之间应保持一定距离。回灌井点管的埋设深度应根据透水层的深度来确定,以确保基坑施工安全和回灌效果。

（5）应在降、灌水区域附近设置一定数量的沉降观测点及水位测井,定时进行观测和记录,以便及时调整降、灌水量的平衡。

七、质量标准

（1）降水与排水无主控项目,只有一般项目,见表 3-24。

表 3-24　降水与排水施工验收规定

施工质量验收规范的规定		检查方法
排水沟坡度	1‰ ~ 2‰	
井管（点）垂直度	1%	插管时观察
井管（点）间距（与设计相比）	≤150%	尺量
井管（点）插入深度（与设计相比）	≤200 mm	水准仪
过滤沙砾料填灌（与计算值相比）	≤5 mm	检查回填料用量
井点真空度:轻型井点 喷射井点	>60 kPa >93 kPa	真空度表
电渗井点阴阳距离:轻型井点 喷射井点	80 ~ 100 mm 120 ~ 150 mm	尺量

（2）井点埋设应无严重漏气、淤塞、出水不畅或死井等情况。

（3）埋入地下的井点管及井点连接总管,均应除锈并刷防锈漆一道;各焊接口处焊渣应凿掉,并刷防锈漆一道。

八、安全措施

（1）冲钻孔机操作时应安放平稳,防止机具突然倾倒或钻具下落,造成人员伤亡或设备损坏。

（2）已成孔尚未下井点前，井孔应用盖板封严，以免掉土或发生人员安全事故。

（3）各机电设备应由专人看管，电气必须一机一闸，严格接地、接零和安装漏电保护器，水泵和部件检修时必须切断电源，严禁带电作业。

九、防范事项及措施

（1）防范抽水带走土层中的细颗粒。应根据周围土层选用合适的滤网，同时应重视埋设井管时的成孔和回填砂滤料的质量。

（2）适当放缓降水漏斗线的坡度，可以减小不均匀沉降。

（3）井点应连续运转，尽量避免间歇和反复抽水，有利于减小总沉降量。

（4）防范开挖基坑时产生基底以下承压水管涌而造成流沙，致使坑周产生大量地面沉陷。

（5）如果降水区周围有湖、河等，应考虑在井点与储水体间设置挡土帷幕，以防范井点与储水体穿通，抽出大量地下水而水位不下降，反而带出许多土颗粒，甚至产生流沙现象。

（6）在建筑物和地下管线密集等对沉降有严格要求的地区可采用坑内降水法，以减少对周边的影响。

（7）对不适宜采用井点降水的土层，不要盲目降水，可采用放缓边坡或加支护墙的方法。

（8）可在降水场地外侧设置挡水帷幕，可以大大降低降水对周边场地的影响，挡水帷幕可采用深层水泥搅拌桩、砂浆防渗板桩、树根桩、挡土结构等方法。

（9）可采用回灌井点或砂井回灌减小对周边的影响。

第四章 土石方工程

第一节 场地平整

一、场地平整

场地平整是将需要进行建筑范围内的自然地面,通过人工或机械挖填平整改造成为设计需要的平面,以利现场平面布置和文明施工。在工程总承包施工中,"三通一平"工作常常是由施工单位来实施,因此场地平整也成为工程开工前的一项重要内容。场地平整要考虑满足总体规划、生产施工工艺、材料运输和场地排水等要求,并尽量使土方的挖填平衡,减少运土量和重复挖运。

二、土的工程分类

土的种类繁多,其分类方法也很多,在土方工程施工中,根据土的开挖难易程度将土分为八类,见表4-1。

表4-1 土的工程分类

土的分类	土的级别	土的名称	坚实系数 f	密度(t/m³)	开挖方法及工具
一类土(松软土)	I	砂土、粉土、冲积砂土层、种植土泥炭、淤泥(泥炭)	0.5~0.6	0.6~1.5	用锹、锄头挖掘
二类土(普通土)	II	粉质黏土;潮湿的黄土;夹有碎石、卵石的砂,粉土混卵(碎)石,种植土、填土	0.6~0.8	1.1~1.6	用锹、锄头挖掘,少许用镐翻松
三类土(坚土)	III	软及中等密实黏土;重粉质黏土、砾石土,干黄土及含碎石、卵石的黄土、粉质黏土;压实的填筑土	0.8~1.0	1.75~1.9	主要用镐,少许用锹、锄头挖掘,部分用撬棍
四类土(沙砾坚土)	IV	坚硬密实的黄土或黏土;含碎石、卵石的中等密实的黏性土或黄土;粗卵石;天然级配砂石;软泥炭岩	1.0~1.5	1.9	整个先用镐、撬棍,后用锹挖掘,部分用锲子及大锤
五类土(软石)	V~VI	硬质黏土;中密的页岩、泥灰岩;白垩土;胶结不紧的砾岩;软石灰及贝壳石灰石	1.4~4.0	1.1~2.7	用镐或撬棍、大锤挖掘,部分使用爆破方法

续表 4-1

土的分类	土的级别	土的名称	坚实系数 f	密度(t/m^3)	开挖方法及工具
六类土 （次坚石）	Ⅶ～Ⅸ	泥岩、砂岩、砾岩；坚实的页岩、泥炭岩，密实的石灰岩；风化花岗岩、片麻岩及正长岩	4.0～10.0	2.2～2.9	用爆破方法开挖，部分用风镐
七类土 （坚石）	Ⅹ～ⅩⅢ	大理岩；辉绿岩；玢岩；粗、中粒花岗岩；坚实的白云岩、砂岩、砾岩、片麻岩、石灰岩；微风化痕迹的安山岩；玄武岩	10.0～18.0	2.5～3.1	用爆破方法开挖
八类土 （特坚石）	ⅩⅣ～ⅩⅥ	安山岩；玄武岩；花岗片麻岩；坚实的细粒花岗岩；闪长岩、石英岩、辉长岩、辉绿岩、玢岩、角闪岩	18.0～25.0	2.7～3.3	用爆破方法开挖

注:1. 土的级别相当于一般 16 级土石分类级别。

　　2. 坚实系数 f 为相当于普氏岩石强度系数。

三、土的工程性质

（一）土的可松性

土经挖掘以后,组织破坏,体积增加,以后虽经回填压实,仍不能恢复成原来的体积。土的可松性程度一般以可松性系数表示,见表 4-2。它是挖填土方时,计算土方机械生产率、回填土方量、运输机具数量、进行场地平整规划竖向设计、土方平衡调配的重要参数。

表 4-2　各种土的可松性系数

土的分类	体积增加百分比(%)		可松性系数	
	最初	最终	K_p	K'_p
一类土（种植土除外）	8～17	1～2.5	1.08～1.17	1.01～1.03
一类土（植物性土、泥炭）	20～30	3～4	1.20～1.30	1.03～1.04
二类土	14～28	1.5～5	1.14～1.28	1.02～1.05
三类土	24～30	4～7	1.24～1.30	1.04～1.07
四类土（泥炭岩、蛋白质除外）	26～32	6～9	1.26～1.32	1.06～1.09
四类土（泥炭岩、蛋白质）	33～37	11～15	1.33～1.37	1.11～1.15
五～七类土	30～45	10～20	1.30～1.45	1.10～1.20
八类土	45～50	20～30	1.45～1.50	1.20～1.30

注:最初体积增加百分比为 $(V_2 - V_1)/V_1 × 100\%$;最终体积增加百分比为 $(V_3 - V_1)/V_1 × 100\%$ 。

　　其中:K_p 为最初可松性系数;$K_p = V_2/V_1$;K'_p 为最终可松性系数;$K'_p = V_3/V_1$;V_1 为开挖前土的天然体积;V_2 为开挖后的松散体积;V_3 为运至填方处压实后的体积。

（二）土的压缩性

取土回填或移挖作填、松土经运输或填压以后,均会压缩,一般土的压缩性以土的压缩率表示,见表4-3。

表4-3　土的压缩率的参考值

土的分类	土的名称	土的压缩率	每立方米松散土压实后的体积(m³)
一~二类土	种植土	20%	0.80
	一般土	10%	0.90
	砂土	5%	0.95
三类土	天然湿度黄土	12%~17%	0.85
	一般土	5%	0.95
	干燥坚实黄土	5%~7%	0.94
一般可按填方截面增加10%~20%方数考虑			

（三）土的休止角（安息角）

土的休止角（安息角）是指在某一状态下的土体可以稳定的坡度。土的休止角如表4-4所示。

表4-4　土的休止角

土的名称	干土		湿润土		潮湿土	
	角度(°)	高度与底宽比	角度(°)	高度与底宽比	角度(°)	高度与底宽比
砾石	40	1:1.25	40	1:1.25	35	1:1.50
卵石	35	1:1.50	45	1:1.00	25	1:2.75
粗砂	30	1:1.75	35	1:1.50	27	1:2.00
中砂	28	1:2.00	35	1:1.50	25	1:2.25
细砂	25	1:2.25	30	1:1.75	20	1:2.75
重黏土	45	1:1.00	35	1:1.50	15	1:3.75
粉质黏土、轻黏土	50	1:1.75	40	1:1.25	30	1:1.75
粉土	40	1:1.25	30	1:1.75	20	1:2.75
腐殖土	40	1:1.25	35	1:1.50	25	1:2.25
填方的土	35	1:1.50	45	1:1.00	27	1:2.00

四、土方机械化施工方法

（一）土方施工机械的选择

土方机械化开挖应根据基础形式、工程规模、开挖深度、地质地下水情况、土方量、运距、现场机械设备条件、工期要求以及土方机械的特点、技术性能等合理选择挖土方机械,以充分发挥机械效率,节约机械费用,加速工程进度。常用土方机械的选择可以参照表4-5。

表4-5　常用土方机械的选择

机械名称、特性	作业特点及辅助机械	适用范围
推土机： 操作灵活，运转方便，需工作面小，可挖土、运土，易于转移、行驶速度快，应用广泛	1. 作业特点 （1）推平； （2）运距100 m内的堆土（效率最高为60 m）； （3）开挖浅基坑； （4）推送松散的硬土、岩石； （5）回填、压实； （6）配合铲运机助铲； （7）牵引； （8）下坡坡度最大35°，横坡最大为10°。几台同时作业时，前后距离应大于8 m。 2. 辅助机械 土方挖后运出需配备装土、运土设备推挖三～四类土，应用松土机预先翻松	1. 推一～四类土； 2. 找平表面，场地平整； 3. 短距离移挖作填，回填基坑（槽）、管沟并压实； 4. 堆筑高度1.5 m内的路基、堤坝； 5. 开挖深度不大于1.5 m以内的基坑（槽）； 6. 拖羊足碾； 7. 配合挖土机从事集中土方、清理场地、修路开道等
正铲挖掘机： 装车轻便灵活，回转速度快，移位方便；能挖掘坚硬土层，易控制开挖尺寸，工作效率高	1. 作业特点 （1）开挖停机面以上土方； （2）工作面应在1.5 m以上； （3）开挖高度超过挖土机挖掘高度时，可采用分层开挖； （4）装车外运。 2. 辅助机械 土方外运应配备自卸汽车，工作面应有推土机配合平土、集中土方进行联合作业	1. 开挖含水率27%以下的一～四类土和经爆破后的岩石与冻土碎块； 2. 大型场地整平土方； 3. 工作面狭小且较深的大型管沟和基槽路堑； 4. 独立基坑； 5. 边坡开挖
反铲挖掘机： 操作灵活，挖土、卸土均在地面作业，不用开运输道	作业特点 （1）开挖地面以下深度不大的土方； （2）最大挖土深度4～6 m，经济合理深度为1.5～3 m； （3）可装车和两边甩土、堆放； （4）较大、较深基坑可用多层接力挖土	1. 开挖含水率大的一～三类的砂土或黏土； 2. 管沟和基槽； 3. 独立基坑； 4. 边坡开挖

续表 4-5

机械名称、特性	作业特点及辅助机械	适用范围
铲运机： 操作简单、灵活，不受地形限制，不需特设道路，准备工作简单，能独立工作，不需其他机械配合能完成铲土、运土、卸土、填筑、压实等工序。行驶速度快，易于转移；需用劳力少，动力少，生产效率高	1. 作业特点 （1）大面积平整； （2）开挖大型基坑、沟渠； （3）运距 800 ~ 1 000 m 内的挖运土（效率最高为 200 ~ 300 m）； （4）填筑路基、堤坝； （5）回填压实土方； （6）坡度控制在 20°以内。 2. 辅助机械 开挖坚土时需用推土机助铲。开挖三、四类土宜先用松土机预先翻松 20 ~ 40 cm；自行式铲运机用轮胎行驶。适合于长距离。但开挖亦须用助铲	1. 开挖含水率 27% 以下的一 ~ 四类土； 2. 大面积场地平整、压实； 3. 运距 800 m 内的挖运土方； 4. 开挖大型基坑（槽）、管沟、填筑路基等，但不适于砾石层、冻土地带及沼泽地区使用
拉铲挖掘机： 可挖深坑，挖掘半径及卸载半径大，操作灵活性较差	1. 作业特点 （1）开挖停机面以下土方； （2）可装车和甩土； （3）开挖截面误差较大； （4）可将土甩在基坑（槽）两边较远处堆放。 2. 辅助机械 土方外运需配备自卸汽车、推土机，创造施工条件	1. 挖掘一 ~ 三类土，开挖较深较大的基坑（槽）、管沟； 2. 大量外借土方； 3. 填筑路基、堤坝； 4. 挖掘河床； 5. 不排水挖取水中泥土
抓铲挖掘机： 钢绳牵拉灵活性较差，工效不高，不能挖掘坚硬土；可以装在简易机械上工作，使用方便	1. 作业特点 （1）开挖直井或深井土方； （2）可装车或甩土； （3）排水不良也能开挖； （4）吊杆倾斜角度应在 45°以上，距边坡应不小于 2 m。 2. 辅助机械 土方外运时，按运距配备自卸汽车	1. 土质比较松软，施工面较狭窄的深基坑、基槽； 2. 水中挖取土，清理河床； 3. 桥基、桩孔挖土； 4. 装卸散装材料
装载机： 操作灵活，回转移位方便、快速；可装卸土方和散料，行驶速度快	1. 作业特点 （1）开挖停机面以上土方； （2）轮胎式只能装松散土方，履带式可装较实土方； （3）松散材料装车； （4）吊运重物，用于铺设管道。 2. 辅助机械 土方外运需配备自卸汽车，作业面经常用推土机平整并推松土方	1. 外运多余土方； 2. 履带式改换挖斗时，可用于开挖； 3. 装卸土方和散料； 4. 松散土的表面剥离； 5. 场面平整和场地清理等工作； 6. 回填土； 7. 拔除树根

　　一般深度不大的大面积基坑开挖,宜采用推土机或装载机推土、装土,用自卸汽车运土;对长度和宽度均较大的大面积土方一次开挖,可用铲运机铲土、运土、卸土、填筑作业;对面积大且深的基础多采用 0.5 m³、1 m³ 斗容量的液压正铲挖掘机挖掘,上层土方也可用铲运机或推土机进行;如操作面狭窄,且有地下水,土的湿度大,可采用液压反铲挖掘机挖土,自卸汽车运土;在地下水中挖土,可用拉铲,效率较高;对地下水位较深采取不排水开挖时,亦可分层用不同机械开挖,先用正铲挖土机挖地下水位以上的土方,再用拉铲挖掘机或反铲挖掘机挖地下水位以下的土方,用自卸汽车运土。

　　(二)各种挖掘机械的作业方法

　　1. 推土机

　　推土机基本作业是铲土、运土和卸土三个工作行程和空载回驶行程。铲土时应根据土质情况,尽量采用最大切土深度在最短距离(6 ~ 10 m)内完成,以便缩短低速运行时间,然后直接推运到预定地点。回填土和填沟渠时,铲刀不得超出土坡边沿。上下坡坡度不得超过 35°,横坡不得超过 10°。几台推土机同时作业时,前后距离应大于 8 m。

　　(1)下坡推土法:适于半挖半填区推土丘、回填沟渠。

　　在不超过 15°的斜坡上,推土机顺坡向下切土与推运,借助机械本身的重力作用,增大切土深度和运土数量,可以提高生产率 30% ~ 40%,但坡度不宜超过 15°,避免后退时爬坡困难。无自然坡度时,亦可分段推土,形成下坡送土条件。下坡推土有时与其他推土法结合使用,见图 4-1(d)。

　　(2)槽形推土法:适于运距较远,土层较厚时使用。

　　重复多次在一条作业线上切土和推土,使地面逐渐形成一条浅槽,再反复在沟槽中进行推土,以减少土从铲刀两侧漏散,可增加 10% ~ 20% 的推土量。槽的深度以 1 m 左右为宜,槽与槽之间的土坑宽约 50 cm,当推出多条槽后,再从后面将土推入槽内,然后运出,见图 4-1(f)。

　　(3)并列推土法:适于大面积场地平整及运送土方。

　　用 2 ~ 3 台推土机并列推土,可以减少土的漏失量,提高生产率。两台推土机铲刀相距 15 ~ 30 cm。一般采用两台并列推土可增大推土量 15% ~ 30%,三机并列可增大推土量 30% ~ 40%。但平均运距不宜超过 50 ~ 75 m,亦不宜小于 20 m。见图 4-1(e)。

　　(4)分批集中,一次推送:适于运送距离较远、而土质又比较坚硬或长距离分段送土时采用。

　　若土质软坚硬,推土机切土深度不大,将土先积聚在一个或整个中间点,然后再整批推送到卸土区,使铲刀前保持满载。堆积距离不宜大于 30 m,推土高度以 2 m 内为宜。本法可使铲刀的推送数量增大,有效缩短运输时间,能提高生产效率 15% 左右。见图 4-1(b)。

　　(5)斜角推土法:适于管沟推土回填、垂直方向无倒车余地或在坡脚及山坡下推土用。

　　将铲刀装在支架上或水平位置,并与前进方向成一倾斜角度(松土为 60°,坚实土为 45°)进行推土。本法可减少机械来回行驶,提高效率,但推土阻力较大,需较大功率的推土机。见图 4-1(c)。

　　(6)"之"字斜角推土法:适于回填基坑、槽、管沟。

　　推土机与回填的管沟或洼地边缘成"之"字或一定角度推土。本法可减少平均负荷距离和改善推集中土的条件,并可使推土机转角较少一半,可提高台班生产率,但需较宽的运行场地。见图4-1(a)。

(7)铲刀上附加侧板:在铲刀两侧设置挡板,增加铲刀前土的体积,以减少土的散失。

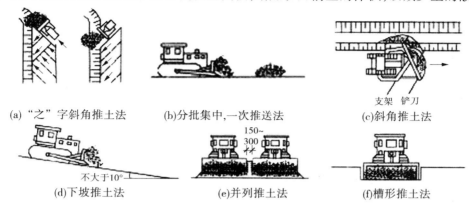

(a)"之"字斜角推土法   (b)分批集中,一次推送法   (c)斜角推土法

(d)下坡推土法   (e)并列推土法   (f)槽形推土法

图4-1 各种推土法

2. 铲运机

铲运机基本作业是铲土、运土、卸土三个工作行程和一个空载回驶行程。在施工中,由于挖填区的分布不同,为了提高生产效率,应根据不同施工条件(工程大小、运距长短、土的性质和地形条件等),选择合理的开行路线和施工方法。

1)作业开行路线方法

在场地平整施工中,铲运机的开行路线应根据场地挖、填方区分布的具体情况合理选择,这对提高铲运机的生产率有很大关系。铲运机的开行路线,一般有以下几种(见图4-2):

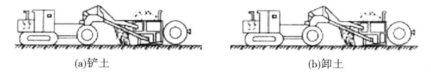

(a)铲土   (b)卸土

图4-2 铲运机作业示意图

(1)椭圆运行路线:适于长100 m内填土高1.5 m内的路堤、路堑及基坑开挖、场地平整等工程。

从挖方到填方按椭圆形路线回转。作业时应常调换方向行驶,以避免机械行驶部分的单侧磨损。见图4-3(a)。

(2)环形运行路线:适于工作面很短(50~100 m)和填方不高(0.1~1.5 m)的路堤、路堑、基坑以及场地平整等工程。

从挖方到填方均按封闭的环形路线回转。当挖土和填土交替,而刚好填土区在挖土区的两端时,即可采用大环形路线,其优点是一个循环能完成多次铲土和卸土,减少铲运机的转弯次数,提高生产效率。本法亦应常调换方向行驶,以避免机械行驶部分的单侧磨损。见图4-3(b)。

(3)"8"字形运行路线:适于开挖管沟、沟边卸土或取土坑较长(300~500 m)的侧向取土、填筑路基以及场地平整等工程。

装土运土和卸土时按"8"字形运行,一个循环完成两次挖土和卸土作业。装土和卸土沿直线开行时进行,转弯时刚好把土装完倾卸完毕,但两条路线间的夹角应小于60°。本法可减少转弯次数和空车行驶距离,提高生产率,同时一个循环中两次转弯方向不同,可避免机械行驶部分单侧磨损。见图4-3(c)。

(4)连续式运行路线:适于大面积场地平整填方和挖方轮次交替出现的地段采用。

在同一直线段连续地进行铲土和卸土作业。本法可消除跑空车现象,减少转弯次数,提高生产效率,同时还可以使整个填方面积得到均匀压实。见图4-3(d)。

(5)锯齿形运行路线:适于工作地段很长(500 m以上)的路堤、堤坝修筑时采用。

从挖土地段到卸土地段,以及从卸土地段到挖土地段都是顺转弯,铲土和卸土交错进行,直到工作段的末端才转180°弯,然后再按相反方向作锯齿形运行。本法调头转弯次数相对减小,同时运行方向经常改变使机械磨损减轻。见图4-3(e)。

(6)螺旋形运行线路:适于填筑很宽的堤坝或开挖很宽的基坑路堑。

成螺旋形运行,每一循环装卸土两次。本法可提高工效和压实系数。见图4-3(f)。

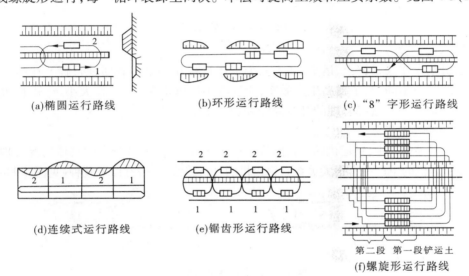

(a)椭圆运行路线　　　　(b)环形运行路线　　　　(c)"8"字形运行路线

(d)连续式运行路线　　　　(e)锯齿形运行路线

第二段　第一段铲运土
(f)螺旋形运行路线

图4-3　铲运机作业开行路线方法

2)铲运作业方法和提高生产率的方法

(1)下坡铲土法:适于斜坡地形大面积场地平整或推土回填沟渠用。

铲运顺地势(坡度一般3°~9°)下坡铲土,借机械往下运行重量产生的附加牵引力来增加切土深度和充盈数量,可提高生产率25%左右,最大坡度不应超过20°,铲土厚度以20 m为宜,平坦地形可将取土地段的一端先铲低,保持一定坡度向后延伸,创造下坡铲土条件,一般保持铲满铲斗的工作距离15~20 cm。在大坡度上应放低铲斗,低速前进。见图4-4(a)。

(2)跨铲法:适于较硬的土、铲土回填或场地平整。

在较坚硬的地段挖土时,采取预留土埂间隔铲土,土埂两边沟槽深度以不大于0.3 m、宽度在1.6 m以内为宜。本法铲土埂时增加了两个自由面,阻力减小,可缩短铲土时间和减少向外撒土,比一般方法可提高效率。见图4-4(b)。

(3)交错铲土法:适于一般比较坚硬的土的场地平整。

开始铲土的宽度取大一些,随着铲土阻力增加,适当减小铲土宽度,使铲运机能很快装

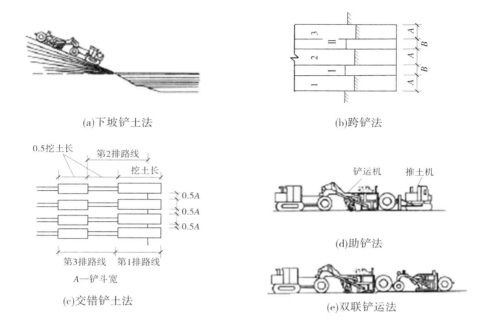

(a)下坡铲土法　　　　　　　　　　(b)跨铲法

(c)交错铲土法　　　　　　　　　　(d)助铲法

(e)双联铲运法

图4-4　铲运法

满土,当铲第一排时,互相之间相隔铲斗一般宽度,铲第二排土则退离第一排挖土长度的一半位置,与第一排所挖各条交错开,以下所挖各排均与第二排相同。见图4-4(c)。

（4）助铲法:适于地势平坦、土质较坚硬宽度大、长度长的大型场地平整工程。

在坚硬的土体中,自行铲运机再另配一台推土机在铲运机的后拖杆上进行顶推,协助铲土,可缩短每次铲土时间,装满铲斗,可提高生产率30%左右,推土机在助铲空余时间可做松土可零星的平整工作。助铲法取土场宽不宜小于20 m,长度不宜小于40 m,采用一台推土机配合3~4台铲运助铲时,铲运机的半周程距离不应小于250 m,几台铲运机要适当安排铲土次序和运行路线,互相交叉进行流水作业,以发挥推土效率。见图4-4(d)。

（5）双联铲运法:适于松软的土,进行大面积场地平整及筑堤时采用。

铲运机运土时所需牵引力较小,当下坡铲土时,可将两个铲斗前后串在一起,形成一起一落依次铲土、装土(称双联单铲)。当地面较平坦时,采取将两个铲斗串成同时起落,同时进行铲土,前者可提高工效20%~30%,后者可提高工效60%。见图4-4(e)。

3.正铲挖掘机

正铲挖掘机特点是:前进向上,强制切土。

1）正铲挖土机的作业方式

根据挖土机的开挖路线与运输工具的相对位置不同,其卸土方式有侧向卸土及后方卸土两种。正铲挖土机的作业方式见图4-5。

（1）侧向开挖,侧向装土:用于开挖工作面较大,深度不大的边坡、基坑(槽)、沟渠和路堑等,为最常用的开挖方法。

正铲向前方向挖土,汽车位于正铲的侧向装车。本法铲臂卸土回转角度最小(90°),装车方便,循环时间短,生产效率高。见图4-5(a)。

（2）后方挖土,后方卸土法:用于开挖工作面狭小且较深的基坑(槽)、管沟和路堑等。

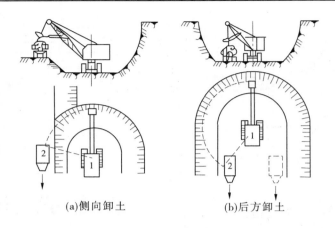

(a)侧向卸土　　　　　　　　(b)后方卸土

1—挖土机;2—汽车

图 4-5　正铲挖土机作业方式

正铲向前进方向挖土,汽车停在正铲的后面。本法开挖工作面较大,但铲臂卸土回转角度较大(在180°左右),且汽车要侧向行车,增加工作循环时间,生产效率降低(回转角度180°,效率约降低23%;回转角度130°,效率约降低13%)。见图4-5(b)。

挖土机挖土装车时,回转角度对生产率的影响数值见表4-6。

表 4-6　回转角度影响生产率参考

土的类别	回转角度		
	90°	130°	180°
一~四类土	100%	87%	77%

2)正铲提高生产率的方法

正铲提高生产率的方法见图4-6。

(1)分层开挖法:用于开挖大型基坑或沟渠,工作面高度大于机械挖掘的合理高度时采用。将开挖面按机械的合理高度分为多层开挖,当开挖面高度不能成为一次挖掘深度的整数倍时,则可在挖方的边缘或中部先开挖一条浅槽作为第一次挖方运输线路,然后再逐次开挖至基坑底部。

(2)多层开挖法:适于开挖高边坡或大型基坑。

将开挖面按机械的合理开挖高度分为多层,同时开挖,以加快速度。土方可分层运出,亦可分层递送,至最上层(或最下层)用汽车运去,但两台挖土机沿前进方向,上层应先开挖保持30~50 m距离。

(3)中心开挖法:适用于开挖较宽的山坡地段或基坑、沟渠等。

正铲先在挖土区中心开挖,当向前挖至回转角度超过90°时,则转向两侧开挖,运土汽车按"8"字形停放装土。本法开挖移位方便,回转角度小(小于90°),挖土区宽度宜在40 m以上,以便于汽车靠近正铲装车。

(4)上下轮换开挖法:适于土层较高,土质不太硬,铲斗挖掘距离很短时使用。先将土层上部1 m以下挖深30~40 cm,然后再挖土层上部1 m厚的土,如此上下轮换开挖。本法挖土阻力小,易装满铲斗,卸土容易。

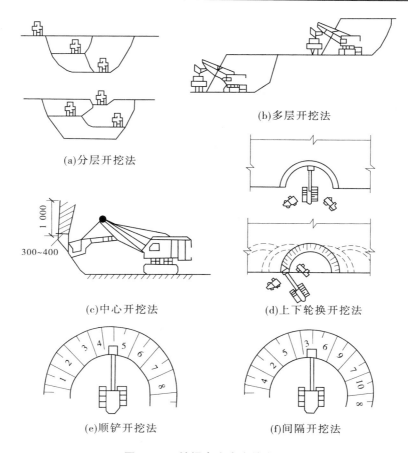

(a)分层开挖法

(b)多层开挖法

(c)中心开挖法

(d)上下轮换开挖法

(e)顺铲开挖法

(f)间隔开挖法

图4-6　正铲提高生产率的方法

（5）顺铲开挖法：适于土质坚硬,挖土时不易装满铲斗,而且装土时间长时采用。

铲斗从一侧向另一侧一斗换一斗地顺序开挖,使每次挖土增加一个自由面,阻力减小,易于挖掘,也可依据土质的坚硬程度使每次只挖2~3个斗牙位置的土。

（6）间隔开挖法：适于开挖土质不太硬且较宽的边坡或基坑、沟渠等。

在扇形工作面上第一铲与第二铲之间保留一定距离,使铲斗接触土体的摩擦面减少,两侧受力均匀,铲土速度加快,容易装满铲斗,生产效率提高。

3）正铲挖土机的工作面

正铲挖土机的工作面是指挖土机在一个停机点进行挖土的工作范围。工作面的形状和尺寸取决于挖土机的性能和卸土方式。根据挖土机作业方式不同,挖土机的工作面分为侧工作面与正工作面两种,见图4-7。

正工作面(挖土机后方卸土时的工作面)的形状和尺寸是左右对称的,与图4-7(a)平卸侧工作面的右半部相同。

侧工作面(挖土机侧向卸土时的工作面)根据运输工具与挖土机的停放标高是否相同又分为高卸侧工作面(车辆停放处高于挖土机停机面)及平卸侧工作面(车辆与挖土机在同一标高)。侧工作面的形状及尺寸见图4-7(b)。

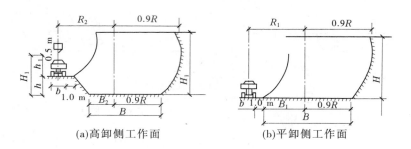

(a)高卸侧工作面　　　　　(b)平卸侧工作面

图 4-7　侧工作面形状及尺寸

4）正铲挖土机的开行通道

在正铲挖土机开挖大面积基坑时,必须对挖土机作业时的开行路线和工作面进行设计,确定出开行次序和次数,称为开行通道。当基坑开挖深度较小时,可布置一层开行通道,如图 4-8 所示,基坑开挖时,挖土机开行三次。第一次开行采用正向挖土,后方卸土的作业方式,为正工作面。挖土机进入基坑要挖坡道,坡道的坡度为 1:8 左右。第二、三次开行时采用侧方卸土的平侧工作面。

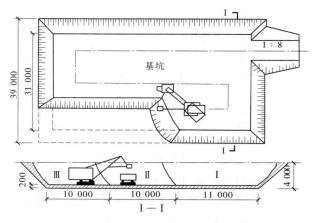

图 4-8　正铲挖土机开挖基坑时的开行通道

当基坑宽度稍大于正工作面的宽度时,为了减少挖土机的开行次数,可采用加宽工作面的办法,挖土机按"之"字形路线开行,如图 4-9 所示。

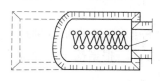

图 4-9　加宽工作面

当基坑的深度较大时,则开行通道可布置成多层,如图 4-10 所示,即为三层通道的布置。

4.反铲挖土机

反铲挖土机的特点是:后退向下,强制切土。反铲挖土机可以与自卸汽车配合,装土运走,也可弃土于坑槽附近。履带式液压反铲挖土机的工作尺寸见图 4-11。

反铲挖土机的作业方式可分为沟端开挖和沟侧开挖两种,见图 4-12。

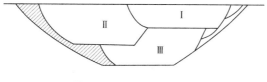

图4-10　三层通道布置

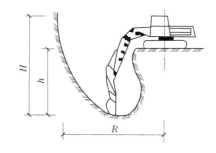

图4-11　履带式液压反铲挖土机工作尺寸

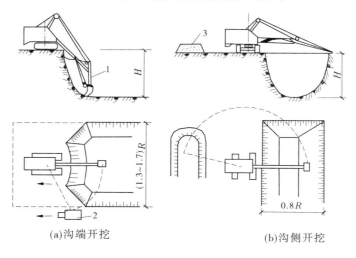

(a)沟端开挖　　　　　　　　(b)沟侧开挖

1—挖土机;2—自卸汽车;3—弃土堆

图4-12　反铲挖土机开挖作业方式

(1)沟端开挖法:适于一次成沟后退挖土,挖出土方随即运走时采用,或就地取土填筑路基或修筑堤坝等,见图4-13。

反铲挖土机停在基坑(槽)的端部,向后退挖土,同时往沟一侧弃土或装汽车运走。挖掘宽度可不受机械最大挖掘半径限制,臂杆回转仅45°~90°,同时可挖到最大深度,对较宽基坑可采用图示的方法,其最大一次挖掘宽度为反铲有效挖掘半径的两倍,但汽车须停在机身后面装土,生产效率降低。或采用几次沟端开挖法完成作业。

(2)沟侧开挖法:用于横挖土体和需将土方甩到离沟边较远的距埂时使用,见图4-13。反铲停于沟侧沿沟边开挖,汽车停在机旁装土或往沟一侧卸土。本法铲臂回转角度小,能将土宽度比挖掘半径小,边坡不好控制,同时机身靠沟边停放,稳定性较差。

(3)沟角开挖法:适于开挖土质较硬,宽度较小的沟槽(坑),见图4-13。反铲位于沟前端的边角上,随着沟槽的掘进,机身沿着沟边往后作"之"字形移动,臂杆

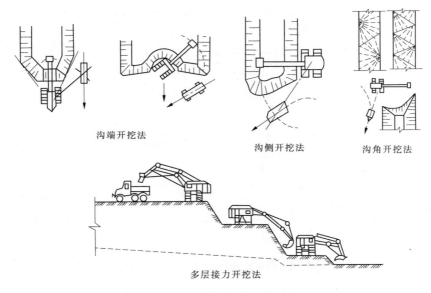

沟端开挖法　　　　沟侧开挖法　　沟角开挖法

多层接力开挖法

图 4-13　反铲挖土机工作方式

回转角度平均在 45°左右,机身稳定性好,可挖较硬土体,并能挖出一定的坡度。

(4)多层接力开挖法:适于开挖土质较好,深 10 m 以上的大型基坑、沟槽和渠道,见图 4-13。

用两台或多台挖土机设在不同作业高度上同时挖土,边挖土,边向上传递到上层,由地表挖土机连挖土带装车。上部可用大型反铲,中、下层用大型或小型反铲,以便挖土和装车均衡连续作业。一般两层挖土可挖深 10 m,三层可挖深 15 m 左右,本法开挖较深基坑可一次开挖到设计标高,一次完成,可避免汽车在坑下装运作业,提高生产效率,且不必设专用垫道。

5.拉铲挖土机

拉铲挖土机的特点是:后退向下,自重切土。拉铲挖土时,吊杆倾斜角度应在 45°以上,先挖两侧然后中间,分层进行,保持边坡整齐;距边坡的安全距离应不小于 2 m。履带式拉铲挖土机的工作性能见图 4-14。

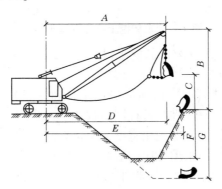

图 4-14　履带式拉铲挖土机的工作性能

1)作业方法

拉铲挖土机作业方式与反铲挖土机相同,有沟端开挖及沟侧开挖两种,见图 4-15。

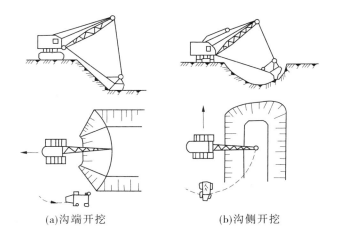

(a)沟端开挖   (b)沟侧开挖

图 4-15　拉铲挖土机开挖方法

（1）沟端开挖:适于就地取土、填筑路基及修筑堤坝等。

拉铲停在沟侧,倒退着沿沟纵向开挖,开挖宽度可以达到机械挖土半径的两倍,能两面出土,汽车停放在一侧或两侧,装车角度小,坡度较易控制,并能开挖较陡的坡。

（2）沟侧开挖:适用于开挖土方就地堆放的基坑、槽以及填筑路堤等工程。

拉铲停在沟侧沿沟横向开挖,沿沟边与沟平行移动,如沟槽较宽,可在沟槽的两侧开挖。本法开挖宽度和深度均较小,一次开挖宽度约等于挖土半径,且开挖边坡不易控制。

2）提高生产率的方法

（1）三角开挖法:适于开挖宽度在 8 m 左右的沟槽。

拉铲按"之"字形移位,与开挖沟槽的边缘成45°角左右。本法拉铲的回转角度小,生产率高,而且边坡开挖整齐。

（2）分段拉土法:适于开挖宽度大的基坑、槽、沟渠工程。

在第一段采取挖土,第二段机身沿 AB 线移动进行分段挖土,如沟底（或坑底土质较硬,地下水位较低时,应使汽车停在沟下装土,铲斗装土稍微提起即可装车,能缩短铲斗起落时间,又能减小臂杆的回转角度。

（3）分层拉土法:适于开挖较深的基坑,特别是圆形或方形基坑。

拉铲从左到右,或从右到左顺序逐层挖土,直至全深。本法可以挖得平整,拉铲斗的时间可以缩短,当土装满铲斗后,可以从任何高度提起铲斗,运送土时的提升高度可减少到最低限度,但落斗时要注意将拉斗钢绳与落斗钢绳一起放松,使铲斗垂直下落。

（4）顺序挖土法:适于开挖土质较硬的基坑。

挖土时,先挖两边,保持两边低、中间高的地形,然后顺序向中间挖土。本法挖土只两边遇到阻力,较省力,边坡可以挖得整齐,铲斗不会发生翻滚现象。

（5）转圈挖土法:适于开挖较大、较深圆形基坑。

挖铲在边线外顺圆周转圈挖土,形成四周低、中间高的地形,可防止铲斗翻滚,当挖到 5 m 以下时,则需配合人工在坑内沿坑周边往下挖一条宽50 cm、深40～50 cm 的槽,然后进行开挖直至槽底平,接着再人工挖槽,再用拉铲挖土,如此循环作业至设计标高为止。

（6）扇形挖土法:适于挖直径和深度不大的圆形基坑或沟渠。

拉铲先在一端挖成一个锐角形,然后挖土机沿直线按扇形后退,挖土直至完成。本法挖土机移动次数少,汽车在一个部位循环,道路少,装车高度小。

6. 抓铲挖土机

抓铲挖土机的施工特点是:直上直下,自重切土。抓铲能在回转半径范围内开挖基坑上任何位置上的土方,并可在任何高度上卸土(装车或弃土)。

抓铲挖土机适于开挖土质比较软、施工面狭窄而深的基坑、深槽、沉井及清理河泥等工程。最适宜进行水下挖土;或用于装卸碎石、矿渣等松散材料(见图4-16)。

作业方法如下:

(1)对小型基坑,抓铲立于一侧抓土。

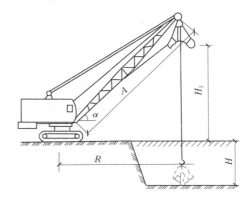

图 4-16　履带式抓铲挖土机

(2)对较宽的基坑,则在两侧或四侧抓土,抓铲应离基坑边一定距离。

(3)土方可装自卸汽车运走或堆弃在基坑旁或用推土机推运到远处堆放。

(4)挖淤泥时,抓斗易被淤泥吸住,应避免用力过猛,以防翻车,抓铲施工,一般均需加配重。

7. 装卸机

装卸机作业方法与推土机基本相同。在土方工程中,也有铲装、转运、卸料、返回等四个作业过程。

适用于松软土层的表面剥离、浅基坑开挖、地面平整和场地清理,以及装卸土方和砂石等散料,亦可用于土方的回填、预压实,但不适于在淤泥质黏土层使用。

铲装土方法如下:

(1)对大面积浅基坑,可分层铲土,先积集在一个或数个中间点,然后再装车运出;堆土高度以 3 m 以内为宜。

(2)对高度不大的挖方,可采取上下轮换开挖,可先将土层下部 1 m 以下的土铲 30 ~ 40 cm,然后再铲土层上部 1 m 厚的土,上下轮换开挖。

(3)土方可装自卸汽车运走或堆弃在基础旁或直接运至远处堆放。

五、场地平整土方量的计算

场地平整前,要确定场地的设计标高,计算挖填土方量以便据此进行土方挖填平衡计算,确定平衡调配方案,并根据工程规模、施工期限、现场机械设备条件,选用土方机械,拟订施工方案。

(一)场地平整高度的计算

对较大面积的场地平整,正确地选择场地平整高度(设计标高),对节约工程投资、加快建设速度均具有重要意义。一般选择原则是:在符合生产工艺和运输的条件下,尽量利用地形,以减少挖方数量;场地内的挖方量与填方量应尽可能达到互相平衡,以降低土方运输费用;同时应考虑最高洪水线的影响等。

　　场地平整高度计算常用的方法为"挖填土方量平衡法",因其概念直观,计算简便,精度能满足工程要求,应用最广泛,其计算步骤和方法如下。

　　1. 计算场地设计标高

　　如图 4-17(a)所示,将地形图划分为方格网(或利用地形图的方格网),每个方格的角点标高,一般可根据地形图上相邻两等高线的标高,用插入法求得。当无地形图时,亦可在现场打设木桩定好方格网,然后用仪器直接测量。

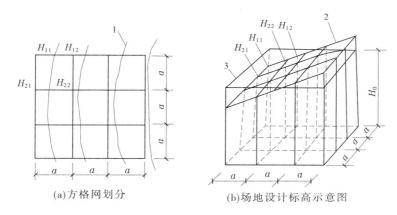

(a)方格网划分　　　　(b)场地设计标高示意图

1—等高线;2—自然地坪;3—设计标高平面;
a—方格网边长,m;$H_{11} \sim H_{22}$—任一方格的四个角点的标高,m

图 4-17　场地设计标高计算简图

　　一般要求是,使场地内的土方在平整前和平整后相等而达到挖方和填方量平衡,如图 4-17(b)所示。设达到挖填平衡的场地平整标高为 H_0,则由挖填平衡条件,H_0 值可由下式求得:

$$H_0 = (\sum H_1 + 2 \sum H_2 + 3 \sum H_3 + 4 \sum H_4)/4N$$

式中　　N——方格网数,个;

　　　　H_1——一个方格共有的角点的标高,m;

　　　　H_2——二个方格共有的角点的标高,m;

　　　　H_3——三个方格共有的角点的标高,m;

　　　　H_4——四个方格共有的角点的标高,m。

　　2. 考虑设计标高的调整值

　　上式计算的 H_0 为一理论数值,实际尚需考虑:

　　(1)土的可松性。

　　(2)设计标高以下各种填方工程用土量,或设计标高以上的各种挖方工程量。

　　(3)边坡填挖土方量不等。

　　(4)部分挖方就近弃土于场外,或部分填方就近从场外取土等因素。

　　考虑这些因素所引起的挖填土方量的变化后,适当提高或降低设计标高。

　　3. 考虑排水坡度对设计标高的影响

　　上式计算的 H_0 未考虑场地的排水要求(场地表面均处于同一个水平面),实际均应有一定的排水坡度。如场地面积较大,应有 2% 以上的排水坡度。尚应考虑排水坡度对设计标高的影响。故场地内任一点实际施工时所采用的设计标高 H_n(m)可由下式计算:

单向排水时

$$H_n = H_0 + L \times i$$

双向排水时

$$H_n = H_0 \pm L_x \times i_x \pm L_y \times i_y$$

式中　L——该点至 H_n 的距离;

　　　i——x 方向或 y 方向的排水坡度(不少于2‰);

　　　L_x、L_y——该点距场地中心线的距离,m;

　　　i_x、i_y——x 方向和 y 方向的排水坡度;

　　　$\pm$——该点比 H_n 高则取" + "号,反之取" - "号。

(二)场地平整土方工程量的计算

在编制场地平整土方工程施工组织设计或施工方案、进行土方的平衡调配以及检查验收土方工程时,常需要进行土方工程量的计算。计算方法有方格网法和横截面法两种。

1. 方格网法

用于地形较平缓或台阶宽度较大的地段。计算方法较为复杂,但精度较高,其计算步骤和方法如下。

1)划分方格网

根据已有的地形图(一般用 1∶500 的地形图)将欲计算场地划分成若干个方格网,尽量与测量的纵横坐标网对应,方格一般采用20 m×20 m 或40 m×40 m,将相应设计标高和自然地面标高分别标注在方格点的右上角和右下角。将自然地面标高与设计地面标高的差值,即各角点的施工高度(挖或填),填在方格网的左上角,挖方为(-),填方为(+)。

2)计算零点位置

在一个方格网内同时有填方或挖方时,应先算出方格网上的零点位置,并标注于方格网上,连接零点即得填方区的分界线(零线)。

零点的位置按下式计算(见图4-19):

$$x_1 = h_1/(h_1 + h_2) \times a$$
$$x_2 = h_2/(h_1 + h_2) \times a$$

式中　x_1、x_2——角点至零点的距离,m;

　　　h_1、h_2——相邻两角点的施工高度,m,均用绝对值;

　　　a——方格网的边长,m。

为省略计算,亦可采用图解法直接求出零点位置,如图 4-18 所示,方法是用尺在各角点上标出相应比例,用尺连接,与方格相交点即为零点位置。这种方法可避免计算(或查表)出现的错误。

3)计算土方工程量

按方格网底面积图形和表 4-7 所列体积计算公式计算每个方格内的挖方量和填方量,或用查表法计算,有关计算见表4-7。

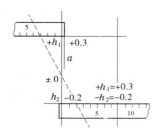

图 4-18　零点位置图解法

表 4-7 有关体积计算公式

一点挖方或填方(三角形)			$V = \dfrac{1}{2}bc\dfrac{\sum h}{3} = \dfrac{bch_3}{6}$ 当 $b = a = c$ 时, $V = \dfrac{a^2 h_3}{6}$
二点挖方或填方(梯形)			$V_+ = \dfrac{b+c}{2}a\dfrac{\sum h}{4} = \dfrac{b+c}{8}a(h_1 + h_3)$ $V_- = \dfrac{d+e}{2}a\dfrac{\sum h}{4} = \dfrac{d+e}{8}a(h_2 + h_4)$
三点挖方或填方(五角形)			$V = \left(a^2 - \dfrac{bc}{2}\right)\dfrac{\sum h}{5}$ $= \left(a^2 - \dfrac{bc}{2}\right)\dfrac{h_1 + h_2 + h_3}{5}$
四点挖方或填方(正方形)			$V = \dfrac{a^2}{4}\sum h = \dfrac{a^2}{4}(h_1 + h_2 + h_3 + h_4)$

注:1. a—方格网的边长,m;b、c—零点到一角的边长,m;h_1、h_2、h_3、h_4—方格网四角点的施工高,用绝对值代入;$\sum h$—填方或挖方施工高度总和,m,用绝对值代入;V—挖方或填方的体积,m^3。

2. 本表计算公式是按各计算图形底面面积乘以平均施工高度而得出的。

4)计算土方总量

将挖方区(或填方区)所有方格计算土方量汇总,即得该场地挖方和填方的总方量。

2. 横截面法

横截面法适用于地形起伏变化较大地区,或者地形狭长、挖填深度较大又不规则的地区采用,计算方法较为简单方便,但精度较低。其计算步骤和方法如下:

(1)划分截面法。

根据地形图、竖向布置或现场测绘,将要计算的场地划分横截面 AA'、BB'、CC'、…(见图4-19),使截面尽量垂直于等高线或主要建筑物的边长,各截面间的间距可以不等,一般可用 10 m 或 20 m,在平坦地区可用大些,但最大不大于 100 m。

(2)画横截面图形。

按比例尺绘制每个横截面的自然地面和设计地面的轮廓线。自然地面轮廓线与设计地面轮廓线之间的面积,即为挖方或填方的截面。

(3)计算横截面面积。

(4)计算土方量。

根据横截面面积按下式计算土方量:

$$V = (A_1 + A_2) \times S/2$$

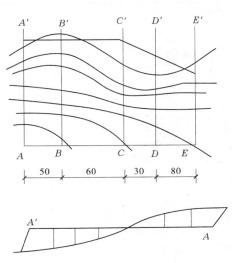

图 4-19　画横截面示意图

式中　V——相邻两横截面间的土方量；

　　　$A_1 + A_2$——相邻两横截面的挖(–)或填(+)的截面面积，m^2；

　　　S——相邻两横截面的间距，m。

根据横截面面积计算公式，计算每个截面的挖方或填方截面面积，见表 4-8。

（5）土方量汇总。

按表 4-9 格式汇总全部土方量。

表 4-8　截面面积计算公式

横截面图式	截面面积计算公式
	$A = h(b + nb)$
	$A = h\left[b + \dfrac{h(m + n)}{2} \right]$
	$A = b\dfrac{h_1 + h_2}{2} + nh_1 h_2$

续表 4-8

横截面图式	截面面积计算公式
	$A = h_1 \dfrac{a_1 + a_2}{2} + h_2 \dfrac{a_2 + a_3}{3} + h_3 \dfrac{a_3 + a_4}{2} + h_4 \dfrac{a_4 + a_5}{2}$
	$A = \dfrac{a}{2}(h_0 + 2h + h_n)$ $h = h_1 + h_2 + h_3 + h_4 + h_5$

表 4-9　土方量汇总表

截面	填方面积(m²)	挖方面积(m²)	截面间距(m)	填方体积(m³)	挖方体积(m³)
A—A′					
B—B′					
C—C′					
合计					

（三）边坡土方量计算

用于平整场地、修筑路基、路堑的边坡挖、填土方量的计算,常用图解法。

图解法系根据地形图和边坡竖向布置图现场测绘,将要计算的边坡划分为两种近似的几何形体(见图 4-20),一种为三角棱体(如体积①~③、⑤~⑪);另一种为三角棱柱体(如体积④),然后应用表 4-10 几何公式分别进行土方计算,最后将各块汇总即得场地总挖土(-)、填土(+)量。

边坡三角棱体、棱柱体计算公式见表 4-10。

（四）土方的平衡和调配计算

计算出土方的施工标高、挖填区面积、挖填区土方量,并考虑各种变动因素(如土的松散率、压缩率、沉降量等)进行调整后,应对土方进行综合平衡与调配。土方平衡调配工作是土方规划设计的一项重要内容,其目的在于使土方运输量或土方运输成本为最低的条件下,确定填、挖方区土方的调配方向和数量,从而达到缩短工期和提高经济效益的目的。

进行土方平衡与调配,必须综合考虑工程和现场情况、进度要求和土方施工方法以及分期、分批施工工程的土方堆放和调运问题,经过全面研究,确定平衡调配的原则之后,才可着手进行土方平衡与调配工作,如划分土方调配区,计算土方的平均运距、单位土方的运价,确定土方的最优调配方案。

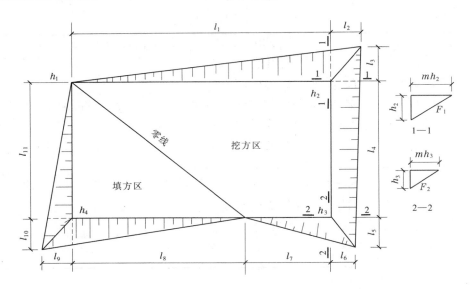

图 4-20　场地边坡计算简图

表 4-10　边坡三角棱体、棱柱体计算公式

项目	计算公式	符号意义
边坡三角棱体体积	边坡三角棱体体积 V 可按下式计算： $V_1 = 1\ 2F_1 l_1$ 其中 $F_1 = \dfrac{h_2(mh_2)}{2} = \dfrac{mh_2^2}{2}$ V_2、V_3、$V_5 \sim V_{11}$ 计算方法同上	V_1、V_2、V_3、$V_5 \sim V_{11}$—边坡①、②、③、⑤ ~ ⑪三角棱体体积，m^3： l_1—边坡①的边长，m； F_1—边坡①的端面面积，m^2； h_2—角点的挖土高度，m； m—边坡的坡度系数；
边坡三角棱柱体体积	边坡三角棱柱体体积 V_4 可按下式计算：$V_4 = \dfrac{F_1 + F_2}{2}l_4$，当两端横截面面积相差很大时，则 $V_4 = \dfrac{l_4}{6}(F_1 + 4F_0 + F_2)$，$F_1$、$F_2$、$F_0$ 计算方法同上	V_4—边坡④三角棱柱体体积，m^3； l_4—边坡④的长度，m； F_1、F_2、F_0—边坡④两端及中部的横截面面积

1. 土方的平衡与调配原则

（1）挖方与填方基本达到平衡，减少重复倒运。

（2）挖(填)方量与运距的乘积之和尽可能为最小，即总土方运输量或运输费用最小。

（3）好土应用在回填密实度要求较高的地区，以免出现质量问题。

（4）取土或弃土应尽量不占农田或少占农田，弃土尽可能用于有规划地造田。

（5）分区调配应与全场调配相协调，避免只顾局部平衡，任意挖填而破坏全局平衡。

（6）调配应与地下构筑物的施工相结合，地下设施的填土，应留土后填。

（7）选择恰当的调配方向、运输路线、施工顺序，避免土方运输出现对流和乱流现象，同时便于机具调配、机械化施工。

2. 土方平衡与调配的步骤和方法

土方平衡与调配需编制相应的土方调配图,其步骤如下:

(1)划分调配区。在平面图上先画出挖填区的分界线,并在挖方区和填方区适当划出若干调配区,确定调配区的大小和位置。划分时应注意以下几点:

划分应与房屋和构筑物的平面位置相协调,并考虑开工顺序、分期施工顺序。调配区大小应满足土方施工用主导机械的行驶操作尺寸要求。

调配区范围应和土方工程量计算用的方格网相协调,一般可由若干个方格组成一个调配区。

当土方运距较大或场地范围内土方调配不能达到平衡时,可考虑就近借土或弃土,此时一个借土区或一个弃土区可作为一个独立调配区。

(2)计算各调配区的土方量并标明在图上。

(3)计算各挖、填方调配区之间的平均运距,即挖方区土方重心至填方区土方重心的距离,取场地或方格网中的纵横两边为坐标轴,以一个角作为原点,按下式求出挖方或填方调配区土方重心坐标 X_0 或 Y_0。

$$X_0 = \left(\sum x_i V_i \right) \Big/ \sum V_i$$
$$Y_0 = \left(\sum y_i V_i \right) \Big/ \sum V_i$$

式中　x_i、y_i——i 块方格的重心坐标;

　　　　V_i——i 块方格的土方量。

填、挖方区之间的平均运距 L_0 为:

$$L_0 = \sqrt{(x_{0T} - x_{0W})^2 + (y_{0T} - y_{0W})^2}$$

式中　x_{0T}、y_{0T}——填方区的重心坐标;

　　　　x_{0W}、y_{0W}——挖方区的重心坐标。

土方调配区间的平均运距见图 4-21。

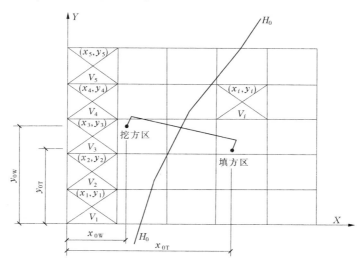

图 4-21　土方调配区间的平均运距

　　一般情况下,亦可用作图法近似求出调配区的形心位置。以代替重心坐标,重心坐标求出后,标于图上,用比例尺量出每对调配区的平均运输距离(L_{11}、L_{12}、L_{13}、…)。

　　所有挖填方调配区之间的平均运距均需一一计算,并将计算结果列于土方平衡与运距表内(见表4-11)。

表4-11　土方平衡与运距表

挖方区 ＼ 填方区	B_1		B_2		B_3		B_4		…	B_n		挖方量(m^2)
A_1		L_{11}		L_{12}		L_{13}		L_{14}	…		L_{1n}	a_1
	X_{11}		X_{12}		X_{13}		X_{14}			X_{1n}		
A_2		L_{21}		L_{22}		L_{23}		L_{24}	…		L_{2n}	a_2
	X_{21}		X_{22}		X_{23}		X_{24}			X_{2n}		
A_3		L_{31}		L_{32}		L_{33}		L_{34}	…		L_{3n}	a_3
	X_{31}		X_{32}		X_{33}		X_{34}			X_{3n}		
A_4		L_{41}		L_{42}		L_{43}		L_{44}	…		L_{4n}	a_4
	X_{41}		X_{42}		X_{43}		X_{44}			X_{4n}		
⋮												
A_n		L_{n1}		L_{n2}		L_{n3}		L_{n4}	…		L_{nn}	a_n
	X_{n1}		X_{n2}		X_{n3}		X_{n4}			X_{nn}		
填方量(m^3)	b_1		b_2		b_3		b_4		…	b_n		

　　注:L_{11}、L_{12}、L_{13}…——挖填方之间的平均运距;X_{11}、X_{12}、X_{13}…——调配土方量。

　　当填、挖方调配区之间的距离较远,采用自行式铲运机或其他运土工具沿现场道路或规定的路线运土时,其运距应按实际情况进行计算。

　　(4)确定土方最优调配方案。对于线形规划中的运输问题,可以用"表上作业法"求解,使总土方运输量 W 为最小值,即为最优调配方案。W 计算公式为

$$W = \sum_{i=1}^{n} \sum_{j=1}^{n} L_{ij} \cdot x_{ij}$$

式中　L_{ij}——各调配区之间的平均运距,m;

　　　　X_{ij}——各调配区的土方量,m^3。

　　(5)汇出土方调配图。根据以上计算,标出调配方向、土方数量及运距(平均运距包括施工机械前进、倒退和转弯必需的最短长度)。

六、施工准备

(一)技术准备

土方平衡与运距表见表4-11。

(1)学习审查图纸,核对平面尺寸和标高,了解工程规模、特点、工程量和质量要求;审查地基处理和基础设计,做好图纸会审工作。

(2)熟悉土层地质、水文勘查资料,搞清楚地下构筑物、基础平面与周围地下设施的关系。

(3)平整前将收集施工需要的各种资料,包括现场的地形、地貌、地质水文、河流、气象、运输道路现状,地下、地面上施工范围内的障碍物和堆积物状况,供水、供电、通信情况,以便为施工规划和准备提供可靠的资料和数据。

(4)研究现场场地平整的施工方案,绘制施工总平面布置图和场地平整图,确定开挖路线、顺序、范围、场地标高或基底标高、边坡坡度、排冰沟和集水井位置,场地平整的土方调配方案,多余土方的堆放地点、运距。

(5)对施工人员进行详细的技术、安全、文明交底。

(二)材料准备

做好临时设施用料和机械用油料计划、采购和进场组织工作,按施工平面布置图进行存放和保管。

1.主要机具

主要机具包括挖土、运输、夯实机械及其他辅助设备,如推土机、铲运机、装载机、挖掘机、自卸汽车等。

2.作业条件

(1)现场已做勘查,根据实际情况编写了场地施工方案。

(2)现场已做好清理工作,影响施工的建(构)筑物、障碍物已清除,影响施工的管线等已处理完毕。

(3)施工机械与人员已到位。

(4)必要的临时设施和临时道路已搭设。

七、施工工艺

(一)工艺流程

现场勘查→清除地面障碍物→标定整平范围→设置水准基点→设置方格网、测量标高→计算土方挖填工程量→平整土方→场地碾压→验收。

(二)施工要点

(1)现场勘察:当确定平整工程后,施工人员首先应到现场进行勘察,了解场地地形地貌和周围环境。根据建筑总平面图及规划了解并确定现场平整场地的大致范围。

(2)清除地面障碍物:场地内的障碍物如树木、管线、房屋、坟墓等清理干净,在黄土区或有古墓区,应在工程基础部位,按设计要求位置,用洛阳铲进行详探,发现墓穴、土洞、地道、地窖、废井等,应对地基进行局部处理。场地清扫时,为防止扬尘,要先洒水,然后清扫,洒水以地面润湿为准,不得多洒导致污水流淌。清理出的垃圾不能及时运走时,要用密目网予以覆盖,密目网之间予以搭接并用钢丝扎紧。

(3)设置水准基点:根据总图要求的标高,从水准基点引进基准标高作为确定土方量计算的基点。土方量的计算有方格网法和横截面法,可根据地形情况采用。现场抄平的程序和方法由确定的计算方法进行。通过抄平测量,可计算出该场地按设计要求平整需挖土和回填的土方量,再考虑基础开挖还有多少挖出(减去回填)的土方量,并进行挖填方的平衡计算,做好土方平衡调配,减少重复挖运,以节约费用。

(4)大面积平整土方宜采用机械进行,如推土机、铲运机推运平整土方;有大量挖方应用挖土机进行。在平整过程中要交错用压路机压实。

(5)平整场地的表面坡度应符合设计要求,如设计无要求,一般应向排水沟方向做成不小于0.2%的坡度。

(6)平整后的场地表面应逐点检查,检查点为每100~400 m^2 取1点,但不少于10点;长度、宽度和边坡均为每20 m取1点,每边不少于1点。

(7)场地平整应经常测量和校核其平面位置、水平标高和边坡坡度是否符合设计要求。平面控制桩和水准控制点应采取可靠的措施加以保护,定期复测和检查,土方不应堆在边坡边缘。

八、成品保护措施

(1)引进现场的测量控制点(坐标点、水准基点)应加以保护,防止在场地平整过程中受破坏,并应定期进行复测校核,保证其正确性。

(2)在场地平整过程中和平整完成后均应注意排水设施的保护,保持现场排水系统的畅通,以防止下雨后场地大面积积水或场地泥泞,影响施工作业。

九、安全、环保措施

(1)机械操作人员应持证上岗,严禁无证人员动用装卸设备。

(2)机械施工应严格按照操作规程作业,严禁违章作业。

(3)如场地作业区距居民较近,应尽量减少夜间施工作业,并应采取机械噪声控制措施。一是设置高度不低于1.8 m围墙,为进一步降噪,可使用隔声布降低噪声。隔声布的高度根据噪声源及传播方向确定。二是场内运输与作业路线尽量远离居民住宅。三是选择机械时尽量考虑低噪声的设备。四是作业时斗车轻放轻倒。

(4)运输车辆场外行驶时应用加盖车辆或采取覆盖措施,以防遗洒污染道路和环境。

(5)严格控制机械尾气,如有需要应设置尾气吸收罩。

第二节 基坑(槽)人工挖土

基坑(槽)人工挖土系采用人力对基坑进行分层开挖,以达到基础或地下设施设计要求的尺寸和标高,并保证基土符合设计规定,施工作业安全。适用于各种建(构)筑物的基坑(槽)和管沟土方工程。

一、主要机具设备

（一）机械设备

机动翻斗车、皮带输送机、水泵等。

（二）主要工具

十字镐、铁锹、大锤、钢钎、钢撬棍、手推车等。

二、作业条件

（1）开挖前应清除或拆迁开挖区域内地上和地下障碍物，对靠近基坑（槽）的原有建筑物、电杆、塔架等采取防护或加固措施。

（2）完成场地平整，并应有一定坡向，同时挖好临时排水沟，以保证边坡不被冲刷塌方，基土不被地面水浸泡破坏，同时修筑好运输道路。

（3）查清工程场地的地质、水文资料及周围环境情况，根据施工具体条件，制订土方开挖、运输、堆放和土方调配平衡方案。

（4）开挖有地表滞水和地下水的基坑（槽）、管沟时，应做好地表、基坑的排水或降低地下水位，并做好土壁加固的机具和材料准备。

（5）根据建筑总平面和基础平面图进行测量放线，设置控制定位轴线桩、龙门板或水平桩，放出挖土灰线，经检查并办完预检手续。

夜间作业，应根据需要设置照明设施，在危险区域设置明显警戒标志。

三、施工操作工艺

（1）基坑（槽）开挖应按放线定出的开挖宽度，分块（段）分层挖土。根据土质和水文情况，采取在四侧或两侧直立开挖或放坡开挖，以保证施工操作安全。

（2）在天然湿度的均质土中开挖基坑（槽）和管沟，且无地下水时，挖方边坡可作直立壁，不加支撑，但挖方深度不得超过表4-12的规定，基坑（槽）宽应稍大于基础宽。如超过表4-12规定的深度，但不大于5 m，应根据土质和施工具体情况进行放坡，以保证不坍方，其最陡坡度按表4-13采用。

表4-12　基坑（槽）和管沟不加支撑时的容许深度

项次	土的种类	容许深度（m）
1	密实、中密的砂土和碎石类土（充填物为砂土）	1.00
2	硬塑、可塑的粉质黏土及粉土	1.25
3	硬塑、可塑的黏土和碎石类土（充填物为黏性土）	1.50
4	坚硬的黏土	2.00

表 4-13　深度在 5 m 内的基坑（槽）管沟边坡的最陡坡度

土的类别	边坡坡度（高∶宽）		
	坡顶无荷载	坡顶有静载	坡顶有动载
中密的砂土	1∶1.00	1∶1.25	1∶1.50
中密的碎石类土（充填物为砂土）	1∶0.75	1∶1.00	1∶1.25
硬塑的粉土	1∶0.67	1∶0.75	1∶1.00
中密的碎石类土（充填物为黏性土）	1∶0.50	1∶0.67	1∶0.75
硬塑的粉质黏土、黏土	1∶0.33	1∶0.50	1∶0.67
老黄土	1∶0.10	1∶0.25	1∶0.33
软土（经井点降水后）	1∶1.00	—	—

注：1. 静载指堆土或材料等；动载指机械挖土或汽车运输作业等；静载或动载应距挖方边缘 0.8 m 以外，堆土或材料高
　　　度不宜超过 1.5 m。

　　2. 当有成熟经验时，可不受本表限制。

（3）当开挖基坑（槽）的土体含水率大而不稳定，或基坑较深，或受到周围场地限制需用较陡的边坡或直立开挖而土质较差时，应采用临时性支撑加固。开挖宽度较大的基坑，当在局部地段无法放坡，或下部土方受到基坑尺寸限制不能放较大坡度时，则应在下部坡脚采取加固措施。如采用短桩与横隔板支撑或砌砖、毛石或用编织袋、草袋装堆砌临时矮挡土墙保护坡脚。当开挖深基坑时，则须采取半永久性的、安全可靠的支护措施。

（4）基坑（槽）开挖程序一般是：测量放线→切线分层开挖→排降水→修坡→整平→留足预留土层等。相邻基坑开挖时，应遵循先深后浅或同时进行的施工程序。挖土应自上而下水平分段分层进行，边挖边检查坑底宽度，不够时及时修整，每 1 m 左右修边一次，至设计标高，再统一进行一次修坡清底，检查坑底宽和标高，要求坑底凹凸不超过 1.5 cm。在已有建筑物侧挖基坑（槽）应间隔分段进行，每段不超过 2 m，相邻段开挖应待已挖好的槽段基础完成并回填夯实后进行。

（5）开挖条形浅基坑（槽）不放坡，应沿灰线里面切出基槽的轮廓线。对普通软土，可自上而下分层开挖，每层深度为 30～60 cm，从开挖端向后倒退按踏步型挖掘；对黏土、坚硬黏土和碎石类土，先用镐刨松后，再向前挖掘，每层挖土厚度 15～20 cm，每层应清底和出土，然后逐步挖掘。

（6）基坑（槽）、管沟放坡，应先按规定的坡度粗略开挖，再分层按坡度要求做出坡度线，每隔 3 m 左右做一条，以此线为准进行铲坡。开挖深基坑（槽）或管沟时，为了弃土方便，可根据土质特点将坡度沿全高做出 1～2 个宽 0.7～0.8 m 的台阶，作为倒土台。然后按线基坑（槽）或管放坡分阶开挖，从下阶弃到上阶台后，再从倒土台弃至槽边，完成流水作业。

（7）基坑（槽）开挖尽量防止对地基土的扰动。当基坑用人工挖土，挖好后不能立即进行下道工序时，应预留 15～30 cm 一层土不挖，待下道工序开始前再挖至设计标高。

（8）在地下水位以下挖土，应在基坑（槽）四侧随挖土随挖好临时排水沟和集水井，将水位降至坑底以下 500 mm，以利挖方进行。降水工作应持续到基础（包括地下水位下回填土）施工完成。

(9)在基坑(槽)边缘上侧堆土或堆放材料时,应与基坑边缘保持1 m以上距离,以保证坑边直立壁或边坡的稳定。当土质良好时,堆土或材料应距挖方边缘0.8 m以外,高度不宜超过1.5 m,并在已完基础一侧不应过高堆土,以免使基础、墙、柱产生歪斜裂缝。

(10)在原有建筑物或构筑物开挖深基坑应分段进行,每段长不大于4 m,段与段之间相隔不小于4 m;如开挖的基坑(槽)深于邻近建筑基础,开挖应保持一定的距离和坡度,以免影响邻近建筑基础的稳定,一般应满足下列要求:$h/l \leqslant 0.5 \sim 1.0$。如不能满足要求,应采取在坡脚设挡墙或支撑进行加固处理。

(11)开挖基坑(槽)或管沟不得超过基底标高,如个别地方超挖,应用与基土相同的土料补填,并夯实。在重要部位超挖时,可用低强度等级混凝土填补,并应取得设计单位同意。

(12)在基坑(槽)挖土过程中,应随时注意土质变化情况,如基底出现软弱土层、枯井、古墓,应与设计单位共同研究,采取加深、换填或其他加固地基方法处理。

(13)雨期施工时,基坑(槽)应分段开挖,挖好一段浇筑一段垫层,并在基坑(槽)两侧挖排水沟,以防地面雨水流入基坑(槽);同时应经常检查边坡和支护稳定情况,必要时适当放缓边坡坡度或设置支撑,以防止坑壁受水浸泡造成塌方。

(14)基坑(槽)挖完后应进行验槽,一般采用钎探,是用锤把钢钎打入坑(槽)底的基土内,根据每打入一定深度的锤击数,来判断地基土质情况。基坑(槽)或管沟挖至基底标高,经钎探后,应会同设计、勘察、建设、监理及质量监督等部门,检查基底土质是否符合设计要求;对不符合要求的松软土层、洞穴、孔洞等,应做出地基处理记录,认真进行处理,完全符合设计要求后,参加各方应签证隐蔽工程记录,作为竣工资料保存。

四、质量标准

(一)基本要求

柱基、基坑(槽)和管沟基底的土质必须符合设计要求,并严禁扰动。

(二)检验标准

土方人工开挖工程质量检验标准见表4-14。

表4-14　土方人工开挖工程质量检验标准　　　　　　　　　　(单位:mm)

项目			允许偏差或允许值(mm)				检验方法
			柱基基坑基槽	挖方场地平整	管沟	地(路)面基层	
主控项目	1	标高	-50	±30	-50	-50	用水准仪检查或拉线尺量检查
	2	长度、宽度(由设计中心线向两边量)	+200 -50	+300 -100	+10 0	—	用经纬仪、拉线和尺量检查
	3	边坡	设计要求				观察或用坡度尺检查
一般项目	1	表面平整度	20	20	20	20	用2 m靠尺和楔形塞尺检查
	2	基底土性	设计要求				目测

五、成品保护

（1）对测量控制定位桩、水准点应注意保护。挖土、运土、机械行驶时，不得碰撞，并应定期复测检查其是否移位，下沉；平面位置、标高和边坡坡度是否符合设计要求。

（2）基坑（槽）开挖设置的支撑或支护，在施工的全过程要做好保护，不得随意损坏或拆除。

（3）基坑（槽）、管沟的直立壁和边坡，在开挖后要防止扰动或被雨水冲刷，造成失稳。

（4）基坑（槽）、管沟开挖完成后，如不能很快浇筑垫层或安装管道，应预留 150～250 mm 厚土层，在施工下道工序前再挖至设计标高。

（5）基坑（槽）开挖时，如发现文物或古墓，应妥善保护，立即报有关文物部门处理；如发现永久性标桩或地质、地震部门设置的长期观测点以及地下管网、电缆等，应加以保护，并报有关部门处理。

（6）土方深基坑开挖和降低地下水位过程中，应定期对邻近建（构）筑物、道路、管线以及支护系统进行观察和测试，看是否发生变形、下沉或移位，如发现异常情况，应采取防护措施。

六、安全措施

（1）基坑开挖时，两人操作间距应大于 3 m，不得对头挖土；挖土面积较大时，每人工作面不应小于 6 m²。挖土应自上而下、分层分段按顺序进行，严禁先挖坡脚或逆坡挖土，或采用底部掏空塌土方法挖土。

（2）基坑开挖应严格按规定放坡，操作时应随时注意土壁的变动情况，如发现有裂缝或部分坍塌现象，应及时进行支撑或放坡，并注意支撑的稳固和土壁的变化。当采取不放坡开挖，应设置临时支护。冬季不设支撑的挖土作业，只许在土体冻结深度内进行。

（3）深基坑上下应先挖好阶梯或支撑靠梯，或开斜坡道，并采取防滑措施，禁止踩踏支撑上下。坑四周应设安全栏杆。

（4）人工吊运土方时，应检查起吊工具、绳索是否牢靠。吊斗下方不得站人，卸土堆应离坑边一定距离，以防造成坑壁塌方。

（5）用手推车运土，应先平整好道路；用平板车、翻斗车运土时，两车间距不得小于 10 m，装土和卸土时，两车间距不得小于 1 m。

（6）基坑（槽）、管沟的直立壁和边坡，在开挖过程中和敞露期间应防止塌陷，必要时加以保护；在柱基周围，墙基一侧，不得堆土过高。

（7）重物距土坡安全距离：汽车≥3 m，起重机≥4 m，堆土高度≤1.5 m。

（8）当基坑较深或晾槽时间很长时，为防止边坡失水松散或地面水冲刷、浸润影响边坡稳定，应采用边坡保护方法。

七、施工注意事项

（1）基坑（槽）开挖应设水平桩控制基底标高，标桩间距应不大于 3 m，并加强检查，以防止超挖；如发现局部超挖，应采用低压缩性材料，如灰土、三合土、砂、沙砾石等分层回填夯实。

（2）软土地区基桩挖土,应在打桩完成后,间歇一段时间,使土体恢复稳定,桩身强度达到70%以上,再对称挖土,高差不应超过0.8 m,以防软土滑动而造成桩基位移。

（3）土方开挖应先从低处开挖,分层分段依次进行,完成最低处的挖方,形成一定坡势,以利泄水,并且不得在影响边坡稳定的范围内积水。

（4）雨期、冬期施工应连续作业,基坑(槽)挖完后应尽快进行下道工序施工,以减少对地基土的扰动和破坏。

（5）在地下水位以下挖土,当有粉细砂层时,应采取有效降低地下水位的措施,将水位降低至开挖层以下0.5 m,防止发生流沙现象。

第三节　基坑机械挖土

机械化挖土系采用推土机、铲运机、装载机等设备以及配套自卸汽车等进行土方开挖和运输。具有操作机动灵活、运转方便、生产效率高、施工速度快等特点。

一、主要机具设备

机械化挖土工程常用机具设备有推土机、铲运机、装载机以及配套自卸汽车等,其设备特性、作业特点及选用参见表4-15。

表4-15　常用土方机械的选择

名称、特性	作业特点	适用范围
推土机 　操作灵活,运转方便,需工作面小,可挖土运土,易于转移,行驶速度快,应用广泛	1.推平; 2.运距100 m内的堆土; 3.开挖浅基坑; 4.推送松散的硬土、岩石; 5.回填、压实	1.推一至四类土; 2.找平表面,场地平整; 3.短距离移挖作填、回填基坑、管沟并压实; 4.开挖不大于1.5 m的基坑; 5.堆筑高1.5 m的路基等
铲运机 　操作简单灵活,不受地形限制,能独立工作,能铲、运、卸、填、压等,行驶速度快,生产效率高	1.大面积整平; 2.开挖大型基坑; 3.运距800～1 500 m内的挖运土; 4.填筑路基、堤坝; 5.回填压实土方	1.开挖含水率27%以下的一至四类土; 2.大面积场地平整压实等
正铲挖掘机 　装车轻便灵活,回转速度快,移位方便,能挖掘坚硬土层,易控制开挖尺寸,工作效率高	1.开挖停机面以上土方; 2.工作面应在1.5 m以上,开挖合理高2～4 m; 3.开挖高度超过挖土机挖掘深度时,可采用分层开挖; 4.装车外运	1.开挖含水量不大于27%的一至四类土; 2.大型场地平整; 3.管沟、基槽、独立基坑及边坡开挖

续表 4-15

名称、特性	作业特点	适用范围
反铲挖掘机 操作灵活,挖土、卸土均在地面作业,不用开运输道	1. 开挖地面以下深度在4~6 m的土方; 2. 可装车和两边甩土、堆放; 3. 较大深基坑可用多层接力挖土	1. 开挖含水量大的一至三类的砂土或黏土; 2. 管沟、基槽、独立基坑和边坡开挖
抓铲挖掘机 钢绳牵拉灵活性较差,工效不高,不能挖掘坚硬土	1. 开挖直井或沉井土方; 2. 装车或甩土; 3. 排水不良也能开挖; 4. 吊杆倾斜角应在45°以上,距边坡不小于2 m	1. 土质比较松软,施工面较狭窄的深基坑、基槽; 2. 水中挖取土,清理河床; 3. 桥基、桩孔挖土; 4. 装卸散料

二、作业条件

(1)清除挖方区域内所有障碍物,如地上高压、照明、通信线路,电杆、树木、旧有建筑物及地下给排水、煤气、供热管道,电缆、沟渠、基础、坟墓等,或进行搬迁、改建、改线;对古墓应报有关部门妥善处理;对附近原有建筑物、电杆、塔架等采取有效防护加固措施。

(2)制订好现场场地平整、基坑开挖施工方案,绘制施工总平面布置图和基坑土方开挖图,确定开挖路线、顺序,基底标高、边坡坡度、排水沟、集水井位置及土方堆放地点,深基坑开挖还应提出支护、边坡保护和降水方案。

(3)完成测量控制网的设置,包括控制基线、轴线和水准基点。

(4)在施工区域内做好临时性或永久性排水设施,或疏通原有排水系统,场地应有一定坡度,使场地不积水,必要时设置截水沟、排洪沟或截洪坝,阻止山坡雨水流入开挖基坑区域内。

(5)完成必需的临时设施,包括生产设施及生活设施及机械进出和土方运输道路、临时供水供电线路。

(6)机械设备运进现场,进行维护检查、试运转,使之处于良好的工作状态。

三、施工操作工艺

(1)机械化开挖应根据工程规模、土质情况、地下水位高低、施工设备条件、进度要求等合理选用挖土机械,以充分发挥机械效率,节省费用,加速工程进度。一般深度不大的大面积基坑开挖,宜采用推土机或装载机推土和装车;对长度和宽度均较大的大面积土方一次开挖,可用铲运机铲土;对面积大且深的基坑,多采用液压反铲挖掘;在地下水位以下不排水挖土,可采用拉铲或抓铲挖掘,效率较高。

(2)各种挖土机械应采用其生产效率高的作业方法进行挖土。

①推土机应以切土和推运作业为主要内容。切土时应根据土质情况,宜采取最大切土深度并在最短距离(6~10 m)内完成,一般多采用下坡推土法,借助于机械自重增加推力向下坡方向切土和推运,推土坡度控制在15°以内。

②铲运机应以铲土和运土作业为主要内容。施工时的开行路线,应视挖填土区的分布不同,合理安排铲土与卸土的相对位置,一般采取环形或"8"字形开行路线;铲土厚度通常在 80 ~ 300 mm,作业方法多采用下坡铲土、间隔铲土、预留土埂的跨铲法等。

③正铲挖土机作业方法多采用正向开挖和侧向开挖两种方式。运土汽车布置于挖土机的后面或侧面。开挖时的行进路线,当开挖宽度为 $(0.8 ~ 1.5)R$(R 为最大挖掘半径)时,挖掘机在工作面一侧直线进行开挖;当开挖宽度为 $(1.5 ~ 2.0)R$ 时,挖掘机沿开挖中心线前进;开挖宽度为 $(2.0 ~ 2.5)R$ 时,挖掘机做之字形移动;当开挖宽度为 $(2.5 ~ 3.5)R$ 时,挖掘机沿工作面一侧做多次平行移动;开挖宽度大于 $3.5R$ 时,挖掘机沿工作面侧向开挖。开挖工作面的台阶高度一般不宜超过 4 m,同时要经常注意边坡稳定。

④反铲挖掘机作业常采用沟端开挖和沟侧开挖两种方法。当开挖深度超过最大挖深时,可采用分层开挖。运土汽车布置于反铲一侧,以减小回转角度,提高生产率。对于较大面积的基坑开挖,反铲可做之字形移动。

⑤抓铲挖掘机作业动臂角应在 45°以上。抓土应从四角开始,然后中间,分层抓土。挖掘机距边沿的距离不得小于 2 m。开挖沟槽时,沟底应留出 200 ~ 300 mm 的土层暂不挖土,待铺管前用人工清理至设计标高。

(3)自卸汽车数量应按挖掘机械大小、生产率和工期要求配备,应能保证挖掘或装载机械连续作业。汽车载重宜为挖掘机斗容量的 3 ~ 5 倍。

(4)大面积基础群基坑底板标高不一,机械开挖次序一般采取先整片挖至一平均标高,然后再挖个别较深部位。当一次开挖深度超过挖土机最大挖掘高度时,宜分 2 ~ 3 层开挖,在一面修筑 10% ~ 15% 坡道,作为机械化和运土汽车进出通道。挖出的土方运至弃土场堆放,最后将斜坡道挖掉,坑边应留部分土作基坑回填之用,以减少土方二次搬运。

(5)基坑边角部位,机械开挖不到之处,应用少量人工配合清坡,将松土清至机械作业半径范围内,再用机械运走。人工清土所占比例一般为 1.5% ~ 4%,修坡以厘米作限制误差。大基坑宜另配一台推土机清土、送土、运土。

(6)对面积和深度均较大的基坑,通常采用分层挖土施工法,使用大型土方机械在坑下作业。如为软土地基或在雨期施工,进入基坑行走需铺垫钢板或铺路基箱垫道。

(7)对大型软土基坑,为减少分层挖运土方的复杂性,可采用"接力挖土法",它利用两台或三台挖土机分别在基坑的不同标高处同时挖土。

(8)机械开挖由深而浅,基底应预留一层 200 mm 厚用人工清底找平,从而避免超挖和基底土遭受扰动。

(9)土方工程不宜在冬期严寒天气施工,如必须在冬期挖土,应做好各项准备、做到连续施工。开挖时应防止基底土遭受冻结,如较长时间不能进行下一道工序,应在基底标高以上预留适当厚度的松土或用其他保温材料覆盖。如遇开挖土方引起邻近建(构)筑物的地基暴露,应采取保护措施。

四、质量标准

(一)基本要求

基坑和管沟基底的土质必须符合设计要求,并严禁扰动。

（二）检验标准

除挖方场地平整一项有区别外，其余同表 4-16 人工挖土。

表 4-16　土方机械开挖工程质量检验标准　　　　　　（单位：mm）

项目	标高	长度、宽度	表面平整度
挖方场地平整	±50	+500、-150	50

五、成品保护

（1）开挖时应注意保护测量控制定位桩、轴线桩、水准基桩，防止被挖土和运土机械设备碰撞、行驶破坏。

（2）基坑四周应设排水沟、集水井，场地应有一定坡度，以防雨水浸泡基坑和场地。

（3）夜间施工应设足够照明，防止地基、边坡超挖。

（4）深基坑开挖的支护结构，在开挖全过程中要做好保护，不得随意拆除或损坏。

六、安全措施

（1）开挖边坡土方，严禁切割坡脚，以防导致边坡失稳；当山坡坡度陡于 1/5，或在软土地段，不得在挖方上侧堆土。

（2）机械行驶道路应平整、坚实；必要时，底部应铺设枕木、钢板或路基垫道，防止作业时下陷；在饱和软土地段开挖土方，应先降低地下水位，防止设备下陷或基土产生侧移。

（3）机械挖土应分层进行，合理放坡，防止塌方、溜坡等造成机械倾翻、淹埋等事故。用推土机回填，铲刀不得超出坡沿，以防倾覆。陡坡地段堆土需设专人指挥，严禁在陡坡上转弯。正车上坡和倒车下坡的上下坡度不得超过 35°，横坡不得超过 10°。

（4）多台挖掘机在同一作业面机械开挖，挖掘机间距应大于 10 m；多台挖掘机械在不同台阶同时开挖，应验算边坡稳定，上下台阶挖掘机前后相距 30 m 以上，挖掘机离下部边坡应有一定的安全距离，以防造成翻车事故。

（5）在有支撑的基坑中挖土时，必须防止碰坏支撑，在坑沟边使用机械挖土时，应计算支撑强度，危险地段应加强支撑。

（6）机械施工区域禁止无关人员进入场地内。控制机工作回转半径范围内不得站人或进行其他作业。

（7）挖掘机操作和汽车装土行驶要听从现场指挥；所有车辆必须严格按规定的开行路线行驶，防止撞车。

（8）挖掘机行走和自卸汽车卸土时，必须注意上空电线，不得在架空输电线路下工作。

（9）夜间作业，机上及工作地点必须有充足的照明设施，在危险地段应设置明显的警示标志和护栏。

（10）冬期、雨期施工，运输机械和行驶道路应采取防滑措施，以保证行车安全。

七、施工注意事项

（1）机械化挖土应绘制详细的土方开挖图，规定开挖路线、顺序、范围、底部各层标高、边坡坡度，排水沟、集水井位置及流向，弃土堆放位置等，避免混乱，造成超挖、乱挖，应尽可能地使机械化多挖,减少机械超挖和人工挖方。

(2)对某些面积不大、深度较大的基坑,一般宜尽量利用挖土机开挖,不开或少开坡道,采用机械接力挖运土方的办法和人工与机械合理的配合挖土,最后用搭设枕木垛的方法,使挖土机械开出基坑。

(3)在斜坡地段挖方时,应遵循由上而下、分层开挖的顺序,以避免破坏坡脚,引起滑坡。

(4)做好地面排水措施,以拦阻附近地面的地表水,防止流入场地和基坑内,扰动地基。

(5)在软土或粉细砂地层开挖基坑(槽),应采用轻型或喷射井点降低地下水位至开挖基坑底以下 0.5~1.0 m,以防止土体滑动或出现流沙现象。

(6)基坑(槽)开挖完成后,应尽快进行下道工序施工,如不能及时进行施工,应预留一层 200~300 mm 以上土层,在进行下道工序前挖去,以避免基底土遭受扰动,降低承载力。

第四节　土方回填

土方回填,系用人力或机械对场地、基坑(槽)进行分层回填夯实,以保证达到所要求的密实度。适用于建筑物场地、基坑和管沟、室外散水等回填土工程。

一、材料要求

(1)土料:宜优先利用基坑(槽)中挖出的原土,并清除其中有机杂质和粒径大于 50 mm 的颗粒,含水量应符合要求。

(2)石屑:不含有机杂质,粒径不大于 50 mm。

(3)黏性土:含水量符合压实要求,可用作各层填料。

(4)碎石类土、砂土和爆破石渣:其最大块粒径不得超过每层铺垫厚度的 2/3,可用作表层以下填料。

(5)碎块草皮和有机质含量不大于 8% 的土仅可用于无压实要求的填方。

(6)淤泥和淤泥质土:一般不能用作填料。

二、主要机具设备

人工回填主要机具设备有铁锹、手推车、木夯、蛙式打夯机、筛子、喷壶等。

机械回填主要机具设备有推土机、铲运机、汽车、光碾压路机、羊足碾、平板振动器等。

三、作业条件

(1)回填土前应清除基底上草皮、杂物、树根和淤泥,排除积水,并在四周设排水沟或截洪沟,防止地面水进入填方区或基坑(槽),浸泡地基,造成基土下陷。

(2)施工完地面以下基础、构筑物、防水层、保护层、管道,填写好地面以下工程的隐检记录,并经有关部门验收、签证认可。

(3)大型土方回填,应根据工程规模、特点、填料种类、设计对压实系数的要求、施工机具设备条件等,通过试验确定填料含水量控制范围,每层铺土厚度和打夯或压实遍数等施工参数。

（4）做好水平高程的测设，基坑（槽）或沟、坡边上每隔 3 m 打入水平木桩，室内和散水的边墙上，做好水平标记。

四、施工操作工艺

（1）填土前应检验其土料、含水量是否在控制范围内。土料含水量一般以手握成团，落地开花为宜。各种压实机具的压实影响深度与土的性质、含水量和压实遍数有关，回填土的最优含水量和最大干密度，应按设计要求经试验确定，其参考数值见表4-17。

表 4-17　土的最优含水量和最大干密度参考表

项次	土的种类	变动范围		项次	土的种类	变动范围	
		最优含水量（%）（重量比）	最大干密度（t/m³）			最优含水量（%）（重量比）	最大干密度（t/m³）
1	砂土	8～12	1.80～1.88	3	粉质黏土	12～15	1.85～1.95
2	黏土	19～23	1.58～1.70	4	粉土	16～22	1.61～1.80

注：1. 表中土的最大干密度应以现场实际达到的数字为准；

　　2. 一般性的回填可不做此项测定。

（2）回填土应分层摊铺和夯实，每层铺土厚度和压实遍数应根据土质、压实系数和机具性能而定。一般铺土厚度应小于压实机械压实的作用深度，应能使土方压实而机械的功耗最少，通常进行现场夯（压）实试验确定。常用夯（压）实工具机械每层最大铺土厚度和所需要的夯（压）实遍数参考值见表4-18。

表 4-18　填方每层铺土厚度和压实遍数

压实机具	每层铺土厚度（mm）	每层压实遍数（遍）	压实机具	每层铺土厚度（mm）	每层压实遍数（遍）
平碾（8～12 t）	250～300	6～8	振动压实机	250～350	3～4
羊足碾（5～16 t）	200～350	8～16	推土机	200～300	6～8
蛙式打夯机（200 kg）	200～250	3～4	人工打夯	<200	3～4

注：人工打夯时，土块粒径不应大于 5 cm。

（3）填方应在边缘设一定坡度，以保证填方的稳定。填方的边坡坡度根据填方高度、土的种类和其重要性，在设计中加以规定，当无规定时，可按表4-19采用。

①填方应从最低处开始，由下而上整个宽度水平分层均匀铺填土料和夯（压）实。底层如为耕土或松土，应先夯实，然后再全面填筑。在水田、沟渠或池塘上填方，应先排水疏干，挖去淤泥，换填沙砾或抛填块石等压实后再填土。

②深浅坑（槽）相连时，应先填深坑（槽），与浅坑相平后全面分层填夯。如分段填筑，交接填成阶梯形，分层交接处应错开，上下层接缝距离不小于 1.0 m。每层碾迹重叠应达到 0.5～1.0 m。墙基及管道回填应在两侧用细土同时回填夯实。

表 4-19 永久性填方的边坡坡度

项次	土种类	填方高度(m)	边坡坡度
1	黏土类土、黄土、类黄土	6	1:1.50
2	粉质黏土、泥灰岩土	6~7	1:1.50
3	中砂和粗砂	10	1:1.50
4	黄土或类黄土	6~9	1:1.50
5	砾石和碎石土	10~12	1:1.50
6	易风化的岩土	12	1:1.50

(4)人工回填打夯前应将填土初步整平,打夯要按一定方向进行,一夯压半夯,夯夯相接,行行相连,两遍纵横交叉,分层夯打。夯实基槽及地坪时,行夯路线应由四边开始,然后再夯中间。

(5)采用推土机填土时,应由下而上分层铺填,不得采用大坡度推土,以推代压,填土程序宜采用纵向铺填顺序,从挖土区段至填土区段,以 40~60 m 距离为宜,用推土机来回行驶进行碾压,履带应重叠一半。

(6)采用铲运机大面积铺填土时,铺填土区段长度不宜小于 20 m,宽度不宜小于 8 m。铺土应分层进行,每次铺土厚度不大于 300~500 mm;每层铺土后,利用空车返回时将地表面刮平,填土程序尽量一次采取横向或一次采取纵向分层卸土,以利行驶时初步压实。

(7)大面积回填宜用机械碾压,在碾压之前宜先用轻型推土机、拖拉机推平,低速预压 4~5 遍,使表面平实,避免碾轮下陷;采用振动平碾压实爆破石渣或碎石类土,应先静压,而后振压。

(8)填土层如有地下水或滞水,应在四周设置排水沟和集水井,将水位降低。已填好的土层如遭水浸,应把稀泥铲除后,方能进行上层回填;填土区应保持一定横坡,或中间稍高两边稍低,以利排水;当天填土应在当天压实。

(9)雨期基坑(槽)或管沟的回填,工作面不宜过大,应逐段、逐片地分期完成。从运土、铺填到压实各道工序应连续进行。雨前应压完已填土层,并形成一定坡势,以利排水。施工中应检查、疏通排水设施,防止地面水流入坑(槽)内,造成边坡塌方或使基土遭到破坏。现场道路应根据需要加铺防滑材料,保持运输道路畅通。

(10)冬期填方,要清除基底上的冰雪和保温材料,排除积水,挖出冰块和淤泥。对室内基坑(槽)和管沟及室外管沟底至顶 0.5 m 范围内的回填土,不得采用冻土块或受冻的肥黏土作土料。填方应连续进行,逐层压实,以免地基土或已填的土受冻。大面积填方时,要组织平行流水作业或采取其他有效的保温防冻措施,平均气温在 -5 ℃ 以下时,填方每层铺土厚度应比常温施工时减少 20%~25%,逐层夯压实;冬期填方高度应增加 1.5%~3.0% 的预留下陷量。

五、质量标准

(一)基本要求

基底处理,必须符合设计要求或施工规范的规定。

（1）回填的土料应按设计要求验收后方可填入。

（2）回填土必须按规定分层夯压密实，取样测定后土的干密度，其合格率不应小于90%；不合格干密度的最低值与设计值的差不应大于0.08 t/m³，且不应集中。

（二）检验标准

填土工程质量检验标准见表4-20。

表4-20　填土工程质量检验标准　　　　　　　（单位：mm）

检查项目		允许偏差或允许值					检查方法
		桩基基坑基槽	场地平整		管沟	地（路）面基础层	
			人工	机械			
主控项目	1	标高	−50	±30	±50	−50	−50	水准仪
	2	分层压实系数	设计要求					按规定方法
一般项目	1	回填土料	设计要求					取样检查或直观鉴别
	2	分层厚度及含水量	设计要求					水准仪及抽样检查
	3	表面平整度	20	20	30	20	20	用靠尺或水准仪

六、成品保护

（1）回填时，应注意妥善保护定位标准桩、轴线桩、标准高程桩，防止碰撞损坏或下沉。

（2）基础或管沟的混凝土，砂浆应达到一定强度，不致因填土受到损坏时，方可进行回填。

（3）基坑（槽）回填应分层对称进行，防止一侧回填造成两侧压力不平衡，使基础变形或倾倒。

（4）夜间作业，应合理安排施工顺序，设置足够照明，严禁汽车直接倒土入槽，防止铺填超厚和挤坏基础。

（5）已完填土应将表面压实，做成一定坡向或做好排水设施，防止地面雨水流入坑（槽）浸泡地基。

七、安全措施

（1）基坑（槽）和管沟回填前，应检查坑（槽）壁有无塌方迹象，下坑（槽）操作人员要戴安全帽。

（2）在填土夯实过程中，要随时注意边坡的变化，对坑（槽）、沟壁有松土掉落或塌方的危险时，应采取适当的支护措施。基坑（槽）边上不得堆放重物。

（3）基坑（槽）回填土时，支撑（护）的拆除，应按回填顺序，从下而上逐步拆除，不得全部拆除后再回填，以免使边坡失稳；更换支撑时必须先装新的，再拆除旧的。

（4）非机电设备操作人员不准擅自动用机电设备。使用蛙式打夯机时，要两人操作，其中一人负责移动胶皮线。操作夯机人员，必须戴胶皮手套，以防触电。打夯时要精神集中，两机平行间距不得小于3 m；在同一夯行路线上，前后距离不得小于10 m。

（5）压路机制动器必须保持良好，机械碾压运行中，碾轮边距填方边缘应大于500 mm。

以防发生溜坡倾倒。停车时应将制动器制动住,并楔紧滚轮,禁止在坡道上停车。

八、施工注意事项

(1)对有密实度要求的填方,应按规定每层取样测定夯实后的干密度,在符合设计和规范要求后,才能填筑上层,未达到设计要求的部位,应有处理措施。

(2)严格选用填土料,控制含水量、夯实遍数。不同的土填筑时,应按土类有规则地分层铺填,将透水性的土层置于透水性较小的土层之下,不得混杂使用,以利水分排出和基土稳定,并可避免在填方内形成水囊和产生滑动现象。

(3)严格控制每层铺土厚度,严禁汽车直接向基坑(槽)中倒土,并应禁止用浇水、水撼方法使土下沉,代替夯实。

(4)管沟下部、机械夯压不到的边角部位、墙与地坪、散水的交接处,应用细粒土料回填,并仔细夯实。

(5)室内地坪、道路路基等部位的回填土,应有一段自然沉实的时间,测定沉降变化,稳定后再进行下道工序施工。

(6)雨天不宜进行回填施工,必须回填时,应分段尽快完成,且宜采用砂土、石屑等填料,周围应有防雨和排水措施。

第五章　混凝土施工

第一节　现浇梁、板混凝土结构

一、适用范围

现浇梁、板混凝土结构适用于建筑工程梁、板普通混凝土结构的施工,本书未涉及转换层大体积梁板混凝土、高性能混凝土、高强度等级混凝土、自流混凝土、超长结构混凝土、补偿收缩混凝土、叠合楼板混凝土、纤维掺合料混凝土等其他特殊混凝土的施工。

二、施工准备

(一) 技术准备

(1)图纸会审已完成。

(2)根据设计混凝土强度等级、混凝土性能要求、施工条件、施工部位、气温、浇筑方法等、使用水泥、骨料、掺合料及外加剂,确定各种类型混凝土强度等级的所需坍落度和初、终凝时间,委托有资质的专业试验室完成混凝土配合比设计。

(3)编制混凝土施工方案,明确流水作业划分、浇筑顺序、混凝土的运输与布料、作业进度计划、工程量等并分级进行交底。

(4)确定浇筑混凝土所需的各种材料、机具、劳动力需用量,确定混凝土的搅拌能力是否满足连续浇筑的需求。

(5)确定混凝土施工用水、电,以满足施工需要。

(6)确定混凝土试块制作组数,满足标准养护和同条件养护的需求。

(二) 材料要求

1.水泥

水泥应根据工程特点、所处环境以及设计、施工的要求,选用适当品种和强度等级的水泥。普通混凝土宜选用硅酸盐水泥、普通硅酸盐水泥、矿渣硅酸盐水泥、火山灰质硅酸盐水泥及粉煤灰硅酸盐水泥。水泥的主要技术指标应符合附5.1的要求。

2.细骨料

当选用砂配制混凝土时宜优先选用Ⅱ区砂。对于泵送混凝土用砂,宜选用中砂。砂的各项主要技术指标应符合附5.2的要求。

3.粗骨料

当采用碎石或卵石配制混凝土时,其技术指标应符合附5.3的要求。

4.掺合料

(1)用于混凝土中的掺合料,应符合现行国家标准《用于水泥和混凝土中的粉煤灰》(GB/T 1596)、《用于水泥中的火山灰质混合材料》(GB/T 2847)和《用于水泥中的粒化高炉矿渣》(GB/T 203)的规定。当采用其他品种的掺合料时,其烧失量及有害物质含量等质量指标应通过试验,确认符合混凝土质量要求时,方可使用。

(2)选用的掺合料,应使混凝土达到预定改善性能的要求或在满足性能要求的前提下取代水泥。其掺量应通过试验确定,其取代水泥的最大量应符合有关标准的规定。

(3)掺合料在运输与存储中,应有明显标志。严禁与水泥等其他粉状材料混淆。

5.混凝土外加剂

(1)选用混凝土外加剂时,应根据混凝土的性能要求、施工工艺及气候条件,结合混凝土的原材料性能、配合比以及对水泥的适应性等因素,通过试验确定其品种和掺量。

(2)混凝土外加剂的各项技术指标要求应符合附5.4的要求。

6.水

混凝土拌制用水宜采用饮用水;当采用其他水源时,应进行取样检测,水质应符合现行国家标准《混凝土用水标准》(JGJ 63)的规定。

(三)主要机具

主要机具包括混凝土生产设备、运输和泵送设备、浇筑和捣实设备及手工操作器具等,详见附5.5。

(四)作业条件

(1)所有的原材料经检查,全部应符合设计配合比通知单所提出的要求。

(2)根据原材料及设计配合比进行混凝土配合比检验,应满足坍落度、强度及耐久性等方面要求。

(3)新下达的混凝土配合比,应进行开盘鉴定,并符合要求;需用浇筑混凝土的工程部位已办理隐检手续、混凝土浇筑的申请单已经有关人员批准。

(4)搅拌机及其配套设备经试运行、安全可靠。同时配有专职技工,随时检修。电源及配电系统符合要求,安全可靠。所有计量器具必须具有经检定的有效期标识,地磅下面及周围的砂、石清理干净,计量器具灵敏可靠,并按施工配合比设专人定磅。

(5)管理人员向作业班组进行配合比、操作规程和安全技术交底,泵送操作人员经培训、考核合格,持证上岗。

(6)木模在混凝土浇筑前洒水湿润。

(7)依据泵送浇筑作业方案,确定泵车型号、使用数量;搅拌运输车数量、行走路线、布置方式、浇筑程序、布料方法以及明确布设。

(8)浇筑混凝土必需的脚手架和马道已经搭设,经检查符合施工需要和安全要求,混凝土运输道路确保畅通。

三、关键要求

(一)材料的关键要求

(1)所用的水泥应有质量证明文件。质量证明文件内容应包括本标准规定的各项技术要求及试验结果。水泥厂在水泥发出之日7 d内寄发的质量证明文件应包括除28 d强度以外的各项试验结果。28 d强度数值,应在水泥发出之时起32 d内补报。

(2)骨料的选用应符合下列要求:

①粗骨料最大粒径应符合下列要求:

不得大于混凝土结构截面最小尺寸的 1/4,并不得大于钢筋最小净间距的 3/4;对混凝土实心板,其最大粒径不宜大于板厚的 1/3,且不得超过 40 mm。泵送混凝土用的碎石不应大于输送管内径的 1/3;卵石不应大于输送管内径的 2/5。

②泵送混凝土用的细骨料,对 0.315 mm 筛孔的通过量不应少于 15%,对 0.16 mm 筛孔的通过量不应少于 5%。

③泵送混凝土用的骨料还应符合泵车技术条件的要求。

(3)骨料在生产、采集、运输与存储过程中,严禁混入影响混凝土性能的有害物质。

(4)骨料应按品种、规格分别堆放,不得混杂。在其装卸及存储时,应采取措施,使骨料颗粒级配均匀,保持洁净。堆放场地应平整、排水畅通,宜铺筑混凝土地面。

(5)不得使用海水拌制钢筋混凝土和预应力混凝土。不宜用海水拌制有饰面要求的素混凝土。

(6)混凝土拌和物中的氯化物总含量(以氯离子质量计)应符合下列规定:

①对素混凝土,不得超过水泥重量的 2%。

②对处于干燥环境或有防潮措施的钢筋混凝土,不得超过水泥质量的 1%。

③对处在潮湿并含有氯离子环境中的钢筋混凝土,不得超过水泥质量的 0.3%。

④预应力混凝土及处于易腐蚀环境中的钢筋混凝土,不得超过水泥质量的 0.06%。

⑤混凝土中氯化物总含量不得大于 0.3 kg/m^3。

⑥混凝土细骨料中氯离子的含量应符合下列规定:

对钢筋混凝土,按干砂的质量百分比计算不得大于 0.06%。

对预应力混凝土,按干砂的质量百分比计算不得大于 0.02%。

⑦混凝土拌和物中的碱含量<3.0 kg/m^3。

⑧混凝土拌和物的各项质量指标应按下列规定检验:各种混凝土拌和物均应检验其坍落度。掺引气型外加剂的混凝土拌和物应检验其含气量。根据需要应检验混凝土拌和物的水灰比、水泥含量及均匀性。

⑨混凝土拌和物的坍落度均匀,坍落度允许偏差、维勃稠度允许偏差应符合表 5-1、表 5-2 的要求。

表 5-1　混凝土拌和物的坍落度允许偏差

坍落度(mm)	允许偏差(mm)	坍落度(mm)	允许偏差(mm)
≤40	±10	≥100	±30
50~90	±20		

表 5-2　维勃稠度允许偏差

设计值(s)	≥11	10~6	≤5
允许偏差(s)	±3	±2	±1

⑩掺引气型外加剂混凝土的含气量应满足设计和施工工艺的要求。根据混凝土采用粗骨料的最大粒径,其含气量的限值不宜超过表 5-3 的规定。含气量的检测结果与要求值的允许偏差范围应为±15%。

表 5-3　掺引气型外加剂混凝土含气量的限值

粗骨料最大公称粒径（mm）	混凝土含气量（%）	粗骨料最大公称粒径（mm）	混凝土含气量（%）
10	7.0	25	5.0
15	6.0	40	4.5
20	5.5		

⑪各类具有室内使用功能的建筑用混凝土外加剂中释放氨的量应≤0.10%（质量分数）。

⑫混凝土拌和物应拌和均匀，颜色一致，不得有离析和泌水现象。

（二）技术关键要求

（1）每一工作班正式称量前，应对计量设备进行零点校验。

（2）运送混凝土的容器和管道，应不吸水、不漏浆。

（3）混凝土拌和物运至浇筑地点时的温度，最高不宜超过 35 ℃，最低不宜低于 5 ℃。

（4）在浇筑混凝土时，应经常观察模板、支架、钢筋、预埋件和预留孔洞的情况，当发现有变形、移位时，应立即停止浇筑，并应在已浇筑的混凝土凝结前修整完好。

（5）在浇筑与柱、墙连成整体的梁和板时，应在柱和墙浇筑完毕后停歇 1～1.5 h，使混凝土获得初步沉实后，再继续浇筑，或者采取二次振捣的方法进行。

（6）在浇筑混凝土时，应制作供结构拆模、张拉、强度合格评定用的标准养护和与结构同条件养护的试件。需要时还应制作抗冻、抗渗或其他性能试验用的试件。

（7）对于有预留洞、预埋件和钢筋密集的部位，应采取技术措施，确保顺利布料和振捣密实。在浇筑混凝土时，应经常观察，当发现混凝土有不密实等现象，应立即予以纠正。

（8）水平结构的混凝土表面，应适时用木抹子磨平（必要时，可用铁筒滚压）搓毛两遍以上，且最后一遍宜在混凝土收水时完成。

（9）应控制混凝土处在有利于硬化及强度增长的温度和湿度环境中。

（三）质量关键要求

（1）进场原材料必须按有关标准规定取样检测，并符合有关标准要求。

（2）生产过程中应测定骨料的含水率，每一工作班不应少于一次，当含水率有显著变化时，应增加测定次数，依据检测结果及时调整用水量和骨料用量。

（3）宜采用强制式搅拌机搅拌混凝土。

（4）混凝土搅拌的最短时间应符合相关规定。搅拌混凝土时，原材料应计量准确，上料顺序正确。混凝土的搅拌时间、原材料计量、上料顺序，每一工作班至少应抽查两次。

（5）混凝土拌和物的坍落度应在搅拌地点和浇筑地点分别取样检测。所测坍落度值应符合设计和施工要求。其允许偏差应符合表 5-1 的规定。

每一工作班不应少于一次。评定时应以浇筑地点的为准。

在检测坍落度时，还应观察混凝土拌和物的黏聚性和保水性。

（6）混凝土从搅拌机卸出后到浇筑完毕的延续时间应符合相关规定。

（7）混凝土运送至浇筑地点，应立即浇筑入模。如混凝土拌和物出现离析或分层现象，应对混凝土拌和物进行二次搅拌。

（8）浇筑混凝土应连续进行。如必须间歇，其间歇时间宜缩短，并应在前层混凝土凝结之前，将次层混凝土浇筑完毕。混凝土运输、浇筑及间歇的全部时间不得超过混凝土初凝时间，当超过规定时间必须设置施工缝。

（9）混凝土应振捣成型，根据施工对象及混凝土拌和物性质应选择适当的振捣器，并确定振捣时间。

（10）混凝土在浇筑及静置过程中，应采取措施防止产生裂缝。由于混凝土的沉降及干缩产生的非结构性的表面裂缝，应在混凝土终凝前予以修整。

（11）施工现场应根据施工对象、环境、水泥品种、外加剂以及对混凝土性能的要求，提出具体的养护方法，并应严格执行规定的养护制度。

（四）职业健康安全关键要求

（1）施工现场所有用电设备，除做保护接零外，必须在设备负荷线的首端处设置漏电保护装置。

（2）每台用电设备应有各自专用的开关箱，必须实行"一机一闸一保"制，严禁用同一开关电器直接控制二台及二台以上的用电设备（含插座）。

（3）各种电源导线严禁直接绑扎在金属架上。

（4）需要夜间工作的塔吊，应设置正对工作面的投光灯。塔身高于 30 m 时，应在塔顶和臂架端部装设防撞红色信号灯。

（5）分层施工的楼梯口和梯段边，必须安装临时护栏。顶层楼梯口应随工程结构进度安装正式防护栏杆。

（6）作业人员应从规定的通道上下，不得在阳台之间等非规定通道进行攀登，也不得任意利用吊车臂架等施工设备进行攀登。

（7）混凝土浇筑时的悬空作业，必须遵守下列规定：

①浇筑离地 2 m 以上独立柱、框架、过梁、雨篷和小平台时，应设操作平台，不得直接站在模板或支撑件上操作。

②特殊情况下如无可靠的安全设施，必须系好安全带、扣好保险钩，并架设安全网。

（8）机、电操作人员应体检合格，无妨碍作业的疾病和生理缺陷，并应经过专业培训、考核合格取得行业主管部门颁发的操作证，方可持证上岗。

（9）在工作中操作人员和配合作业人员必须按规定穿戴劳动保护用品，长发应束紧不得外露，高处作业时必须系安全带。

（10）机械必须按照出厂使用说明书规定的技术性能、承载能力和使用条件，正确操作，合理使用，严禁超载作业或任意扩大使用范围。

（11）机械上的各种安全防护装置及监测、指示、仪表、报警、信号装置应完好齐全，有缺损时应及时修复。安全防护装置不完整或已失效的机械不得使用。

（12）搅拌机作业中，当料斗升起时，严禁任何人在料斗下停留或通过；当需要在料斗下检修或清理料坑时，应将料斗提升后用铁链或插入销锁住。

（13）电缆线应满足操作所需的长度，电缆线上不得堆压物品或让车辆挤压，严禁用电缆线拖拉或吊挂振动器。

（五）环境关键要求

（1）在机械产生对人体有害的气体、液体、尘埃、渣滓、放射性射线、振动、噪声等场所，必须配置相应的安全保护设备和三废处理装置。

（2）混凝土机械作业场地应有良好的排水条件，机械近旁应有水源，机棚内应有良好的通风、采光及防雨、防冻设施，并不得有积水。

（3）作业后，应及时将机内、水箱内、管道内的存料及积水放尽，并应清洁保养机械，清理工作场地。

（4）应选用低噪声或有消声降噪设备的混凝土施工机械，现场混凝土搅拌站应搭设封闭的搅拌棚，防止扬尘和噪声污染。

四、施工工艺

（一）工艺流程

混凝土搅拌→混凝土运输、泵送与布料→混凝土浇筑→混凝土振捣→混凝土养护。

（二）施工操作工艺

1.混凝土搅拌

1）混凝土的搅拌要求

（1）搅拌混凝土前，宜将搅拌筒充分润滑。搅拌第一盘时，宜按配合比减少粗骨料用量。在全部混凝土卸出之前不得再投入拌和料，更不得采取边出料边进料的方法进行搅拌。

（2）混凝土搅拌中必须严格控制水灰比和坍落度，未经试验人员同意，严禁随意加减用水量。

（3）混凝土的原材料计量：

水泥计量：搅拌时采用袋装水泥时，应抽查10袋水泥的平均重量，并以每袋水泥的实际重量，按设计配合比确定第一盘混凝土的施工配合比；搅拌时采用散装水泥的，应每盘精确计量。

外加剂及混合料计量：对于粉状的外加剂和混合料，宜按施工配合比第一盘的用料，预先在外加剂和混合料存放的仓库中进行计量，并以小包装运到搅拌地点备用；液态外加剂应随用随搅拌，并用比重计检查其浓度，宜用量筒计量。

混凝土原材料每盘称量的允许偏差应符合表5-4的规定。

表 5-4　混凝土原材料每盘称量的允许偏差

材料名称	允许偏差（%）		材料名称	允许偏差（%）	
水泥、掺合料	≥C60 ±1%	<C60 ±2%	水、外加剂	≥C60 ±0.5%	<C60 ±2%
粗、细骨料	≥C60 ±2%	<C60 ±3%			

混凝土搅拌的装料顺序宜按下列要求进行：

当无外加剂、混合料时，依次进行上料斗的顺序宜为粗骨料→水泥→细骨料；当有掺混合料时，其顺序宜为粗骨料→水泥→混合料→细骨料；当掺干粉状外加剂时，其顺序宜为粗骨料→外加剂→水泥→细骨料或粗骨料→水泥→细骨料→外加剂。

混凝土的搅拌时间宜按表 5-5 确定。

表 5-5　混凝土的搅拌时间　　　　　　　　　　（单位:s）

混凝土坍落度 （mm）	搅拌机类型	搅拌机容积（L）		
		<250	250~500	>500
≤30	自落式	90	120	150
	强制式	60	90	120
>30	自落式	90	90	120
	强制式	60	60	90

注:掺有外加剂时,搅拌时间应适当延长。

2）冬期施工混凝土的搅拌要求

（1）室外日平均气温连续 5 天稳定低于 5 ℃时,混凝土拌制应采取冬季施工措施,并应及时采取气温突然下降的防冻措施。配制冬期施工的混凝土,宜优先选用硅酸盐水泥或普通硅酸盐水泥,水泥强度等级不宜低于 42.5 MPa,最小水泥用量不应少于 300 kg/m³,水灰比不应大于 0.6。

（2）混凝土所用骨料应清洁,不得含有冰、雪、冻结物及其他易冻裂物质。在掺用含有钾、钠离子的防冻剂混凝土中,不得采用活性骨料或在骨料中混有这类物质的材料。

（3）在钢筋混凝土中掺用氯盐类防冻剂时,氯盐掺量不得大于水泥重量的 1%（按无水状态计算）,且不得采用蒸汽养护。在下列情况下,钢筋混凝土中不得采用氯盐:

①排出大量蒸汽的车间、澡堂、洗衣房和经常处于空气相对湿度大于 80% 的房间以及有顶盖的钢筋混凝土蓄水池等的在高湿度空气环境中使用的结构。

②处于水位升降部位的结构。

③露天结构或经常受雨、水淋的结构。

④有镀锌钢材或铝铁相接触部位的结构和有外露钢筋、预埋件而无防护措施的结构。

⑤与含有酸、碱或硫酸盐等侵蚀介质相接触的结构。

⑥使用过程中经常处于环境温度为 60 ℃ 以上的结构。

⑦使用冷拉钢筋或冷拔低碳钢丝的结构;薄壁结构。

⑧电解车间和直接靠近直流电源,直接靠近高压电源的结构。

（4）采用非加热养护法施工所选用的外加剂,宜优先选用含引气成分的外加剂,含气量宜控制在 2%~4%。

（5）冬期拌制混凝土应优先采用加热水的方法。水及骨料的加热温度应根据热工计算确定,但不得超过表 5-6 的规定。

表 5-6　拌和水和骨料最高加热温度要求　　　　　　　　　　（单位:℃）

水泥强度等级	拌和水	骨料
强度等级 42.5 以下	80	60
强度等级 42.5、42.5R 及以上	60	40

（6）水泥不得直接加热，宜在使用前运入暖棚内存放。

（7）当骨料不加热时，水可加热到 100 ℃，但水泥不应与 80 ℃以上的水直接接触。投料顺序为先投入骨料和已加热的水，然后再投入水泥。混凝土拌制前，应用热水或蒸汽冲洗搅拌机，拌制时间应取常温的 1.5 倍。混凝土拌和物的出机温度不宜低于 10 ℃，入模温度不得低于 5 ℃。

（8）冬期混凝土拌制的质量检查除遵守规范的规定外，应进行以下检查：

检查外加剂掺量；测量水、骨料、水泥、外加剂溶液入机温度；测量混凝土出罐及入模时温度；室外气温及环境温度；搅拌机棚温度。以上检查每一工作班不宜少于四次。

冬期施工混凝土试块的留置除应符合一般规定外，尚应增设不少于二组与结构同条件养护的试件，用于检验受冻前的混凝土强度。

3）高温施工

（1）高温施工时，对露天堆放的粗、细骨料应采取遮阳防晒等措施。必要时，可对粗骨料进行喷雾降温。

（2）高温施工混凝土配合比设计除应符合规范的规定外，尚应符合下列规定：

①应考虑原材料温度、环境温度、混凝土运输方式与时间对混凝土初凝时间、坍落度损失等性能指标的影响，根据环境温度、湿度、风力和采取温控措施的实际情况，对混凝土配合比进行调整。

②宜在近似现场运输条件、时间和预计混凝土浇筑作业最高气温的天气条件下，通过混凝土试拌和与试运输的工况试验后，调整并确定适合高温天气条件下施工的混凝土配合比。

③宜采用低水泥用量的原则，并可采用粉煤灰取代部分水泥。宜选用水化热较低的水泥。

④混凝土坍落度不宜小于 70 mm。

（3）混凝土的搅拌应符合下列规定：

①应对搅拌站料斗、储水器、皮带运输机、搅拌楼采取遮阳防晒措施。

②对原材料进行直接降温时，宜采用对水、粗骨料进行降温的方法。当对水直接降温时，可采用冷却装置冷却拌和用水，并应对水管及水箱加设遮阳和隔热设施，也可在水中加碎冰作为拌和用水的一部分。混凝土拌和时掺加的固体冰应确保在搅拌结束前融化，且在拌和用水中应扣除其重量。

③原材料最高入机温度不宜超过表 5-7 的规定。

表 5-7　原材料最高入机温度　　　　（单位：℃）

原材料	入机温度
水泥	60
骨料	30
水	25
粉煤灰等掺合料	60

④混凝土拌和物出机温度不宜大于 30 ℃。必要时，可采取掺加干冰等附加控温措施。

(4)混凝土宜采用白色涂装的混凝土搅拌运输车运输;对混凝土输送管应进行遮阳覆盖,并应洒水降温。

(5)混凝土浇筑入模温度不应高于 35 ℃。

(6)混凝土浇筑宜在早间或晚间进行,且宜连续浇筑。当水分蒸发速率大于 1 kg/(m^2·h)时,应在施工作业面采取挡风、遮阳、喷雾等措施。混凝土水分蒸发速率可按相关规范估算。

(7)混凝土浇筑前,施工作业面宜采取遮阳措施,并应对模板、钢筋和施工机具采取洒水等降温措施,但浇筑时模板内不得有积水。

(8)混凝土浇筑完成后,应及时进行保湿养护。侧模拆除前宜采用带模湿润养护。

4)混凝土拌制中应进行下列检查

(1)检查拌制混凝土所用原材料的品种、规格和用量,每一个工作班至少两次。

(2)检查混凝土的坍落度及和易性,每一工作班至少两次。

(3)混凝土的搅拌时间应随时检查。

2.混凝土运输、泵送与布料

1)混凝土运输

(1)混凝土运输车装料前应将拌筒内、车斗内的积水排净。

(2)运输途中拌筒应保持 3~5 r/min 的慢速转动。

(3)混凝土应以最少的转载次数和最短时间,从搅拌地点运到浇筑地点。混凝土的延续时间不宜超过表 5-8、表 5-9 的规定。

表 5-8   混凝土从搅拌机中卸出到浇筑完毕的延续时间   (单位:min)

条件	不高于 25 ℃	高于 25 ℃
不掺外加剂	90	60
掺外加剂	150	120

注:对掺外加剂或快硬水泥拌制的混凝土,其延续时间应按试验确定。

表 5-9   运输、输送入模及间歇总时间   (单位:min)

条件	不高于 25 ℃	高于 25 ℃
不掺外加剂	180	150
掺外加剂	240	210

2)混凝土泵送

(1)混凝土泵的选型、配管设计应根据工程和施工场地特点、混凝土浇筑方案、要求的最大输送距离,最大输出量及混凝土浇筑计划参照《混凝土泵送施工技术规程》(JGJ/T 10)确定。

(2)混凝土泵车的布置应考虑下列条件:

①混凝土泵设置处应场地平整、坚实,道路通畅,供料方便,距离浇筑地点近,便于配管,具有重车行走条件。

②混凝土泵应尽可能靠近浇筑地点。在使用布料杆工作时,能使得浇筑部位尽可能地在布料杆的工作范围内,尽量少移动泵车即能完成浇筑。

③多台混凝土泵或泵车同时浇筑时,选定的位置要使其各自承担的浇筑量接近,最好能同时浇筑完毕,避免留置施工缝。

接近排水设施和供水、供电方便。在混凝土泵的作业范围内,不得有高压线等障碍物。

当高层建筑或高耸构筑物采用接力泵泵送混凝土时,接力泵的设置位置应使上、下泵的输送能力相匹配。设置接力泵的楼面或其他结构部位应验算其结构所能承受的荷载,必需时应采取加固措施。

在混凝土泵的作业范围内,不得有障碍物、高压线,同时要有防范高空坠物的设施。

混凝土泵的转移运输时要注意安全要求,应符合产品说明及有关标准的规定。

(3)混凝土输送管的固定,不得直接支承在钢筋、模板及预埋件上,并应符合下列规定:水平管宜每隔一定距离用支架、台垫、吊具等固定,以便排除堵管、装拆和清洗管道;垂直管宜用预埋件固定在墙和柱或楼板预留孔处,在墙及柱上每节管不得少于1个固定点,在每层楼板预留孔处均应固定;垂直管下端的弯管,不应作为上部管道的支撑点,宜设钢支撑承受垂直管重量,管道接头卡箍处不得漏浆。

炎热季节施工时,要在混凝土输送管上遮盖湿罩布或湿草袋,以避免阳光照射,同时每隔一定的时间洒水湿润;严寒季施工时,混凝土输送管道应用保温材料包裹,以防管内混凝土受冻,并保证混凝土的入模温度。

(4)混凝土搅拌运输车给混凝土喂料时,应符合下列要求:

向泵喂料前,应中、高速旋转拌筒20~30 s,使混凝土拌和物均匀,当拌筒停稳后,方可反转卸料;卸料应配合泵送均匀进行,且应使混凝土保持在集料斗内高度标志线以上,当遇特殊情况中断喂料作业时,应使拌筒保持慢速拌和混凝土。

混凝土泵的进料斗上,应安置网筛并设专人监视喂料,以防止粒径过大,骨料或杂物进入混凝土泵造成堵塞。混凝土搅拌运输车喂料完毕后,应及时清洗拌筒及溜槽等,并排尽积水。

喂料作业应由本车驾驶员完成,严禁非操作人员操作。

(5)混凝土的泵送宜按下列要求进行:

混凝土泵的操作应严格执行使用说明书有关规定,同时应根据使用说明书制订专门操作要点。操作人员必须经过专门培训后,方可上岗独立操作。

混凝土泵送施工现场,应有统一指挥和调度,以保证顺利施工。

泵送施工时,应规定联络信号和配备通信设备,可采用有线或无线通信设备等进行混凝土泵、搅拌运输车和搅拌站与浇筑地点之间的通信联络。

在配制泵送混凝土布料设备时,应根据工程特点、施工工艺、布料要求等来选择布料设备。在布置布料设备时,应根据结构平面尺寸、配管情况等考虑,要求布料设备应能覆盖整个结构平面,并能均匀、迅速地进行布料。设备应牢固、稳定且不影响其他工序的正常操作。

泵送混凝土时,泵机必须放置在坚固平整的地面上。在安置混凝土时,应根据要求将其支腿完全伸出,并插好安全销。在场地软弱时采取措施在支腿下垫枕木等,以防混凝土泵的移动或倾翻。

混凝土泵与输送管连接后,应按所用混凝土泵使用说明书的规定进行全面检查,符合要求后方能开机进行空运转。若气温较低,空运转时间应长些,要求液压油的温度升至15 ℃以上时才能投料作业。混凝土泵启动后,应先泵送适量水(约10 L)以湿润混凝土的料斗、活塞及输送管的内壁等直接与混凝土接触部位。泵送时,混凝土泵应处于慢速,匀速并随时可能反泵的状态。泵送的速度应先慢,后加速。同时应观察混凝土泵的压力和各系统的工作情况,待各系统运转顺利,方可以正常速度进行泵送,混凝土泵送应连续进行。如必须中断,其中断时间不得超过搅拌至浇筑完毕所允许的延续时间。

泵送混凝土时,混凝土泵的活塞应尽可能保持在最大行程运转。混凝土泵的水箱或活塞清洗室中应经常保持充满水。经泵送水检查,确认混凝土泵和输送管中无杂物后,宜采用混凝土内除粗骨料外的其他成分相同配合比的水泥砂浆润滑混凝土泵和输送管内壁。润滑用水泥砂浆应分散分料,不得集中浇筑在同一处。

泵送混凝土时,如输送管内吸入空气,应立即反泵吸出混凝土至料斗中重新搅拌,排出空气后再泵送。在混凝土泵送过程中,若需接长3 m以上(含3 m)的输送管,仍应预先用水或水泥砂浆进行湿润,并不得把拆下的输送管内的混凝土撒落在未浇筑的地方。

当混凝土泵出现压力升高且不稳定、油压升高、输送管明显振动等现象而泵送困难时,不得强行泵送,并应立即查明原因,采取措施排除。可先用木槌敲击输送管弯管、锥形管等部位,并进行慢速泵送或反泵,防止堵塞。

向下泵送混凝土时,应先把输送管上气阀打开,待输送管下段混凝土有一定压力时,方可关闭气阀。

混凝土泵送即将结束前,应准确计算尚需用的混凝土数量,并及时告知混凝土搅拌处。废弃的混凝土和泵送终止时多余的混凝土应按预先确定的处理方法和场所,及时进行妥善处理。

泵送完毕,应将混凝土泵和输送管清洗干净,清洗混凝土泵时,布料设备的出口应朝安全方向,以防废浆高速飞出伤人。

3)混凝土布料

混凝土布料机的选型及布设应根据混凝土浇筑场地特点、混凝土浇筑方案、布料机的性能确定。使用布料应注意下列事项:

(1)布料设备不得碰撞或直接搁置在模板上。

(2)浇筑混凝土时,应注意保护钢筋,一旦钢筋骨架发生变形或位移,应及时纠正。

(3)混凝土板的水平钢筋,应设置足够的钢筋脚或钢支架;钢筋骨架重要节点宜采取加固措施。

(4)手动布料杆应设钢支架架空,不得直接支承在钢筋骨架上。

使用布料杆泵车时,应遵守下列操作要点:

(1)布料杆作业范围应与高压输电线路保持一定安全距离。

(2)布料杆泵车的一切指示仪表及安全装置均不得擅自改动。

(3)进行检修和保养作业或排除故障时,必须关闭发动机,使机器完全停止运转。

(4)布料杆泵车在斜坡上停车时,轮胎下必须用木楔垫牢,并要支好支腿;风力超过8级时,禁止使用布料杆布料。

(5)布料杆不应当作起重机吊臂使用;布料杆作业范围应与脚手架及其他工地临时设施保持一定安全距离。

(6)布料杆必须折叠妥善后,泵车才能行驶和转移;布料杆首端悬挂的橡胶软管长度不得超过规定要求。

（7）布料杆用吹出法清洗臂架上附装的输送管时，杆端附近不许站人。

（8）应经常检查布料杆各部结构完好情况，每年应对布料杆进行一次全面安全大检查。

（9）作业时，司机必须集中注意力，细心操作，严禁违章操作和擅离岗位。

3.混凝土浇筑

1）混凝土浇筑时的坍落度

（1）对于商品混凝土应由试验员随机检查坍落度，并分别做好记录。

（2）对于现场搅拌混凝土应按施工组织设计要求或技术方案要求检查混凝土坍落度，并做好记录。

（3）混凝土浇筑时的坍落度宜按表 5-10 选用。混凝土经时坍落度损失值按表 5-11 选用。

表 5-10　混凝土浇筑时的坍落度

项次	结构种类	入模方式		坍落度（mm）
1	梁、板	塔吊		30~50
		泵送	30 m 以下	100~140
			30~60 m	140~160
			60~100 m	160~180
			100 m 以上	180~200
2	配筋较密的梁	塔吊		70~90

表 5-11　混凝土经时坍落度损失值

大气温度（℃）	10~20	20~30	30~50
混凝土经时坍落度损失值（掺粉煤灰和木钙，经 1 h）	5~25	25~35	35~50

2）施工缝的设置

（1）混凝土施工缝与后浇带：

①施工缝和后浇带的留设位置应在混凝土浇筑之前确定。施工缝和后浇带宜留设在结构受剪力较小且便于施工的位置。受力复杂的结构构件或有防水抗渗要求的结构构件，施工缝留设位置应经设计单位认可。

②水平施工缝的留设位置应符合下列规定：

柱、墙施工缝可留设在基础、楼层结构顶面，柱施工缝与结构上表面的距离宜为 0~100 mm，墙施工缝与结构上表面的距离宜为 0~300 mm。

柱、墙施工缝也可留设在楼层结构底面，施工缝与结构下表面的距离宜为 0~50 mm；当板下有梁托时，可留设在梁托下 0~20 mm。

高度较大的柱、墙、梁以及厚度较大的基础可根据施工需要在其中部留设水平施工缝；必要时，可对配筋进行调整，并应征得设计单位认可。

特殊结构部位留设水平施工缝应征得设计单位同意。

③垂直施工缝和后浇带的留设位置应符合下列规定：

有主次梁的楼板施工缝应留设在次梁跨度中间的 1/3 范围内。

单向板施工缝应留设在平行于板短边的任何位置。

楼梯梯段施工缝宜设置在梯段板跨度端部的 1/3 范围内。

墙的施工缝宜设置在门洞口过梁跨中 1/3 范围内，也可留设在纵横交接处。

后浇带留设位置应符合设计要求。

特殊结构部位留设垂直施工缝应征得设计单位同意。

④设备基础施工缝留设位置应符合下列规定：

水平施工缝应低于地脚螺栓底端，与地脚螺栓底端的距离应大于 150 mm；当地脚螺栓直径小于 30 mm 时，水平施工缝可留设在深度不小于地脚螺栓埋入混凝土部分总长度的 3/4 处。

垂直施工缝与地脚螺栓中心线的距离不应小于 250 mm，且不应小于螺栓直径的 5 倍。

⑤承受动力作用的设备基础施工缝留设位置应符合下列规定：

标高不同的两个水平施工缝，其高低接合处应留设成台阶形，台阶的高宽比不应大于 1.0。

在水平施工缝处继续浇筑混凝土前，应对地脚螺栓进行一次复核校正。

垂直施工缝或台阶形施工缝的垂直面处应加插钢筋，插筋数量和规格应由设计确定。

施工缝的留设应经设计单位认可。

⑥施工缝、后浇带留设界面应垂直于结构构件和纵向受力钢筋。结构构件厚度或高度较大时，施工缝或后浇带界面宜采用专用材料封挡。

⑦混凝土浇筑过程中，因特殊原因需临时设置施工缝时，施工缝留设应规整，并宜垂直于构件表面，必要时可采取增加插筋、事后修凿等技术措施。

⑧施工缝和后浇带应采取钢筋防锈或阻锈等保护措施。

（2）混凝土施工缝不应随意留置，其位置应按设计要求和施工技术方案事先确定，确定施工缝的原则为：尽可能留置在受剪力较小的部位，留置部位应便于施工，施工缝的留置应符合下列规定：

①和板连成整体的大断面梁，留置在板底面以下 20~30 mm 处。

②单向板留置在平行于板的短边的任何位置。

③有主次梁的楼板，宜顺着次梁方向浇筑，施工缝应留置在次梁跨中 1/3 范围内。

④楼梯的施工缝应留置在楼梯段 1/3 的部位。

3）施工缝的处理

（1）在施工缝处继续浇筑混凝土时，已浇筑的混凝土的抗压强度必须达到 1.2 MPa 以上，普通混凝土达到 1.2 MPa 抗压强度所需龄期可参照表 5-12 确定。在施工缝施工时，应在已硬化的混凝土表面上清除水泥薄膜和松动的石子以及软弱的混凝土层，同时还应加以凿毛，用水冲洗干净并充分湿润，一般不宜少于 24 h，残留在混凝土表面的积水应予清除，并在施工缝处铺一层水泥浆或与混凝土内成分相同的水泥砂浆。

表 5-12 普通混凝土达到 1.2 MPa 抗压强度所需龄期参考

外界温度 (℃)	水泥品种及 强度等级	混凝土 强度等级	期限 (h)	外界温度 (℃)	水泥品种及 强度等级	混凝土 强度等级	期限 (h)
1~5	普通 42.5	C15	48	10~15	普通 42.5	C15	24
		C20	44			C20	20
	矿渣 32.5	C15	60		矿渣 32.5	C15	32
		C20	50			C20	24
5~10	普通 42.5	C15	32	>15	普通 42.5	C15	20 以上
		C20	28			C20	20 以上
	矿渣 32.5	C15	40		矿渣 32.5	C15	20
		C20	32			C20	20

(2)注意施工缝位置附近需弯钢筋时,要做到钢筋周围的混凝土不受松动和损坏,钢筋上的油污、水泥砂浆及浮锈等杂物也应清除。

(3)在浇筑前,水平施工缝宜先铺上 10~15 mm 厚的水泥砂浆一层,其配合比与混凝土内的砂浆成分相同。

(4)从施工缝处开始继续浇筑时,要注意避免靠近缝边下料。机械振捣前,宜向施工缝处逐渐推进。

4)后浇带的设置

(1)后浇带的留置位置、留置时间应按设计要求和施工技术方案确定。当后浇带的保留时间设计无要求时,宜保留 42 d 以上。后浇带的宽度宜为 700~1 000 mm。

(2)后浇带内的钢筋应予以保护,后浇带在浇筑混凝土前,应将整个混凝土表面按照施工缝的要求进行处理。

(3)后浇带混凝土宜采用补偿收缩混凝土,其强度等级不得低于两侧混凝土,并保持至少 28 d 的湿润养护。

(4)当后浇带用膨胀加强带代替时,膨胀加强带应提高膨胀率 0.02%。

5)混凝土的浇筑

柱、墙模板内混凝土的浇筑倾落高度限值见表 5-13。

表 5-13 柱、墙模板内混凝土的浇筑倾落高度限值 （单位:m）

条件	浇筑倾落高度限值
粗骨料粒径大于 25 mm	≤3
粗骨料粒径小于等于 25 mm	≤6

注:当有可靠措施能保证混凝土不产生离析时,混凝土倾落高度可不受本表限制。

(1)混凝土自吊斗口下落的自由倾落高度不宜超过 2 m。

(2)梁、板应同时浇筑,浇筑方法应由一端开始用"赶浆法",即先浇筑梁,根据梁高分层阶梯形浇筑,当达到板底位置时再与板的混凝土一起浇筑,随着阶梯形不断延伸,梁板混凝土浇筑连续向前进行。

（3）和板连成整体高度大于 1 m 的梁，允许单独浇筑。浇捣时，浇筑与振捣必须紧密配合，第一层下料慢些，梁底充分振实后再下二层料，用"赶浆法"保持水泥浆沿梁底包裹石子向前推进，每层均应振实后再下料，梁底及梁帮部位应振实，振捣时不得触动钢筋及预埋件。

（4）梁、柱节点钢筋较密时，浇筑此处混凝土时宜用小料径石子同强度等级的混凝土浇筑，并用小直径振捣棒振捣。

（5）浇筑板混凝土的虚铺厚度应略大于板厚，用平板振捣器垂直浇筑方向来回振捣，厚板可用插入式振捣器振捣，并用铁插尺检查混凝土厚度，振捣完毕后用木抹子抹平。浇筑板混凝土时严禁用振捣棒铺摊混凝土。

（6）柱、墙混凝土设计强度等级高于梁、板混凝土设计强度等级时，混凝土浇筑应符合下列规定：

①柱、墙混凝土设计强度比梁、板混凝土设计强度高一个等级时，柱、墙位置梁、板高度范围内的混凝土经设计单位同意，可采用与梁、板混凝土设计强度等级相同的混凝土进行浇筑。

②柱、墙混凝土设计强度比梁、板混凝土设计强度高两个等级及以上时，应在交界区域采取分隔措施。分隔位置应在低强度等级的构件中，且距高强度等级构件边缘不应小于500 mm。

③宜先浇筑高强度等级混凝土，后浇筑低强度等级混凝土。

当柱与梁、板混凝土强度等级差二级以内时，梁柱节点核心区的混凝土可随楼板混凝土同时浇筑，但在施工前应核算梁柱节点核心区的承载力，包括抗剪、抗压应满足设计要求；当柱与梁、板混凝土级差大于二级时，应先浇筑节点混凝土，强度与柱相同，梁柱节点临时施工缝留置见图 5-1，必须在节点混凝土初凝前浇筑梁板混凝土。

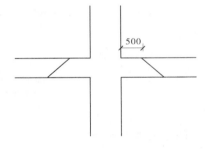

图 5-1　梁柱节点临时施工缝留置

（7）楼梯段混凝土自下而上浇筑，先振实底板混凝土，达到踏步位置时再与踏步混凝土一起浇捣，不断连续向上推进，并随时用木抹子（或塑料抹子）将踏步上表面抹平。

6）泵送混凝土的浇筑顺序

（1）宜根据结构形状及尺寸、混凝土供应、混凝土浇筑设备、场地内外条件等划分每台输送泵浇筑区域及浇筑顺序。

（2）采用输送管浇筑混凝土时，宜由远而近浇筑；采用多根输送管同时浇筑时，其浇筑速度宜保持一致。

（3）同一区域的混凝土，应先竖向结构后水平结构的顺序，分层连续浇筑。

（4）当不允许留施工缝隙时，区域之间、上下层之间的混凝土浇筑间歇时间，不得超过混凝土初凝时间。

（5）润滑输送管的水泥砂浆用于湿润结构施工缝时，水泥砂浆应与混凝土浆液同成分。接浆厚度不应大于 30 mm，多余水泥砂浆应收集后运出。

（6）混凝土泵送浇筑应保持连续；当混凝土供应不及时，应采取间歇泵送方式。

（7）混凝土浇筑后，应按要求完成输送泵和输送管的清理。

4.混凝土振捣

（1）表面振动器振捣混凝土应符合下列规定：

①表面振动器振捣应覆盖振捣平面边角。

②表面振动器移动间距应覆盖已振实部分混凝土边缘。

③倾斜表面振捣时，应由低处向高处进行振捣。

（2）附着振动器振捣混凝土应符合下列规定：

①附着振动器应与模板紧密连接，设置间距应通过试验确定。

②附着振动器应根据混凝土浇筑高度和浇筑速度，依次从下往上振捣。

③模板上同时使用多台附着振动器时应使各振动器的频率一致，并应交错设置在相对面的模板上。

（3）混凝土分层振捣的最大厚度应符合表 5-14 的规定。

表 5-14　混凝土分层振捣的最大厚度

振捣方法	混凝土分层振捣最大厚度
振动棒	振动棒作用部分长度的 1.25 倍
表面振动器	200 mm
附着振动器	根据设置方式，通过试验确定

（4）特殊部位的混凝土应采取下列加强振捣措施：

①宽度大于 0.3 m 的预留洞底部区域应在洞口两侧进行振捣，并应适当延长振捣时间；宽度大于 0.8 m 的洞口底部，应采取特殊的技术措施。

②后浇带及施工缝边角处应加密振捣点，并应适当延长振捣时间。

③钢筋密集区域或型钢与钢筋结合区域应选择小型振动棒辅助振捣、加密振捣点，并应适当延长振捣时间。

④基础大体积混凝土浇筑流淌形成的坡顶和坡脚应适时振捣，不得漏振。

混凝土应用混凝土振动器进行振实捣固，只有在工程量很小或不能使用振动器时才允许采用人工捣固。

（5）插入式振动器使用要点如下：

①使用前应检查各部件是否完好，各连接处是否紧固，电动机绝缘是否可靠，电压和频率是否符合规定，检查合格后方可接通电源进行试运转。

②作业时，要使振动棒自然沉入混凝土，不得用力猛插，宜垂直插入，并插到尚未初凝的下层混凝土中 50~100 mm，以使上下层相互结合。

③振动棒各插点间距应均匀，插点间距不应超过振动棒有效作用半径的 1.25 倍，最大不超过 50 cm，应"快插慢拔"。

④振动棒在混凝土内振捣时间，每插点 20~30 s，直到混凝土不再显著下沉，不出现气泡，表面泛出水泥浆和外观均匀为止。振捣时应将振动棒上下抽动 50~100 mm，使混凝土振实均匀。

⑤作业中要避免将振动棒触及钢筋、芯管及预埋件等，更不得采取通过振动棒振动钢筋的方法来促使混凝土振实；作业时振动棒插入混凝土中的深度不应超过棒长的 2/3~3/4，更

不宜将软管插入混凝土中,以防水泥浆侵蚀软管而损坏机件。

⑥振动器在使用中如温度过高,应立即停机冷却检查,冬季低温下振动器使用前,要缓慢加温,使振动棒内的润滑油解冻后方能使用;振动器软管的弯曲半径不得小于 500 mm,并不得多于两个弯,软管不得有断裂、死弯现象,若软管使用过久,长度变长时应及时更换。

⑦振动器不得在初凝的混凝土上及干硬的地面上试振;严禁用振动棒撬动钢筋和模板,或将振动棒当锤使用;不得将振动棒头夹到钢筋中;移动振动器时必须切断电源,不得用软管或电缆线拖拉振动器。

⑧作业完毕,应将电动机、软管、振动棒擦刷干净,按规定要求进行保养作业,振动器应放在干燥处,不要堆压软管。

(6)平板振动器使用要点如下:

①平板振动器振捣混凝土,应使平板底面与混凝土全面接触,每一处振至混凝土表面泛浆,不再下沉后,即可缓缓向前移动,移动速度以能保证每一处混凝土振实泛浆为准。移动时应保证振动器的平板覆盖已振实部分的边缘,在振的振动器不得放在已初凝的混凝土上。

②振动器的引出电缆不能拉得过紧,禁止用电缆拖拉振动器,禁止用钢筋等金属物当绳来拖拉振动器。

③振动器外壳应保持清洁,以保证电动机散热良好。

5.混凝土的养护

1)混凝土养护的一般规定

浇筑完毕后,为保证已浇筑好的混凝土在规定龄期内达到设计要求的强度,并防止产生收缩,应按施工技术方案及时采取有效的养护措施,并应符合下列规定:

(1)应在浇筑完毕后的 12 h 以内对混凝土加以覆盖并保湿养护。

(2)混凝土浇水养护的时间:

混凝土的养护时间应符合下列规定:

①采用硅酸盐水泥、普通硅酸盐水泥或矿渣硅酸盐水泥配制的混凝土,不应少于 7 d;采用其他品种水泥时,养护时间应根据水泥性能确定。

②采用缓凝型外加剂、大掺量矿物掺合料配制的混凝土,不应少于 14 d。

③抗渗混凝土、强度等级 C60 及以上的混凝土,不应少于 14 d。

④后浇带混凝土的养护时间不应少于 14 d。

⑤地下室底层墙、柱和上部结构首层墙、柱宜适当增加养护时间。

⑥基础大体积混凝土养护时间应根据施工方案确定。

对采用硅酸盐水泥、普通硅酸盐水泥或矿渣硅酸盐水泥拌制的混凝土,不得少于 7 d;对掺用缓凝型外加剂或有抗渗要求的混凝土,不得少于 14 d;当采用其他品种水泥时,混凝土的养护应根据所采用水泥的技术性能确定。

(3)浇水次数应能保持混凝土处于湿润状态;混凝土养护用水应与拌制用水相同。

(4)混凝土强度达到 1.2 N/mm^2 前,不得在其上踩踏或安装模板及支架。

2)正常温度下施工常用的养护方法

(1)洒水养护应符合下列规定:

①洒水养护宜在混凝土裸露表面覆盖麻袋或草帘后进行,也可采用直接洒水、蓄水等养护方式;洒水养护应保证混凝土处于湿润状态。

②洒水养护用水应符合规范混凝土用水的规定。

③当日最低温度低于 5 ℃时,不应采用洒水养护。

（2）覆盖养护应符合下列规定:

①覆盖养护宜在混凝土裸露表面覆盖塑料薄膜、塑料薄膜加麻袋、塑料薄膜加草帘进行。

②塑料薄膜应紧贴混凝土裸露表面,塑料薄膜内应保持有凝结水。

③覆盖物应严密,覆盖物的层数应按施工方案确定。

（3）喷涂养护剂养护应符合下列规定:

①应在混凝土裸露表面喷涂覆盖致密的养护剂进行养护。

②养护剂应均匀喷涂在结构构件表面,不得漏喷;养护剂应具有可靠的保湿效果,保湿效果可通过试验检验。

③养护剂使用方法应符合产品说明书的有关要求。

（4）基础大体积混凝土裸露表面应采用覆盖养护方式;当混凝土表面以内 40～80 mm位置的温度与环境温度的差值小于 25 ℃时,可结束覆盖养护。覆盖养护结束但尚未到达养护时间要求时,可采用洒水养护方式直至养护结束。

（5）柱、墙混凝土养护方法应符合下列规定:

①地下室底层和上部结构首层柱、墙混凝土带模养护时间,不宜少于 3 d;带模养护结束后可采用洒水养护方式继续养护,必要时也可采用覆盖养护或喷涂养护剂养护方式继续养护。

②其他部位柱、墙混凝土可采用洒水养护;必要时,也可采用覆盖养护或喷涂养护剂养护。

（6）混凝土强度达到 1.2 N/mm^2 前,不得在其上踩踏、堆放荷载、安装模板及支架。

（7）同条件养护试件的养护条件应与实体结构部位养护条件相同,并应采取措施妥善保管。

（8）施工现场应具备混凝土标准试件制作条件,并应设置标准试件养护室或养护箱。标准试件养护应符合现行国家有关标准的规定。

①利用平均气温高于 +5 ℃的自然条件,用适当的材料对混凝土表面加以覆盖并浇水,使混凝土在一定的时间内保持水泥水化作用所需要的适当温度和湿度条件。

②薄膜布养护:在有条件的情况下,可采用不透水、汽的薄膜布养护。用薄膜布把混凝土表面敞露的部分全部严密地覆盖起来,保证混凝土在不失水的情况下得到充足的养护。但应该保持薄膜布内有凝结水。

③薄膜养生液养护:混凝土的表面不便浇水或使用塑料薄膜布养护时,可采用涂刷薄膜养生液,以防止混凝土内部水分蒸发的方法进行养护。

3）冬期施工常用的养护方法

（1）蓄热法养护。

当气温太低时,应优先采用蓄热法施工。蓄热法养护是将混凝土的组成材料进行加热后搅拌,在经过运输、振捣后仍具有一定温度,浇筑后的混凝土周围用保温材料严密覆盖。蓄热法施工,宜选用强度较高、水化热较大的硅酸盐水泥、普通硅酸盐水泥或快硬硅酸盐水泥。同时选用导热系数小、价廉耐用的保温材料,保温层敷设后要注意防潮和防止透风,对于构件的边棱、端部等要特别加强保温,新混凝土与已硬化的混凝土连接处,为避免热量的传导损失,必要时应采取局部加热措施。

（2）综合蓄热法养护。

适用于在日平均气温不低于−10 ℃或极端最低气温不低于−16 ℃的条件下施工。综合蓄热法是在蓄热法工艺的基础上,在混凝土中掺入防冻剂,以延长硬化时间和提高抗冻害能力。在混凝土拌和物中掺有少量的防冻剂,原材料预先加热,搅拌站和运输工具都要适当保温,拌和物浇筑后的温度一般须达到 10 ℃以上,当构件的断面尺寸小于 300 mm 时须达到 13 ℃以上。

（3）覆盖式养护。

在混凝土成型、表面搓平后,覆盖一层透明的或黑色的塑料薄膜,其上再盖一层气垫薄膜。覆盖时应紧贴四周,用沙袋或其他重物压紧盖严,防止被风吹开,塑料薄膜采用搭接时,其搭接长度应大于 300 mm。

（4）暖棚法养护。

对于混凝土量较多的地下工程,日平均气温大于−10 ℃时可采用暖棚法养护。暖棚法养护是在建筑物或构件周围搭起大棚,通过人工加热使棚内空气保持正温,混凝土的浇筑与养护均在棚内进行。暖棚通常以脚手材料（钢管、脚手片等）为骨架,用薄膜或帆布围护。塑料薄膜不仅重量轻,而且透光,白天不需要人工照明,吸收太阳能后还能提高棚内温度。加热用的能源一般为煤或焦炭,也可使用以电、燃气、煤油或蒸汽为能源的热风机或散热器。

4）混凝土养护期间温度测量

（1）蓄热法或综合蓄热法养护从混凝土入模开始至混凝土达到受冻临界强度,或混凝土温度降至 0 ℃或设计温度以前,应至少每隔 6 h 测量一次。

（2）受冻混凝土的临界强度应按《建筑工程冬期施工规程》（JGJ 104）的规定执行。

（3）掺防冻剂的混凝土在强度未达到规定的受冻临界强度之前应每隔 2 h 测量一次,达到受冻临界强度以后每隔 6 h 测量一次。

（4）应绘制测温孔布置图并编号,测温孔应设在有代表性的结构部位和温度变化大、易冷却的部位,孔深宜为 10~15 cm,也可为板厚的 1/2。

（5）测温时,测温仪表应采取与外界气温隔离措施,并留置测温孔内不小于 3 min。

（6）模板和保温层在混凝土达到要求强度并冷却至 5 ℃方可拆除,拆模时混凝土温度与环境温度差大于 20 ℃时,拆模后的混凝土表面应及时覆盖,使其缓慢冷却。

五、质量控制

（一）原材料与配合比设计

（1）水泥进场时应对其品种、级别、包装或散装仓号、出厂日期等进行检查,并应对其强度、安全性及其他必要的性能指标进行复验,其质量必须符合现行国家标准《硅酸盐水泥、普通硅酸盐水泥》（GB 175）等的规定。

当在使用中对水泥质量有怀疑或水泥出厂超过三个月（快硬硅酸盐水泥超过一个月）时,应进行复验,并按复验结果使用。

钢筋混凝土结构、预应力混凝土结构中,严禁使用含氯化物的水泥。

检查数量:按同一生产厂家、同一等级、同一品种、同一批号且连续进场的水泥,袋装不超过 200 t 为一批,散装不超过 500 t 为一批,每批抽样不少于一次。

（2）混凝土中掺用外加剂的质量及应用技术应符合现行国家标准《混凝土外加剂》（GB 8076）、《混凝土外加剂应用技术规范》（GB 50119）等和有关环境保护的规定。

预应力混凝土结构中，严禁使用含氯化物的外加剂。钢筋混凝土结构中，当使用含氯化物的外加剂时，混凝土氯化物的总量应符合现行国家标准《混凝土质量控制标准》（GB 50164）的规定。

检查数量：按进场的批次和产品的抽样检验方案确定。

（3）混凝土中氯化物和碱的总含量应符合现行国家标准《混凝土结构设计规范》（GB 50010）中相关规定［结构上的直接作用（荷载）应根据现行国家标准《建筑结构荷载规范》（GB 50009）及相关标准确定；地震作用应根据现行国家标准《建筑抗震设计规范》（GB 50011）确定。间接作用和偶然作用应根据有关的标准或具体情况确定。直接承受吊车荷载的结构构件应考虑吊车荷载的动力系数。预制构件制作、运输及安装时应考虑相应的动力系数。对现浇结构，必要时应考虑施工阶段的荷载］或符合设计要求。

（4）混凝土配合比应按国家标准《普通混凝土配合比设计规程》（JGJ 55）的有关规定，根据混凝土强度等级、耐久性和工作性等要求进行配合比设计。对有特殊要求的混凝土，其配合比设计尚应符合现行国家有关标准的专门规定。

（5）混凝土中掺用矿物掺合料的质量应符合现行国家标准《用于水泥和混凝土中的粉煤灰》（GB 1596）等的规定。矿物掺合料的掺量应通过试验确定。

检查数量：按进场的批次和产品的抽样检验方案确定。

（6）普通混凝土所用的粗、细骨料的质量应符合现行国家标准《普通混凝土用碎石或卵石质量标准及检验方法》（JGJ 53）、《普通混凝土用砂、石质量标准及检验方法标准》（JGJ 52）的规定。

检查数量：按进场的批次和产品的抽样检验方案确定。

注：①混凝土用的粗骨料其最大颗粒粒径不得超过构件截面最小尺寸的 1/4，且不得超过钢筋最小净间距的 3/4。②对混凝土实板，骨料的最大粒径不宜超过板厚的 1/3，且不得超过 40 mm。

（7）拌制混凝土宜用饮用水；当采用其他水源时，水质应符合现行国家标准《混凝土用水标准》（JGJ 63）的规定。

检查数量：同一水源检查不应少于 1 次。

（8）首次使用的混凝土配合比应进行开盘鉴定，其工作性应满足设计配合比的要求。开始生产时应至少留置一组标准养护试件，作为验证配合比的依据。

（9）混凝土拌制前，应测定砂、石含水率并根据测试结果调整材料用量，提出施工配合比。

检查数量：每工作班检查 1 次。

（10）混凝土原材料及配合比设计检验标准应符合表 5-15 的规定。

（二）混凝土施工

（1）结构混凝土的强度等级必须符合设计要求。用于检查结构构件混凝土强度的试件，应在混凝土的浇筑地点随机抽取。取样与试件留置应符合下列规定：

①每拌制 100 盘且不超过 100 m³ 的同配合比的混凝土，取样不得少于 1 次。

②每工作班拌制的同一配合比的混凝土不足 100 盘时，取样不得少于 1 次。

表 5-15　混凝土原材料及配合比设计检验标准

项	序	检查项目	允许偏差或允许值	检查方法
主控项目	1	水泥进场检验	第 1 条	产品合格证、出厂检验报告、进场复试报告
	2	外加剂质量及应用	第 2 条	产品合格证、出厂检验报告、进场复试报告
	3	混凝土中氯化物、碱的总含量	第 3 条	原材料试验报告和氯化物、碱含量计算书
	4	配合比设计	第 4 条	配合比设计资料
一般项目	1	矿物掺合料质量及掺量	第 5 条	出厂合格证、进场复试报告
	2	粗细骨料的质量	第 6 条	进场复验报告
	3	拌制混凝土用水	第 7 条	水质试验报告
	4	开盘鉴定	第 8 条	开盘鉴定资料和试件强度试验报告
	5	按砂、石含水量调整配合比	第 9 条	含水率测试结果和施工配合比通知单

③当一次连续浇筑超过 1 000 m³ 时,同一配合比的混凝土每 200 m³ 取样不得少于 1 次。

④每一楼层、同一配合比的混凝土,取样不得少于 1 次。

⑤每次取样应至少留置一组标准养护试件,同条件养护试件的留置组数应根据实际需要确定。

(2)对有抗渗要求的混凝土结构,其混凝土试件应在浇筑地点随机取样。防水混凝土抗渗性能,应采用标准条件下养护混凝土抗渗试件的试验结果评定,试件应在浇筑地点制作。

连续浇筑混凝土 500 m³ 应留置一组抗渗试件(一组为 6 个抗渗试件),且每项工程不得少于两组。采用预拌混凝土的抗渗试件,留置的组数应视结构的规模和要求而定。

抗渗性能试验应符合现行《普通混凝土长期性能和耐久性能试验方法》(GBT 50082)的有关规定。

(3)混凝土原材料每盘称量的偏差应符合表 5-4 的规定。

检查数量:每工作班抽查不应少于 1 次。

(4)混凝土运输、浇筑及间歇的全部时间不应超过混凝土的初凝时间。同一施工段的混凝土应连续浇筑,并应在底层混凝土初凝之前将上一层混凝土浇筑完毕。当底层混凝土初凝后浇筑上一层混凝土时,应按施工技术方案对施工缝的要求进行处理。

检查数量:全数检查。

(5)施工缝的位置应在混凝土浇筑前按设计要求和施工技术方案确定。施工缝的处理应按施工技术方案执行。

检查数量:全数检查。

(6)后浇带的留置位置应按设计要求和施工技术方案确定。后浇带混凝土浇筑应按施工技术方案进行。

检查数量:全数检查。

(7)混凝土浇筑完毕后,应按施工技术方案及时采取有效的养护措施,并应符合下列规定:

①应在浇筑完毕后的 12 h 以内对混凝土加以覆盖并保湿养护。

②混凝土浇水养护的时间:对采用硅酸盐水泥、普通硅酸盐水泥或矿渣硅酸盐水泥拌制的混凝土,不得少于 7 d;对掺用缓凝型外加剂或有抗渗要求的混凝土,不得少于 14 d。

③浇水次数应保持混凝土处于湿润状态,混凝土养护用水应与拌制用水相同。

④采用塑料布覆盖养护的混凝土,其敞露的全部表面应覆盖严密,并应保持塑料布内有凝结水。

⑤混凝土强度达到 1.2 N/mm² 前,不得在其上踩踏或安装模板及支架。

注:①当日平均气温低于 5 ℃时,不得浇水。

②当采用其他品种水泥时,混凝土的养护时间应根据所采用水泥的技术性能确定。

③混凝土表面不便浇水或使用塑料布时,宜涂刷养护剂。

④对大体积混凝土的养护,应根据气候条件按施工技术方案采取控温措施。

检查数量:全数检查。

(8)混凝土施工检验标准按表 5-16 的规定。

表 5-16　混凝土施工检验标准

项	序	检查项目	允许偏差或允许值	检查方法
主控项目	1	混凝土强度等级及试件的取样和留置	第 1 条	施工记录及试件强度试验报告
	2	混凝土抗渗及试件取样和留置	第 2 条	试件抗渗试验报告
	3	原材料每盘称量的偏差	第 3 条	复称
	4	初凝时间控制	第 4 条	观察、检查施工记录
一般项目	1	施工缝的位置和处理	第 5 条	观察、检查施工记录
	2	后浇带的位置和浇筑	第 6 条	观察、检查施工记录
	3	混凝土养护	第 7 条	观察、检查施工记录

(三)观感质量

(1)现浇结构的外观质量缺陷,应由监理(建设)单位、施工单位等各方根据其对结构性能和使用功能影响的严重程度,按表 5-17 确定。

表 5-17　现浇结构的外观质量缺陷

名称	现象	严重缺陷	一般缺陷
露筋	构件内钢筋未被混凝土包裹而外露	纵向受力钢筋有露筋	其他钢筋有少量露筋
蜂窝	混凝土表面缺少水泥砂浆而形成石子外露	构件主要受力部位有蜂窝	其他部位有少量蜂窝
孔洞	混凝土中孔穴深度和长度均超过保护层厚度	构件主要受力部位有孔洞	其他部位有少量孔洞

续表 5-17

名称	现象	严重缺陷	一般缺陷
夹渣	混凝土中夹有杂物且深度超过保护层厚度	构件主要受力部位有夹渣	其他部位有少量夹渣
疏松	混凝土中局部不密实	构件主要受力部位有疏松	其他部位有少量疏松
裂缝	缝隙从混凝土表面延伸至混凝土内部	构件主要受力部位有影响结构性能或使用功能的裂缝	其他部位有少量不影响结构性能或使用功能的裂缝
连接部位缺陷	构件连接处混凝土缺陷及连接钢筋、连接件松动	连接部位有影响结构传力性能的缺陷	连接部位有基本不影响结构传力性能的缺陷
外形缺陷	缺棱掉角、棱角不直、翘曲不平、飞边凸肋等	清水混凝土构件有影响使用功能或装饰效果的外形缺陷	其他混凝土构件有不影响使用功能的外形缺陷
外表缺陷	构件表面麻面、掉皮、起砂、沾污等	具有重要装饰效果的清水混凝土构件有外表缺陷	其他混凝土构件有不影响使用功能的外表缺陷

（2）现浇结构拆模后，应由监理（建设）单位、施工单位对外观质量和尺寸偏差进行检查，做出记录，并应及时按施工技术方案对缺陷进行处理。

（3）现浇结构的外观质量不应有严重缺陷。对已出现的严重缺陷，应由施工单位提出技术处理方案，并经监理（建设）单位认可后进行处理。对经处理的部位，应重新检查验收。

检查数量：全数检查。

检查方法：观察，检查技术处理方案。

（4）现浇结构的外观质量不宜有一般缺陷。对已经出现的一般缺陷，应由施工单位按技术处理方案进行处理，并重新检查验收。

检查数量：全数检查。

检查方法：观察，检查技术处理方案。

（5）现浇结构的尺寸允许偏差和检验方法应符合表 5-18 的规定。

表 5-18　现浇结构的尺寸允许偏差和检验方法

项目			允许偏差（mm）	检验方法
轴线位置	基础		10	钢尺检查
	独立基础		8	
	墙、柱、梁		5	
	剪力墙		5	
垂直度	层高	≤5 m	5	经纬仪或吊线、钢尺检查
		>5 m	8	经纬仪或吊线、钢尺检查
	全高 H		$H/1\,000$ 且≤30	经纬仪、钢尺检查
标高	层高		±10	水准仪或拉线、钢尺检查
	全高		±20	

续表 5-18

项目		允许偏差（mm）	检验方法
电梯井	截面尺寸	+8，−5	钢尺检查
	井筒长、宽对定位中心线	+25，0	钢尺检查
	井筒全高（H）垂直度	H/1 000 且≤30	经纬仪、钢尺检查
表面平整度		8	2 m 靠尺和塞尺检查
预埋设施中心线位置	预埋件	10	钢尺检查
	预埋螺栓	5	
	预埋管	5	
预留洞中心线位置		15	钢尺检查

注：检查轴线、中心线位置时，应沿纵、横两个方向量测，并取其中的较大值。

检查数量：按楼层、结构缝或施工段划分检验批。在同一检验批内，对梁、柱和独立基础，应抽查构件数量的 10%，且不少于 3 件；对墙和板，应按有代表性的自然间抽查 10%，且不少于 3 间；对大空间结构，墙可按相邻轴线间高度 5 m 左右划分检查面，板可按纵、横线划分检查面，抽查 10%，且均不少于 3 面；对电梯井，应全数检查。对设备基础应全数检查。

（6）现浇结构不应有影响结构性能和使用功能的尺寸偏差。

对超过尺寸允许偏差且影响结构性能和使用功能的部位，应由施工单位提出技术处理方案，并经监理（建设）单位认可后进行处理。对经处理的部位，应重新检查验收。

检查数量：全数检查。

检验方法：量测，检查技术处理方案。

（7）施工过程中发现混凝土结构缺陷时，应认真分析缺陷产生的原因。对严重缺陷，施工单位应制订专项修整方案，方案应经论证审批后再实施，不得擅自处理。

（8）混凝土结构外观一般缺陷修整应符合下列规定：

①对于露筋、蜂窝、孔洞、夹渣、疏松、外表缺陷，应凿除胶结不牢固部分的混凝土，应清理表面，洒水湿润后应用 1∶2～1∶2.5 水泥砂浆抹平。

②应封闭裂缝。

③连接部位缺陷、外形缺陷可与面层装饰施工一并处理。

（9）混凝土结构外观严重缺陷修整应符合下列规定：

①对于露筋、蜂窝、孔洞、夹渣、疏松、外表缺陷，应凿除胶结不牢固部分的混凝土至密实部位，清理表面，支设模板，洒水湿润，涂抹混凝土界面剂，应采用比原混凝土强度等级高一级的细石混凝土浇筑密实，养护时间不应少于 7 d。

②开裂缺陷修整应符合下列规定：

对于民用建筑的地下室、卫生间、屋面等接触水介质的构件，均应注浆封闭处理，注浆材料可采用环氧、聚氨酯、氰凝、丙凝等。对于民用建筑不接触水介质的构件，可采用注浆封闭、聚合物砂浆粉刷或其他表面封闭材料进行封闭。

对于无腐蚀介质工业建筑的地下室、屋面、卫生间等接触水介质的构件以及有腐蚀介质的所有构件，均应注浆封闭处理，注浆材料可采用环氧、聚氨酯、氰凝、丙凝等。对于无腐蚀介质工业建筑不接触水介质的构件,可采用注浆封闭、聚合物砂浆粉刷或其他表面封闭材料进行封闭。

③清水混凝土的外形和外表严重缺陷,宜在水泥砂浆或细石混凝土修补后用磨光机械磨平。

(10)混凝土结构尺寸偏差一般缺陷,可采用装饰修整方法修整。

(11)混凝土结构尺寸偏差严重缺陷,应会同设计单位共同制定专项修整方案,结构修整后应重新检查验收。

(四)混凝土实体检验

(1)对涉及混凝土结构安全的重要部位应进行结构实体检验。结构实体检验应在监理工程师(建设单位项目专业技术负责人)见证下,由施工项目技术负责人组织实施。承担结构实体检验的试验室应具有相应的资质。

(2)对混凝土强度的检验,应以在混凝土浇筑地点制备并与结构实体同条件养护的试件强度为依据。对混凝土强度的检验,也可根据合同的约定,采用非破损或局部破损的检测方法,按现行国家有关标准的规定进行。

混凝土强度检验用同条件养护试件的留置、养护和强度代表值应符合下列规定:

①同条件养护试件的留置方式和取样数量,应符合下列要求:

同条件养护试件所对应的结构件或结构部位,应由监理(建设)、施工等各方共同确定。

对混凝土结构工程中的各混凝土强度等级,均应留置同条件养护试件。

同一强度等级的同条件养护试件,其留置的数量应根据混凝土工程量和重要性确定,不宜少于 10 组,且不应少于 3 组。

同条件养护试件拆模后,应放置在靠近相应结构构件或结构部位的适当位置,并应采取相同的养护方法。

②同条件养护试件应达到等效养护龄期时进行强度试验。

等效养护龄期应根据同条件养护试件强度与在标准养护条件下 28 d 龄期试件强度相等的原则确定。

③同条件自然养护试件的等效养护龄期及相应的试件强度代表值,宜根据当地的气温和养护条件,按下列规定确定:

等效养护龄期可取按日平均温度逐日累计达到 600 ℃·d 时所对应的龄期,0 ℃及以下的龄期不应小于 14 d 也不宜大于 60 d。

同条件养护试件的强度代表值应根据强度试验结果按现行国家标准《混凝土强度检验评定标准》(GBJ 107)的规定确定后,乘折算系数取用;折算系数宜取为 1.10,也可根据当地的试验统计结果做适当调整。

④冬期施工、人工加热养护的结构,其同条件养护试件的等效养护龄期可按结构的实际养护条件,由监理(建设)、施工等各方共同确定。

(3)结构混凝土的强度等级必须符合设计要求。每组三个试件应在同盘混凝土中取样制作,并按下列规定确定该组试件的混凝土强度代表值:

①取三个试件强度的平均值。

②当三个试件强度中的最大值或最小值之一与中间值之差超过中间值的 15% 时,取中

间值。

③当三个试件强度中的最大值和最小值之一与中间值之差均超过中间值的15%时,该组试件不应作为强度评定的依据。

(4)当同条件养护试件强度的检验结果符合现行国家标准《混凝土强度检验评定标准》(GB 50107)的有关规定时,混凝土强度应判为合格。

(5)当未能取得同条件养护试件强度、同条件养护试件强度被判为不合格时,应委托具有相应资质等级的检测机构按国家有关标准的规定进行检测。

(6)条件养护试件的留置组数和养护应符合下列规定:

①每层梁、板结构的混凝土或每一个施工段(划分施工段时)梁、板结构的混凝土或在同一结构部分每浇筑一次混凝土但不大于100 m³的同材料、同配合比、同强度的混凝土,应根据需要留设同条件养护试块。

②留置组数根据以下用途确定:用于检测等效混凝土强度;用于检测拆模时的混凝土强度;用于检测受冻前混凝土的强度;用于检测预应力张拉时的混凝土强度等。

每种功能的试块不少于1组。

③同条件养护试块应放置在钢筋笼子中,间距100 mm,挂于所代表的混凝土母体结构处,与母体混凝土结构同条件养护。

六、成品保护

(1)施工中,不得用重物冲击模板,不准在吊帮的模板和支撑上搭脚手板,以保证模板牢固、不变形。

(2)侧模板,应在混凝土强度能保证其棱角和表面不受损伤时,方可拆模。

(3)混凝土浇筑完后,待其强度达到1.2 MPa以上,方可在其上进行下道工序施工。

(4)预留的暖卫、电气暗管,地脚螺栓及插筋,在浇筑混凝土过程中,不得碰撞,或使之产生位移。

(5)应按设计要求预留孔洞或埋设螺栓和预埋铁件,不得以后凿洞埋设。

(6)要保证钢筋和垫块的位置正确,不得踩楼板、楼梯的弯起钢筋,不碰动预埋件和插筋。

七、安全环保措施

(1)混凝土搅拌开始前,应对搅拌机及配套机械进行无负荷试运转,检查运转正常,运输道路畅通,然后方可开机工作。

(2)搅拌机运转时,严禁将锹、耙等工具伸入罐内,必须进罐扒混凝土时,要停机进行。工作完毕,应将拌筒清洗干净。搅拌机应有专用开关箱,并应装有漏电保护器,停机时应拉断电闸,下班时电闸箱应上锁。

(3)采用手推车运输混凝土时,不得争先抢道,装车不应过满;卸车时应有挡车措施,不得用力过猛或撒把,以防车把伤人。

(4)使用井架提升混凝土时,应设制动安全装置,升降应有明确信号,操作人员未离开提升台时,不得发升降信号。提升台内停放手推车要平稳,车把不得伸出台外,车轮前后应挡牢。

（5）混凝土浇筑前，应对振动器进行试运转，振动器操作人员应穿绝缘靴、戴绝缘手套；振动器不能挂在钢筋上，湿手不能接触电源开关。

（6）混凝土运输、浇筑部位应有安全防护栏杆，操作平台。

（7）用电应按三级配电、三级保护进行设置；各类配电箱、开关箱的内部设置必须符合有关规定，开关电器应标明用途。所有配电箱应外观完整、牢固、防雨、箱内无杂物；箱体应涂有安全色标、统一编号；箱壳、机电设备接地应良好；停止使用时切断电源，箱门上锁。

（8）施工用电的设备、电缆线、导线、漏电保护器等应有产品质量合格证；漏电保护器要经常检查，动作灵敏，发现问题立即调换，闸刀熔丝要匹配。

（9）电动工具应符合有关规定，电源线、插头、插座应完好，电源线不得擅自接长和调换，工具的外绝缘完好无损，维护和保管由专人负责。

（10）现场施工负责人应为机械作业提供道路、水电、机棚或停机场地等必备的条件，并消除对机械作业有妨碍或不安全的因素。夜间作业应设置充足的照明。

（11）机械进入作业地点后，施工技术人员应向操作人员进行施工任务和安全技术措施交底。操作人员应熟悉作业环境和施工条件，听从指挥，遵守现场安全规则。

（12）操作人员在作业过程中，应集中精力正确操作，注意机械工况，不得擅自离开工作岗位或将机械交给其他无证人员操作。严禁无关人员进入作业区或操作室内。

（13）实行多班作业的机械，应执行交接班制度，认真填写交接班记录；接班人员经检查确认无误后，方可进行工作。

（14）机械不得带病运转，运转中发现不正常时，应先停机检查，排除故障后方可使用。

（15）机械在寒冷季节使用，应符合《建筑机械寒冷季节的使用》规定。

（16）使用机械与安全生产发生矛盾时，必须首先服从安全要求。

（17）应在施工前，做好施工道路规划，充分利用永久性的施工道路。路面及其余场地地面宜硬化。闲置场地宜绿化。

（18）水泥和其他易飞扬的细颗粒散体材料应尽量安排库内存放，露天存放时宜严密遮盖，卸运时防止遗洒飞扬。

（19）混凝土运送罐车每次出场应清理下料斗，对车体进行冲洗，防止混凝土遗洒。

（20）现场搅拌机前台及运输车辆清洗处应设置沉淀池。废水应排入沉淀池内，经二次沉淀后，方可排入市政污水管线或回收用于洒水降尘。未经处理的泥浆水，严禁直接排入城市排水设施。

（21）现场使用照明灯具宜用定向可拆除灯罩型，使用时应防止光污染。

附5.1　常用水泥主要技术指标要求

常用水泥主要有硅酸盐水泥、普通硅酸盐水泥、矿渣硅酸盐水泥、火山灰质硅酸盐水泥及粉煤灰硅酸盐水泥。

硅酸盐水泥分为Ⅰ型硅酸盐水泥（代号P·Ⅰ）和Ⅱ型硅酸盐水泥（代号P·Ⅱ），硅酸盐水泥的强度等级分为42.5、42.5R、52.5、52.2R、62.5、62.5R；普通硅酸盐水泥简称普通水泥，代号P·O，普通硅酸盐水泥的强度等级分为42.5、42.5R、52.5、52.2R。其中R均代表早强型。

矿渣硅酸盐水泥简称矿渣水泥,代号 P·S;火山灰质硅酸盐水泥简称火山灰水泥,代号为 P·P;粉煤灰硅酸盐水泥简称粉煤灰水泥,代号 P·F。矿渣水泥、火山灰水泥、粉煤灰水泥强度等级分为 32.5、32.5R、42.5、42.5R、52.5、52.2R。

一、硅酸盐水泥、普通硅酸盐水泥技术指标应符合下列要求:

1. 不溶物:I 型硅酸盐水泥中不溶物不得超过 0.75%;II 型硅酸盐水泥中不溶物不得超过 1.50%。

2. 烧失量:I 型硅酸盐水泥中烧失量不得大于 3.0%,II 型硅酸盐水泥中烧失量不得大于 3.5%。普通水泥中烧失量不得大于 5.0%。

3. 氧化镁:水泥中氧化镁的含量不宜超过 5.0%。如果水泥经压蒸安定性试验合格,则水泥中氧化镁含量允许放宽至 6.0%。

4. 三氧化硫:水泥中三氧化硫的含量不得超过 3.5%。

5. 细度:硅酸盐水泥比表面积大于 300 m^2/kg,普通水泥 80 μm 方孔筛筛余水不得超过 10.0%。

6. 凝结时间:硅酸盐水泥初凝不得早于 45 min,终凝不得迟于 6.5 h。普通水泥初凝水不得早于 45 min,终凝不得迟于 10 h。

7. 安定性:用沸煮法检验必须合格。

8. 强度:水泥强度等级按规定龄期的抗压强度和抗折强度来划分,各强度等级水泥的各龄期强度不得低于附表 5.1-1 数值。

附表 5.1-1　各强度等级水泥的各龄期强度最小值

品种	强度等级（MPa）	抗压强度（MPa）		抗折强度（MPa）	
		3 d	28 d	3 d	28 d
硅酸盐水泥	42.5	17.0	42.5	3.5	6.5
	42.5R	22.0	42.5	4.0	6.5
	52.5	23.0	52.5	4.0	7.0
	52.5R	27.0	52.5	5.0	7.0
	62.5	28.0	62.5	5.0	8.0
	62.5R	32.0	62.5	5.5	8.0
普通水泥	32.5	11.0	32.5	2.5	5.5
	32.5R	16.0	32.5	3.5	5.5
	42.5	16.0	42.5	3.5	6.5
	42.5R	21.0	42.5	4.0	6.5
	52.5	22.0	52.5	4.0	7.0
	52.5R	26.0	52.5	4.5	7.0

9.碱:水泥中碱含量按设计要求和现行《混凝土结构设计规范》(GB 50010)规定取值。

二、矿渣硅酸盐水泥、火山灰质硅酸盐水泥及粉煤灰硅酸盐水泥技术指标应符合下列要求：

1.氧化镁:熟料中氧化镁的含量不宜超过 5.0%。如果水泥经压蒸安定性试验合格，则熟料中氧化镁的含量允许放宽到 6.0%。

2.三氧化硫:矿渣水泥中三氧化硫的含量不得超过 4.0%；火山灰水泥和粉煤灰水泥中三氧化硫的含量不得超过 3.5%。

3.细度:80 μm 方孔筛筛余不得超过 10.0%。

4.凝结时间:初凝不得早于 45 min,终凝不得早于 10 h。

5.安定性:用沸煮法检验必须合格。

6.强度:水泥强度等级按规定龄期的抗压强度和抗折强度来划分，各强度等级水泥的各龄期强度不得低于附表 5.1-2 数值。

附表 5.1-2　各强度等级水泥的各龄期强度最小值

强度等级 （MPa）	抗压强度（MPa）		抗折强度（MPa）	
	3 d	28 d	3 d	28 d
32.5	10.0	32.5	2.5	5.5
32.5R	15.0	32.5	3.5	5.5
42.5	15.0	42.5	3.5	6.5
42.5R	19.0	42.5	4.0	6.5
52.5	21.0	52.5	4.0	7.0
52.5R	23.0	52.5	4.5	7.0

7.碱:水泥中碱含量按设计要求和现行《混凝土结构设计规范》(GB 50010)规定取值。
注:当采用其他品种水泥时,应符合现行国家标准的有关规定。

三、水泥的包装与标志应符合下列要求：

1.包装:水泥有袋装或散装,袋装水泥每袋净含量 50 kg,且不得少于标志质量的 98%,随机抽取 20 袋总质量不得少于 1 000 kg。其他包装形式由供需双方协商确定,但有关袋装质量要求,必须符合上述原则规定。

2.标志:水泥袋上应清楚标明产品名称、代号、净含量、强度等级、生产许可证编号、生产者名称和地址、出厂编号、执行标准号、包装年月日。掺火山灰质混合料的普通水泥(矿渣水泥)还应标上"掺火山灰"的字样。包装袋两侧应印有水泥名称和强度等级。硅酸盐水泥和普通水泥的印刷采用红色;矿渣水泥的印刷采用绿色;火山灰水泥和粉煤灰水泥采用黑色。

散装运输时应提交与袋装标志相同内容的卡片。

3.取样方法:从进场水泥中,20 个以上不同部位取等量样品,总量至少 12 kg。

四、常用水泥选用(见附表 5.1-3)

附表 5.1-3　常用水泥选用

混凝土所处的环境条件及工程特点		优先选用	可以选用	不得选用
混凝土所处环境条件	在普通气候环境中的混凝土	普通硅酸盐水泥	矿渣水泥、火山灰水泥及粉煤灰水泥	
	在干燥气候环境中的混凝土	普通硅酸盐水泥	矿渣水泥	火山灰水泥粉煤灰水泥
	在高温环境中或永远处在水下的混凝土	矿渣水泥	普通水泥、火山灰水泥和粉煤灰水泥	
	在严寒地区的露天混凝土、寒冷地区经常处在水位升降范围内的混凝土	普通硅酸盐水泥	矿渣水泥	火山灰水泥粉煤灰水泥
	在严寒地区在水位升降范围内的混凝土	普通硅酸盐水泥（强度≥42.5）		矿渣水泥、火山灰水泥及粉煤灰水泥
	受侵蚀性环境水或侵蚀性气体作用的混凝土	根据侵蚀介质的种类、浓度等具体条件按专门(或设计)规定选用		
混凝土工程特点	厚大体积混凝土	粉煤灰水泥矿渣水泥	普通水泥火山灰水泥	硅酸盐水泥、快硬硅酸盐水泥
	要求快硬的混凝土	快硬硅酸盐水泥硅酸性水泥	普通水泥	矿渣水泥、火山灰水泥及粉煤灰水泥
	高强混凝土(大于C40)	硅酸盐水泥	普通水泥矿渣水泥	火山灰水泥粉煤灰水泥
	有抗渗要求的混凝土	普通水泥火山灰水泥		不宜使用矿渣水泥
	有耐磨性要求的混凝土	硅酸盐水泥普通水泥	矿渣水泥	火山灰水泥粉煤灰水泥

注:1.寒冷地区指最寒冷月份里的平均气温处在-5~15 ℃的地区;严寒地区指最寒冷月份里的月平均温度低于-15 ℃的地区。

2.蒸汽养护用的水泥品种,宜根据具体条件通过试验确定。

附 5.2　砂的主要技术指标要求

砂指粒径小于 5 mm,在湖、海、河等天然水域中形成和堆积的岩石碎屑。也可以是岩石经除土开采、机械破碎、筛分而成的碎屑。

一、砂的主要技术指标应符合下列要求:

1.砂的粗细程度按细度模数 μ_f 分为粗、中、细、特细四级,其范围应符合以下规定:

粗砂:μ_f = 3.7~3.1;

中砂:μ_f = 3.0~2.3;

细砂:μ_f = 2.2~1.6;

特细砂:μ_f = 1.5~0.7;

2.除特细砂外,砂按 0.630 mm 筛孔的累计筛余量(以质量百分率计,下同),分成三个级配区(见附表 5.2-1)。砂的颗粒级配应处于附表 5.2-1 中的某一个区以内。

附表 5.2-1　砂颗粒级配区

公称粒径（mm）	级配 I 区	级配 II 区	级配 III 区
	累计筛余（%）		
5.00	10~0	10~0	10~0
2.50	35~5	25~0	15~0
1.25	65~35	50~10	25~0
0.630	85~71	70~41	40~16
0.315	95~80	92~70	85~55
0.160	100~90	100~90	100~90

3.天然砂中含泥量应符合附表 5.2-2 的规定。对有抗冻、抗渗或其他特殊要求的小于或等于 C25 混凝土用砂,其含泥量不应大于 3.0%。

附表 5.2-2　天然砂中含泥量

混凝土强度等级	≥C60	C55~C30	≤C25
含泥量（按质量计,%）	≤2.0	≤3.0	≤5.0

4.砂中的泥块含量应符合附表 5.2-3 的规定。对于有抗冻、抗渗或其他特殊要求的小于或等于 C25 混凝土用砂,其泥块含量不应大于 1.0%。

附表 5.2-3　砂中的泥块含量

混凝土强度等级	≥C60	C55~C30	≤C25
泥块含量（按质量计,%）	≤0.5	≤1.0	≤2.0

5.人工砂或混合砂中石粉含量应符合附表 5.2-4 的规定。

附表 5.2-4　人工砂或混合砂中石粉含量

混凝土强度等级		≥C60	C55~C30	≤C25
石粉含量（%）	$MB<1.4$（合格）	≤0.5	≤7.0	≤10.0
	$MB≥1.4$（不合格）	≤2.0	≤3.0	≤5.0

6.砂的坚固性用硫酸钠溶液检验,试样经 5 次循环后其重量损失应符合附表 5.2-5 的规定。

附表 5.2-5　砂的坚固性指标

混凝土所处的环境条件及其性能要求	5 次循环后的重量损失（%）
在严寒及寒冷地区室外使用并经常处于潮湿或干湿交替状态下的混凝土 对于有抗疲劳、耐磨、抗冲击要求的混凝土 有腐蚀介质作用或经常处于水位变化区的地下结构混凝土	≤8
其他条件下使用的混凝土	≤10

7.砂中如含云母、轻物质、有机物、硫化物及硫酸盐等有害物质,其含量应符合附表5.2-6 的规定。有抗冻、抗渗要求的混凝土,砂中云母含量不应大于 1.0%;砂中如发现含有颗状的硫酸盐或硫化物杂质,则要进行专门检验,确认能满足混凝土耐久性要求时,方能采用。

附表 5.2-6　砂中的有害物质限值

项目	质量指标
云母含量(按质量计,%)	≤2.0
轻物质含量(按质量计,%)	≤1.0
硫化物及硫酸盐含量 (折算成 SO_3 按质量计,%)	≤1.0
有机物含量(用比色法试验)	颜色不应深于标准色。当颜色深于标准色时,应按水泥胶砂强度试验方法进行强度对比试验,抗压强度比不应低于 0.95

8.对长期处于潮湿环境的重要混凝土结构用砂,应采用砂浆棒(快速法)或砂浆长度法进行骨料的碱活性检验。经上述检验判断为有潜在危害时,应控制混凝土中的碱含量不超过 3 kg/m^3,或采用能抑制碱-骨料反应的有效措施。

9.砂中氯离子含量应符合下列规定:

①对于钢筋混凝土用砂,其氯离子含量不得大于 0.06%(以干砂的质量百分率计)。

②对于预应力混凝土用砂,其氯离子含量不得大于 0.02%(以干砂的质量百分率计)。

10.采用海砂配制混凝土时,其贝壳含量应符合附表5.2-7 规定。

附表 5.2-7　海砂中贝壳含量

混凝土强度等级	≥C40	C35~C30	C25~C15
贝壳含量(按质量计,%)	≤3	≤5	≤8

对于有抗冻、抗渗或其他特殊要求的小于或等于 C25 混凝土用砂,其贝壳含量不应大于 5.0%。

二、砂的验收应符合下列要求:

1.应按同产地同规格分批验收。用大型工具(如火车、货船、汽车)运输的,以 400 m^3 或600 t 为一验收批。用小型工具运输的,以 200 m^3 或 300 t 为一验收批。不足上述数量者以一批论。

2.每验收批至少应进行颗粒级配、含泥量和泥块含量检验。如为海砂,还应检验其氯离子含量。对重要工程或特殊工程应根据工程要求,增加检测项目。如对其他指标的合格性有怀疑,应予以检验。

当质量比较稳定、进料量又较大时,可定期检验。使用新产源的砂时,应由供货单位按砂的技术指示进行全面检验。

3.砂的质量检测报告内容应包括:委托单位、样品编号、工程名称、样品产地和名称、代表数量、检测条件、检测依据、检测项目、检测结果、结论等。

三、砂的取样应符合下列要求：

1.每验收批取样方法应按下列规定执行：

在料堆上取样时，取样部位应均匀分布。取样前先将取样部位表层铲除。然后由各部位抽取大致相等的砂共 8 份，组成一组样品。

从皮带运输机上取样时，应在皮带运输机机尾的出料处用接料器定时抽取砂 4 份组成一组样品。

从火车、汽车、货船上取样时，从不同部位和深度抽取大致相等的砂 8 份，组成一组样品。

2.若检验不合格，应重新取样。对不合格项，进行加倍复验，若仍有一个试样不能满足标准要求，应按不合格品处理。

附 5.3　碎石或卵石的各项主要技术指标要求

卵石也称砾石，指岩石风化破碎后，在潮、海、河等天然水域中形成和堆积的、粒径大于 5 mm 的岩石颗粒，外形浑圆少棱角。

碎石指岩体爆破后经人工破碎或卵石经人工破碎筛分而成的、粒径大于 5 mm 的岩石颗粒。

一、碎石或卵石的主要技术指标应符合下列要求：

1.碎石或卵石的颗粒级配应符合附表 5.3-1 的要求。混凝土用石应采用连续级配。颗粒级配不符合附表 5.3-1 要求时，应采取措施并经试验证实能确保工程质量，方允许使用。

附表 5.3-1　碎石或卵石的颗粒级配范围

级配情况	公称粒级（mm）	累计筛余（按质量计，%）											
		方孔筛筛孔边长尺寸（mm）											
		2.36	4.75	9.5	16.0	19.0	26.5	31.5	37.5	53	63	75	90
连续粒级	5~10	95~100	80~100	0~15	0	—	—	—	—	—	—	—	—
	5~16	95~100	85~100	30~60	0~10	0	—	—	—	—	—	—	—
	5~20	95~100	90~100	40~80	—	0~10	0	—	—	—	—	—	—
	5~25	95~100	90~100	—	30~70	—	0~5	0	—	—	—	—	—
	5~31.5	95~100	90~100	70~90	—	15~45	—	0~5	0	—	—	—	—
	5~40	—	95~100	70~90	—	30~65	—	—	0~5	0	—	—	—

续附表 5.3-1

级配情况	公称粒级（mm）	累计筛余（按质量计,%）											
		方孔筛筛孔边长尺寸（mm）											
		2.36	4.75	9.5	16.0	19.0	26.5	31.5	37.5	53	63	75	90
单粒级	10~20	—	95~100	85~100	—	0~15	0	—	—	—	—	—	—
	16~31.5	—	95~100	—	85~100	—	—	0~10	0	—	—	—	—
	20~40	—	—	95~100	—	80~100	—	—	0~10	0	—	—	—
	31.5~63	—	—	—	95~100	—	—	75~100	45~75	—	0~10	0	—
	40~80	—	—	—	—	95~100	—	—	70~100	—	30~60	0~10	0

2.碎石或卵石中针、片状颗粒含量应符合附表 5.3-2 的规定。

附表 5.3-2　针、片状颗粒含量

混凝土强度等级	≥C60	C55~C30	≤C25
针、片状颗粒含量（按质量计,%）	≤8	≤15	≤25

3.碎石或卵石的含泥量应符合附表 5.3-3 的规定。

附表 5.3-3　碎石或卵石中含泥量

混凝土强度等级	≥C60	C55~C30	≤C25
含泥量（按质量计,%）	≤0.5	≤1.0	≤2.0

对有抗冻、抗渗及其他特殊要求的混凝土,其所用碎石或卵石的含泥量不应大于1.0%。当含泥是非黏土质的石粉时,含泥量可由附表 5.3-2 的 0.5%、1.0%、2.0%,分别提高到 1.0%、1.5%、3.0%。

4.碎石或卵石中的泥块含量应符合附表 5.3-4 的规定。

附表 5.3-4　碎石或卵石中的泥块含量

混凝土强度等级	≥C60	C55~C30	≤C25
泥块含量（按质量计,%）	≤0.2	≤0.5	≤0.7

有抗冻、抗渗和其他特殊要求的强度等级小于 C30 的混凝土,其所用碎石或卵石的泥块含量不应大于 0.5%。

5.碎石的强度可用岩石的抗压强度和压碎指标值表示。岩石的抗压强度应比所配制的混凝土强度至少高 20%。当混凝土强度等级大于或等于 C60 时,应进行岩石抗压强度检验。岩石的抗压强度首先应由生产单位提供,工程中可采用压碎值指标进行质量控制。碎石压碎指标值宜符合附表 5.3-5、附表 5.3-6 的规定。

附表 5.3-5　碎石压碎指标值

岩石品种	混凝土强度等级	碎石压碎指标值(%)
沉积岩	C60~C40	≤10
	≤C35	≤16
变质岩或深成的火成岩	C55~C40	≤12
	≤C35	≤20
喷出的火成岩	C55~C40	≤13
	≤C35	≤30

注:沉积岩包括石灰岩、砂岩等;变质岩包括片麻岩、石英岩等;深成的火成岩包括花岗岩、正长岩、闪长岩和橄榄岩等;喷出的火成岩包括玄武岩和辉绿岩等。

附表 5.3-6　卵石压碎指标值

混凝土强度等级	C60~C40	≤C35
压碎指标值(%)	≤12	≤16

6.碎石或卵石的坚固性用硫酸钠溶液法检验,试样经 5 次循环后,其质量损失应符合附表 5.3-7 的规定。

附表 5.3-7　碎石或卵石的坚固性指标

混凝土所处的环境条件	循环后的重量损失(%)
在严寒及寒冷地区室外使用,并经常处于潮湿或干湿交替状态下的混凝土;有腐蚀介质作用或经常处于水位变化区的地下结构或有抗疲劳、耐磨、抗冲击等要求的混凝土	≤8
在其他条件下使用的混凝土	≤12

7.碎石或卵石中的硫化物和硫酸盐含量,以及卵石中有机物等有害物质含量应符合附表 5.3-8 的规定。

附表 5.3-8 碎石或卵石中的有害物质含量

项目	质量要求
硫化物及硫酸盐含量(折算成 SO_3,按质量计,%)	≤1.0
卵石中有机质含量(用比色法试验)	颜色应不深于标准色。当颜色深于标准色时,应配制成混凝土进行强度对比试验,抗压强度比应不低于0.95

当碎石或卵石中含有颗粒状硫酸盐或硫化物杂质时,应进行专门检验,确认能满足混凝土耐久性要求时方可采用。

8.对于长期处于潮湿环境的重要结构混凝土,其所使用的碎石或卵石应进行碱活性检验。

二、碎石或卵石的验收应符合下列要求:

1.应按同产地同规格分批验收。用大型工具运输的,以 400 m³ 或 600 t 为一验收批,用小型工具运输的,以 200 m³ 或 300 t 为一验收批。不足上述数量者以一验收批论。

2.每验收批至少应进行颗粒级配、含泥量、泥块含量及针、片状颗粒含量检验。对重要工程或特殊工程应根据工程要求增加检测项目。对其他指标的合格性有怀疑时应予以检验。

当质量比较稳定、进料量又较大时,可定期检验。当使用新产源的石子时,应由供货单位按碎石的技术指标要求进行全面检验。

3.碎石或卵石的质量检测报告内容包括委托单位、样品编号、工程名称、样品产地、类别、代表数量、检测依据、检测条件、检测项目、检测结果、结论等。

三、碎石或卵石的取样应符合下列要求:

1.每验收批的取样应按下列规定进行:

在料堆上取样时,取样部位应均匀分布。取样前先将取样部位表面铲除,然后由各部位抽取大致相等的石子 15 份(在料堆的顶部、中部和底部各由均匀分布的五个不同部位取得)组成一组样品;

从皮带运输上取样时,应在皮带运输机机尾的出料处用接料器定时抽取 8 份石子,组成一组样品;

从火车、汽车、货船上取样时,应从不同部位和深度抽取大致相同的石子 16 份,组成一组样品。

2.若检验不合格,应重新取样,对不合格项进行加位复验,若仍有一个试样不能满足标准要求,应按不合格品处理。

3.每组样品应妥善包装,以避免细料散失及遭受污染。并应附有卡片标明样品名称、编号、取样的时间、产地、规格、样品所代表的验收批的重量或积数、要求检验的项目及取样方法等。

附 5.4 混凝土外加剂各项技术指标要求

混凝土外加剂包括普通减水剂、高效减水剂、缓凝高效减水剂、早强减水剂、缓凝减水剂、引气减水剂、早强剂、缓凝剂和引气剂等外加剂。

一、掺外加剂混凝土性能指标应符合附表5.4-1的要求。

附表 5.4-1　掺外加剂混凝土性能指标

试验项目		普通减水剂		高效减水剂		早强减水剂		缓凝高效减水剂		缓凝减水剂		引气减水剂		早强剂		缓凝剂		引气剂	
		一等品	合格品	一等品	合格品	一等品	合格品	一等品	合格品	一等品	合格品	一等品	合格品	一等品	合格品	一等品	合格品	一等品	合格品
减水率(%)，不小于		8	5	12	10	8	8	12	10	8	5	10	10	—	—	—	—	6	6
泌水率比(%)，不大于		95	100	90	95	95	100	100	100	100	100	70	80	100	100	100	110	70	80
含气量(%)		≤3.0	≤4.0	≤3.0	≤4.0	≤3.0	≤4.0	<4.5	<4.5	<5.5	<5.5	>3.0	>3.0	—	—	—	—	>3.0	>3.0
凝结时间差(min)	初凝	-90~+120	-90~+120	-90~+120	-90~+120	-90~+90	-90~+90	>+90	>+90	>+90	>+90	-90~+120	-90~+120	-90~+90	-90~+90	>+90	>+90	-90~+120	-90~+120
	终凝	-90~+120	-90~+120	-90~+120	-90~+120	-90~+90	-90~+90					-90~+120	-90~+120	-90~+90	-90~+90			-90~+120	-90~+120
抗压强度比(%)，不小于	1 d	—	—	140	130	140	130	—	—	—	—	—	—	135	125	—	—	—	—
	3 d	115	110	130	120	130	120	125	120	110	110	115	110	130	120	100	90	95	80
	7 d	115	110	125	115	115	110	125	115	110	110	110	110	110	105	100	90	95	80
	28 d	110	105	120	110	105	100	110	105	110	110	110	105	100	95	100	90	90	90
收缩率比(%)，不大于	28 d	135	135	135	135	135	135	135	135	135	135	135	135	135	135	135	135	135	135
相对耐久性指标(%)，200次		—	—	—	—	—	—	—	—	—	—	≥80	≥60	—	—	—	—	≥80	≥60
对钢筋锈蚀		应说明对钢筋有无锈蚀危害																	

注：1.除含气量外，表中所列数据为掺外加剂混凝土与基准混凝土的差值或比值。

　　2.凝结时间指标，"-"号表示提前，"+"号表示延缓。

　　3.相对耐久性指标一栏中，"200次≥80和≥60"表示将28 d龄期的掺外加剂混凝土试件冻融循环200次后，动弹性模量保留值≥80%或≥60%。

　　4.对于可以用高频振捣排除的，由外加剂所引入的气泡的产品，允许用高频振捣，达到某类型性能指标要求的外加剂，可按本表进行命名和分类，但须在产品说明书和包装上注明"用于高频振捣的××剂"。

二、匀质性指标应符合附表 5.4-2 的要求。

附表 5.4-2　匀质性指标

试验项目	指标
含固量或含水量	a.对液体外加剂,应在生产厂控制值的相对量的3%之内； b.对固体外加剂,应在生产厂控制值的相对量的5%之内
密度	对液体外加剂,应在生产厂所控制值的±0.02 g/cm³ 之内
氯离子含量	应在生产厂所控制值相对量的5%之内
水泥净浆流度	应不小于生产控制值的95%
细度	0.315 mm 筛筛余应小于15%

续附表 5.4-2

试验项目	指标
pH	应在生产厂控制值±1%之内
表面张力	应在生产厂控制值±1.5%之内
还原糖	应在生产厂控制值±3%之内
总碱量（$Na_2O+0.658K_2O$）	应在生产厂控制值的相对量的5%之内
硫酸钠	应在生产厂控制值的相对量的5%之内
泡沫性能	应在生产厂控制值的相对量的5%之内
砂浆减水率	应在生产厂控制值±1.5%之内

三、选用的外加剂应具有产品合格证、出厂检验报告和说明书。外加剂的说明书内容应包括产品名称及型号、出厂日期、主要特性及成分、适用范围及推荐掺量、外加剂总碱量、氯离子含量、有无毒性、易燃状况、储存条件及有效期、使用方法及注意事项。

四、外加剂的包装应符合下列要求：

1.粉状外加剂应采用有塑料袋衬里的编织袋，每袋重 20~50 kg。液体外加剂应采用塑料桶、金属桶包装或槽车运输。

2.所有包装的容器上均应在明显位置注明以下内容：产品名称、型号、净质量或体积（包括含量或浓度）、生产厂名、生产日期及出厂编号应在产品合格证上予以说明。

五、混凝土中掺用外加剂的质量及应用技术除应符合上述要求外，还应符合《混凝土外加剂应用技术规范》（GB 50119）等有关环境保护的规定。钢筋混凝土结构中，当使用含氯化物的外加剂时，混凝土中氯化物的总含量应符合相关标准的要求。

六、外加剂的检验批及取样应符合下列要求：

1.同品种、同一编号的外加剂，50 t 为一检验批；不足 50 t 时也应按一检验批计；

2.取样时从三个或更多的点处取等量均匀混合。每一编号取样量不少于 0.2 t 胶凝材料所需用的外加剂量。

七、不同品种外加剂应分别存储，做好标记，在运输与存储时不得混入杂物和遭受污染。

第二节　现浇混凝土结构竖向构件

一、适用范围

适用于剪力墙结构、框架结构、框剪结构及砖混结构中混凝土墙和柱的施工，本标准不适用于地下连续墙的施工，有抗冻、抗渗或其他特殊要求的混凝土的施工。

未涉及巨柱大体积混凝土施工；厚墙（如射线防护）施工；高强、高性能混凝土的施工；钢管柱免振混凝土的施工；地下室墙补偿收缩混凝土的施工；以及采用滑模施工技术的混凝土的施工。

二、施工准备

(一)主要机具设备

1.机械设备

混凝土搅拌上料设备:混凝土搅拌机、拉铲、抓斗、皮带输送机、推土机、装载机、散装水泥储存罐、振动筛和水泵等。

运输设备:自卸翻斗车、机动翻斗车、手推车、提升机、卷扬机、塔式起重机或混凝土搅拌运输车、混凝土输送泵和布料机、客货两用电梯或龙门架(提升架)等。

混凝土振捣设备:插入式振动器。

2.主要工具

磅秤、水箱、胶皮管、手推车、串筒、溜槽、混凝土吊斗、储料斗、大小平锹、铁板、铁钎、抹子、铁插尺、12~15 寸活扳手电工常规工具、机械常规工具、对讲机等。

3.主要试验检测工具

混凝土坍落度筒、混凝土标准试模、振动台、靠尺、塞尺、水准仪、经纬仪、混凝土结构实体检验工具等。

(二)作业条件

(1)钢筋和预埋件的位置如有偏差应予以纠正完毕,钢筋上的油污等杂物已清除干净。

(2)浇筑层剪力墙及柱根部松散混凝土已在支设模板前剔掉清净。检查模板下口、洞口及角模处拼接是否严密,边角柱加固是否可靠,各种连接件是否牢固。检查并清理模板内残留杂物,用水冲净。外砖内模的砖墙及模板,常温时应浇水湿润。浇筑混凝土用的操作架及马道按要求搭设完毕,并经检查验收合格,柱子模板的清扫口应在清除杂物及积水后封闭完成。

三、关键要求

(一)材料的关键要求

施工所用混凝土材料的主要技术指标是:强度和耐久性,施工时必须保证。

施工时严格控制原材料的质量,通过有资质的试验室控制混凝土配合比来保证混凝土的强度,混凝土拌和物的基本性能可以用混凝土的和易性与稠度来测定。

材料的关键要求具体如下:

(1)所用的水泥应有质量证明文件。质量证明文件内容应包括相关标准规定的各项技术要求及试验结果。水泥厂在水泥发出之日 7 d 内寄发的质量证明文件应包括除 28 d 强度以外的各项试验结果。28 d 强度数值,应在水泥发出之时起 32 d 内补报。

(2)骨料的选用应符合下列要求。

①粗骨料最大粒径应符合下列要求:

不得大于混凝土结构截面最小尺寸的 1/4,并不得大于钢筋最小净间距的 3/4;对混凝土实心板,其最大粒径不宜大于板厚的 1/3,且不得超过 40 mm。泵送混凝土用的碎石不应大于输送管内径的 1/3;卵石不应大于输送管内径的 2/5。

②泵送混凝土用的细骨料,对 0.315 mm 筛孔的通过量不应少于 15%,对 0.16 mm 筛孔的通过量不应少于 5%。

③泵送混凝土用的骨料还应符合泵车技术条件的要求。

（3）骨料在生产、采集、运输与存储过程中，严禁混入影响混凝土性能的有害物质。

（4）骨料应按品种、规格分别堆放，不得混杂。在其装卸及存储时，应采取措施，使骨料颗粒级配均匀，保持洁净。堆放场地应平整、排水畅通，宜铺筑混凝土地面。

（5）不得使用海水拌制钢筋混凝土和预应力混凝土。不宜用海水拌制有饰面要求的素混凝土。

（6）混凝土拌合物中的氯化物总含量（以氯离子重量计）应符合下列规定：

①对素混凝土，不得超过水泥重量的2%；

②对处于干燥环境或有防潮措施的钢筋混凝土，不得超过水泥重量的1%；

③对处在潮湿并含有氯离子环境中的钢筋混凝土，不得超过水泥重量的0.3%；

④预应力混凝土及处于易腐蚀环境中的钢筋混凝土，不得超过水泥重量的0.06%；

⑤混凝土中氯化物总含量不得大于0.3 kg/m³。

⑥混凝土细骨料中氯离子的含量应符合下列规定：

对钢筋混凝土，按干砂的质量百分比计算不得大于0.06%；

对预应力混凝土，按干砂的质量百分比不得大于0.02%。

⑦混凝土拌合物中的碱含量<3.0 kg/m³。

⑧混凝土拌合物的各项质量指标应按下列规定检验：

各种混凝土拌合物均应检验其坍落度；

掺引气型外加剂的混凝土拌合物应检验其含气量；

根据需要应检验混凝土拌合物的水灰比、水泥含量及均匀性。

⑨混凝土拌合物的坍落度均匀，坍落度的允许偏差应符合混凝土工程质量验收规范的要求。

⑩掺引气型外加剂混凝土的含气量应满足设计和施工工艺的要求。根据混凝土采用粗骨料的最大粒径，其含气量的限值不宜超过相关规定。含气量的检测结果与要求值的允许偏差范围应为±15%。

⑪各类具有室内使用功能的建筑用混凝土外加剂中释放氨的量应≤0.10%（质量分数）。

⑫混凝土拌合物应拌合均匀，颜色一致，不得有离析和泌水现象。

（二）技术关键要求

（1）每一工作班正式称量前，应对计量设备进行零点校验。

（2）运送混凝土的容器和管道，应不吸水、不漏浆。

（3）混凝土拌合物运至浇筑地点时的温度，最高不宜超过35 ℃；最低不宜低于5 ℃。

（4）在浇筑混凝土时，应经常观察模板、支架、钢筋、预埋件和预留孔洞的情况，当发现有变形、移位时，应立即停止浇筑，并应在已浇筑的混凝土凝结前修整完好。

（5）在浇筑与柱、墙连成整体的梁和板时，应在柱和墙浇筑完毕后停歇1~1.5 h，使混凝土获得初步沉实后，再继续浇筑，或者采取二次振捣的方法进行。

（6）在浇筑混凝土时，应制作供结构拆模、张拉、强度合格评定用的标准养护和与结构同条件养护的试件。需要时，还应制作抗冻、抗渗或其他性能试验用的试件。

（7）对于有预留洞、预埋件和钢筋密集的部位，应采取技术措施，确保顺利布料和振捣密实。在浇筑混凝土时,应经常观察,当发现混凝土有不密实等现象,应立即予以纠正。

(8)水平结构的混凝土表面,应适时用木抹子磨平(必要时,可用铁筒滚压)搓毛两遍以上,且最后一遍宜在混凝土收水时完成。

(9)应控制混凝土处在有利于硬化及强度增长的温度和湿度环境中。

(三)质量关键要求

(1)对混凝土原材料进行质量控制;

(2)混凝土浇筑方式的选择和控制以及混凝土的振捣质量要求是本工艺质量的关键要求。

(3)进场原材料必须按有关标准规定取样检测,并符合有关标准要求。

(4)生产过程中应测定骨料的含水率,每一工作班不应少于一次,当含水率有显著变化时,应增加测定次数,依据检测结果及时调整用水量和骨料用量。

(5)宜采用强制式搅拌机搅拌混凝土。

(6)混凝土搅拌的最短时间应符合相关规定。搅拌混凝土时,原材料应计量准确,上料顺序正确。混凝土的搅拌时间、原材料计量、上料顺序,每一工作班至少应抽查两次。

(7)混凝土拌合物的坍落度应在搅拌地点和浇筑地点分别取样检测。所测坍落度值应符合设计和施工要求。每一工作班不应少于一次。评定时应以浇筑地点的为准。

在检测坍落度时,还应观察混凝土拌合物的黏聚性和保水性。

(8)混凝土从搅拌机卸出后到浇筑完毕的延续时间应符合相关规定。

(9)混凝土运送至浇筑地点,应立即浇筑入模。如混凝土拌合物出现离析或分层现象,应对混凝土拌合物进行二次搅拌。

(10)浇筑混凝土应连续进行。如必须间歇时,其间歇时间宜缩短,并应在前层混凝土凝结之前,将次层混凝土浇筑完毕。混凝土运输、浇筑及间歇的全部时间不得超过混凝土初凝时间,超过规定时间时,必须设置施工缝。

(11)混凝土应振捣成型,根据施工对象及混凝土拌合物性质应选择适当的振捣器,并确定振捣时间。

(12)混凝土在浇筑及静置过程中,应采取措施防止产生裂缝。由于混凝土的沉降及干缩产生的非结构性的表面裂缝,应在混凝土终凝前予以修整。

(13)施工现场应根据施工对象、环境、水泥品种、外加剂以及对混凝土性能的要求,提出具体的养护方法,并应严格执行规定的养护制度。

(四)职业健康安全关键要求

(1)施工现场所有用电设备,除作保护接零外,必须在设备负荷线的首端处设置漏电保护装置。

(2)每台用电设备应有各自专用的开关箱,必须实行"一机一闸一保"制,严禁用同一开关电器直接控制二台及二台以上用电设备(含插座)。

(3)各种电源导线严禁直接绑扎在金属架上。

(4)需要夜间工作的塔吊,应设置正对工作面的投光灯。塔身高于 30 m 时,应在塔顶和臂架端部装设防撞红色信号灯。

(5)分层施工的楼梯口和梯段边,必须安装临时护栏。顶层楼梯口应随工程结构进度安装正式防护栏杆。

（6）作业人员应从规定的通道上下，不得在阳台之间等非规定通道进行攀登，也不得任意利用吊车臂架等施工设备进行攀登。

（7）混凝土浇筑时的悬空作业，必须遵守下列规定：

①浇筑离地 2 m 以上独立柱、框架、过梁、雨篷和小平台时，应设操作平台，不得直接站在模板或支撑件上操作。

②特殊情况下如无可靠的安全设施，必须系好安全带、扣好保险钩，并架设安全网。

（8）机、电操作人员应体检合格，无妨碍作业的疾病和生理缺陷，并应经过专业培训、考核合格取得行业主管部门颁发的操作证，方可持证上岗。

（9）在工作中操作人员和配合作业人员必须按规定穿戴劳动保护用品，长发应束紧不得外露，高处作业时必须系安全带。

（10）机械必须按照出厂使用说明书规定的技术性能、承载能力和使用条件，正确操作，合理使用，严禁超载作业或任意扩大使用范围。

（11）机械上的各种安全防护装置及监测、指示、仪表、报警、信号装置应完好齐全，有缺损时应及时修复。安全防护装置不完整或已失效的机械不得使用。

（12）搅拌机作业中，当料斗升起时，严禁任何人在料斗下停留或通过；当需要在料斗下检修或清理料坑时，应将料斗提升后用铁链或插入销锁住。

（13）电缆线应满足操作所需的长度，电缆线上不得堆压物品或让车辆挤压，严禁用电缆线拖拉或吊挂振动器。

（五）环境关键要求

（1）在机械产生对人体有害的气体、液体、尘埃、渣滓、放射性射线、振动、噪声等场所，必须配置相应的安全保护设备和"三废"处理装置。

（2）混凝土机械作业场地应有良好的排水条件，机械近旁应有水源，机棚内应有良好的通风、采光及防雨、防冻设施，并不得有积水。

（3）作业后，应及时将机内、水箱内、管道内的存料、积水放尽，并应清洁保养机械，清理工作场地。

（4）应选用低噪声或有消声降噪设备的混凝土施工机械，现场混凝土搅拌站应搭设封闭的搅拌棚，防止扬尘和噪声污染。

四、施工工艺

（一）工艺流程

混凝土搅拌→混凝土运输→柱剪力墙壁混凝土浇筑与振捣→养护。

（二）操作工艺

1.混凝土搅拌

（1）混凝土的搅拌要求：

①搅拌混凝土前，宜将搅拌筒充分润滑。搅拌第一盘时，宜按配合比减少粗骨料用量。在全部混凝土卸出之前不得再投入拌合料，更不得采取边出料边进料的方法进行搅拌。

②混凝土搅拌中必须严格控制水灰比和坍落度，未经试验人员同意严禁随意加减用水量。

③混凝土的原材料计量：

水泥计量:搅拌时采用袋装水泥时,应抽查10袋水泥的平均重量,并以每袋水泥的实际重量,按设计配合比确定第一盘混凝土的施工配合比;搅拌时采用散装水泥的,应每盘精确计量。外加剂及混合料计量:对于粉状的外加剂和混合料,宜按施工配合比第一盘的用料,预先在外加剂和混合料存放的仓库中进行计量,并以小包装运到搅拌地点备用;液态外加剂应随用随搅拌,并用比重计检查其浓度,宜用量筒计量。

(2)冬期施工混凝土的搅拌要求:

①室外日平均气温连续5天稳定低于5℃时,混凝土拌制应采取冬施措施,并应及时采取气温突然下降的防冻措施。配制冬期施工的混凝土,宜优先选用硅酸盐水泥或普通硅酸盐水泥,水泥强度等级不宜低于42.5 MPa,最小水泥用量不应少于300 kg/m³,水灰比不应大于0.6。

②混凝土所用骨料应清洁,不得含有冰、雪、冻结物及其他易冻裂物质。在掺用含有钾、钠离子的防冻剂混凝土中,不得采用活性骨料或在骨料中混有这类物质的材料。

③在钢筋混凝土中掺用氯盐类防冻剂时,氯盐掺量不得大于水泥重量的1%(按无水状态计算),且不得采用蒸汽养护。在下列情况下,钢筋混凝土中不得采用氯盐:

a.排出大量蒸汽的车间、澡堂、洗衣房和经常处于空气相对湿度大于80%的房间以及有顶盖的钢筋混凝土蓄水池等的在高湿度空气环境中使用的结构。

b.处于水位升降部位的结构。

c.露天结构或经常受雨、水淋的结构。

d.有镀锌钢材或铝铁相接触部位的结构和有外露钢筋、预埋件而无防护措施的结构。

e.与含有酸、碱或硫酸盐等侵蚀介质相接触的结构。

f.使用过程中经常处于环境温度为60℃以上的结构。

g.使用冷拉钢筋或冷拔低碳钢丝的结构:薄壁结构。

h.电解车间和直接靠近直流电源,直接靠近高压电源的结构。

④采用非加热养护法施工所选用的外加剂,宜优先选用含引气成分的外加剂,含气量宜控制在2%~4%。

⑤冬期拌制混凝土应优先采用加热水的方法。水及骨料的加热温度应根据热工计算确定。

⑥水泥不得直接加热,宜在使用前运入暖棚内存放。

⑦当骨料不加热时,水可加热到100℃,但水泥不应与80℃以上的水直接接触。投料顺序为先投入骨料和已加热的水,然后再投入水泥。混凝土拌制前,应用热水或蒸汽冲洗搅拌机,拌制时间应取常温的1.5倍。混凝土拌合物的出机温度不宜低于10℃,入模温度不得低于5℃。

⑧冬期混凝土拌制的质量检查除遵守规范的规定外,应进行以下检查:

检查外加剂掺量;测量水、骨料、水泥、外加剂溶液入机温度;测量混凝土出罐及入模时温度;室外气温及环境温度;搅拌机棚温度。以上检查每一工作班不宜少于四次。冬期施工混凝土试块的留置除应符合一般规定外,尚应增设不少于二组与结构同条件养护的试件,用于检验受冻前的混凝土强度。

(3)高温施工:

①高温施工时,对露天堆放的粗、细骨料应采取遮阳防晒等措施。必要时,可对粗骨料

进行喷雾降温。

②高温施工混凝土配合比设计除应符合规范的规定外,尚应符合下列规定:

a.应考虑原材料温度、环境温度、混凝土运输方式与时间对混凝土初凝时间、坍落度损失等性能指标的影响,根据环境温度、湿度、风力和采取温控措施的实际情况,对混凝土配合比进行调整。

b.宜在近似现场运输条件、时间和预计混凝土浇筑作业最高气温的天气条件下,通过混凝土试拌和与试运输的工况试验后,调整并确定适合高温天气条件下施工的混凝土配合比。

c.宜采用低水泥用量的原则,并可采用粉煤灰取代部分水泥。宜选用水化热较低的水泥。

d.混凝土坍落度不宜小于 70 mm。

③混凝土的搅拌应符合下列规定:

a.应对搅拌站料斗、储水器、皮带运输机、搅拌楼采取遮阳防晒措施。

b.对原材料进行直接降温时,宜采用对水、粗骨料进行降温的方法。当对水直接降温时,可采用冷却装置冷却拌合用水,并应对水管及水箱加设遮阳和隔热设施,也可在水中加碎冰作为拌合用水的一部分。混凝土拌合时掺加的固体冰应确保在搅拌结束前融化,且在拌合用水中应扣除其重量。

c.原材料入机温度不宜超过相关规定。

d.混凝土拌合物出机温度不宜大于 30 ℃。必要时,可采取掺加干冰等附加控温措施。

④混凝土宜采用白色涂装的混凝土搅拌运输车运输;对混凝土输送管应进行遮阳覆盖,并应洒水降温。

⑤混凝土浇筑入模温度不应高于 35 ℃。

⑥混凝土浇筑宜在早间或晚间进行,且宜连续浇筑。当水分蒸发速率大于 1 kg/(m² · h) 时,应在施工作业面采取挡风、遮阳、喷雾等措施。

⑦混凝土浇筑前,施工作业面宜采取遮阳措施,并应对模板、钢筋和施工机具采用洒水等降温措施,但浇筑时模板内不得有积水。

⑧混凝土浇筑完成后,应及时进行保湿养护。侧模拆除前,宜采用带模湿润养护。

(4)混凝土拌制中应进行下列检查:

①检查拌制混凝土所用原材料的品种、规格和用量,每一个工作班至少两次。

②检查混凝土的坍落度及和易性,每一工作班至少两次。

③混凝土的搅拌时间应随时检查。

2.混凝土运输

(1)混凝土运输车装料前应将拌筒内、车斗内的积水排净。

(2)运输途中拌筒应保持 3~5 r/min 的慢速转动。

(3)混凝土应以最少的转载次数和最短时间,从搅拌地点运到浇筑地点。混凝土的延续时间不宜超过 2 个小时。

3.混凝土浇筑与振捣

(1)混凝土浇筑时的坍落度必须符合现行国家标准《混凝土结构工程施工质量验收规范》(GB 50204)的规定。其坍落度的测定方法应符合现行国家标准《普通混凝土拌和物性能试验方法标准》(GB/T 50080)的规定。施工中的坍落度应按混凝土实验室配合比进行测定和控制,并填写混凝土坍落度测试记录。

(2)柱、墙混凝土浇筑前底部应先填以 50~100 mm 厚与混凝土配合比相同减石子水泥砂浆。

(3)混凝土自吊斗口下落的自由倾落高度不得超过 2 m,浇筑高度如超过 3 m 必须采取措施,用串筒、溜管、振动溜管使混凝土下落,或在柱、墙体模板上留设浇捣孔等。浇筑混凝土时应分段分层连续进行,浇筑层高度应根据结构特点、钢筋疏密决定,一般为振捣器作用部分长度的 1.25 倍,最大不超过 500 mm。

(4)使用插入式振捣器应快插慢拔,插点要均匀排列,逐点移动,须按序进行,不得遗漏,做到均匀振实。移动间距不大于振捣作用半径的 1.25 倍(一般为 300~400 mm)。振捣上一层时应插入下层 50~100 mm,以消除两层间的接缝。

(5)浇筑混凝土应连续进行,如必须间歇,其间歇时间应尽量缩短,并应在前层混凝土凝结之前,将次层混凝土浇筑完毕。间歇的最长时间应按所用水泥品种、气温及混凝土凝结条件确定,一般超过 2 h 应按施工缝处理。

(6)浇筑混凝土时应经常观察模板、钢筋、预留孔洞、预埋件和插筋等有无移动、变形或堵塞情况,发现问题应立即处理,并应在已浇筑的混凝土凝结前修正完好。

(7)在已浇筑的混凝土强度未达到 1.2 N/mm² 以前,不得在其上踩踏或安装模板及支架。

(8)柱的混凝土浇筑还应符合以下要求:

①柱的混凝土应分层振捣,使用插入式振捣器的每层厚度不大于 500 mm,并边投料边振捣(可先将振动棒插入柱底部,使振动棒产生振动,再投入混凝土),振捣棒不得触动钢筋和预埋件,除上面振捣外,下面要有人随时敲打模板。在浇筑柱混凝土的全过程中应注意保护钢筋的位置,要随时检查模板是否变形、位移、螺栓和拉杆是否有松动、脱落,以及漏浆等现象,并应有专人进行管理。

②柱高在 3 m 之内,可在柱顶直接下料进行浇筑,超过 3 m 时,应采取措施(按上述规定执行)或在模板侧面开门洞安装斜溜槽分段浇筑,每段高度不得超过 2 m,每段混凝土浇筑后将门子洞模板封闭严实,并用箍箍牢。

③柱子混凝土应一次浇筑完毕,如需留施工缝应留在基础的顶面、主梁下面。无梁楼板应留在柱帽下面。施工缝的留置应在施工组织设计、施工方案或施工技术措施中明确。在与梁板整体浇筑时,应在柱浇筑完毕后停歇 1~1.5 h,使其获得初步沉实后,再继续浇筑。

④浇筑完后,应同时将伸出的搭接钢筋整理到位。

(9)剪力墙混凝土浇筑:

①墙体浇筑混凝土时应用铁锹或混凝土输送泵管均匀入模,不应用吊斗直接灌入模内。每层混凝土的浇筑厚度控制在 500 mm 左右进行分层浇筑、振捣。混凝土下料点应分散布置。墙体连续进行浇筑,间隔时间不超过 2 h。墙体混凝土的施工缝宜设在门洞过梁跨中1/3 区段。当采用大模板时宜留在纵横墙的交界处,墙应留垂直缝。接槎处应振捣密实。浇筑时随时清理落地灰。

柱、墙连为一体的混凝土浇筑时,如柱、墙的混凝土强度等级相同,可以同时浇筑;当柱、墙混凝土标高不同时,宜采取先浇高强度等级混凝土柱、后浇低强度等级剪力墙混凝土,保持柱高 0.5 m 混凝土高差上升,至剪力墙浇最上部时与柱浇齐的浇筑方法,始终保持高强度等级混凝土侵入低强度等级剪力墙混凝土 0.5 m 的要求。

②墙体上的门窗洞口浇筑混凝土时,宜从两侧同时投料浇筑和振捣,使洞口两侧浇筑高度对称均匀,一次浇筑高度不宜太大,以防止洞口处模板产生位移。因此,必须预先安排好混凝土下料点位置和振捣器操作人员数量及振捣器的数量,使其满足使用要求,以防洞口变形。混凝土的浇筑次序是先浇筑窗台以下部位的混凝土,后浇筑窗间墙混凝土,长度较大的洞口下部模板应开口,并补充混凝土及振捣,以防止窗台下面混凝土出现蜂窝、空洞现象。

③外砖内模、外板内模大角及山墙构造柱应分层浇筑,每层不超过 500 mm,内外墙交界处加强振捣,保证密实。外砖内模应采取措施,防止外墙鼓胀。

④作业时振动棒插入混凝土中的深度不应超过棒长的 2/3～3/4,振动棒各插点间距应均匀,插点间距不应超过振动棒有效作用半径的 1.25 倍,且小于 500 mm。振捣时,要做到"快插慢拔"。快插是为了防止将表层混凝土先振实,与下层混凝土发生分层、离析现象。慢拔是为了使混凝土能来得及填满振动棒抽出时所形成的孔洞。每插点的延续时间以表面呈现浮浆,20～30 s,见到混凝土不再显著下沉,不出现气泡,表面泛出水泥浆和外观均匀为止。由于振动棒下部振幅要比上部大,故在振捣时应将振动棒上下抽动 50～100 mm,使混凝土振实均匀。为使上下层混凝土结合成整体,振捣器应插入下层混凝土 50～100 mm。振捣时注意钢筋密集及洞口部位,为防止出现漏振,以表面呈现浮浆和不再明显沉落为达到要求,避免碰撞钢筋、模板、预制件、预埋管、外墙板空腔防水构造等。发现有变形、移位,各有关工种相互配合进行处理。

⑤墙上口找平:混凝土浇筑振捣完毕,将上口甩出的钢筋加以整理,用木抹子按预定标高线,将表面找平。

(10)型钢混凝土结构浇筑应符合下列规定:

①混凝土粗骨料最大粒径不应大于型钢外侧混凝土保护层厚度的 1/3,且不宜大于 25 mm;

②混凝土浇筑应有充分的下料位置,浇筑应能使混凝土充盈整个构件各部位;

③型钢周边混凝土浇筑宜同步上升,混凝土浇筑高差不应大于 500 mm。

(11)钢管混凝土结构浇筑应符合下列规定:

①宜采用自密实混凝土浇筑;

②混凝土应采取减少收缩的措施;

③在钢管适当位置应留有足够的排气孔,排气孔孔径不应小于 20 mm;浇筑混凝土应加强排气孔观察,并应在确认浆体流出和浇筑密实后再封堵排气孔;

④当采用粗骨料粒径不大于 25 mm 的高流态混凝土或粗骨料粒径不大于 20 mm 的自密实混凝土时,混凝土最大倾落高度不宜大于 9 m;倾落高度大于 9 m 时,应采用串筒、溜槽、溜管等辅助装置进行浇筑;

⑤混凝土从管顶向下浇筑时应符合下列规定:

a.浇筑应有充分的下料位置,浇筑应能使混凝土充盈整个钢管;

b.输送管端内径或斗容器下料口内径应小于钢管内径,且每边应留有不小于 100 mm 的间隙;

c.应控制浇筑速度和单次下料量,并应分层浇筑至设计标高;

d.混凝土浇筑完毕后应对管口进行临时封闭。

⑥混凝土从管底顶升浇筑时应符合下列规定：

a.应在钢管底部设置进料输送管，进料输送管应设止流阀门，止流阀门可在顶升浇筑的混凝土达到终凝后拆除；

b.合理选择混凝土顶升浇筑设备，配备上下通信联络工具，有效控制混凝土的顶升或停止过程；

c.应控制混凝土顶升速度，并均衡浇筑至设计标高。

⑦自密实混凝土浇筑应符合下列规定：

a.应根据结构部位、结构形状、结构配筋等确定合适的浇筑方案；

b.自密实混凝土粗骨料最大粒径不宜大于 20 mm；

c.浇筑应能使混凝土充填到钢筋、预埋件、预埋钢构周边及模板内各部位；

d.自密实混凝土浇筑布料点应结合拌和物特性选择适宜的间距，必要时可通过试验确定混凝土布料点下料间距。

⑧清水混凝土结构浇筑应符合下列规定：

a.应根据结构特点进行构件分区，同一构件分区应采用同批混凝土，并应连续浇筑；

b.同层或同区内混凝土构件所用材料牌号、品种、规格应一致，并应保证结构外观色泽符合要求；

c.竖向构件浇筑时应严格控制分层浇筑的间歇时间。

⑨基础大体积混凝土结构浇筑应符合下列规定：

a.用多台输送泵接输送泵管浇筑时，输送泵管布料点间距不宜大于 10 m，并宜由远而近浇筑；

b.用汽车布料杆输送浇筑时，应根据布料杆工作半径确定布料点数量，各布料点浇筑速度应保持均衡；

c.宜先浇筑深坑部分再浇筑大面积基础部分；

d.宜采用斜面分层浇筑方法，也可采用全面分层、分块分层浇筑方法，层与层之间混凝土浇筑的间歇时间应能保证整个混凝土浇筑过程的连续；

e.混凝土分层浇筑应采用自然流淌形成斜坡，并应沿高度均匀上升，分层厚度不宜大于 500 mm；

f.抹面处理应符合规范的规定，抹面次数宜适当增加；

g.应有排除积水或混凝土泌水的有效技术措施。

⑩预应力结构混凝土浇筑应符合下列规定：

a.应避免预应力锚垫板与波纹管连接处及预应力筋连接处的管道移位或脱落；

b.应采取保证预应力锚固区等配筋密集部位混凝土浇筑密实的措施。

（12）混凝土拆模：常温时柱、墙壁体混凝土强度大于 1 MPa；冬期时掺防浆剂，混凝土强度达到 4 MPa 时方可拆模。拆除模板时先拆一个柱或一面墙体，观察混凝土不黏模、不掉角、不坍落即可大面积拆模，拆模后及时修整墙面边角。

4.混凝土的养护

混凝土养护工艺应根据现行《混凝土结构工程施工质量验收规范》（GB 50204）的有关规定，制定科学的组织和操作方法。常温养护时应在混凝土浇筑完毕后 12 h 以内加以覆盖和浇水，浇水次数应能保持混凝土有足够的润湿状态，对采用硅酸盐水泥、普通硅酸盐水泥或矿渣硅酸盐水泥拌制的混凝土,不得少于 7 d;对掺用缓凝型外加剂或有抗渗要求的混凝土,不得少于 14 d;采用其他品种水泥时,混凝土的养护应根据所采用水泥的技术性能确定。当温度低于 5 ℃时,不得浇水养护混凝土,应采取加热保温养护或延长混凝土养护时间。

正温下施工,几种常用的养护方法如下。

1)覆盖浇水养护

利用平均气温高于 5 ℃的自然条件,用适当的材料对混凝土表面加以覆盖并浇水,使混凝土在一定的时间内保持水泥水化作用所需的适当温度和湿度条件。

2)薄膜布养护

在有条件的情况下,可采用不透水、气的薄膜布(如塑料薄膜布)养护。用薄膜布把混凝土表面敞露的部分全部严密地覆盖起来,保证混凝土在不失水的情况下得到充足的养护。这种养护方法的优点是不必浇水,操作方便,能重复使用,能提高混凝土的早期强度,加速模具的周转,但应该保持薄膜内有凝结水。

3)喷涂薄膜养生液

混凝土的表面不便浇水或使用塑料薄膜养护时,可采用喷涂薄膜养生液,防止混凝土内部水分蒸发的方法进行养护。

薄膜养生液养护是将可成膜的溶液喷洒在混凝土表面上,溶液挥发后在混凝土表面凝结成一层薄膜,使混凝土表面与空气隔绝,封闭混凝土中的水分不再被蒸发,而完成水化作用。这种养护方法一般适用于表面积大的混凝土施工和缺水地区。

4)覆盖式养护

在混凝土柱或墙体拆除模板后,在其上覆盖塑料薄膜进行封闭养护,有两种做法:

第一种是在构件上覆盖一层黑色塑料薄膜(厚 0.12～0.14 mm),在冬季再盖一层气被薄膜。第二种是在混凝土构件上先覆盖一层透明的或黑色塑料薄膜,再盖一层气垫薄膜(气泡朝下)。塑料薄膜应采用耐老化的,接缝应采用热黏合。覆盖时应紧贴四周,用沙袋或其他重物压紧盖严,防止被风吹开,影响养护效果。塑料薄膜采用搭接时,其搭接长度应大于 30 cm。

5)混凝土冬期施工措施

冬期浇筑混凝土时,最常用的方法是冷混凝土法、综合蓄热法、外部加热法三种,最常用的是冷混凝土法和综合蓄热法。冷混凝土法是促使混凝土早强,降低混凝土冰点。主要通过改善混凝土配合比和掺加混凝土外加剂,掺量应经试验确定。

冬期施工的混凝土的配制应有具有资质的试验室提供冬期施工配合比,同时选用符合环境保护要求的外加剂,其掺量用试验确定。

冬期配制混凝土时,应优先采用加热水的方法,水及骨料的加热温度应根据热工计算确定,水泥不得直接加热,宜在使用之前运至暖棚内存放。

冬期施工混凝土在浇筑前,应清除干净模板和钢筋上的冰雪和污垢。运输和浇筑混凝土的容器应具有保温措施。混凝土在运输、浇筑过程中的温度,应与《混凝土结构工程施工质量验收规范》(GB 50204)附录三热工计算的要求相符,当与要求不符时应采取措施进行调整。

当采用加热养护时,混凝土养护前的温度不得低于 2 ℃。

对加热养护的现浇混凝土结构,混凝土的浇筑顺序和施工缝的位置,应能防止在加热时产生较大的温度应力,当加热温度在 40 ℃以上时,应征得设计单位同意。

冬期施工的模板及混凝土表面应用塑料薄膜和草袋等保温材料覆盖保温,不得浇水养护。在对掺加防冻剂的混凝土养护时,负温严禁浇水且外露面必须覆盖。同时混凝土的初期养护温度不得低于防冻剂的规定温度,达不到规定温度时,应立即采取保温措施。采用防冻剂的混凝土,当温度降低到防冻剂的规定温度以下时,其强度不应小于 4 N/mm²。

冬期施工的混凝土拆模后混凝土的表面温度与环境温度差大于 15 ℃时,应对混凝土采用保温材料覆盖养护。

冬期施工混凝土养护温度的测量应符合下列规定:当采用蓄热法养护时,在养护期间至少每 6 h 一次;对掺用防冻剂的混凝土,在强度未达到 4.0 N/mm² 以前每 2 h 测定一次,以后每 6 h 测定一次;当采用蒸汽法或电流加热时,在升温、降温期间每 1 h 一次,在恒温期间每 2 h 一次;同时室外气温及周围环境温度在每昼夜内至少应定点测量四次。

混凝土养护温度的测量方法应符合下列规定:全部测温孔应编号,并绘制测温孔布置图;测量表应采取措施与外界气温隔离,测温表留置在测温孔内的时间应小于 3 min;测温孔的设置,当采用蓄热法养护时,应在易于散热的部位设置,当采用加热养护时,应在离热源不同的位置分别设置,大体积结构应在表面及内部分别设置。

冬期施工所有各项测量及检验结果,均应填写"混凝土施工记录"和"混凝土冬期施工日报"。

五、施工注意事项

(1)蜂窝:原因是混凝土一次下料过厚,振捣不实或漏振模板有缝隙使水泥浆流失,钢筋较密而混凝土坍落度过小或石子过大,柱、墙根部模板有缝隙,以致混凝土中的砂浆从下部涌出而造成。

(2)露筋:原因是钢筋垫块位移、间距过大、漏放、钢筋紧贴模板,造成露筋,或梁、板底部振捣不实,也可能出现露筋。

(3)麻面:拆模过早或模板表面漏刷隔离剂或模板湿润不够,构件表面混凝土易黏附在模板上造成麻面脱皮。

(4)孔洞:原因是钢筋较密的部位混凝土被卡,未经振捣就继续浇筑上层混凝土。

(5)缝隙与夹渣层:施工处杂物清理不净或未浇底浆等原因,易造成缝隙、夹渣层。

(6)梁、柱连接处断面尺寸偏差过大:主要原因是柱接头模板刚度差或支此部位模板时未认真控制断面尺寸。

(7)墙体、柱根部烂根:墙体及柱混凝土浇筑前,先均匀浇筑 5 cm 厚砂浆或碎石子混凝土。混凝土坍落度要严格控制,防止混凝土离析,底部振捣应认真操作。

(8)洞口移位变形:浇筑时防止混凝土冲击洞口模板,洞口两侧混凝土应对称、均匀进行浇筑、振捣。模板穿墙螺栓应紧固可靠。

(9)外砖墙歪闪:外砖内模墙体施工时,砖墙预留洞,用方木、花篮螺栓将砖墙从外面与大模板拉牢,振捣时振捣棒不碰砖墙。洞口模应有足够刚度。

(10)墙面、柱面气泡过多:采用高频振捣棒,每层混凝土均要振捣至气泡排除为止。

(11)混凝土与模板黏连:注意清理模板,拆模不能过早、隔离剂涂刷均匀。

(12)剪力墙浇筑除按一般原则进行外,还应注意以下几点:

①门窗洞口部位应以两侧同时下料,高差不能太大,以防止门窗洞口横向位移,施工时应先浇捣窗台下部,后振捣窗间墙,以防窗台下部出现蜂窝孔洞。

②混凝土浇捣过程中,不可随意挪动钢筋,要经常检查钢筋保护层及预埋件的牢固程度和位置的准确性。

(13)混凝土强度不足或强度不均匀,强度离差大,是常发生的质量问题,是影响结构安全的质量问题。防止这一质量问题需要综合治理,除了在混凝土运输、浇筑、养护等各个环节要严格控制外,在混凝土拌制阶段要特别注意。要控制好各种原材料的质量,认真执行配合比,严格控制原材料的配料计量。

(14)混凝土拌和物和易性差,坍落度不符合要求。造成这类质量问题原因是多方面的,其一水灰比影响最大;二是石子的级配差,针、片状颗粒含量过多;三是搅拌时间过短或太长等。解决的办法应从以上三方面着手。

(15)冬期施工混凝土易发生冻害。解决的办法是认真执行冬施的有关规定,在拌制阶段注意骨料及水的加热温度,保证混凝土的出机温度。要注意水泥、外加剂、混合料的存放保管。水泥应有水泥库,防止雨淋和受潮;出厂超过三个月的水泥应复试。外加剂、混合料要防止受潮和变质,要分规格、品种分别存放,以防止错用。

六、质量控制

(1)水泥进场时,应对其品种、级别、包装或散装仓号、出厂日期等进行检查,并应对其强度、安全性及其他必要的性能指标进行复验,其质量必须符合现行国家标准《硅酸盐水泥、普通硅酸盐水泥》(GB 175)等的规定。当在使用中对水泥质量有怀疑或水泥出厂超过三个月(快硬硅酸盐水泥超过一个月)时,应进行复验,并按复验结果使用。钢筋混凝土结构、预应力混凝土结构中,严禁使用含氯化物的水泥。

检查数量:按同一生产厂家、同一等级、同一品种、同一批号且连续进场的水泥,袋装不超过200 t为一批,散装不超过500 t为一批,每批抽样不少于一次。

(2)混凝土中掺用外加剂的质量及应用技术应符合现行国家标准《混凝土外加剂》(GB 8076)、《混凝土外加剂应用技术规范》(GB 50119)等和有关环境保护的规定。预应力混凝土结构中,严禁使用含氯化物的外加剂。钢筋混凝土结构中,当使用含氯化物的外加剂时,混凝土氯化物的总量应符合现行国家标准《混凝土质量控制标准》(GB 50164)的规定。

检查数量:按进场的批次和产品的抽样检验方案确定。

(3)混凝土中氯化物和碱的总含量应符合现行国家标准《混凝土结构设计规范》(GB 50010)结构上的直接作用(荷载)应根据现行国家标准《建筑结构荷载规范》(GB 50009)及相关标准确定;地震作用应根据现行国家标准《建筑抗震设计规范》(GB 50011)确定。间接作用和偶然作用应根据有关的标准或具体情况确定。直接承受吊车荷载的结构构件应考虑吊车荷载的动力系数。预制构件制作、运输及安装时应考虑相应的动力系数。对现浇结构,必要时应考虑施工阶段的荷载执行或符合设计要求。

(4)混凝土配合比应按现行国家标准《普通混凝土配合比设计规程》(JGJ 55)的有关规定,根据混凝土强度等级、耐久性和工作性等要求进行配合比设计。对有特殊要求的混凝土,其配合比设计尚应符合国家现行有关标准的专门规定。

(5)混凝土中掺用矿物掺合料的质量应符合现行国家标准《用于水泥和混凝土中的粉

煤灰》(GB 1596)等的规定。矿物掺合料的掺量应通过试验确定。

检查数量:按进场的批次和产品的抽样检验方案确定。

(6)普通混凝土所用的粗、细骨料的质量应符合国家现行标准《普通混凝土用碎石或卵石质量标准及检验方法》(JGJ 53)、《普通混凝土用砂质量标准及检验方法》(JGJ 52)的规定。

检查数量:按进场的批次和产品的抽样检验方案确定。

注:①混凝土用的粗骨料其最大颗粒粒径不得超过构件截面最小尺寸的1/4,且不得超过钢筋最小净间距的3/4。

②对混凝土实板,骨料的最大粒径不宜超过板厚的1/3,且不得超过40 mm。

(7)拌制混凝土宜用饮用水;当采用其他水源时,水质应符合现行国家标准《混凝土拌合用水标准》(JGJ 63)的规定。

检查数量:同一水源检查不应少于一次。

(8)首次使用的混凝土配合比应进行开盘鉴定,其工作性应满足设计配合比的要求。开始生产时应至少留置一组标准养护试件,作为验证配合比的依据。

(9)混凝土拌制前,应测定砂、石含水率并根据测试结果调整材料用量,提出施工配合比。

检查数量:每工作班检查一次。

七、成品保护

(1)施工中,不得用重物冲击模板,不准在吊帮的模板和支撑上搭脚手板,以保证模板牢固、不变形。

(2)侧模板,应在混凝土强度能保证其棱角和表面不受损伤时,方可拆模。

(3)混凝土浇筑完后,待其强度达到1.2 MPa以上,方可在其上进行下道工序施工。

(4)预留的暖卫、电气暗管,地脚螺栓及插筋,在浇筑混凝土过程中,不得碰撞,或使之产生位移。

(5)应按设计要求预留孔洞或埋设螺栓和预埋铁件,不得以后凿洞埋设。

(6)要保证钢筋和垫块的位置正确,不得踩楼板、楼梯的弯起钢筋,不碰动预埋件和插筋。

八、安全环保措施

(1)混凝土搅拌开始前,应对搅拌机及配套机械进行无负荷试运转,检查运转正常,运输道路畅通,然后方可开机工作。

(2)搅拌机运转时,严禁将锹、耙等工具伸入罐内,必须进罐扒混凝土时,要停机进行。工作完毕,应将拌筒清洗干净。搅拌机应有专用开关箱,并应装有漏电保护器,停机时应拉断电闸,下班时电闸箱应上锁。

(3)采用手推车运输混凝土时,不得争先抢道,装车不应过满;卸车时应有挡车措施,不得用力过猛或撒把,以防车把伤人。

(4)使用井架提升混凝土时,应设制动安全装置,升降应有明确信号,操作人员未离开提升台时,不得发升降信号。提升台内停放手推车要平稳,车把不得伸出台外,车轮前后应挡牢。

（5）混凝土浇筑前,应对振动器进行试运转,振动器操作人员应穿绝缘靴、戴绝缘手套;振动器不能挂在钢筋上,湿手不能接触电源开关。

（6）混凝土运输、浇筑部位应有安全防护栏杆、操作平台。

（7）用电应按三级配电、三级保护进行设置;各类配电箱、开关箱的内部设置必须符合有关规定,开关电器应标明用途。所有配电箱应外观完整、牢固、防雨、箱内无杂物;箱体应涂有安全色标、统一编号;箱壳、机电设备接地应良好;停止使用时,切断电源,箱门上锁。

（8）施工用电的设备、电缆线、导线、漏电保护器等应有产品质量合格证;漏电保护器要经常检查,动作灵敏,发现问题立即调换,闸刀熔丝要匹配。

（9）电动工具应符合有关规定,电源线、插头、插座应完好,电源线不得擅自接长和调换,工具的外绝缘完好无损,维护和保管由专人负责。

（10）现场施工负责人应为机械作业提供道路、水电、机棚或停机场地等必备的条件,并消除对机械作业有妨碍或不安全的因素。夜间作业应设置充足的照明。

（11）机械进入作业地点后,施工技术人员应向操作人员进行施工任务和安全技术措施交底。操作人员应熟悉作业环境和施工条件,听从指挥,遵守现场安全规则。

（12）操作人员在作业过程中,应集中精力正确操作,注意机械工况,不得擅自离开工作岗位或将机械交给其他无证人员操作。严禁无关人员进入作业区或操作室内。

（13）实行多班作业的机械,应执行交接班制度,认真填写交接班记录;接班人员经检查确认无误后,方可进行工作。

（14）机械不得带病运转,运转中发现不正常时,应先停机检查,排除故障后方可使用。

（15）机械在寒冷季节使用,应符合《建筑机械寒冷季节的使用》规定。

（16）使用机械与安全生产发生矛盾时,必须首先服从安全要求。

（17）应在施工前,做好施工道路规划,充分利用永久性的施工道路。路面及其余场地地面宜硬化。闲置场地宜绿化。

（18）水泥和其他易飞扬的细颗粒散体材料应尽量安排库内存放,露天存放时宜严密遮盖,卸运时防止遗洒飞扬。

（19）混凝土运送罐车每次出场应清理下料斗,对车体进行冲洗,防止混凝土遗洒。

（20）现场搅拌机前台及运输车辆清洗处应设置沉淀池。废水应排入沉淀池内,经二次沉淀后,方可排入市政污水管线或回收用于洒水降尘。未经处理的泥浆水,严禁直接排入城市排水设施。

（21）现场使用照明灯具宜用定向可拆除灯罩型,使用时应防止光污染。

第三节　底板大体积混凝土

大体积混凝土是指最小断面任何一个方向尺寸大于 1.0 m 以上的混凝土结构,其尺寸已大到必须采取相应的技术措施降低其温差,控制温度应力与裂缝开展的混凝土。

一、适用范围

适用于建筑工程底板大体积混凝土和大体积防水混凝土的施工。不适用于环境温度高于 80 ℃；侵蚀性介质对混凝土构成危害以及建筑结构其他部位大体积混凝土的施工。

二、施工准备

（一）技术准备

1.熟悉图纸，与设计沟通

（1）了解混凝土的类型、强度、抗渗等级和允许利用后期强度的龄期。

（2）了解底板的平面尺寸，各部位厚度、设计预留的结构缝和后浇带或加强带的位置、构造和技术要求。

（3）了解消除或减少混凝土变形外约束所采取的措施和超长结构一次施工或分块施工所采取的措施。

（4）了解使用条件对混凝土结构的特殊要求和采取的措施。

（5）在可能的情况下，争取降低大体积混凝土的设计强度等级。

2.依据施工合同和施工条件与业主、监理沟通

（1）采用预拌混凝土施工在交通管制方面提供连续施工可能性时，才能满足大方量一次浇筑的要求。否则，则宜分块施工。

（2）采用现场搅拌混凝土时，业主应提供足够的施工场地以满足设置混凝土搅拌站和料场的需要，同时尚应提供足够的能源或设置发电设备设施。

（3）施工部门为保证工程质量建议采取的技术措施应报告监理，并通过监理取得设计单位和业主的同意。

3.委托设计需提供的条件

委托设计需提供的条件包括混凝土的类型、指定龄期混凝土的强度、抗渗等级、混凝土场内外输送方式与耗时、混凝土的浇筑坍落度、施工期平均气温、混凝土的入模温度及其他要求。委托单位尚应提供混凝土试配所需原材料。

4.混凝土配合比设计

除必须满足上述条件的要求外，混凝土配合比设计应尽可能降低混凝土的干缩与温差收缩。

（1）混凝土配合比试验报告需提供混凝土的初、终凝时间，附按预定程序施工的坍落度损失和坍落度现场调整方法，普通混凝土 7 d、28 d 的实测收缩率，所选用外加剂的种类和技术要求。

（2）对补偿收缩混凝土尚应按 GB 50119 的试验方法提供试块在水中养护 14 d 的限制膨胀率，该值应大于 0.015%（结构厚在 1 m 以下）或 0.02%（结构厚在 1 m 以上）；一般底板混凝土的限制膨胀率以 0.02%～0.025% 为宜，加强带、后浇缝以 0.035%～0.045% 为宜；6 个月混凝土干缩率不大于 0.045%。

（3）混凝土的试配强度以后期强度换算的 28 d 强度为准。对补偿收缩混凝土，若以 7 d 强度推算换算的 28 d 强度则应以限制膨胀试块的 7 d 强度为依据。

5.混凝土配合比设计的基本要求

（1）混凝土配合比按设计抗渗水压加 0.2 MPa 控制，储备不可过高。

（2）在保证混凝土强度和抗渗性能的条件下应尽可能添加掺合料，粉煤灰应不低于二级，其掺量不宜大于 20%，硅粉掺量不应大于 3%。当有充分根据时掺合料的掺量可适当调高。

（3）送达现场混凝土的坍落度：泵送宜为 80~140 mm，其他方式输送宜为 60~120 mm，坍落度允许偏差±15 mm，到达现场前坍落度损失不应大于 30 mm/h，总损失不应大于 60 mm。

（4）混凝土最小水泥用量不低于 300 kg/m³，掺活性粉料或用于补偿收缩混凝土的水泥用量不少于 280 kg/m³。

（5）根据水泥品种、施工条件和结构使用条件选择化学外加剂。

（6）水灰比宜控制在 0.45~0.5，最高不超过 0.55；用水量宜在 170 kg/m³ 左右；用于补偿收缩混凝土用水量在 180 kg/m³ 左右。

（7）粗骨料适宜含量≤C30 为 1 150~1 200 kg/m³；粗骨料适宜含量≥C35 为 1 050~1 150kg/m³。

（8）砂率宜控制在 35%~45%，灰砂比宜为 1：2~1：2.5。

（9）混凝土中总含碱量使用碱活性骨料时限制在 3 kg/m³ 以下。

（10）混凝土中氯离子总含量不得大于水泥用量的 0.3%，当结构使用年限为 100 年时为 0.06%。

（11）混凝土的初凝应控制在 6~8 h，混凝土终凝时间应在初凝后 2~3 h。

（12）缓凝剂用量不可过高，尤其是在补偿混凝土中应严格限量以防减少膨胀率。

（13）膨胀剂取代水泥量应按结构设计和施工设计所要求的限制膨胀率及产品说明书并经试验确定；其取代水泥量必须充足以满足膨胀率的要求。

6.施工方案编制要点

1）施工方案的主要内容

（1）工程概况：建筑结构和大体积混凝土的特点——平面尺寸与划分、底板厚度、强度、抗渗等级等。

（2）温度与应力计算：大体积混凝土施工必须进行混凝土绝热和外约束条件下的综合温差与应力的计算；对混凝土入模温度、原材料温度调整，保温隔热与养护，温度测量；温度控制、降温速率提出明确要求。

（3）原材料选择：配合比设计与试配。

（4）混凝土的供应搅拌：运输与浇筑。

（5）保证质量、安全、消防、环保、环卫的措施。

2）技术要点

（1）混凝土供应。

①大体积混凝土必须在设施完善、严格管理的强制式搅拌站拌制。

②预拌混凝土搅拌站，必须具有相应资质，并应选择备用搅拌站。

③对预拌混凝土搅拌站所使用的膨胀剂，施工单位或工程监理应派驻专人监督其质量、数量和投料计量；最后复核掺入量应符合要求。

④混凝土浇筑温度宜控制在 25 ℃以内，依照运输情况计算混凝土的出厂温度和对原材料的温度要求。

⑤原材料温度调整方案的选择：当气温高于 30 ℃时应采用冷却法降温，当气温低于 5 ℃时应采用加热法升温。

⑥原材料降温应依次选用：

水：加冰屑降温或用制冷机提供低温水；

骨料:料场搭棚,防烈日暴晒,或水淋或浸水降温;

水泥和掺合料:储罐设隔热罩或淋水降温,袋装粉料提前存放于通风库房内降温。

罐车:盛夏施工应淋水降温,低温施工应加保温罩。

⑦混凝土输送车辆计算:

$$n = (Q_m/60V) [(60L/S) + T]$$
$$Q_m = Q_{mal8} \eta$$

式中　　n——混凝土罐车数;

Q_m——罐车计划每小时输送量,m^3/h;

Q_{mal8}——罐车额定输送量,m^3/h;

η——混凝土泵的效率系数,底板取 0.43;

V——罐车额定容量,m^3;

L——罐车往返一次行程,km;

S——平均车速,km/h,一般为 30 km/h;

T—— 一个运行周期总停歇时间,min,该值包括装卸料、停歇、冲洗等耗时。

(2)底板混凝土施工的流水作业 。

①底板分块施工时,每段工程量按可保证连续施工的混凝土供应能力和预期确定。

②流水段的划分应与设计的结构缝和后浇带相一致,非必要时不再增加施工缝。

③施工流水段长度不宜超过 40 m。采用补偿收缩混凝土不宜超过 60 m,混凝土宜跳仓浇筑。

④在取得设计部门同意时,宜以加强带取代后浇带,加强带间距 30~40 m,加强带的宽度宜为 2~3 m。

⑤超长、超宽一次浇筑混凝土可分条划分区域,各区同向同时相互搭接连续施工。

⑥采用补偿收缩混凝土无缝施工的超长底板,每 60 m 应设加强带一道。

⑦加强带衔接面两侧先后浇筑混凝土的间隔时间不应大于 2 h。

(3)混凝土的场内运输和布料。

①预拌混凝土的卸料点到浇筑处;现场搅拌站自搅拌机到浇筑处均应使用混凝土地泵输送混凝土和布料。

②混凝土泵的位置应邻近浇筑地点且便于罐车行走、错车、喂料和退管施工。

③混凝土泵管配置应最短,且少设弯头,混凝土出口端应装布料软管。

④施工方案应绘制泵及泵管布置图和泵管支架构造图。

⑤混凝土泵的需要数量与选型应通过计算确定:

$$N = Q_h/Q_{mal8} \eta$$

式中　　N——混凝土泵台数;

Q_h——每小时计划混凝土浇筑量,m^3/h;

Q_{mal8}——所选泵的额定输送量,m^3/h;

η——混凝土泵的效率系数,底板取 0.43。

⑥沿基坑周边的底板浇筑可辅以溜槽输送混凝土,溜槽需设受料台(斗),溜槽与边坡处垂线夹角不宜小于 45°。

⑦底板周边的混凝土也可使用汽车泵布料。

（4）混凝土的浇筑。

①底板混凝土的浇筑方法：

厚 1.0 m 以内宜采用平推浇筑法：同一坡度，薄层循序推进依次浇筑到顶。厚 1.0 m 以上宜分层浇筑，在每一浇筑层采用平推浇筑法。

厚度超过 2 m 时应考虑留置水平施工缝，间断施工。

②有可能时应避开高温时间浇筑混凝土。

（5）混凝土硬化期的温度控制。

①温控方案选择：当气温高于 30 ℃以上可采用预埋冷水管降温法；或蓄水法施工；

当气温低于 30 ℃以下常温应优先采用保温法施工；

当气温低于-15 ℃时应采用特殊温控法施工。

②蓄水养护应进行周边围挡与分隔，并设供水和水温调节装备。

③必要时可采用混凝土内部埋管冷水降温与蓄热结合或与蓄水结合的养护方法。

④大体积混凝土的保温养护方案应详示结构底板上表面和侧模的保温方式、材料、构造和厚度。

⑤烈日下施工应采取防晒措施；深基坑空气流通不良环境宜采取送风措施。

⑥玻璃温度计测温：每个测温点位由不少于三根间距各为 100 mm 呈三角形布置，分别埋于距板底 50 mm，板中间距不大于 600 mm 及距混凝土表面 50 mm 处的测温管构成。测温点位间距大于 6 m，测温管可使用水管或铁皮卷焊管，下端封闭，上端开口，管口高于保温层 50~100 mm。

⑦电子测温仪测温：建议使用用途广、精度高、直观、操作简单、便于携带的半导体传感器，建筑电子测温仪测温。

每一测温点传感由距板底 50 mm，板中间距不大于 600 mm，距板表面 50 mm 各测温点构成。各传感器分别附着于 φ 16 圆钢支架上。各测温点位间距不大于 6 m。

⑧不宜采用热电阻温度计测温，也不推荐热电偶测温。

（二）材料要求

1.水泥

（1）应优先选用铝酸三钙含量较低，水化游离氧化钙、氧化镁和二氧化硫尽可能低的低收缩水泥。

（2）应优先选用低、中热水泥；尽可能不使用高强度、高细度的水泥。利用后期强度的混凝土，不得使用低热微膨胀水泥。

（3）对不同品种水泥用量及总的水化热应进行估算；当矿渣水泥或其他低热水泥与普通硅酸盐水泥掺入粉煤灰后的水化热总值差异较大时应选用矿渣水泥；无较大差异时，则应选用普通硅酸盐水泥而不采用干缩较大的矿渣水泥。

（4）不准使用早强水泥和含有氯化物的水泥。

（5）非盛夏施工应优先选用普通硅酸盐水泥。

（6）补偿收缩混凝土加硫铝酸钙类（明矾石膨胀剂除处）膨胀剂时应选用硅酸盐水泥或普通硅酸盐水泥；其他类水泥应通过试验确定。明矾石膨胀剂可用于普通硅酸盐或矿渣水泥，其他类水泥也需试验。

（7）水泥的含碱量（Na_2O+K_2O）应小于 0.6%，尽可能选用含碱量不大于 0.4%的水泥。

(8)混凝土受侵蚀性介质作用时应使用适应介质性质的水泥。

(9)进场水泥和出厂时间超过三个月或怀疑变质的水泥应做复试检验并合格。

(10)用于大体积混凝土的水泥应进行水化热检验;其7 d 水化热不宜大于240 kJ/(kg·K),当混凝土中掺有活性粉料或膨胀剂时应按相应比例测定7 d、28 d 的综合水化热值。

2.粗骨料

(1)应选用结构致密强度高不含活性二氧化硅的骨料;石子骨料不宜用砂岩,不得含有蛋白石凝灰岩等遇水明显降低强度的石子。其压碎指标应低于16%。

(2)粗骨料应尽可能选择大粒径,但最大不得超过钢筋净距的3/4;当使用泵送混凝土时应符合表5-19 的要求。

表5-19　混凝土泵允许骨料粒径

混凝土管直径(mm)	最大粒径(mm)	
	卵石	碎石
125	40	30
150	50	40
180	70	60
200	80	70
280	100	100

(3)石子粒径:C30 以下可选5~40 mm 的卵石,尽可能选用碎石;C30~C50 可选5~31.5 mm 的碎石或碎卵石。

(4)石子应连续级配,以5~10 mm 含量稍低为佳,针、片状粒含量应≤15%。

(5)含泥量不得大于1%,泥块含量不得大于0.25%。

(6)粗骨料应符合相关规范的技术要求:

普通粗骨料:《普通混凝土用碎石或卵石质量标准及检验方法》(JGJ 53);

高炉矿渣碎石:《混凝土用高炉重矿渣碎石技术条件》(YBJ 205)含粉量(粒径小于0.08 mm)不大于1.5%。

3.细骨料

(1)应优先选用中、粗砂,其粉粒含量通过0.315 mm 筛孔量不小于15%;对泵送混凝土尚应通过0.16 mm 筛孔量不小于5%为宜。不宜使用细砂。

(2)砂的 SO_3 含量应<1%;砂的含泥量应不大于3%,泥块含量不大于0.5%。

(3)使用海砂时,应测定其氯含量,氯离子总量(以干砂重量的酸比计)不应大于0.06%。

(4)使用天然砂或岩石破碎筛分的产品均应符合《普通混凝土用砂、石质量及检验方法》(JGJ 52)的规定。

4.水

使用混凝土设备洗刷水拌混凝土时只可部分利用并应考虑水中所含水泥和外加剂对拌和物影响,其中氯化物含量不得大于1 200 mg/L,硫酸盐含量不得大于2 700 mg/L。

5.掺合料

（1）粉煤灰：

①粉煤灰不应低于Ⅱ级，以球状颗粒为佳。

②粉煤灰的 SO_3 含量不应大于3%。

③粉煤灰应符合《用于水泥和混凝土中的粉煤灰》（GB/T 1596）。

（2）使用其他种类掺合料应遵照相应标准规定。

（3）掺合料供应厂商应提供掺合料水化热曲线。

6.膨胀剂

（1）地下工程允许使用硫铝酸钙类膨胀剂，不允许使用氯化钙类膨胀剂（氧化钙-硫铝酸钙）。

（2）膨胀剂的含碱量不应大于0.75%，使用明矾石膨胀剂尤应严格限制。

（3）膨胀剂应选用一等品，膨胀剂供应商应提供不同龄期膨胀率变化曲线。使用膨胀剂的混凝土试件在水中14 d限制膨胀率不应大于0.025%；28 d膨胀率应大于14 d的膨胀率；于空气中28 d的变形以正值以佳。

（4）膨胀剂应符合《混凝土膨胀剂》（JC 476）的要求。

7.外加剂

（1）大体积混凝土应选用低收缩率特别是早期收缩率低的外加剂，除膨胀剂、减缩剂外，外加剂厂家应提供使用该外加剂的混凝土1 d、3 d、7 d和28 d的收缩率试验报告，任何龄期混凝土的收缩率均不得大于基准混凝土的收缩率。

（2）外加剂必须与水泥的性质相适应。

（3）外加剂带入每立方米混凝土的碱量不得超过1 kg。

（4）非早强型减水剂应按标准严格控制硫酸钠含量；减水剂含固体量应≥30%，减水率应≥20%，坍落度损失应≤20 mm/h。

（5）泵送剂、缓凝减水剂应具有良好的减水、增塑、缓凝和保水性，引气量宜介于3%～5%。对补偿收缩混凝土，使用缓凝剂必须经试验证明可延缓初凝而无其他不良影响。

（6）外加剂氨的释放量不得大于0.1%。

（7）外加剂应符合下列标准规定：

《混凝土外加剂》（GB 8076）；

《混凝土外加剂中释放氨的限量》（GB 18588）。

（三）主要机具设备

1.机械设备、仪表

现场搅拌站——成套强制式混凝土搅拌站、皮带机、装载机、水泵、水箱等。

现场输送混凝土——泵车、混凝土及钢、软泵管。

混凝土浇筑——流动电箱、插入式振动器、平板式振动器、抹平机、小型水泵等。

专用——发电机、空压机、制冷机、电子测温仪和测温元件或温度计和测温埋管。

2.工具

手推车、串筒、溜槽、吊斗、胶管、铁锹、钢钎、刮杠、抹子等。

三、关键要求

(一)材料的关键要求

(1)选用低热和低收缩水泥。

(2)采用低强度等级水泥。

(3)控制各种材料和外加剂的含碱量。

(4)控制骨料含泥量。

(二)技术的关键要求

(1)控制混凝土浇筑成型温度。

(2)利用混凝土后期强度或掺入掺合料降低水泥单方用量。

(3)控制坍落度及坍落度损失符合泵送要求。

(4)浇筑混凝土适时二次振捣、抹压消除混凝土早期塑性变形。

(5)尽可能延长脱膜时间并及时保湿、保温、加强温度监测。

(三)质量的关键要求

(1)严格控制混凝土搅拌投料计量。

(2)监督膨胀剂加入量。

(3)控制混凝土的温差及降温速率。

四、施工工艺

(一)工艺流程

工艺流程见图 5-2。

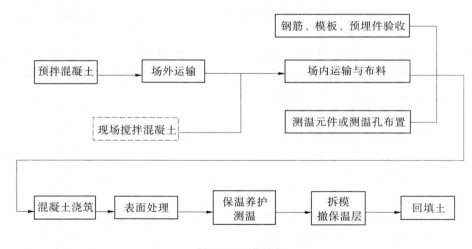

图 5-2　工艺流程

(二)施工操作工艺

1.混凝土搅拌

(1)根据施工方案的规定对原材料进行温度调节。

(2)搅拌采用二次投料工艺,加料顺序为,先将水和水泥、掺合料、外加剂搅拌约 1 min 成水泥浆,然后投入粗、细骨料拌匀。

（3）计量精度每班至少检查二次，计量控制在：外加剂±0.5%，水泥、掺合料、膨胀剂、水±1%，砂石±2%以内。

其中加水量应扣除骨料含水量及冰雪重量。

（4）搅拌应符合所用机械说明中所规定的时间，一般不少于90 s，加膨胀剂的混凝土搅拌时间延长30 s，以搅拌均匀为准，时间不宜过长。

（5）出罐混凝土应随时测定坍落度，与要求不符时应由专业技术人员及时调整。

2.混凝土的场外运输

（1）预拌混凝土的远距离运输应使用滚筒式罐车。

（2）运送混凝土的车辆应满足均匀、连续供应混凝土的需要。

（3）必须有完善的调度系统和装备，根据施工情况指挥混凝土的搅拌与运送，减少停滞时间。

（4）罐车在盛夏和冬季应有隔热覆盖。

（5）混凝土搅拌运输车，第一次装料时，应多加二袋水泥。运送过程中筒体应保持慢速转动；卸料前，筒体应加快运转20~30 s后方可卸料。

（6）送到现场混凝土的坍落度应随时检验，需调整或分次加入减水剂均应由搅拌站派驻现场的专业技术人员执行。

3.混凝土的场内运输与布料

（1）固定泵（地泵）场内运输与布料：

①受料斗必须配备孔径为50 mm×50 mm的振动筛，防止个别大颗粒骨料流入泵管，料斗内混凝土上表面距离上口宜为200 mm左右，以防止泵入空气。

②泵送混凝土前，先将储料斗内清水从管道泵出，以湿润和清洁管道，然后压入纯水泥浆或1∶1~1∶2水泥砂浆滑润管道后，再泵送混凝土。

③开始压送混凝土时速度宜慢，待混凝土送出管子端部时，速度可逐渐加快，并转入用正常速度进行连续泵送。遇到运转不正常时，可放慢泵送速度。进行抽吸往复推动数次，以防堵管。

④泵送混凝土浇筑入模时，端部软管均匀移动，使每层布料均匀，不应成堆浇筑。

⑤泵管向下倾斜输送混凝土时，应在下斜管的下端设置相当于5倍落差长度的水平配管，若与上水平线倾斜度大于7°，应在斜管上端设置排气活塞。如因施工长度有限，下斜管无法按上述要求长度设置水平配管，可用弯管或软管代替，但换算长度仍应满足5倍落差的要求。

⑥沿地面铺管，每节管两端应垫50 mm×100 mm方木，以便拆装；向下倾斜输送时，应搭设宽度不小于1 m的斜道，上铺脚手板，管两端垫方木支承，泵管不应直接铺设在模板、钢筋上，而应搁置在马凳或临时搭设的架子上。

⑦泵送将结束时，计算混凝土需要量，并通知搅拌站，避免剩余混凝土过多。

⑧混凝土泵送完毕，混凝土泵及管道可采用压缩气推动清洗球清洗，压力不超过0.7 MPa。方法是先安好专用洗管，再启动空压机，渐渐加压。清洗过程中随时敲击输送管判断混凝土是否接近排空。管道拆卸后按不同规格分类堆放备用。

⑨泵送中途停歇时间不应多于60 min，如超过60 min则应清管；泵管混凝土出口处，管端距模板应大于500 mm。

⑩盛夏施工,泵管应覆盖隔热。

⑪只允许使用软管布料,不允许使用振动器推赶混凝土;在预留凹坛模板或预埋件处,应沿其四周均匀布料。

⑫加强对混凝土泵及管道巡回检查,发现声音异常或泵管跳动应及时停泵排除故障。

(2)汽车泵布料:

①汽车泵行走及作业应有足够的场地,汽车泵应靠近浇筑区并应有两台罐车能同时就位卸混凝土的条件。

②汽车泵就位后应按要求撑开支腿,加垫枕木,汽车泵稳固后方准开始工作。

③汽车泵就位与基坑上口的距离视基坑护坡情况而定,一般应取得现场技术主管的同意。

(3)混凝土的自由落距不得大于 2 m。

(4)混凝土的浇筑地点的坍落度,每工作班至少检查四次。混凝土的坍落度试验应符合现行《普通混凝土拌和物性能试验方法标准》(GB 50080)的有关规定。

混凝土实测的坍落度与要求坍落度之间的偏差应不大于±20 mm。

4.混凝土浇筑

(1)混凝土浇筑可根据面积大小和混凝土供应能力采取全面分层、分段分层或斜面分层连续浇筑(见图 5-3),分层厚度 300~500 mm 且不大于震动棒长的 1.25 倍。分段分层多采取踏步式分层推进,一般踏步宽为 1.5~2.5 m。斜面分层浇灌每层厚 30~35 cm,坡度一般取 1:6~1:7。

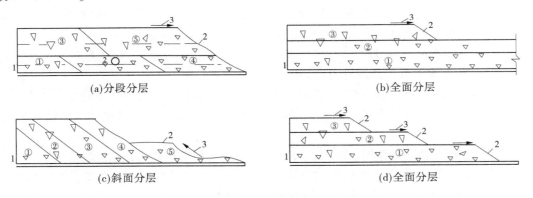

(a)分段分层　　　　　　　　　　　　　　(b)全面分层

(c)斜面分层　　　　　　　　　　　　　　(d)全面分层

1—分层线;2—新浇灌的混凝土;3—浇灌方向

图 5-3　底板混凝土浇筑方式

(2)浇筑混凝土时间应按表 5-20 控制。掺外加剂时由试验确定,但最长不得大于初凝时间减 90 min。

表 5-20　混凝土搅拌至浇筑完的最大延续时间　　　　　　　　(单位:min)

混凝土强度	气温		混凝土强度	气温	
	≤25 ℃	>25 ℃		≤25 ℃	>25 ℃
≤C30	120	90	>C30	90	60

(3)混凝土浇筑宜从低处开始,沿长边方向自一端向另一端推进,逐层上升。亦可采取中间向两边推进,保持混凝土沿基础全高均匀上升。浇筑时,要在下一层混凝土初凝之前浇

筑上一层混凝土,避免产生冷缝,并将表面泌水及时排走。

（4）局部厚度较大时先浇深部混凝土,2~4 h 后再浇上部混凝土。

（5）振捣混凝土应使用高频振动器,振动器的插点间距为 1.5 倍振动器的作用半径,防止漏振。斜面推进时振动棒应在坡脚与坡顶处插振。

（6）振动混凝土时,振动器应均匀地插拔,插入下层混凝土 50 cm 左右,每点振动时间 10~15 s 以混凝土泛浆不再溢出气泡为准,不可过振。

（7）混凝土浇筑终了以后 3~4 h 在混凝土接近初凝之前进行二次振捣然后按标高线用刮尺刮平并轻轻抹压。

（8）混凝土的浇筑温度按施工方案控制,以低于 25 ℃ 为宜,最高不得超过 28 ℃。

（9）间断施工超过混凝土的初凝时应待先浇混凝土具有 1.2 N/mm² 以上的强度时才允许后续浇筑混凝土。

（10）混凝土浇筑前应对混凝土接触面先行湿润,对补偿收缩混凝土下的垫层或相邻其他已浇筑的混凝土应在浇筑前 24 h 即大量洒水浇湿。

5.混凝土的表面处理

（1）处理程序:

初凝前一次抹压→临时覆盖塑料膜→混凝土终凝前 1~2 h 掀膜二次抹压→覆膜。

（2）混凝土表面泌水应及时引导集中排除。

（3）混凝土表面浮浆较厚时,应在混凝土初凝前加粒径为 2~4 mm 的石子浆,均匀撒布在混凝土表面用抹子轻轻拍平。

（4）四级以上风或烈日下施工应有遮阳挡风措施。

（5）当施工面积较大时可分段进行表面处理。

（6）混凝土硬化后的表面塑性收缩裂缝可灌注水泥素浆刮平。

6.混凝土的养护与温控

（1）混凝土侧面钢木模板在任何季节施工均应设保温层。采用砖侧模时在混凝土浇筑前宜回填完毕。

（2）蓄水养护混凝土:混凝土表面在初凝后覆盖塑料薄膜,终凝后注水,蓄水深度不少于 80 mm。当混凝土表面温度与养护水的温差超过 20 ℃ 时即应注入热水令温差降至 10 ℃ 左右。非高温雨季施工事先采取防暴雨降低养护水温的挡雨措施。

（3）蓄热法养护混凝土:盛夏采用降温搅拌混凝土施工时,混凝土终凝后立即覆盖塑料膜和保温层。

常温施工时混凝土终凝后立即覆盖塑料膜和浇水养护,当混凝土实测内部温差或内外温差超过 20 ℃ 再覆盖保温层。

当气温低于混凝土成型温度时,混凝土终凝后应立即覆盖塑料膜和保温层,在有可能降雨雪时为保持保温层的干燥状态,保温层上表面应覆有不透水的遮盖。

（4）混凝土养护期间需进行其他作业时,应掀开保温层,尽快完成,随即恢复保温层。

（5）当设计无特殊要求时,混凝土硬化期的实测温度应符合下列规定:

①混凝土内部温差(中心与表面下 100 mm 或 50 mm 处)不大于 20 ℃。

②混凝土表面温度(表面以下 100 mm 或 50 mm)与混凝土表面外 50 mm 处的温度不大于 25 ℃;对补偿收缩混凝土,允许介于 30~35 ℃。

③混凝土降温速度不大于 1.5 ℃/d。

④撤除保温层时混凝土表面与大气温差不大于 20 ℃。

当实测温度不符合上述规定时则应及时调整保温层或采取其他措施使其满足温度及温差的规定。

(6)混凝土的养护期限:除满足上条规定外,混凝土的养护时间自混凝土浇筑开始计算,使用普通硅酸盐水泥不少于 14 d,使用其他水泥不少于 21 d,炎热天气适当延长。

(7)养护期内(含撤除保温层后)混凝土表面应始终保持温热潮湿状态(塑料膜内应有凝结水),对掺有膨胀剂的混凝土尤应富水养护;但气温低于 5 ℃时,不得浇水养护。

7.测温

(1)测温延续时间自混凝土浇筑至撤保温层后,同时应不少于 20 d。

(2)测温时间间隔,混凝土浇筑后 1~3 d 为 2 h,4~7 d 为 4 h,其后为 8 h。

(3)测温点应在平面图上编号,并在现场挂编号标志,测温作详细记录并整理绘制温度曲线图,温度变化情况应及时反馈,当各种温差达到 18 ℃时应预警,22 ℃时应报警。

(4)使用普通玻璃温度计测温:测温管端应用软木塞封堵,只允许在放置或取出温度计时打开。温度计应系线绳垂吊至管底,停留不少于 3 min 后取出迅速看温度。

(5)使用建筑电子测温仪测温:附着于钢筋上的半导体传感器应与钢筋隔离,保护测温探头不受污染,不受水浸,插入测温仪前应擦拭干净,保持干燥以防短路,也可事先埋管,管内插入可周转使用的传感器测温。

(6)当采用其他测温仪时应按产品说明书操作。

8.拆模与回填

底板侧模的拆除应符合温度条件,侧模拆除后宜尽快回填,否则应与底板面层在养护期内同样予以养护。

9.施工缝、后浇带与加强带

(1)大体积混凝土施工除预留后浇带尽可能不再设施工缝,遇有特殊情况必须设施工缝时应按后浇缝处理。

(2)施工缝、后浇带与加强带均应用钢板网或钢丝网支挡。如支模,在后浇混凝土之前应凿毛清洗。

(3)后浇缝使用的遇水膨胀止水条必须具有缓涨性能,7 d 膨胀率不应大于最终膨胀率的 60%。

(4)膨胀止水条应安放牢固,自黏型止水条也应使用间隔为 500 mm 的水泥钉固定。

(5)后浇带和施工缝在混凝土浇筑前应清除杂物、润湿,水平缝刷净浆再铺 10~20 mm 厚的 1:1 水泥砂浆或涂刷界面剂并随即浇筑混凝土。

(6)后浇缝与加强带混凝土的膨胀率应高于底板混凝土的膨胀率 0.02%以上或按设计或产品说明书确定。

(三)冬期施工

(1)冬期施工的期限:室外日平均气温连续 5 d 稳定低于 5 ℃起至高于 5 ℃止。

(2)混凝土的受冻临界强度:使用硅酸盐水泥或普通硅酸盐水泥的混凝土应为混凝土强度标准值的 30%,使用矿渣硅酸盐水泥应为混凝土强度标准值的 40%。掺用防冻剂的混凝土,当气温不低于 -15 ℃时不得小于 4 N/mm²;当气温不低于 -30 ℃时不得小于 5

N/mm^2。

（3）冬期施工的大体积混凝土应优先使用硅酸盐水泥和普通硅酸盐水泥,水泥强度等级宜为42.5。

（4）大体积混凝土底板冬期施工,当气温在-15 ℃以上时应优先选用蓄热法,当蓄热法不能满足要求时应采用综合蓄热法施工。

（5）蓄热法施工应进行混凝土的热工计算,决定原材料加热及搅拌温度和浇筑温度,确定保温层的种类、厚度等,并且保温层外应覆盖防风材料封闭。

（6）综合蓄热法可在混凝土中加少量抗冻剂或掺少量早强剂。搅拌混凝土用粉剂防冻剂可与水泥同时投入。液体防冻剂应先配制成需要的浓度;各溶液分别置于有明显标志的容器内备用;并随时用比重计检验其浓度。

（7）混凝土浇筑后应尽早覆盖塑料膜和保温层且应始终保持保温层的干燥。侧模及平面边角应加厚保温层。

（8）混凝土冬施所用外加剂应具有适应低温的施工性能,不准使用缓凝剂和缓凝型减水剂,不准使用可挥发氯气的防冻剂,不准使用含氯盐的早强剂和早强型减水剂。

（9）混凝土的浇筑温度应为10 ℃左右,分层浇筑时已浇混凝土被上层混凝土覆盖时不应低于2 ℃。

（10）原材料的加热,应优先采用水加热,当气温低于-8 ℃时再考虑加热骨料,依次为砂,再次为石子。加热温度不能低于规定值。当水及骨料加热到规定温度仍不能满足要求时水可加热至100 ℃,但水泥不得与80 ℃以上的水直接接触。

水宜使用蒸汽加热或用热交换罐加热,在容器中调至要求温度后使用。

砂可利用火坑或加热料斗升温。

水泥、掺合料应提前运入暖棚或罐保温。

（11）混凝土的搅拌:

①骨料中不得带有冰雪及冻团。

②搅拌机应设置于保温棚内,棚温不低于5 ℃。

③使用热水搅拌应先投入骨料再加水,待水温降到40 ℃左右时再投入水泥和掺合料等。

（12）混凝土运送应尽量缩短耗时,罐车应有保温被罩。

（13）混凝土泵应设于挡风棚内,泵管应保温。

（14）测温项目与次数如表5-21所示。

表5-21　混凝土冬期施工测温项目和次数

测温项目	测温次数
室外气温及环境温度	每昼夜不少于4次,此外还需测最高、最低气温
搅拌机棚温度	每一工作班不少于4次
水、水泥、砂、石及外加剂溶液温度	每一工作班不少于4次
混凝土出罐、浇筑、入模温度	每一工作班不少于4次

注:室外混凝土低气温测量起、止日期为本地区冬期施工起始终了时止。

（15）混凝土浇筑后的测温同常温大体积混凝土的施工要求。

（16）混凝土拆模和保温层应在混凝土冷却到 5 ℃以后，如拆模时混凝土与环境温差大于 20 ℃则拆模后的混凝土表面仍应覆盖使其缓慢冷却。

五、质量控制

（1）大体积防水混凝土的变形缝、施工缝、后浇带、加强带、埋设件等设置和构造，均须符合设计要求，严禁有渗漏。检验方法：观察和检查隐蔽工程验收记录。

（2）补偿收缩混凝土的抗压强度，抗渗压力与混凝土的膨胀率必须符合设计要求。检验方法：现场制作试块，进行膨胀率测试。

（3）防水混凝土结构表面的裂缝宽度不应大于 0.2 mm，并不得贯通。检验方法：用刻度放大镜检查。裂缝宽大于 0.2 mm 非贯穿裂缝可将表面凿开 30~50 mm 的三角槽，用掺有膨胀剂的水泥浆或水泥砂浆修补。贯穿性或深裂缝宜用化学浆修补。

六、成品保护

（1）跨越模板及钢筋应搭设马道。

（2）泵管下应设置木枋，不准直接摆放在钢筋上。

（3）混凝土浇筑振动棒不准触及钢筋、埋件和测温元件。

（4）测温元件导线或测温管应妥善维护，防止损坏。

（5）混凝土强度达到 1.2 N/mm^2 之前不准踩踏。

（6）拆模后应立即回填土。

（7）混凝土表面裂缝处理。

七、安全环境措施

（一）安全措施

（1）所有机械设备均需设漏电保护。

（2）所有机电设备均需按规定进行试运转，正常后投入使用。

（3）基坑周围设围护栏杆。

（4）现场应有足够的照明，线路应埋地或设专用电杆架空敷设。

（5）马道应牢固稳定，具有足够承载力。

（6）振动器操作人员应着绝缘靴和手套。

（7）泵车外伸支腿底部应设木板或钢板支垫，泵车离未护壁基坑的安全距离应为基坑深再加 1 m；布料杆伸长时，其端头到高压电缆之间的最小安全距离应不小于 8 m。

（8）泵车布料杆采取侧向伸出布料时，应进行稳定性验算，使倾覆力矩小于稳定力矩。严禁利用布料杆作起重使用。

（9）泵送混凝土作业过程中，软管末端出口与浇筑面应保持 0.5~1 m，防止埋入混凝土内，造成管内瞬时压力增高爆管伤人。

（10）泵车应避免经常处于高压工作，泵车停歇后再启动时，要注意表压是否正常，预防堵管和爆管。

（11）泵管应敷设在牢固的专用支架上，转弯处设有支撑的井式架固定。

（12）泵受料斗的高度应保证混凝土压力,防止吸入空气发生气锤现象。

（13）发生堵管现象应将泵机反转使混凝土退回料斗后再正转小行程泵送。无效时需拆管排堵。

（14）检修设备时必须先行卸压。

（15）拆除管道接头应先行多次反抽卸除管内压力。

（16）清洗管道不准压力水与压缩空气同时使用,水洗中可改气洗,但气洗中途严禁改为水洗,在最后 10 m 应缓慢减压。

（17）清管时,管端应设安全挡板并严禁管端前方站人,以防射伤。

（二）环保措施

（1）禁止混凝土罐车高速运行,停车待卸时应熄火。

（2）混凝土泵应设于隔音棚内。

（3）使用低噪声振动器。

（4）夜间使用聚光灯照射施工点以防对环境造成光污染。

（5）汽车出场需经冲洗,冲洗水澄清后再用或排除。

第四节　预应力混凝土工程

预应力按预加应力的方法不同可分为先张法预应力和后张法预应力。按施工方式不同可分为:预制预应力混凝土、现浇预应力混凝土和叠合预应力混凝土等。在后张法中,按预应力筋黏结状态又可分为:有黏结预应力混凝土和无黏结预应力混凝土。前者在张拉后通过孔道灌浆使预应力筋与混凝土相互黏结,后者由于预应力筋涂有油脂,预应力只能永久地靠锚具传递给混凝土。

先张法是将预应力筋张拉至设计控制力,用夹具临时固定在台座横梁上,在台面上完成非预应力筋的安装及混凝土的浇筑、养护,待混凝土达到预定强度后,放张预应力筋,通过预应力筋与混凝土之间的黏着力而使混凝土构件建立预压力。

后张法是制作构件时按设计位置预留孔道,待混凝土强度达到设计要求后,将预应力筋穿入孔道,进行张拉,利用锚具将预应力筋锚固在构件端部,然后向孔道内进行压力灌浆,预应力筋通过锚具使构件混凝土建立预应力。

一、特点及适用范围

预应力混凝土与钢筋混凝土比较,具有构件截面小、自重轻、刚度大、抗裂度高、耐久性好、材料省等优点,但预应力混凝土施工需要专门的材料与设备、特殊的工艺、单价较高。大开间、大跨度与重荷载的结构中,采用预应力混凝土结构可减少材料用量,扩大使用功能,综合经济效益好,在现代结构中具有广阔的发展前景。

预应力混凝土适用于一般工业与民用建筑和一般构筑物,如预制板、梁、吊车梁,超长构件,现浇大柱网等结构。在建筑工程中预应力混凝土结构体系主要有:部分预应力混凝土现浇框架结构体系,无黏结预应力混凝土现浇楼板结构体系,在特殊构筑物中,预应力混凝土电视塔、安全壳、筒仓、储液池等。

二、施工准备

(一)技术准备

(1)施工前应编制详细的适合于工程的预应力施工方案,并进行针对性的技术交底。

(2)根据设计及施工方案的要求,选定预应力钢丝、钢绞线、夹具、锚具、承压板、张拉设备等。

(3)预应力筋、夹具、锚具的检验与复验。

(4)预应力张拉等设备的检修、标定。

(二)材料要求

1.预应力筋

按材料的类型可分为:钢丝、钢绞线、钢筋、非金属预应力筋等,其中以钢绞线和钢丝采用最多。非金属预应力筋主要有碳纤维增强塑料(CFRP)、玻璃纤维增强塑料(GFRP)等。预应力筋的发展趋势为高强度、低松弛、粗直径、耐腐蚀。预应力筋验收按国家相应标准执行。

1)预应力钢丝

预应力钢丝是用优质高碳钢盘条经索氏体化处理、酸洗、镀铜或磷化后冷拔而成的钢丝总称。预应力钢丝根据深加工要求不同,可分为冷拉钢丝和消除应力钢丝两类。消除应力钢丝按应力松弛性能不同,又可分为普通松弛钢丝和低松弛钢丝。预应力钢丝按表面形状不同,可分为光圆钢丝、刻痕钢丝和螺旋肋钢丝。

冷拉钢丝是经冷拔后直接用于预应力混凝土的钢丝。此种钢丝存在残余应力,屈强比低,伸长率小,仅用于铁路轨枕、压力水管、电杆等。

消除应力钢丝(普通松弛型)是冷拔后经高速旋转的矫直,并经回火(350~400 ℃)处理的钢丝。钢丝经矫直回火后,可消除钢丝冷拔中产生的残余应力,提高钢丝的比例极限、屈强比和弹性模量,并改善塑性;同时获得良好的伸直性,施工方便。

消除应力钢丝(低松弛型)是冷拔后在张力状态下经回火处理的钢丝。弹性极限和屈服强度提高,应力松弛率大大降低,但单价稍高;考虑到构件的抗裂性能提高、钢材用量减少等因素,综合经济效益较好。

刻痕钢丝是用冷轧或冷拔方法使钢丝表面产生周期变化的凹痕或凸纹的钢丝。钢丝表面凹痕或凸纹可增加与混凝土的握裹力,这种钢丝可用于先张法预应力混凝土构件。

螺旋肋钢丝是通过专用拔丝模冷拔方法使钢丝表面沿长度方向上产生规则间隔的肋条的钢丝,钢丝表面螺旋肋可增加与混凝土的握裹力。这种钢丝可用于先张法预应力混凝土构件。

2)预应力钢绞线

预应力钢绞线是由多根冷拉钢丝在绞线机上成螺旋形绞合,并经消除应力回火处理而成的总称,钢绞线的整根破断力大,柔性好,施工方便。预应力钢绞线按捻制结构不同可分为:1×2 钢绞线、1×3 钢绞线、1×7 钢绞线索等;根据深加工要求不同又可分为标准型钢绞线、刻痕钢绞线和模拔钢绞线。

标准型钢绞线即消除应力钢绞线。在预应力钢绞线新标准中,只规定了低松弛钢绞线的要求,取消了普通松弛钢绞线。低松弛钢绞线的力学性能优异、质量稳定、价格适中,是我国土木建筑中用途最广、用量最大的一种预应力筋。

刻痕钢绞线是由刻痕钢丝捻制成的钢绞线,可增加钢绞线与混凝土的握裹力,其力学性能与低松弛钢绞线相同。

模拔钢绞线是在捻制成型后,再经模拔处理制成。这种钢绞线内的钢丝在模拔时被压遍,各根钢丝成为面接触,使钢绞线的密度提高约18%。在相同截面面积时,该钢绞线的外径较小,可减小孔道直径;在相同直径的孔道内,可使钢绞线的数量增加,而且它与锚具的接触面较大,易于锚固。

3)精轧螺纹钢筋

精轧螺纹钢筋是一种用热轧方法在整根钢筋表面上轧出不带纵肋而横肋为不连续的梯形螺纹的直条钢筋。该钢筋在任意截面处都可拧上带内螺纹的连接器进行接长,或拧上特制的螺母进行锚固,无须冷拉与焊接,施工方便,主要用于房屋、桥梁与构筑物等直线筋。

2.夹具、锚具和连接器

锚具是后张法结构或构件中为保持预应力筋拉力并将其传递到混凝土上用的永久性锚固装置。夹具是先张法构件施工时为保持预应力筋拉力并将其固定在张拉台座(或钢模)上用的临时性锚固装置。后张法张拉用夹具又称工具锚,是将千斤顶的张拉力传递到预应力筋的装置。连接器是先张法或后张法施工中将预应力从一根预应力筋传递到另一根预应力筋的装置。

预应力筋用锚具、夹具和连接器按锚固方式不同,可分为夹片式(单孔或多孔夹片锚具)、支承式(镦头锚具、螺母锚具等)、锥塞式(钢质锥形锚具等)和握裹式(挤压锚具、压花锚具等)四类。在后张法施工中,预应力筋锚固体系包括锚具、锚垫板和螺旋筋等。

多孔夹片锚固体系主要的产品有:XM 型、QM 型、OVM 型、BS 型等。常用的连接器有锚头连接器、接长连接器、精轧螺纹钢筋连接器。

3.混凝土

混凝土强度等级不低于 C30。

4.孔道灌浆材料

水泥浆采用强度不低于 32.5 的硅酸盐水泥或普通硅酸盐水泥拌制,水灰比 0.40~0.45。

(三)主要机具设备

(1)先张法:墩式台座、横梁及锚定板、张拉设备等。

(2)后张法:钢筋冷拉装置、张拉设备、灌浆设备等。

(3)张拉设备由液压张拉千斤顶、电动油泵和外接油管等组成。液压千斤顶按机型不同可分为:拉杆式千斤顶、穿心式千斤顶、锥锚式千斤顶和台座式千斤顶等。简易张拉机具有电动螺杆张拉机、电动卷扬张拉机等。

(四)作业条件

1.先张法

冷拔钢丝经过调直,经检验合格;电动螺杆张拉机经过校验;锥形夹具进场验收合格。

2.后张法

钢筋经过冷拉,检验合格;锚具经检查验收合格;张拉设备配套校验,计算张拉值及伸长值;灌浆设备齐全完好;张拉时混凝土抗压强度达到设计要求。

三、关键要求

(一)材料的关键要点

(1)预应力筋、灌浆等材料必须符合国家相关标准。

(2)锚具、夹具、连接器性能和应用应符合现行国家标准《预应力筋用锚具、夹具、连接器》(GB/T 14370)和《预应力筋用锚具、夹具、连接器应用技术规程》(JGJ 85)的规定。

(二)技术关键要求

(1)无黏结预应力筋的张拉顺序按设计、规范及施工方案要求进行。

(2)先张法张拉时,张拉机具与预应力筋在一条直线上;同时在台面上每隔一定距离放一根圆钢筋头或相当于保护层厚度的其他垫块,以防预应力筋因重而下垂,破坏隔离剂,沾污预应力筋。

(3)芯管按时转动并掌握好拔管时间,是孔道成型的关键环节,应有专人负责,防止坍孔或拔不出芯管。

(4)预应力筋所用的钢绞线和钢丝不应有死弯,如有死弯必须将其切除。

(三)质量关键要求

(1)预应力筋、锚具、夹具、连接器等符合有关要求,并经检验合格。

(2)预应力筋张拉机具及仪表,应定期维护和校验,张拉设备应配套标定,并配套使用。

(3)张拉时,预应力筋、锚具、千斤顶应符合三心一线(变角张拉应符合特定要求)。

(4)预应力筋锚固端,必须保证承压板、螺旋筋、网片筋等可靠固定,锚固区混凝土必须振捣密实。

(四)职业健康安全关键要求

(1)张拉施工人员必须持证上岗。

(2)张拉过程中,操作人员应精神集中、细心操作,给油、回油要平稳。

(3)台座两端设置挡板,张拉时台座两端禁止站人,也不准靠近台座。

(4)张拉作业时,应站在两侧操作,严禁站在千斤顶作用力方向,同时在张拉千斤顶侧的后面应设立防护装置。

(五)环境关键要求

(1)作业面必须工完场清。

(2)维护施工现场的环保措施。

四、施工工艺

(一)工艺流程

1.先张法

先张法预应力施工工艺流程如图5-4所示。

2.后张法

后张法有黏结预应力施工工艺流程如图5-5所示。

(二)操作工艺

1.先张法

(1)验算台座的承力台墩,应具有足够的强度、刚度,满足抗倾覆要求,台座横梁挠度控

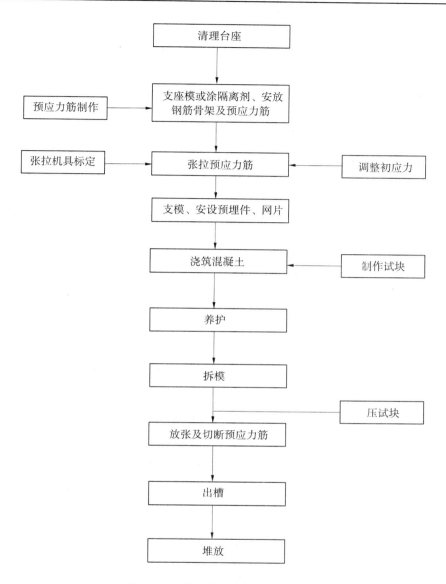

图 5-4　先张法预应力施工工艺流程

制在 2 mm 以内,钢丝锚固板的挠度应控制在 1 mm 以内。

（2）台座台面应平整光滑,用 2 m 靠尺检查,其表面平整度不超过 3 mm。

（3）电动螺杆张拉机的测力误差不得超过 3%,校验设备精度不低于 2 级,校验周期为 2 个月。

（4）台面在铺设钢丝之前应涂刷隔离剂,隔离剂如被雨水冲掉应重新补刷。铺放钢丝时每隔一定距离在钢丝下垫一根短钢筋,以防钢丝被污染,且可减少钢丝与台面的摩擦影响。新台座使用前应先刷 2~3 遍废机油,上撒一层滑石粉;使用中每隔 30 d 刷一遍废机油,撒一层滑石粉。

（5）钢丝接长的绑扎接头,使用钢丝绑扎器用 20 号铁丝密排绑扎,绑扎段长度不小于 $40d$（冷拔低碳钢丝）或 $50d$（冷拔低合金钢丝）。钢丝搭接长度应比绑扎长度大 $10d$（d 为钢

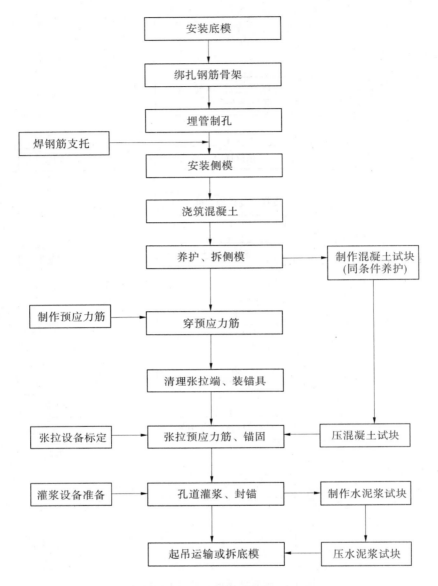

图 5-5　后张法有黏结预应力施工工艺流程
（穿预应力筋也可在浇筑混凝土前进行）

丝直径）。

（6）钢丝张拉程序采用一次张拉到张拉控制力。如需要超张拉，需经过验算，超张拉的数值不宜超过 $0.05\sigma_{con}$。

（7）钢丝张拉时如滑丝、断丝，应更换钢丝进行补张。张拉锚定后，注意观察，如钢丝锚定时的滑移值超过 5 mm，应进行补张。

（8）钢丝张拉锚定后 1 h，使用 2CN-1 型钢丝内力测定仪检测其应力值，每一工作班按构件条数的 10%抽检，且不得少于一条。检测结果在一根梁中全部钢丝应力平均值与设计规定检测值的偏差不应超过$\pm0.05\sigma_{con}$，当设计对检测值无规定时，可按 $0.94\sigma_{con}$ 取用。

（9）预应力筋张拉完成后,应于当天浇筑混凝土。浇筑混凝土时,振动器应避免碰撞钢丝及模板,仔细振捣,不得漏振,尤其是梁端锚固区应特别注意捣固密实。一条生产线应连续浇筑完成。刚浇筑完的混凝土梁,其外露的钢丝应防止践踏。

（10）混凝土浇筑完毕后,应及时覆盖洒水养护,保持混凝土足够的湿润状态。

（11）放松预应力钢丝时的混凝土抗压强度应符合设计要求,如设计无明确规定,则不得低于其强度标准值的75%。

（12）预应力钢丝放松顺序:先同时放松预压力较小区域的预应力筋,再同时放松预压力较大区域的预应力筋。预应力钢丝的切断宜在台座中部开始,用钢丝钳或无齿锯逐根切断。

2.后张法

1）预留孔道

预留孔道是后张法工艺中重要工序之一。它的成形、位置等直接影响结构构件质量,而且要先于浇灌混凝土之前进行。

（1）孔道成形方法。

预应力筋的孔道形状有直线、曲线和折线三种,孔道直径与布置主要根据预应力混凝土构件或结构受力性能,并参考预应力筋张拉锚固体系特点与尺寸确定,通常可采用钢管抽芯、胶管抽芯和预埋管等方法成型。孔道成型的质量对孔道摩阻力损失的影响较大,应严格把关。目前,一般采用预埋管法,预埋管法可采用薄钢管、镀锌钢管与金属螺旋管（波纹管）等。

金属波纹管具有重量轻、刚度好、弯折方便、连接容易、与混凝土黏结良好等优点。镀锌钢管仅用于施工周期长的超高竖向孔道或有特殊要求的部位。

波纹管的连接采用大一号同型波纹管,接头长度为200～300 mm,其两端用密封胶带或塑料热缩管封塞。

波纹管的安装应事先按设计图中预应力筋的曲线坐标在侧模或箍筋上定出曲线位置。固定采用钢筋支托,间距为600 mm,钢筋支托应焊接在箍筋上,箍筋底部应垫实。波纹管固定后必须用铁丝扎牢,以防浇筑混凝土时波纹管上浮而引起严重的质量问题。

（2）灌浆孔、排气孔与泌水管的设置。

在构件两端及跨中处应设置灌浆孔,其孔距不宜大于12 m。灌浆孔与排气孔也可设置在锚具或铸铁喇叭管处。对立式制作的梁,当曲线孔道的高差大于500 mm时,应在孔道的每个峰顶处设置泌水管,泌水管伸出梁面的高度一般不小于500 mm。泌水管也可兼作灌浆管用。

灌浆孔的做法,对现浇预应力结构金属波纹管留孔,其做法是在波纹管上开口,用带嘴的塑料弧形压板与海绵垫覆盖并用铁丝扎牢,再接增强塑料管。

2）预应力筋制作

（1）钢丝下料、编束和镦头。

消除应力钢丝放开后是直的,可直接下料。钢丝下料时如发现钢丝表面有接头或机械损伤,应随时剔除。

采用镦头锚具时,钢丝的等长要求较严。同束钢丝下料长度的相对值不应大于$L/5\,000$,且不得大于5 mm（L为钢丝下料度）。为保证钢丝束两端钢丝的排列顺序一致,穿束与张拉时不致紊乱,每束钢丝都必须进行编束,编束方法按所用锚具确定。

钢丝墩粗的头形,通常有蘑菇形和平台形两种。前者受锚板的硬度影响大,如锚板较软,镦头易陷入锚孔而断于镦头处;后者由于有平台受力性能较好。

对冷镦头的要求是:头形圆整、不偏歪、颈部母材不受损伤。钢丝镦头的强度不得低于母材强度标准值的98%。

(2)钢绞线下料与编束。

下料时,将钢绞线盘卷装在铁笼内,从盘卷中央逐步抽出,以防钢绞线弹出伤人。钢绞线下料宜用砂轮切割,不得采用电弧切割。

钢绞线的编束用20号铁丝绑扎,绑扎间距1~1.5 m。编束时应先将钢绞线理顺,并尽量使各根钢绞线松紧一致。如单根穿入孔道,则不编束。

(3)钢绞线固定端锚具组装。

挤压锚具组装:挤压设备采用YJ-45型挤压机,先用千斤顶的活塞杆推动套筒通过喇叭形模具,使套筒变细,硬钢丝螺旋圈脆断并嵌入套筒与钢绞线中,以形成牢固的挤压头。压花锚具成型:压花设备采用压花机,由液压千斤顶、机架和夹具组成,压花机的最大推力为350 kN,行程为70 mm。

3)穿束

预应力筋穿入孔道,简称穿束。穿束需要解决两个问题:穿束时机与穿束方法。

(1)穿束时机。

根据穿束与浇筑混凝土之间的先后关系,可分为先穿束法和后穿束法两种。

①先穿束法。

先穿束法即在浇筑混凝土之前穿束。此法穿束省力;但穿束占用工期,束的自重引起的波纹管摆动会增大摩擦损失,束的保护不当易生锈。按穿束与预埋波纹管的配合,又可分为先穿束后装管、先装管后穿束和二者组装后放入三种情况。

②后穿束法。

后穿束法即在浇筑混凝土之后穿束。此法可在混凝土养护期内进行,不占工期,便于用通孔器或高压水通孔,穿束后即行张拉,易于防锈,但穿束较为费力。

(2)穿束方法。

根据一次穿入数量,可分为整束穿和单根穿。钢丝束应整束穿;钢绞线优先采用整束穿,也可用单根穿。穿束工作可由人工、卷扬机和穿束机进行。

①人工穿束。

即利用起重设备将预应力筋吊起,工人站在脚手架上逐步穿入孔内。束的前端应扎紧并裹胶布,以便顺利通过孔道。对多波曲线束宜采用特制的牵引头,工人在前头牵引,后头推送,用对讲机保持前后两端同时出力。对长度小于等于50 m的二跨曲线束,人工穿束比较方便。

②用卷扬机穿束。

主要用于超长束、特重束、多波曲线束等整束穿束。卷扬机的速度宜慢些,电动机功率为1.5~2.0 kW。束的前端应装有穿束网套或特制的牵引头。穿插束网套可用细钢丝绳纺织。网套上端通过挤压方式装有吊环,使用时将钢绞线穿入网套中,前端用铁丝扎死、顶紧不脱落即可。

③用穿束机穿束。

主要适用于大型桥梁与构筑物单根钢绞线的情况。

穿束机有两种类型：一是由油泵驱动链板夹持钢绞线传送，速度可任意调节，穿束可进可退，使用方便。二是由电动机经减速器减速后由两对滚轮夹持钢绞线传送。进退由电动机正反控制。穿束时，钢绞线前头应套上一个子弹头形的壳帽。

4）预应力筋的张拉与锚固

（1）张拉依据和要求。

设计单位应向施工单位提出预应力筋的张拉顺序、张拉值及伸长值。张拉时混凝土强度设计无要求，不应低于设计强度的 75%，并应有试块报告单。立缝处混凝土或砂浆强度如设计无要求，不应低于块体混凝土强度等级的 40%，且不得低于 15 N/mm²。

对构件的几何尺寸、混凝土浇筑质量、孔道位置及孔道是否畅通、灌浆孔和排气孔是否符合要求、构件端部预埋铁件位置等进行全面检查。高空张拉预应力筋时，应搭设可靠的操作平台；张拉前必须对各种机具、设备及仪表进行校核及标定。

对安装锚具与张拉设备的要求，根据预应力束张拉锚固体系不同分别要求如下：

①钢丝束镦头锚具体系：由于穿束关系，其中一端锚具要后装并进行镦头。配套的工具式拉杆与连接套筒应事先准备好；此外，还应检查千斤顶的撑脚是否适用。

②钢绞线束夹片锚固体系：安装锚具时应注意工作锚环或锚板对中，夹片均匀打紧并外露一致；千斤顶上的工具锚孔位与构件端部工作锚的孔位排列要一致，以防钢绞线在千斤顶穿心孔内打叉。

③工具锚的夹片，应注意保持清洁和润滑状态。后张法的预应力束的张拉顺序应按设计要求进行，如设计无要求，尚应遵守对称张拉的原则，还应考虑到尽量减少张拉设备的移动次数。

④为减少预应力束松弛损失，可采用超张拉法，但张拉应力不得大于预应力束抗拉强度的 80%。

⑤预应力筋的张拉操作程序，设计时松弛损失按一次张拉程序取为 0→F_j 锚固，F_j 为预应力筋的张拉控制力；设计时松弛损失按超张拉程序，预应力筋的张拉程序宜为 0→1.03F_j 锚固。以上各种张拉操作程序，均可分级加载。

⑥多根钢绞线或钢丝同时张拉时，构件截面中断丝和滑脱钢丝的数量不得大于钢绞线或钢丝总数的 3%，但一束钢丝只允许一根。

⑦实测伸长值与计算伸长值相差大于 10% 或小于 5%，应暂停张拉，在采取措施予以调整后，方可继续张拉。

⑧张拉后按设计要求拆除模板及支撑。

（2）预应力筋的张拉方式。

根据预应力混凝土结构特点、预应力筋形状与长度，以及施工方法不同，预应力筋张拉方式有以下几种：

①一端张拉方式：张拉设备放置在预应力筋一端的张拉方式。适用于长度≤30 m 的直线预应力筋与锚固损失影响长度 $L_f≥L/2$（L 为预应力筋长度）的曲线预应力筋；如设计人员根据计算资料或实际条件认为可以放宽以上限制，也可采用一端张拉，但张拉端宜分别设置于构件两端。

②两端张拉方式：张拉设备放置在预应力筋两端的张拉方式。适用于长度>30 m 的直

线预应力筋与锚固损失影响长度 $L_f < L/2$ 的曲线预应力筋。当张拉设备不足或由于张拉顺序安排关系,也可先在一端张拉完成后,再移至另端张拉,补足张拉力后锚固。

③分批张拉方式:对配有多束预应力筋的构件或结构分批进行张拉的方式。由于后批预应力筋张拉所产生的混凝土弹性压缩对先批张拉的预应力筋张拉力应加上该弹性压缩损失值或将弹性压缩损失平均值统一增加到每根预应力筋的张拉力内。

④分段张拉方式:在多跨连续梁板分段施工时,通常的预应力筋需要逐段进行张拉的方式。对大跨度多跨连续梁,在第一段混凝土浇筑与预应力筋张拉锚固后,第二段预应力筋利用锚头连接器接长,以形成统长的预应力筋。

⑤分阶段张拉方式:在后张传力梁等结构中,为了平衡各阶段的荷载,采取分阶段逐步施加预应力的方式。所加荷载不仅是外载,也包括由内部体积变化(如弹性缩短、收缩与徐变)产生的荷载。梁的跨中处下部与上部纤维应力应控制在容许范围内。这种张拉方式具有应力、挠度与反拱容易控制,材料省等优点。

⑥补偿张拉方式:在早期预应力损失基本完成后,再进行张拉的方式。采用这种补偿张拉,可克服弹性压缩损失,减少钢材应力松弛损失、混凝土收缩徐变损失等,以达到预期的预应力效果。此法在岩土锚杆中应用较多。

(3)预应力筋张拉顺序。

预应力筋的张拉顺序,应使混凝土不产生超应力、构件不扭转与侧弯、结构不变位等;因此,对称张拉是一项重要原则。同时,还应考虑尽量减少张拉设备的移动次数。

5)孔道灌浆

预应力筋张拉后,孔道应尽早灌浆,以免预应力筋锈蚀和减少应力松弛损失。

(1)灌浆前,首先要进行机具准备和试车。对孔道应进行检查,如有积水应用吹风机排除。

(2)搅拌好的水泥浆必须通过过滤器置于储浆桶内,并不断搅拌,以防泌水沉淀。

(3)灌浆顺序宜先灌注下层孔道,后灌注上层孔道。灌浆工作应缓慢均匀进行,不得中断,并应排气通顺。

(4)灌浆操作时,灰浆泵压力取为 0.4~1.0 MPa。孔道较长或输浆管较长时压力宜大些,反之可小些。灌浆进行到排气孔冒出浓浆时,即可堵塞此处的排气孔,再继续加压至 0.5~0.6 MPa,稍后再封闭灌浆孔。

(5)灌浆应缓慢、均匀地进行。比较集中和邻近的孔道,宜尽量连续灌浆完成,以免串到邻孔的水泥浆凝固、堵塞孔道。不能连续灌浆时,后灌浆的孔道应在灌浆前用压力水冲洗通畅。

(6)每根构件张拉完毕后,应检查端部和其他部位是否有裂缝;预应力筋锚固后的外露长度,不宜小于 30 mm。对于外露的锚具,需涂刷防锈油漆,并用混凝土封裹,以防腐蚀。

(7)关于低温灌浆要求:孔道灌浆后,水泥浆内的游离水在低温下结冰,将混凝土撑裂,造成沿孔道位置混凝土出现"冻裂裂缝"。因此,在冷天施工时,灌浆前孔道周边的温度应在 5 ℃以上,水泥浆的温度应在灌浆后至少有 5 d 保持在 5 ℃以上。灌浆时水泥浆的温度宜为 10~25 ℃。灌浆前如果通入 50 ℃的温水,对洗净孔道与提高孔道附近的温度是有效的。水泥浆中加入适量的加气剂可免除冻害。此外,掺减水剂等有助于减少游离水,避免冻害。

五、质量控制

（一）一般规定

（1）后张法预应力工程的施工应由具有相应资质等级的预应力专业施工单位承担。

（2）预应力筋张拉机具设备及仪表，应定期维护和校验。张拉设备应配套标定，并配套使用。张拉设备的标定期限不应超过半年。当在使用过程中出现反常现象时或千斤顶检修后，应重新标定。

（3）在浇筑混凝土之前，应进行预应力隐蔽工程验收，其内容包括：

①预应力筋的品种、规格、数量、位置等。

②预应力筋锚具和连接器的品种、规格、数量、位置等。

③预留孔道的规格、数量、位置、形状及灌浆孔、排气兼泌水管等。

④锚固区局部加强构造等。

（二）原材料

（1）预应力筋进场时，应按现行国家标准《预应力混凝土用钢绞线》（GB/T 5224）等的规定抽取试件做力学性能检验，其质量必须符合有关标准的规定。

检查数量：按进场的批次和产品的抽样检验方案确定。

（2）无黏结预应力筋的涂包质量应符合无黏结预应力钢绞线标准的规定（注：当有工程经验，并经观察认为质量有保证时，可不做油脂用量和护套厚度的进场复验）。

检查数量：每 60 t 为一批，每批抽取一组试件。

（3）预应力筋用锚具、夹具和连接器应按设计要求采用，其性能应符合现行国家标准《预应力筋用锚具、夹具和连接器》（GB/T 14370）等的规定（注：对锚具用量较少的一般工程，如供货方提供有效的试验报告，可不做静载锚固性能试验）。

检查数量：按进场批次和产品的抽样检验方案确定。

（4）孔道灌浆用水泥应采用普通硅酸盐水泥，其质量应符合原材料的规定。孔道灌浆用外加剂的质量应符合原材料的规定（注：对孔道灌浆用水泥和外加剂用量较少的一般工程，当有可靠依据时，可不做材料性能的进场复验）。

检查数量：按进场批次和产品的抽样检验方案确定。

（5）预应力筋使用前应进行外观检查，其质量应符合下列要求：

①有黏结预应力筋展开后应平顺，不得有弯折，表面不应有裂纹、小刺、机械损伤、氧化铁皮和油污等。

②无黏结预应力筋护套应光滑、无裂缝，无明显褶皱。

检查数量：全数检查。

注：无黏结预应力筋护套轻微破损者应外包防水塑料胶带修补，严重破损者不得使用。

（6）预应力筋用锚具、夹具和连接器使用前应进行外观检查，其表面应无污物、锈蚀、机械损伤和裂纹。

检查数量：全数检查。

（7）预应力混凝土用金属螺旋管的尺寸和性能应符合现行国家标准《预应力混凝土用金属螺旋管》（JG/T 3013）的规定。

检查数量：按进场批次和产品的抽样检验方案确定。

注:对金属螺旋管用量较少的一般工程,当有可靠依据时,可不做径向刚度、抗渗漏性能的进场复验。

(8)预应力混凝土用金属螺旋管在使用前应进行外观检查,其内外表面应清洁,无锈蚀,不应有油污、孔洞和不规则的褶皱,咬口不应有开裂或脱扣。

检查数量:全数检查。

(9)预应力原材料检验批质量验收应符合表 5-22 的规定。

表 5-22　预应力原材料检验批质量验收标准

项目	序	检查项目	允许偏差或允许值	检查方法
主控项目	1	预应力筋力学性能检验	第 1 条	出厂合格证、出厂检验报告和进场复验报告
	2	无黏结预应力筋的涂包质量	第 2 条	出厂合格证、出厂检验报告和进场复验报告
	3	锚具、夹具和连接器的性能	第 3 条	出厂合格证、出厂检验报告和进场复验报告
	4	孔道灌浆用水泥和外加剂	第 4 条	出厂合格证、出厂检验报告和进场复验报告
一般项目	1	预应力筋外观质量	第 5 条	观察
	2	锚具、夹具和连接器的外观质量	第 6 条	观察
	3	金属螺旋管的尺寸和性能	第 7 条	出厂合格证、出厂检验报告和进场复验报告
	4	金属螺旋管的外观质量	第 8 条	观察

(三)制作与安装

(1)预应力筋安装时,其品种、级别、规格、数量必须符合设计要求。

检查数量:全数检查。

(2)先张法预应力筋施工时应选取用非油质类模板隔离剂,并应避免沾污预应力筋。

检查数量:全数检查。

(3)施工过程中应避免电火花损伤预应力筋;受损伤的预应力筋应予以更换。

检查数量:全数检查。

(4)预应力筋下料应符合下列要求:

①预应力筋应采用砂轮锯或切断机切断,不得采用电弧切割。

②当钢丝束两端采用镦头锚具时,同一束中各根钢丝长度的极差不应大于钢丝长度的1/5 000,且不应大于 5 mm。当成组张拉长度不大于 10 m 的钢丝时,同组钢丝长度的极差不得大于 2 mm。

检查数量:每工作班抽查预应力筋总数的 3%,且不少于 3 束。

(5)预应力筋端部锚具的制作质量应符合下列要求。

①挤压锚具制作时压力表油压应符合操作说明书的规定,挤压后预应力筋外端应露出挤压套筒 1~5 mm。

②钢绞线压花锚成形时,表面应清洁、无油污,梨形头尺寸和直线段长度应符合设计要求。

③钢丝镦头的强度不得低于钢丝强度标准值的 98%。

检查数量:对挤压锚,每工作班抽查 5%,且不应少于 5 件;对压花锚,每工作班抽查 3 件;对钢丝镦头强度,每批钢丝检查 6 个镦头试件。

(6)后张法有黏结预应力筋预留孔道的规格、数量、位置和形状除应符合设计要求外,尚应符合下列规定:

①预留孔道的定位应牢固,浇筑混凝土时不应出现移位和变形。

②孔道应平顺,端部的预埋锚垫板应垂直于孔道中心线。

③成孔用管道应密封好,接头应严密且不得漏浆。

④灌浆孔的间距:对预埋金属螺旋管不宜大于 30 m;对抽芯成形孔道不宜大于 12 m。

⑤在曲线孔道的曲线波峰部位应设置排气管兼泌水管,必要时可在最低点设置排水孔。

⑥灌浆孔及泌水管的孔径应能保证浆液畅通。

检查数量:全数检查。

(7)预应力筋束形控制点竖向位置允许偏差应符合表 5-23 的规定。

表 5-23 束形控制点竖向位置允许偏差

截面高(厚)度(mm)	$h \leqslant 300$	$300 < h \leqslant 1\,500$	$h > 1\,500$
允许偏差(mm)	±5	±10	±15

检查数量:在同一检验批内,抽查各类型构件中预应力筋总数的 5%,且对各类型构件均不少于 5 束,每束不应少于 5 处。

注:束形控制点的竖向位置偏差合格点率应达到 90% 及以上,且不得有超过表中数值 1.5 倍的尺寸偏差。

(8)无黏结预应力筋的铺设除符合第 7 条的规定外,尚应符合下列要求:

①无黏结预应力筋的定位应牢固,浇筑混凝土时不应出现移位和变形。

②端部的预埋锚垫板应垂直于预应力筋。

③内埋式固定端垫板不应重叠,锚具与垫板应贴紧。

④无黏结预应力筋成束布置时应能保证混凝土密实并能裹住预应力筋。

⑤无黏结预应力筋的护套应完整,局部破损处应采用防水胶带缠绕紧密。

检查数量:全数检查。

(9)浇筑混凝土前穿入孔道的后张法有黏结预应力筋,宜采用防止锈蚀的措施。全数检查。

(10)预应力制作与安装检验批质量验收应符合表 5-24 的规定。

(四)张拉、放张、灌浆和封锚

(1)预应力筋张拉或放张时,混凝土强度应符合设计要求;当设计无具体要求时,不应低于设计的混凝土立方体抗压强度标准值的 75%。

检查数量:全数检查。

(2)预应力筋的张拉力、张拉或放张顺序及张拉工艺应符合设计及施工技术方案的要求,并应符合下列规定:

表 5-24　预应力制作与安装检验批质量验收标准

项目	序	检查项目	允许偏差或允许值	检查方法
主控项目	1	预应力筋品种、级别、规格和数量	第 1 条	观察、钢尺检查
	2	避免隔离剂沾污	第 2 条	观察
	3	避免电火花损伤	第 3 条	观察
一般项目	1	预应力筋切断方法和钢丝下料长度	第 4 条	观察、钢尺检查
	2	锚具制作质量	第 5 条	观察、钢尺检查,镦头强度试验报告
	3	预留孔道质量	第 6 条	观察、钢尺检查
	4	预应力筋束形控制	第 7 条	钢尺检查
	5	无黏结预应力筋铺设	第 8 条	观察
	6	预应力筋防锈措施	第 9 条	观察

①当施工需要超张拉时,最大张拉应力不应大于现行国家标准《混凝土结构设计规范》(GB 50010)的规定。

②张拉工艺应能保证同一束中各根预应力筋的应力均匀一致。

③后张法施工中,当预应力筋是逐根或逐束张拉时,应保证各阶段不出现对结构不利的应力状态;同时宜考虑后批张拉预应力筋所产生的结构构件的弹性压缩对先批张拉预应力筋的影响,确定张拉力。

④先张法预应力筋放张时,宜缓慢放松锚固装置,使各根预应力筋同时缓慢放松。

⑤当采用应力控制方法张拉时,应校核预应力筋的伸长值。实际伸长值与设计计算理论伸长值的相对允许偏差为±6%。

检查数量:全数检查。

(3)预应力筋张拉锚固后实际建立的预应力值与工程设计规定检验值的相对允许偏差为±5%。

检查数量:对先张法施工,每工作班抽查预应力筋总数的1%,且不少于3根;对后张法施工,在同一检验批内,抽查预应力筋总数的3%,且不少于5束。

(4)张拉过程中应避免预应力筋断裂与滑脱;当发生断裂或滑脱时,必须符合下列规定:

①对后张法预应力结构构件,断裂或滑脱的数量严禁超过同一截面预应力筋总根数的3%,且每束钢丝不得超过一根;对多跨双向连续板,其同一截面应按每跨计算。

②对先张法预应力构件,在浇筑混凝土前发生断裂或滑脱的预应力筋必须予以更换。

检查数量:全数检查。

(5)锚固阶段张拉端预应力筋的内缩量应符合设计要求;当设计无具体要求时,应符合表 5-25 的规定。

检查数量:每工作班抽查预应力筋总数的3%,且不少于3束。

表 5-25 张拉端预应力筋的内缩量限值

锚具类别		内缩量限值(mm)
支承式锚具(镦头锚具等)	螺帽缝隙	1
	每块后加垫板的缝隙	1
锥塞式锚具		5
夹片式锚具	有预压	5
	无预压	6~8

(6)先张法预应力筋张拉后与设计位置的偏差不得大于 5 mm,且不得大于构件截面短边长的 4%。

检查数量:每工作班抽查预应力筋总数的 3%,且不少于 3 束。

(7)后张法有黏结预应力筋张拉后应尽早进行孔道灌浆,孔道内水泥浆应饱满、密实。

检查数量:全数检查。

(8)锚具的封闭保护应符合设计要求;当设计无具体要求时,应符合下列规定:

①应采取防止锚具腐蚀和遭受机械损伤的有效措施。

②凸出式锚固端具的保护层厚度不应小于 50 mm。

③外露预应力筋的保护层厚度:处于正常环境时,不应小于 20 mm;处于易受腐蚀的环境时,不应小于 50 mm。

检查数量:在同一检验批内,抽查预应力筋总数的 5%,且不少于 5 处。

(9)后张法预应力筋锚固后的外露部分宜采用机械方法切割,其外露长度不宜小于预应力筋直径的 1.5 倍,且不宜小于 30 mm。

检查数量:在同一检验批内,抽查预应力筋总数的 3%,且不少于 5 束。

(10)灌浆用水泥浆的水灰比不应大于 0.45,搅拌后 3 h 泌水率不宜大于 2%,且不应大于 3%。泌水应能在 24 h 内全部重新被水泥吸收。

检查数量:同一配合比检查一次。

(11)灌浆用水泥的抗压强度不应小于 30 N/mm²。

检查数量:每工作班留置一组边长为 70.7 mm 的立方体试件。

注:①一组试件由 6 个试件组成,试件应标准养护 28 d;

②抗压强度为一组试件的平均值,当一组试件中抗压强度最大值或最小值与平均值相差超过 20%时,应取中间 4 个试件强度的平均值。

(12)预应力张拉、放张、灌浆及封锚检验批质量验收应符合表 5-26 的规定。

六、成品保护

(1)预应力筋、锚具、夹具、连接器等在储存、运输、安装过程中,应采取防锈、防损坏措施。

(2)构件吊环必须采用未经过冷拉的 Q235 钢筋加工;构件吊点位置应符合设计规定。

(3)预制构件运输时其支承点位置应符合构件受力情况,不应引起混凝土的超应力和损伤构件;构件装运时应绑扎牢固,防止移动或倾倒,绑扎点处应采用木块或胶皮衬垫予以保护。

表 5-26　预应力张拉、放张、灌浆及封锚检验批质量验收标准

项	序	检查项目	允许偏差或允许值	检查方法
主控项目	1	张拉或放张时的混凝土强度	第 1 条	同条件养护试件试验报告
	2	张拉力、张拉或放张顺序及张拉工艺	第 2 条	张拉记录
	3	实际预应力值控制	第 3 条	见证张拉记录
	4	预应力筋断裂或滑脱	第 4 条	观察、检查张拉记录
	5	孔道灌浆的一般要求	第 5 条	观察、检查灌浆记录
	6	锚具的封闭保护	第 6 条	观察、钢尺检查
一般项目	1	锚固阶段张拉端预应力筋的内缩量	第 7 条	钢尺检查
	2	先张法预应力筋张拉后位置	第 8 条	钢尺检查
	3	外露预应力筋的切断方法和外露长度	第 9 条	观察、钢尺检查
	4	灌浆用水泥浆的水灰比和泌水率	第 10 条	水泥性能试验报告
	5	灌浆用水泥浆的抗压强度	第 11 条	水泥浆试件强度试验报告

注：条目参见现行国家标准《混凝土结构工程施工质量验收规范》（GB 50204）。

（4）平卧制作时折线形及鱼腹式吊车梁，块体浇筑后应加强养护；达到设计要求的强度后应及时张拉，防止块体上表面发生温度、收缩裂缝。

（5）张拉控制应力应符合设计要求，不得随意提高张拉力，防止因起拱过大而造成板面裂缝。

（6）孔道灌浆后，当灰浆强度达到 15 N/mm^2 时，方可移动构件。

（7）张拉锚固后，及时认真地进行封锚，确保封闭严密，防止锚固系统锈蚀。

（8）预应力构件施工时，其端部锚固区必须严格按图施工，端部承压板、锚板、螺旋筋以及钢筋网片的规格、尺寸、数量都应符合设计要求；浇筑混凝土时，端部锚固区应仔细振捣，保证混凝土密实，以保证在张拉过程中，端部混凝土不致发生局部破坏。

七、安全环保措施

（1）张拉前，对操作人员进行安全技术交底。操作人员明确分工，各负其责。操纵油泵及持千斤顶的人员应由熟练的操作工人担任。

（2）张拉时，操作人员应站在千斤顶的两侧，千斤顶后方严禁站人。

（3）在临时平台上作业时，平台应设有合乎安全防护要求的栏杆。

（4）高空作业时，操作人员使用的工具应放在工具袋或工具箱内，禁止乱扔乱放，以免不慎坠落伤人。

（5）两端张拉时千斤顶操作人员应保持联系，同步给压。

（6）高压油管不准出现扭转或死弯，如发现有这种情况，应立即卸除油压进行处理。

(7)在施工过程中,应最大限度地减少噪声和环境污染。严格遵守当地有关环保法规。

第五节　现浇混凝土结构后张法无黏结预应力工程

预应力分为先张法预应力和后张法预应力。

先张法是将预应力筋张拉至设计控制力,用夹具临时固定在台座横梁上,在台面上完成非预应力筋的安装及混凝土的浇筑、养护,待混凝土达到预定强度后,放张预应力筋,通过预应力筋与混凝土之间的黏着力而使混凝土构件建立预压力。

后张法是制作构件时按设计位置预留孔道,待混凝土强度达到设计要求后,将预应力筋穿入孔道,进行张拉,利用锚具将预应力筋锚固在构件端部,然后向孔道内进行压力灌浆,预应力筋通过锚具使构件混凝土建立预应力。

一、适用范围

适用于一般工业与民用建筑和一般构筑物,如多层、高层建筑结构中的楼板、梁、墙体、多层大开间民用建筑中的楼板、梁,以及无腐蚀介质的筒仓与其他适用配置无黏结预应力筋的工程。

二、施工准备

(一)技术准备

(1)预应力混凝土结构施工前,施工单位应根据设计图纸,编制详细的适合于工程的预应力施工方案。

(2)根据设计及施工方案的要求,选定预应力钢丝、钢绞线、锚具、承压板等。

(3)预应力筋、锚具等的验收及复验。

(4)预应力施工设备的检修、标定。

(二)材料要求

1.无黏结预应力筋

(1)无黏结预应力筋是带有专用防腐油脂涂料层和外包层的预应力筋,有钢绞线和钢丝束两种,其构造详见图5-6。

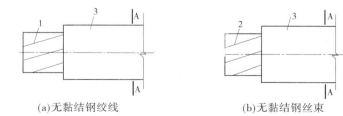

(a)无黏结钢绞线　　　　　　(b)无黏结钢丝束

1—钢绞线;2—平行钢丝;3—塑料护套

图5-6　无黏结预应力筋的构造

常用无黏结筋的规格及主要技术性能见表5-27。

表 5-27　常用无黏结筋的规格及主要技术性能

预应力筋		钢绞线				钢丝束
	公称直径(mm)	φ15.24	φ15.0	φ12.7	φ12.9	7φ5
	抗拉强度(N/mm²)	1 860	1 570	1 860	1 860	1 570
	截面面积(mm²)	140.0	139.98	98.71	100	137.4
钢材	公称重量(kg/m)	1.102	1.091	0.775	0.785	1.08
	延伸率≥(%)	3.5	3.5	3.5	3.5	4.0
	弹性模量(N/mm²)	$1.8×10^5$	$1.8×10^5$	$1.8×10^5$	$1.8×10^5$	$2.0×10^5$
	松弛率≤(%)	2.5	8.0	2.5	2.5	8.0
护套	塑料厚度(mm)	0.8~1.2	0.8~1.2	0.8~1.2	0.8~1.2	0.8~1.2
	油脂含量(g/m)	50	50	43	43	50

（2）制作无黏结预应力筋用的钢丝束、钢绞线必须符合现行国家标准《预应力混凝土用钢丝》（GB/T 5223）、《预应力混凝土用钢绞线》（GB/T 5224）的规定。

检查数量：每 60 t 为一批，每批抽取一组试件做力学性能检验。

检查方法：出厂合格证、出厂检验报告和进场复验报告。

（3）无黏结预应力筋的涂料层采用专用防腐油脂，其性能应符合现行国家标准《无黏结预应力筋用防腐润滑脂》（JG/T 430）的规定，其塑料外套宜采用高密度聚乙烯，护套厚度应均匀，不得过松或过紧、破损。

检查数量：每 60 t 为一批，每批抽取一组试件。

检验方法：产品合格证、出厂检验报告和进场复验报告。

（4）无黏结预应力筋所用的钢绞线和钢丝不应有死弯，如有死弯必须切断。

2.锚具、夹具、连接器

（1）锚具：无黏结预应力筋锚具的选用，应根据无黏结预应力筋的品种、设计要求确定，对常用直径为 15 mm、12 mm 的单根钢绞线和 7φ5 钢丝束无黏结预应力筋，宜采用单孔锚具，也可采用不同规格的群锚锚具，固定端采用挤压锚或镦头锚板。常用无黏结预应力筋用锚具见表 5-28。

表 5-28　常用无黏结预应力筋用锚具

无黏结预应力筋品种	张拉端	固定端
钢绞线	夹片锚具	挤压锚
7φ5 钢丝束	镦头锚具、夹片锚具	镦头锚

（2）无黏结预应力筋所使用的锚具、夹具、连接器按设计规定采用。其性能和应用应符合现行国家标准《预应力筋用锚具、夹具、连接器》（GB/T 14370）和《预应力筋用锚具、夹具、连接器应用技术规程》（JGJ 85）的规定。

外观检验：每检验批抽取 10%，且不少于 10 套。如表面无裂缝，尺寸符合设计要求。

硬度检查：抽取 5%，每个零件测试三点。

静载锚固能力检验：每检验批中抽取 3 套试件的锚具、夹具、连接器。

检查数量:每检验批锚具不得超过 1 000 套。

检验方法:产品合格证、出厂检验报告和进场复验报告。对材料、机具加工尺寸,按出厂检验报告中所列指标进行核对。

(三)主要机具

主要机具规格、性能见表 5-29。

表 5-29　主要机具规格、性能

序号	名称	型号	性能
1	高压电动油泵	ZB4/500	与千斤顶、镦头器、压花机、挤压机配套使用
2	张拉千斤顶	YCW 系列	用于夹片锚
3	钢绞线挤压机	JY45	用于 ϕ^J12、ϕ^J15 挤压锚
4	钢绞线压花机	YH30	用于 ϕ^J12、ϕ^J15 压花

预应力筋成型制作用普通机具:

(1)380 V 电焊机、焊把线等。

(2)380 V/220 V 二级配电箱、电线若干。

(3)Φ 400 砂轮切割机。

(4)常用工具:绑钩、卷尺若干、扳手等。

(5)50 m 尺。

(四)作业条件

1.预应力筋下料、铺设的作业条件

(1)预应力筋及锚具合格并有进场复验报告。

(2)螺旋筋、承压板、锚板等配套件合格。

(3)确认施工技术资料齐备。

(4)施工现场已具备铺设条件。

2.预应力张拉的作业条件

(1)承受预应力的结构混凝土强度达到设计要求,并附有试验报告单;如设计无要求,一般不得低于设计强度的 75%。

(2)张拉设备已经过配套标定并有标定报告。

(3)具备预应力筋的张拉顺序、初始拉力、超张拉控制拉力及其对应的施工油压值、预应力筋相对张拉伸长值允许范围的通知。

(4)承受预应力的结构混凝土质量检验完好。重点检查锚具承压板下的混凝土质量,如有缺陷,应事先修补好。

(5)操作人员经过培训、持证上岗。

(6)通知监理工程师、质检员现场监督检查。

三、关键要求

(一)材料的关键要求

(1)制作无黏结预应力筋用的钢丝束、钢绞线必须符合现行国家标准《预应力混凝土用钢丝》（GB/T 5223）的规定。

（2）无黏结预应力筋的涂料层采用专用防腐油脂,其性能应符合《无黏结预应力筋用防腐润滑脂》（JG/T 430）的规定。

（3）锚具、夹具、连接器性能和应用分别符合现行国家标准《预应力筋用锚具、夹具、连接器》（GB/T 14370）和《预应力筋用锚具、夹具、连接器应用技术规程》（JGJ 85）的规定。

（二）技术关键要求

（1）无黏结预应力筋所用的钢绞线和钢丝不应有死弯,如有死弯必须将其切除。

（2）无黏结预应力筋的张拉控制应力不应大于钢绞线抗拉强度的80%。

（3）无黏结预应力筋的张拉顺序按设计、规范及施工方案要求进行。

（三）质量关键要求

（1）预应力筋、锚具、夹具、连接器等符合有关要求,并经检验合格。

（2）预应力筋张拉机具及仪表,应定期维护和校验。张拉设备应配套标定,并配套使用。

（3）张拉时,预应力筋、锚具、千斤顶应符合三心一线（变角张拉应符合其特定要求）。

（4）保证无黏结预应力筋在混凝土中的矢高,敷设的各种管线不得抬高或压低其高度。

（5）无黏结预应力筋固定端埋入式锚具,安装后应认真检查。

（6）无黏结预应力筋锚固端,必须保证承压板、螺旋筋、网片筋等可靠固定,锚固区混凝土必须振捣密实。

（四）职业健康安全关键要求

（1）张拉施工员必须持证上岗。

（2）张拉过程中,操作人员应精神集中、细心操作,给油固油要平稳。

（3）张拉作业时,应站在两侧操作,严禁站在千斤顶作用力方向。

（五）环境关键要求

（1）作业面必须工完场清。

（2）维护施工现场的环保设施。

四、施工工艺

（一）工艺流程

后张法有黏结预应力施工工艺流程见图5-7。

（二）操作工艺

（1）预应力筋的加工制作。

①所加工的预应力筋必须具有产品合格证书,经过复验合格并具有报告或具有施工现场会同监理抽取的力学性能试验报告。

②无黏结筋塑料外套目测合格。

③具备书面下料单。

④预应力筋的吊运应运用软起吊,吊点应衬垫软垫层。

⑤下料过程中应随时检查无黏结筋外套管有无破裂,如有应立即用水密性胶带缠绕修补。胶带搭接宽度不小于带宽的一半,缠绕长度应超过破裂长度。严重破损者,切除不用。

⑥下料宜与工程进度相协调,不宜太多。

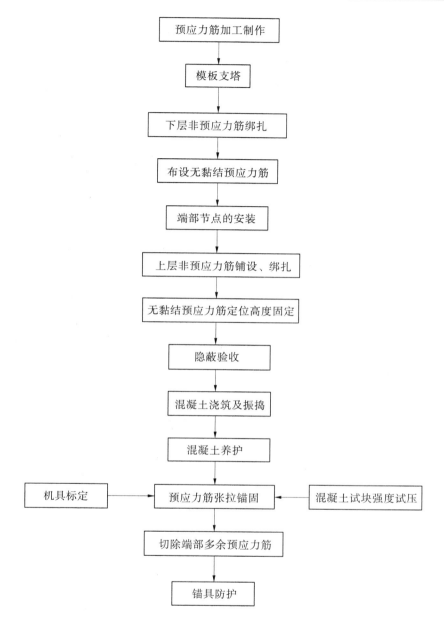

图 5-7 后张法有黏结预应力施工工艺流程

⑦挤压锚的制作:剥去套管,套上弹簧圈,端头与钢绞线齐平并不得乱圈、重叠。套上挤压套,钢绞线端头外露 10 mm 左右。利用挤压机挤压成型,每次挤压均须清理挤压模并涂以润滑剂。挤压成型的挤压锚、钢绞线端头露出挤压套的长度不应小于 1 mm,在挤压套全长内均应有弹簧圈均布。每工作班应抽取三套挤压锚做挤压前、挤压后的外径、内径、全长及外观检查记录。

⑧钢丝镦头:采用 LD-10 型镦头器镦制 φ 5 钢丝,控制油压为 32~36 MPa 先行试镦,外形稳定后,取 6 个镦头做强度试验,试验合格后再批量生产。批量生产中,目测外观,外形不

良者应随时切除重镦。

⑨制成的预应力筋应分类码放,设置标牌,标注明显。应有防雨、防潮、防污染措施。

⑩下料宜用砂轮锯切割。

(2)模板支搭。

(3)上层非预应力筋绑扎。

(4)布设无黏结预应力筋:

①梁结构可采用钢筋井字架固定,板结构可采用铁马凳固定,定位点必须用钢丝绑扎。马凳高度根据设计要求确定,在最高点和最低点处可直接绑扎在非预应力筋上,但必须与设计高度相符。

②定位支撑点:支撑平板中单根无黏结预应力筋的支撑钢筋,间距不宜大于 2 m;对于支撑 2~4 根无黏结预应力束,支撑钢筋直径不宜小于 10 mm,间距不宜大于 1.5 m;对于更多束的预应力筋集束,支撑钢筋直径不宜小于 12 mm,支撑间距不宜大于 1.2 m。

③多根无黏结预应力集束的铺设应相互平行,走向平顺,不得互相扭绞。铺设时可单根顺次铺设,最后以间距为 1~1.5 m 铁丝绑扎、并束。

④为保证无黏结预应力筋曲线矢高的要求,无黏结筋应和同方向非预应力筋配置在同一水平位置(跨中或最高点处)。

⑤双向配置时,还应注意预应力筋的铺放顺序。施工前进行人工或电算编序,以确定预应力筋的铺放顺序。铺放时,按号顺次交错铺设,以免相互穿插造成施工困难。

(5)端部节点安装:

①张拉端的安装:安装时将无黏结预应力筋从承压板的预留孔中穿出,其与承压板垂直区段用钢丝绑实。当安装锚具凹进混凝土的张拉端时,应安装穴模,同时在浇筑混凝土前,宜在承压板内表面位置将预应力筋外包塑料管沿周边切断,张拉时再将穴模拿掉。

②固定端的安装:按设计要求固定在模板内,并配置螺旋筋。

(6)上层非预应力筋绑扎。

(7)无黏结预应力筋的定位高度绑扎。根据设计要求,对无黏结预应力筋各定位高度进行检查,并用钢丝进行固定,同时对预应力筋进行调直,并修补局部外皮破损。

(8)隐蔽验收。会同监理进行隐蔽验收工作,需提供自检,预应力筋及其组装件的原材料合格证及复验报告。检验合格后,方可进行混凝土浇筑。

(9)混凝土浇筑及振捣:

①混凝土浇筑时,严禁踏压马凳及防止触动锚具,确保无黏结束型及锚具的位置准确。

②张拉端及锚固端混凝土应认真振捣,严禁漏振,保证混凝土的密实性。同时,严禁触碰张拉端穴模,避免由于穴模脱落而影响预应力筋的张拉进行。

③应增加两组同条件养护试块,以供预应力筋张拉时确定混凝土强度。

(10)混凝土养护。

(11)预应力筋张拉。

①逐根测量无黏结预应力筋的外露长度,记录下来作为张拉的原始长度,并做好顺序记录。

②接通油泵加压控制张拉力,而后进行锚固。当千斤顶行程不能满足张拉所需伸长时,中途可停止张拉,做临时锚固,再进行二次张拉。

③当预应力筋规定为两端张拉,两端同时张拉时,宜先在一端锚固后,再在另一端补足张拉力再行锚固。也可一端先张拉并锚固,再在另一端张拉后锚固。

④预应力筋的锚固:应在规定油压下锚固。当采用液压顶压时,宜对夹片施加 10%~20% 的顶压力,预应力筋固缩值不得大于 5 mm。若采用夹片限位器,可不对夹片顶压,但预应力筋回缩值不得大于 8 mm。

⑤张拉后再次测量无黏结预应力筋的外露长度,减去张拉前的长度,所得之差为实际伸长值。实际伸长值与理论伸长值的误差为±6%,如不符,须查明原因,做出调整之后重新张拉。

⑥控制油压正确。当油表指针摆动时,必须停止油泵供油,以指针稳定时的读数为准。

⑦张拉过程中如发现以下情况必须重新标定张拉设备:张拉过程中千斤顶漏油;张拉伸长跳动不均匀;油压表无压时,指针不回零;多束相对伸长值超过限制或预应力筋出现颈缩破坏时。

⑧变角张拉:当张拉空间受到限制或特殊工程时,可采用变角张拉。由于变角张拉会产生较大的应力损失,故一定要经设计同意。

⑨张拉完成后,应认真填写施加应力表格,由施工人员签名备查。

(12)切除端部多余预应力筋:

①核查张拉时预应力筋的实际伸长值,应会同甲方、监理确认在规定范围内后,方能进行端部多余预应力筋的切除。

②切除预应力筋在锚具外的多余部分。预应力筋切断后,其露出锚具外的长度不宜小于 30 mm。宜采用砂轮锯切割,严禁使用电弧切割。

(13)锚具防护:锚固区的防护必须有充分的防锈和防火的保护措施,严防水气进入锈蚀锚具或预应力筋。锚具防护按设计要求,如无要求,通常有以下两种形式:

①将锚固区设置在后浇的混凝土圈梁内。

②在锚固区先用穴模留出防护空间,在预应力筋张拉后,切去多余钢丝,在金属部位涂防腐材料,在混凝土表面涂黏结剂,而后进行封闭。

五、质量控制

(一)一般规定

(1)后张法预应力工程的施工应由具有相应资质等级的预应力专业施工单位承担。

(2)预应力筋张拉机具设备及仪表,应定期维护和校验。张拉设备应配套标定,并配套使用。张拉设备的标定期限不应超过半年。当在使用过程中出现反常现象时或千斤顶检修后,应重新标定。

(3)在浇筑混凝土之前,应进行预应力隐蔽工程验收,其内容包括:

①预应力筋的品种、规格、数量、位置等。

②预应力筋锚具和连接器的品种、规格、数量、位置等。

③预留孔道的规格、数量、位置、形状及灌浆孔、排气兼泌水管等。

④锚固区局部加强构造等。

(二)原材料

(1)预应力筋进场时,应按现行国家标准《预应力混凝土用钢绞线》(GB/T 5224)等的规定抽取试件作力学性能检验,其质量必须符合有关标准的规定。

检查数量:按进场的批次和产品的抽样检验方案确定。

(2)无黏结预应力筋的涂包质量应符合无黏结预应力钢绞线标准的规定(注:当有工程经验,并经观察认为质量有保证时,可不作油脂用量和护套厚度的进场复验)。

检查数量:每60 t为一批,每批抽取一组试件。

(3)预应力筋用锚具、夹具和连接器应按设计要求采用,其性能应符合现行国家标准《预应力筋用锚具、夹具和连接器》(GB/T 14370)等的规定(注:对锚具用量较少的一般工程,如供货方提供有效的试验报告,可不作静载锚固性能试验)。

检查数量:按进场批次和产品的抽样检验方案确定。

(4)孔道灌浆用水泥应采用普通硅酸盐水泥,其质量应符合原材料的规定。孔道灌浆用外加剂的质量应符合原材料的规定(注:对孔道灌浆用水泥和外加剂用量,较少的一般工程,当有可靠依据时,可不作材料性能的进场复验)。

检查数量:按进场批次和产品的抽样检验方案确定。

(5)预应力筋使用前应进行外观检查,其质量应符合下列要求:

①有黏结预应力筋展开后应平顺,不得有弯折,表面不应有裂纹、小刺、机械损伤、氧化铁皮和油污等。

②无黏结预应力筋护套应光滑、无裂缝,无明显褶皱。

检查数量:全数检查。

注:无黏结预应力筋护套轻微破损者,应外包防水塑料胶带修补,严重破损者不得使用。

(6)预应力筋用锚具、夹具和连接器使用前应进行外观检查,其表面应无污物、锈蚀、机械损伤和裂纹。

检查数量:全数检查。

(7)预应力混凝土用金属螺旋管的尺寸和性能应符合国家现行标准《预应力混凝土用金属螺旋管》(JG/T 3013)的规定。

检查数量:按进场批次和产品的抽样检验方案确定。

注:对金属螺旋管用量较少的一般工程,当有可靠依据时,可不作径向刚度、抗渗漏性能的进场复验。

(8)预应力混凝土用金属螺旋管在使用前应进行外观检查,其内外表面应清洁,无锈蚀,不应有油污、孔洞和不规则的褶皱,咬口不应有开裂或脱扣。

检查数量:全数检查。

(三)制作与安装

(1)预应力筋安装时,其品种、级别、规格、数量必须符合设计要求。

检查数量:全数检查。

(2)先张法预应力施工时,应选取用非油质类模板隔离剂,并应避免沾污预应力筋。

检查数量:全数检查。

(3)施工过程中应避免电火花损伤预应力筋,受损伤的预应力筋应予以更换。

检查数量:全数检查。

(4)预应力筋下料应符合下列要求:

①预应力筋应采用砂轮锯或切断机切断,不得采用电弧切割。

②当钢丝束两端采用墩头锚具时,同一束中各根钢丝长度的极差不应大于钢丝长度的 1/5 000,且不应大于 5 mm。当成组张拉长度不大于 10 m 的钢丝时,同组钢丝长度的极差不得大于 2 mm。

检查数量:每工作班抽查预应力筋总数的 3%,且不少于 3 束。

(5)预应力筋端部锚具的制作质量应符合下列要求。

①挤压锚具制作时,压力表油应符合操作说明书的规定,挤压后预应力筋外端应露出挤压套筒 1~5 mm。

②钢绞线压花锚成形时,表面应清洁、无油污,梨形头尺寸和直线段长度应符合设计要求。

③钢丝墩头的强度不得低于钢丝强度标准值的 98%。

检查数量:对挤压锚,每工作班抽查 5%,且不应少于 5 件;对压花锚,每工作班抽查 3 件;对钢丝镦头强度,每批钢丝检查 6 个墩头试件。

(6)后张法有黏结预应力筋预留孔道的规格、数量、位置和形状除应符合设计要求外,尚应符合下列规定:

①预留孔道的定位应牢固,浇筑混凝土时不应出现移位和变形;

②孔道应平顺,端部的预埋锚垫板应垂直于孔道中心线;

③成孔用管道应密封好,接头应严密且不得漏浆;

④灌浆孔的间距:对预埋金属螺旋管不宜大于 30 m,对抽芯成形孔道不宜大于 12 m;

⑤在曲线孔道的曲线波峰部位应设置排气管兼泌水管,必要时可在最低点设置排水孔;

⑥灌浆孔及泌水管的孔径应能保证浆液畅通。

检查数量:全数检查。

(7)无黏结预应力筋的铺设应符合下列要求:

①无黏结预应力筋的定位应牢固,浇筑混凝土时不应出现移位和变形;

②端部的预埋锚垫板应垂直于预应力筋;

③内埋式固定端垫板不应重叠,锚具与垫板应贴紧;

④无黏结预应力筋成束布置时,应能保证混凝土密实并能裹住预应力筋;

⑤无黏结预应力筋的护套应完整,局部破损处应采用防水胶带缠绕紧密。

检查数量:全数检查。

(8)浇筑混凝土前,穿入孔道的后张法有黏结预应力筋,宜采用防止锈蚀的措施。

检查数量:全数检查。

(四)张拉、放张、灌浆和封锚

(1)预应力筋张拉或放张时,混凝土强度应符合设计要求;当设计无具体要求时,不应低于设计的混凝土立方体抗压强度标准值的 75%。

检查数量:全数检查。

(2)预应力筋的张拉力、张拉或放张顺序及张拉工艺应符合设计及施工技术方案的要求,并应符合下列规定:

①当施工需要超张拉时,最大张拉应力不应大于现行国家标准《混凝土结构设计规范》(GB 50010)的规定。

②张拉工艺应能保证同一束中各根预应力筋的应力均匀一致。

③后张法施工中,当预应力筋是逐根或逐束张拉时,应保证各阶段不出现对结构不利的应力状态;同时宜考虑后批张拉预应力筋所产生的结构构件的弹性压缩对先批张拉预应力筋的影响,确定张拉力。

④先张法预应力筋放张时,宜缓慢放松锚固装置,使各根预应力筋同时缓慢放松。

⑤当采用应力控制方法张拉时,应校核预应力筋的伸长值。实际伸长值与设计计算理论伸长值的相对允许偏差为±6%。

检查数量:全数检查。

(3)预应力筋张拉锚固后实际建立的预应力值与工程设计规定检验值的相对允许偏差为±5%。

检查数量:对先张法施工,每工作班抽查预应力筋总数的1%,且不少于3根;对后张法施工,在同一检验批内,抽查预应力筋总数的3%,且不少于5束。

(4)张拉过程中,应避免预应力筋断裂与滑脱;当发生断裂或滑脱时,必须符合下列规定:

①对后张法预应力结构构件,断裂或滑脱的数量严禁超过同一截面预应力筋总根数的3%,且每束钢丝不得超过一根;对多跨双向连续板,其同一截面应按每跨计算。

②对先张法预应力构件,在浇筑混凝土前发生断裂或滑脱的预应力筋必须予以更换。

检查数量:全数检查。

(5)先张法预应力筋张拉后与设计位置的偏差不得大于5 mm,且不得大于构件截面短边长的4%。

检查数量:每工作班抽查预应力筋总数的3%,且不少于3束。

(6)后张法有黏结预应力筋张拉后应尽早进行孔道灌浆,孔道内水泥浆应饱满、密实。

检查数量:全数检查。

(7)锚具的封闭保护应符合设计要求;当设计无具体要求时,应符合下列规定:

①应采取防止锚具腐蚀和遭受机械损伤的有效措施;

②凸出式锚固端具的保护层厚度不应小于50 mm;

③外露预应力筋的保护层厚度:处于正常环境时,不应小于20 mm;处于易受腐蚀的环境时,不应小于50 mm。

检查数量:在同一检验批内,抽查预应力筋总数的5%,且不少于5处。

(8)后张法预应力筋锚固后的外露部分宜采用机械方法切割,其外露长度不宜小于预应力筋直径的1.5倍,且不宜小于30 mm。

检查数量:在同一检验批内,抽查预应力筋总数的30%,且不少于5束。

(9)灌浆用水泥浆的水灰比不应大于0.45,搅拌后3 h泌水率宜不大于2%,且不应大于3%,泌水应能在24 h内全部重新被水泥吸收。

检查数量:同一配合比检查一次。

(10)灌浆用水泥的抗压强度不应小于30 N/mm^2。

检查数量:每工作班留置一组边长为70.7 mm的立方体试件。

注:①一组试件由6个试件组成,试件应标准养护28 d;

②抗压强度为一组试件的平均值,当一组试件中抗压强度最大值或最小值与平均值相差超过20%时,应取中间4个试件强度的平均值。

六、成品保护

（1）预应力筋、锚具、夹器、连接器等在储存、运输、安装过程中应采取防锈、防损坏措施。

（2）混凝土浇筑时，严禁踏压马凳，确保无黏结预应力束型及锚具位置。

（3）张拉端及锚固端混凝土应振捣密实。同时，严禁触碰张拉端穴模，避免由于穴模脱落而影响预应力筋的张拉进行。

（4）整个施工过程中，电气焊不得烧伤预应力筋。

（5）预应力筋张拉锚固后，及时对锚固区进行防护处理。

（6）应注意对无黏结预应力筋的保护，禁止在楼板上拖动非预应力筋，严禁踩、踏预应力筋及预应力筋专用马凳。

七、安全环保措施

（一）安全措施

（1）成盘预应力筋开盘时应采取措施防止尾端弹出伤人。

（2）严格防止与电源搭接，电源不准裸露。

（3）高处作业，应有安全防护。

（4）预应力筋张拉施工安全：

①在预应力筋张拉轴线的前方和高处作业时，结构边缘与设备之间不得站人。

②油泵使用前应进行常规检查，重点是安全阀在设定油压下不能自动开通。

③输油路做到"三不用"，即输油管破损不用，接口损伤不用，接口螺母不扭紧、不到位不用。不准带压检修油路。

④使用油泵不得超过额定油压，千斤顶不得超过规定张拉最大行程。油泵和千斤顶的连接必须到位。

⑤电气应做到接地良好、电源不裸露，不带电检修，检修工作由电工操作。

⑥切筋时，应防止断筋飞出伤人。

（5）预应力筋施工除遵守上述规定外，还必须遵守建筑工地施工安全的有关规定。

（二）环保措施

（1）在施工过程中，自觉地形成环保意识，最大限度地减少施工产生的噪声和环境污染。

（2）张拉设备定期保养、维护，避免油管漏油污染作业面。

（3）严格按照当地有关环保规定执行。

第六章　模板工程

第一节　竹、木散装模板

竹、木散装模板是以竹、木为主要材料,在结构部位现配现支的非定型化模板。

一、特点及适用范围

材质轻、板幅大、自重轻、板面平整,承载能力大,特别是经表面处理后耐磨性好,能多次重复使用。保温性能好,能防止温度变化过快,冬期施工有助于混凝土的保温;锯截方便,易于加工成各种形状的模板;便于按工程的需要弯曲成型,用作曲面模板。用于清水混凝土模板,最为理想。适用范围较广,适用于各类现浇及预制混凝土结构工程。

二、施工准备

(一)技术准备

(1)根据工程的特点、计划、合同工期及现场环境,对各分部混凝土模板进行设计,确定竹、木胶合板制作的几何形状,尺寸要求,龙骨的规格、间距,选用支撑系统。依据施工图绘制模板设计图(包括模板平面布置、剖面图、组装图、节点大样图、零件加工图等),编写操作工艺要求及说明。

(2)模板备料:按照模板设计图或明细及说明进行材料准备。

(3)根据模板设计要求和工艺标准,向班组进行安全、技术交底。

(二)材料要求

(1)竹、木模板的面板及龙骨:其规格、种类按表6-1参考选用。

表6-1　竹、木模板的面板及龙骨规格、种类参考

部位	名称	规格(mm)	备注
面板	防水木胶合板 防水竹胶合板 素胶合板	12、15、18	宜做防水处理
龙骨	木方	40×60、60×80	
	木梁	50×100、100×100	
背楞	型钢、钢管等	计算确定	

(2)面板及龙骨材料质量必须符合设计要求。安装前先检查模板的质量,不符合质量标准的不得投入使用。

(3)支架系统:木支架或各种定型桁架、支柱、托具、卡具、螺栓、钢门式架、碗扣架、钢

管、扣件等。

（4）脱模剂：水质隔离剂。

（三）主要机具设备

木工电刨、木工电锯、手电钻、铁榔头、活动扳手、水平尺、钢卷尺、托线板、脚手板、撬杠等。

（四）作业条件

（1）在会审图纸后，根据工程的特点、计划合同工期及现场环境等完成各分部、分项混凝土结构模板设计及模板配料工作。

（2）模板涂刷脱模剂，并分规格堆放。

（3）根据图纸要求，放好轴线和模板边线，定好水平控制标高。

（4）墙、柱钢筋绑扎完毕，水电管及预埋件已安装，绑好钢筋保护层垫块，并办完隐蔽验收手续。

三、施工工艺

（一）基础模板制作安装

（1）阶梯形独立基础：根据图纸尺寸制作每一阶梯模板，支模顺序由下至上逐层向上安装，先安装底层阶梯模板，用斜撑和水平撑钉牢撑稳；核对模板墨线及标高，配合绑扎钢筋及垫块，再进行上一阶模板安装，重新核对墨线各部位尺寸，并把斜撑、水平支撑以及拉杆加以钉紧、撑牢，最后检查拉杆是否稳固，校核基础模板几何尺寸及轴线位置。

（2）杯形独立基础：与阶梯形独立基础相似，不同的是增加一个中心杯芯模，杯口上大下小斜度按工程设计要求制作，芯模安装前应钉成整体，轿杠钉于两侧，中心杯芯模完成后要全面校核中心轴线和标高。

（3）杯形基础应防止中心线不准、杯口模板位移、混凝土浇筑时芯模浮起、拆模时芯模拆不出的现象。

（4）预防措施：

①中心线位置及标高要准确，支上段模板时采用抬轿杠，可使位置准确，托木的作用是将轿杠与下段混凝土面隔开少许，便于混凝土面拍平。

②杯芯模板要刨光直拼，芯模外表面涂隔离剂，底部再钻几个小孔，以便排气，减少浮力。

③脚手板不得搁置在模板上。

④浇筑混凝土时，在芯模四周要对称均匀下料及振捣密实。

⑤拆除杯芯模板，一般在初凝前后即可用锤轻打，拔棍拨动。

（5）条形基础模板：侧板和端头板制作成后，应先在基槽底弹出中心线、基础边线，再把侧板和端头板对准边线和中心线，用水平仪抄测校正侧板顶面水平，经检测无误后，用斜撑、水平撑及拉撑钉牢。

（6）条形基础要防止沿基础通长方向模板上口不直，宽度不够，下口陷入混凝土内；拆模时上段混凝土缺损，底部钉模不牢的现象。

（7）预防措施：

①模板应有足够的强度、刚度和稳定性，支模时垂直度要准确。

②模板上口应钉木带,以控制带形基础上口宽度,并通长拉线,保证上口平直。

③隔一定间距,将上段模板下口支承在钢筋支架上。

④支撑直接在土坑边时,下面应垫以木板,以扩大其承力面,两块模板长向接头处应加拼条,使板面平整,连接牢固。

(二)柱模板

(1)按图纸尺寸制作侧模板后,按放线位置钉好压脚板再安装柱模板,两垂直向加斜拉顶撑,校正垂直度及柱顶对角线。

(2)安装柱箍:柱箍应根据柱模尺寸、侧压力的大小等因素进行设计选择(有木箍、钢箍、钢木箍等)。柱箍间距、柱箍材料及对拉螺栓直径应通过计算确定。

(3)防止胀模、断面尺寸鼓出、漏浆、混凝土不密实,或蜂窝麻面、偏斜、柱身扭曲的现象。

(4)预防措施:

①根据规定的柱箍间距要求钉牢固。

②成排柱模时,应先立两端柱模,校直与复核位置无误后,顶部拉通长线,再立中间柱模。

③四周斜撑要牢固。

(三)梁模板安装

(1)在柱子上弹出轴线、梁位置和水平线,钉柱头模板。

(2)梁底模板:按设计标高调整支柱的标高,然后安装梁底模板,并拉线找平。当梁底板跨度≥4 m时,跨中梁底处应按设计要求起拱,如设计无要求,起拱高度为梁跨度的 $1/1\,000 \sim 3/1\,000$。主次梁交接时,先主梁起拱,后次梁起拱。

(3)梁下支柱支承在基土面上时,应对基土平整夯实,满足承载力要求,并加木垫板或混凝土垫板等有效措施,确保混凝土在浇筑过程中不会发生支撑下沉。

(4)支撑楼层高度在4.5 m以下时,应设两道水平拉杆和剪刀撑,若楼层高度在4.5 m以上,要另作施工方案。

(5)梁侧模板:根据墨线安装梁侧模板、压脚板、斜撑等。梁侧模板制作高度应根据梁高及楼板模板来确定。

(6)当梁高超过750 mm时,梁侧模板宜加穿梁螺栓加固。

(7)防止梁身不平直、梁底不平及下挠、梁侧模胀模、局部模板嵌入柱梁间、拆除困难的现象。

(8)预防措施:

①支模时应遵守边模包底模的原则,梁模与柱模连接处,下料尺寸一般应略为缩短。

②梁侧模必须有压脚板、斜撑、拉线通直后将梁侧钉固。梁底模板按规定起拱。

③混凝土浇筑前,应将模内清理干净,并浇水湿润。

(四)剪力墙模板安装

(1)按位置线安装门洞模板,下预埋件或木砖。

(2)把一面模板按位置线就位,然后安装拉杆或斜撑,安装塑料套管和穿墙螺栓,穿墙螺栓规格和间距在模板设计时应明确规定。

(3)清理墙内杂物,再安另一侧模板,调整斜撑(拉杆)使模板垂直后,拧紧穿墙螺栓。

（4）模板安装完毕后,检查扣件、螺栓是否紧固,模板拼缝及下口是否严密。

（5）墙模板宜将木方作竖肋,双根Φ48×3.5钢管或双根槽钢作水平背楞。

（6）墙模板立缝、角缝宜设于木方和胶合板所形成的企口位置,以防漏浆和错台。墙模板的水平缝背面应加木方拼接。

（7）墙模板的吊钩,设于模板上部,吊钩铁件的连接螺栓应将面板和竖肋木方连接在一起。

（8）防止墙体混凝土厚薄不一致,墙体上口过大,混凝土墙体表面黏连,角模与大模板缝隙过大跑浆,角模入墙过深,门窗洞口变形。

（9）预防措施:

①墙身放线应准确,误差控制在允许范围内,模板就位调整认真,穿墙螺栓要全部穿齐、拧紧。

②立模处楼板混凝土面应找平,以防立模时下口无法密封。

③支模时上口卡具按设计要求尺寸卡紧。

④模板清理干净,隔离剂涂刷均匀,拆模不能过早。

⑤模板拼装时缝隙过大,连接固定措施不牢固,应加强检查,及时处理。

⑥改进角模支模方法。

⑦门窗洞口模板的组装及固定要牢固,必须认真进行洞口模板设计,能够保证尺寸,便于装拆。

（五）楼面模板安装

（1）根据模板的排列图架设支柱和龙骨。支柱与龙骨的间距,应根据楼板混凝土重量与施工荷载的大小,在模板设计中确定。一般支柱为800～1 200 mm,大龙骨间距为600～1 200 mm,小龙骨间距为400～600 mm。支柱排列要考虑设置施工通道。

（2）底层地面夯实,并铺垫脚板。采用多层支架支模时,支柱应垂直,上下层支柱应在同一竖向中心线上。各层支柱间的水平拉杆和剪刀撑要认真加强。

（3）通线调节支柱的高度,将大龙骨找平,加设小龙骨。

（4）铺模板时可从四周铺起,在中间收口。楼板模板在梁侧模时,角模板应通线钉牢。

（5）楼面模板铺完后,应认真检查支架是否牢固,模板梁面、板面应清扫干净。

（6）板模板:防止板中部下挠,板底混凝土面不平的现象。

（7）预防措施:

①楼板模板厚度要一致,搁栅木料要有足够的强度和刚度,搁栅面要平整。

②支顶要符合规定的保证项目要求。

③板模按规定起拱。

四、质量控制

（一）一般规定

（1）模板及其支架应根据工程结构形式、荷载大小、地基土类别、施工设备和材料供应等条件进行设计。模板及其支架应具有足够的承载能力、刚度和稳定性,能可靠地承受浇筑混凝土的重量、侧压力以及施工荷载。

（2）在浇筑混凝土之前,应对模板工程进行验收。模板安装和浇混凝土时,应对模板及其支架进行观察和维护。发生异常情况时,应按施工技术方案及时进行处理。

(3)模板及其支架拆除的顺序及安全措施应按施工技术方案执行。

(二)模板安装

(1)安装现浇结构的上层模板及其支架时,下层楼板应具有承受上层荷载的承载能力,或加设支架;上、下层支架的立柱应对准,并铺设垫板。

检查数量:全数检查。

(2)在涂模板隔离剂时,不得沾污钢筋和混凝土接槎处。

检查数量:全数检查。

(3)模板安装应满足下列要求:

①模板的接缝不应漏浆;在浇筑混凝土前,木模板应浇水湿润,但模板内不应有积水。

②模板与混凝土的接触面应清理干净并涂刷隔离剂,但不得采用影响结构性能或妨碍装饰工程施工的隔离剂。

③浇筑混凝土前,模板内的杂物应清理干净。

④对清水混凝土工程及装饰混凝土工程,应使用能达到设计效果的模板。

检查数量:全数检查。

(4)用作模板的地坪、胎模等应平整光洁,不得产生影响构件质量的下沉、裂缝、起砂或起鼓。

(5)对跨度不小于 4 m 的现浇钢筋混凝土梁、板,其模板应按设计要求起拱;当设计无具体要求时,起拱高度宜为跨度的 1/1 000 ~ 3/1 000。

检查数量:在同一检验批内,对梁应抽查构件数量的 10%,且不少于 3 件;对板应按有代表性的自然间抽查 10%,且不少于 3 间;对大空间结构,板可纵、横轴线划分检查面,抽查 10%,且不少于 3 面。

(6)固定在模板上的预埋件、预留孔和预留洞均不得遗漏,且应安装牢固,其偏差应符合表 6-2 的规定。

表 6-2 预埋件和预留孔洞的允许偏差

项目		允许偏差(mm)
预埋钢板中心线位置		3
预埋管、预留孔中心线位置		3
插筋	中心线位置	5
	外露长度	+ 10,0
预埋螺栓	中心线位置	2
	外露长度	+ 10,0
预留洞	中心线位置	10
	尺寸	+ 10,0

注:检查中心线位置时,应沿纵、横两个方向量测,并取其中的较大值。

检查数量:在同一检验批内,对梁、柱和独立基础,应抽查构件数量的 10%,且不少于 3 件;对墙和板,应按有代表性的自然间抽查 10%,且不少于 3 间;对大空间结构,墙可按相邻轴线间高度 5 m 左右划分检查面,板可按纵横轴线划分检查面,抽查 10%,且均不少于 3 面。

检查方法:钢尺检查。

(7)现浇结构模板安装的偏差应符合表 6-3 的规定。

表 6-3　现浇结构模板安装允许偏差和检查方法

项目		允许偏差(mm)	检查方法
轴线位置		5	钢尺检查
底模上表面标高		±5	水准仪或拉线、钢尺检查
截面内部尺寸	基础	±10	钢尺检查
	柱、墙、梁	+4, -5	钢尺检查
层高垂直度	全高不大于 5 m	6	经纬仪或吊线、钢尺检查
	全高大于 5 m	8	经纬仪或吊线、钢尺检查
相邻两板表面高低差		2	钢尺检查
表面平整度		5	2 m 靠尺和塞尺检查

检查数量:在同一检验批内,对梁、柱和独立基础,应抽查构件数量的 10%,且不少于 3 件;对墙和板,应按有代表性的自然间抽查 10%,且不少于 3 间;对大空间结构,墙可按相邻轴线间高度 5 m 左右划分检查面,板可按纵横轴线划分检查面,抽查 10%,且均不少于 3 面。

(8)预制构件模板安装的允许偏差及检验方法应符合表 6-4 的规定。

表 6-4　预制构件模板安装的允许偏差及检验方法

项目		允许偏差(mm)	检验方法
长度	板、梁	±5	钢尺量两角边,取其中较大值
	薄腹梁、桁架	±10	
	柱	0, -10	钢尺量两角边,取其中较大值
	墙板	0, -5	
宽度	板、墙板	0, -5	钢尺量一端及中部,取其中较大值
	梁、薄腹梁、桁架、柱	+2, -5	
高(厚)度	板	+2, -3	钢尺量一端及中部,取其中较大值
	墙板	0, -5	
	梁、薄腹梁、桁架、柱	+2, -5	
侧向弯曲	梁、板、柱	$L/1\,000$ 且 ≤15	拉线、钢尺量最大弯曲处
	墙板、薄腹梁、桁架	$L/1\,500$ 且 ≤15	
板的表面平整度		3	2 m 靠尺和塞尺检查
相邻两板表面高低差		1	钢尺检查
对角线差	板	7	钢尺量两个对角线
	墙板	5	
翘曲	板、墙板	$L/1\,500$	调平尺在两端量测
设计起拱	薄腹梁、桁架、梁	±3	拉线、钢尺量跨中

注:L 为构件长度,mm。

检查数量:首次使用及大修后的模板应全数检查;使用中的模板定期检查,并根据使用情况不定期抽查。

(9)模板安装工程检验批质量验收标准应符合表6-5的规定。

表6-5　模板安装工程检验批质量验收标准

项目	序	检查项目	允许偏差或允许值	检查方法
主控项目	1	模板支撑、立柱位置和垫板	第1条	模板设计文件、施工技术方案观察
	2	避免隔离剂沾污	第2条	观察
一般项目	1	模板安装的一般要求	第3条	观察
	2	用作模板地坪、胎膜质量	第4条	观察
	3	模板起拱高度	第5条	水准仪或拉线、钢尺
	4	预埋件、预留孔允许偏差	第6条	按第6条
	5	现浇结构模板安装允许偏差	第7条	按第7条
	6	预制构件模板安装允许偏差	第8条	按第8条

(三)模板拆除

(1)底模及其支架拆除时的混凝土强度应符合设计要求;当设计无具体要求时,混凝土强度应符合表6-6的规定。

检查数量:全数检查。

表6-6　底模拆除时混凝土强度要求

构件类型	构件跨度(m)	达到设计的混凝土立方体抗压强度标准值的百分率(%)
板	≤2	≥50
	>2,≤8	≥75
	>8	≥100
梁、拱、壳	≤8	≥75
	>8	≥100
悬臂构件	—	≥100

(2)对后张法预应力混凝土结构构件,侧模宜在预应力张拉前拆除;底模支架的拆除应按施工技术方案执行,当无具体要求时,不应在结构构件建立预应力前拆除。

检查数量:全数检查。

(3)后浇带模板的拆除和支顶应按施工技术方案执行。

检查数量:全数检查。

(4)侧模拆除时的混凝土强度应能保证其表面及棱角不受损伤。

检查数量:全数检查。

(5)模板拆除时,不应对楼层形成冲击荷载。拆除的模板和支架宜分散堆放并及时清运。

检查数量:全数检查。

(6)模板拆除工程检验批质量验收标准应符合表6-7的规定。

表 6-7　模板拆除工程检验批质量验收标准

项	序	检查项目	允许偏差或允许值	检查方法
主控项目	1	底模及其支架拆除时的混凝土强度	第 1 条	同条件养护试件强度试验报告
	2	后张法预应力构件侧模和底模的拆除时间	第 2 条	观察
	3	后浇带拆模和支顶	第 3 条	观察
一般项目	1	避免拆模损伤	第 4 条	观察
	2	模板拆除、堆放和清运	第 5 条	观察

五、成品保护

（1）坚持模板每次使用后清理板面,涂刷脱模剂。

（2）按楼板部位对应层层安装,减少损耗。

（3）材料应按编号分类堆放整齐。

六、安全环保措施

（1）支模过程中应遵守安全操作规程,如遇中途停歇,应将就位的支顶、模板联结稳固,不得空架浮搁。拆模间歇时应将松开的部件和模板运走,防止坠下伤人。

（2）拆模时应搭设脚手板。

（3）拆楼层外边模板时,应有防高空坠落及防止模板向外倒跌的措施。

（4）拆模后模板或木方上的钉子,应及时拔除或敲平,防止钉子扎脚。

七、注意事项

（1）拆除模板的顺序和方法,应按照模板设计的规定进行。若设计无规定,应遵循先支后拆,后支先拆;先拆不承重的模板,后拆承重部分的模板;自上而下,先拆侧向支撑,后拆竖向支撑等原则。

（2）模板工程作业组织,应遵循支模与拆模统一由一个作业班组进行作业。其好处是,支模就考虑拆模的方便和安全,拆模时,人员熟知情况,易找拆模关键点位,对拆模进度、安全、模板及配件的保护都有利。

第二节　组合式模板

组合式模板是现代模板技术中,具有通用性强、装拆方便、周转次数多的一种"以钢代木"的新型模板,用它进行现浇钢筋混凝土结构施工,可事先按设计要求组拼成梁、柱、墙、楼板的大型模板,整体吊装就位,也可采用散装散拆方法的模板。

组合式模板包括组合大钢模板、钢框胶合板模板、小钢模。

本工艺标准适用于工业与民用建筑现浇钢筋混凝土框架及剪力墙结构,以及钢筋混凝土结构的构筑物。

一、特点及适用范围

组合式模板具有适用广泛、通用性强、方便灵活、装拆方便、周转次数多及较为经济等特点。组合大钢模板适用于墙、柱结构,可以单独拼装使用,也可与大钢模板组合使用。钢框胶合板模板适用于墙、柱、梁结构,可以单独使用,也可组合使用。小钢模适用于基础结构或表面质量要求不严格的结构,不适用于高层混凝土结构。

二、施工准备

(一)技术准备

(1)详细阅读工程图纸,根据工程结构形式、荷载大小、地基土类别、施工设备和材料供应等条件编制模板施工方案,确定模板类别、配置数量、流水段划分以及特殊部位的处理措施等。

(2)确保模板、支架及其辅助配件具有足够的承载能力、刚度和稳定性,能可靠地承受浇筑混凝土的重量、侧压力以及施工荷载。必要时对模板及其支撑体系进行力学计算。

(二)材料要求

1. 组合大钢模板

组合大钢模板的主要部件有组合钢模板(面板、边框、横竖肋)、模板背楞、支撑架、浇筑混凝土工作平台、穿墙螺栓和柱箍等。

(1)组合大钢模板面板采用 6 mm 热轧原平板,边框采用 80 mm 宽、6~8 mm 厚的扁钢或钢板,横竖肋采用 6~8 mm 扁钢,模板总厚度为 86 mm。

(2)模板背楞采用 8 号或 10 号槽钢,支撑采用钢管或槽钢焊接而成,操作平台可采用钢管焊接并搭设木板构成,穿墙螺栓采用 T16×6~T20×6 的螺栓,长度根据结构具体尺寸而定,柱箍采用双 8 号或 10 号槽钢。

(3)模板面板的配板应根据具体情况确定,一般采用横向或竖向排列,也可采用横、竖混合排列。

(4)模板与模板之间采用 M16 的螺栓连接。

(5)以组合大钢模板拼装而成的大模板必须安装 2 个吊钩,吊钩必须采用未经冷拉的 Ⅰ 级热轧钢筋制作。

(6)组装后的模板应配置支撑架和操作平台,以确保混凝土浇筑过程中模板体系的稳定性。

2. 钢框胶合板模板

钢框胶合板模板是以热轧异型型钢为边框,以胶合板(竹胶合板或木胶合板)为面板,并用沉头螺丝或拉铆钉连接面板与横竖肋的一种模板体系。

(1)边框厚度为 95 mm,面板采用 15 mm 的胶合板,面板与边框相接处缝隙涂密封胶。

(2)模板之间用螺栓连接,同时配以专用的模板夹具,以加强模板间连接的紧密性。

(3)采用双 10 号槽钢做水平背楞,以确保板面的平整度。

(4)模板背面配专用支撑和操作平台。

3. 小钢模

小钢模由面板和横竖肋组成,面板厚度为 2.3 mm 或 2.5 mm。模板之间采用 U 形卡和

L形插销进行横纵方向的拼接,采用碟形扣件、对拉螺栓等对模板进行加固,Φ48×3.5钢管作为支架。

（三）主要机具设备

主要机具设备包括锤子、活动扳手、撬棍、电钻、水平尺、靠尺、线坠、爬梯、吊车等。

（四）作业条件

（1）确定所建工程的施工流水划分。

（2）根据工程的结构形式、特点和现场施工条件,合理确定模板施工的流水段划分,以减少模板投入,增加周转次数,均衡各工序工程（钢筋、模板、混凝土）的作业量。

（3）确定模板的配板原则并绘制模板平面施工总图,在总图中标志出各种构件的位置、型号、数量等,明确模板的流水方向、位置以及特殊部位的处理措施,以减少模板种类和数量。

（4）确定模板配板的平面布置及支撑布置,根据工程的结构形式设计模板支撑的布置,标志出支撑系统的间距、数量;模板排列组合尺寸;组装模板与其他模板的关系等。

（5）在对模板配板的平面布置及支撑布置的设计基础上,对其强度、刚度、稳定性进行验算,合格后绘制全套模板设计图,包括模板平面布置配板图、分块图、组装图、节点大样图及非定型拼接件加固图。

（6）轴线、模板线放线,引测水平标高到预留插筋或其他过渡引测点,并办好预检手续。

（7）模板底部宜铺垫海绵条堵缝。外墙、外柱的外边根部,根据标高设置模板承垫方木和海绵条,以保证标高准确和不漏浆。

（8）设置模板定位基准,即在墙、柱主筋上距地面50～80 mm,根据模板线按保护层厚度焊接水平支杆,防止模板水平位移。

（9）钢筋绑扎完毕,预埋水电管线、预埋件等,绑好钢筋保护层垫块,办理预检手续。

三、施工工艺

（一）工艺流程

1. 组合大钢模板施工工艺

（1）墙体组合大钢模板施工工艺流程见图6-1。

（2）柱子大钢模板施工工艺流程见图6-2。

2. 钢框胶合板模板施工工艺流程

1）墙模板安装工艺流程

安装前检查→安装门窗洞口模板→一侧模板吊装就位→安装斜撑→安装穿墙螺栓→吊装另一侧模板→安装穿墙螺栓及斜撑→调整模板平直→紧固穿墙螺栓→固定斜撑→与相邻模板连接。

2）柱模板安装工艺流程

（1）组拼柱模安装工艺流程:

搭设安装架子→吊装组拼柱模→检查对角线、垂直度和位置→安装柱箍→安装有梁口的柱模板→模板安装质量检查→柱模固定。

（2）整体预组拼柱模安装工艺:

吊装整体柱模并检查组拼后的质量→吊装就位→安装斜撑→全面质量检查→柱模固定。

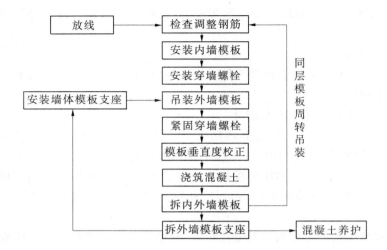

图 6-1　墙体组合大钢模板施工工艺流程

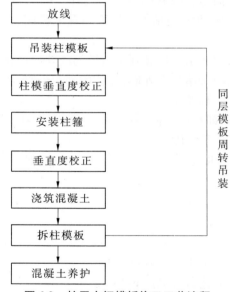

图 6-2　柱子大钢模板施工工艺流程

3）梁模板安装工艺

弹出梁轴线及水平线并复核→搭设梁模支架→预组拼模板检查→安装梁底模板→梁底起拱→绑扎钢筋→安装梁侧模板→安装侧向支撑或对拉螺栓→检查梁口是否符合模板尺寸→与相邻板连接。

4）楼板模板安装工艺

搭设支架→安装纵横木楞→调整楼板的下皮标高→铺设模板→检查模板的上皮标高、平整度等。

3．小钢模施工工艺流程

1）柱模板施工工艺流程

弹柱位置线→抹找平层→安装小钢模→安装柱箍→安装拉杆斜撑或对拉螺栓→柱模固定。

2)墙体模板安装工艺流程

弹墙体位置线→安装洞口模板→安装墙体模板→安装对拉螺栓→安装斜撑→墙体模板固定。

(二)组合大钢模板施工工艺要点

1.墙体组合大钢模板的安装

(1)在下层墙体混凝土强度不低于7.5 MPa时,开始安装上层模板,利用下一层墙螺栓孔眼安装挂架。

(2)在内墙模板的外端头安装活动堵头模板,可用木方或铁板根据墙厚制作,模板要严密,防止浇筑时混凝土漏浆。

(3)先安装外墙内侧模板,按照楼板上的位置线将大模板就位找正,然后安装门窗洞口模板。

(4)合模前将钢筋、水电等预埋件进行隐检。

(5)安装外墙外侧模板,模板安装在挂架上,紧固穿墙螺栓,施工过程中要保证模板上下连接处严密,牢固可靠,防止出现错台和漏浆现象。

2.墙体组合大钢模板的拆除

(1)在常温下,模板应在混凝土强度能够保证结构不变形,棱角完整时方可拆除;冬季施工时要按照设计要求和冬施方案确定拆模时间。

(2)模板拆除时首先拆下穿墙螺栓,再松开地脚螺栓,使模板向后倾斜与墙体脱开。如果模板与混凝土墙面吸附或黏结不能离开,可用撬棍撬动模板下口,不得在墙上口撬模板或用大锤砸模板,应保证拆模时不晃动混凝土墙体,尤其是在拆门窗洞口模板时不得用大锤砸模板。

(3)模板拆除后,应清扫模板平台上的杂物,检查模板是否有钩挂兜绊的地方,然后将模板吊出。

(4)大模板吊至存放地点,必须一次放稳,按设计计算确定的自稳角要求存放,及时进行板面清理,涂刷隔离剂,防止黏连灰浆。

(5)大模板应定时进行检查和维修,保证使用质量。

3.柱子组合大钢模板的安装

(1)柱子位置弹线要准确,柱子模板的下口用砂浆找平,保证模板下口的平直。

(2)柱箍要有足够的刚度,防止在浇筑过程中模板变形;柱箍的间距布置合理,一般为600 mm或900 mm。

(3)斜撑安装牢固,防止在浇筑过程中柱身整体发生变形。

(4)柱角安装牢固、严密,防止漏浆。

4.柱子模板的拆除

先拆除斜撑,然后拆柱箍,用撬棍拆离每面柱模,然后用塔吊吊离,使用后的模板及时清理,按规格进行码放。

(三)钢框胶合板模板施工工艺要点

1.墙体模板的安装

(1)检查墙模安装位置的定位基准面墙线及墙模板的编号,符合图纸要求后,安装门窗洞口模板及预埋件等。

（2）将一侧预拼装墙模板位置线吊装就位，安装斜撑或使用其他工具型斜撑调整至模板与地面成75°，使其稳定坐落于基准面上。

（3）安装穿墙螺栓或对拉螺栓和套管，使螺栓杆端向上，套管套于螺杆上，清扫墙体内的杂物。

（4）用上面同样的方法吊装另一侧模板，使穿墙螺栓穿过模板并在螺栓杆端戴上扣件和螺母，然后调整两块模板的位置和垂直度，与此同时调整斜撑角度，合格后，固定斜撑，紧固全部穿墙螺栓的螺母。

模板安装完毕后，全面检查扣件、螺栓、斜撑是否紧固稳定，模板拼缝及下口是否严密。

2. 墙体模板的拆除

（1）单块就位组拼墙模先拆除墙两边的接缝窄条模板，再拆除背楞和穿墙螺栓，然后逐次向墙中心方向逐块拆除。

（2）整体预组拼模板拆除时，先拆除穿墙螺栓，调节斜撑支腿丝杠，使地脚离开地面，再拆除组拼大模板端部接缝处的窄条模板，然后敲击大模板上部，使之脱离墙体，用撬棍撬组拼大模板底边肋，使之全部脱离墙体，用塔吊吊运拆离后的模板。

3. 柱模板安装工艺要点

1）组拼柱模的安装

将柱子的四面模板就位组拼好，每面带一阴角模或连接角模，用U形卡正反交替连接。

使柱模四面按给定柱截面线就位，并使之垂直，对角线相等。

用定型柱箍固定，锲块到位，销铁插牢。

对模板的轴线位移、垂直偏差、对角线、扭向等全面校正，并安装定型斜撑或将一般拉杆和斜撑固定在预先埋在楼板中的钢筋环上。

检查柱模板的安装质量，最后进行群体柱子水平拉杆的固定。

2）整体吊装柱模的安装

吊装前，先检查整体预组拼的柱模板上下口的截面尺寸、对角线偏差，以及连接件、卡件、柱箍的数量及紧固程度。检查柱筋是否妨碍柱模套装，用铅丝将柱筋预先向内绑拢，以利柱模从顶部套入。

当整体柱模安装于基准面上时，用四根斜撑与柱顶四角连接，另一端锚于地面，校正其中心线、柱边线、柱模桶体扭向及垂直度后，固定支撑。

当柱高超过6 m时，不宜采用单根支撑，宜采用多根支撑连成构架。

4. 柱模的拆除

分散拆除柱模时应自上而下、分层拆除。拆除第一层时，用锤或带橡皮垫的锤向外侧轻击模板上口，使之松动，脱离柱混凝土。依次拆下一层模板时，要轻击模板边肋，不可用撬棍从柱角撬离。拆除的模板及配件用绳子绑扎放到地下。

分片拆除柱模时，要从上口向外侧轻击和轻撬连接角模，使之松动，要适当加设临时支撑，以防止整片柱模整片倾倒伤人。

5. 梁板模板安装工艺要点

（1）在柱子混凝土上弹出梁的轴线及水平线，并复核。

（2）安装梁模支架时，若首层为土壤地面，应平整夯实，并有排水措施。铺设通长脚手板，楼地面上的支架立杆宜加可调支座，楼层间的上下支座应在同一平面位置。梁的支架立杆一般采用双排,间距600~900 mm为宜;板的支架立杆间距900~1 200 mm。支柱上的纵肋采用100 mm×100 mm,横肋采用50 mm×100 mm木方。支柱中间加横杆或斜杆连接成整体。

(3)在支柱上调整预留梁底模板的厚度,符合设计要求后,拉线安装梁底模板并找直。

(4)在底板上绑扎钢筋,经检验合格后,清除杂物,安装梁侧模板。用梁卡具或安装上下锁口楞及外竖楞,附以斜撑,其间距一般宜为600 mm,当梁高超过600 mm时,需加腰肋,并用对拉螺栓加固,侧模上口要拉线找直,用定型夹子固定。

(5)复核检查梁模尺寸,与相邻柱模板连接固定,安装楼板模板时,在梁侧模及墙上连接阴角模,与楼板模板连接固定,逐步向楼板跨中铺设模板。

(6)钢框胶合板模板的相邻两块模板之间用螺栓或钢销连接,对不够整模数的模板和窄条缝,采用拼缝模板或木方嵌补,保证拼缝严密。

(7)模板铺设完毕后,用靠尺、塞尺和水平仪检查平整度与楼板标高,同时进行校正。

6. 梁板模板的拆除

(1)先拆除支架部分水平拉杆和剪力撑,以便施工;然后拆除梁与楼板模板的连接角模及梁侧模,以使相邻模板断连。

(2)下调支柱顶托架螺杆后,先拆钩头螺栓,再拆下U形卡,然后用钢钎轻轻撬动模板,拆下第一块,然后逐块拆除。不得用钢棍或铁锤猛击乱撬,严禁将拆下的模板自由坠落于地面。

(3)对跨度较大的梁底模板拆除时,应从跨中开始下调支柱托架。然后向两端逐根下调,先拆钩头螺栓,再拆下U形卡,然后用钢钎轻轻撬动模板,拆下第一块,然后逐块拆除。不得用钢棍或铁锤猛击乱撬,严禁将拆下的模板自由坠落于地面。

(4)拆除梁底模支柱时,应从跨中向两端作业。

(四)小钢模模板安装工艺要点

1. 柱模板的安装

(1)按设计标高抹好水泥浆找平层,按位置线做好定位墩台,以保证柱轴线与标高的准确,在柱四边离地50~80 mm处的主筋上焊接支杆,从四面顶住模板,防止位移。

(2)安装柱模板:通排柱,先安装两端柱,经校正、固定后拉通线校正中间的各柱。模板按柱子的大小,预拼成形一面一片或两面一片,就位后用铅丝与主筋绑扎临时固定,用U形卡将两侧模板连接卡紧,安装完两面后再安装另外两面模板。

(3)安装柱箍:柱箍可用角钢或钢管等制作,柱箍应根据柱模尺寸、侧压力大小,在模板设计中确定柱箍尺寸间距。

(4)安装柱模的拉杆或斜撑:柱模每边设2根立杆,固定于事先预埋在楼板内的钢筋环上,拉杆或斜撑与地面宜为45°,预埋的钢筋环与柱距离宜为3/4柱高。

(5)将柱模内清理干净,封闭清扫口,办理柱模预检。

2. 柱子模板的拆除

先拆掉柱斜拉杆或斜撑,卸掉柱箍,再把连接每片柱模的U形卡拆掉,然后用撬棍轻轻撬动模板,使模板与混凝土脱离。

3. 墙体模板的安装

(1)按位置线安装门窗洞口模板,安装预埋件。

(2)将预先拼装好的一面模板按位置线就位,然后安装拉杆或斜撑,安装套管和穿墙螺栓,穿墙螺栓的规格和间距在模板设计时应明确规定。

(3)清扫墙内杂物,安装另一侧模板,调整拉杆或斜撑,使模板垂直后,拧紧穿墙螺栓。

(4)模板安装完毕后,检查一遍扣件、螺栓是否紧固,模板拼缝及下口是否严密,办完预检手续。

4.墙体模板拆除

先拆除穿墙螺栓等附件,再拆除斜拉杆或斜撑,用撬棍轻轻撬动模板,使模板离开墙体,即可把模板运走。

四、质量控制

(一)一般规定

(1)模板及其支架应根据工程结构形式、荷载大小、地基土类别、施工设备和材料供应等条件进行设计。模板及其支架应具有足够的承载能力、刚度和稳定性,能可靠地承受浇筑混凝土的重量、侧压力以及施工荷载。

(2)在浇筑混凝土之前,应对模板工程进行验收。模板安装和浇筑混凝土时,应对模板及其支架进行观察和维护。发生异常情况时,应按施工技术方案及时进行处理。

(3)模板及其支架拆除的顺序及安全措施应按施工技术方案执行。

(二)模板安装

(1)安装现浇结构的上层模板及其支架时,下层楼板应具有承受上层荷载的承载能力,或加设支架;上、下层支架的立柱应对准,并铺设垫板。

检查数量:全数检查。

(2)在涂模板隔离剂时,不得沾污钢筋和混凝土接槎处。

检查数量:全数检查。

(3)模板安装应满足下列要求:

①模板的接缝不应漏浆;在浇筑混凝土前,木模板应浇水湿润,但模板内不应有积水。

②模板与混凝土的接触面应清理干净并涂刷隔离剂,但不得采用影响结构性能或妨碍装饰工程施工的隔离剂。

③浇筑混凝土前,模板内的杂物应清理干净。

④对清水混凝土工程及装饰混凝土工程,应使用能达到设计效果的模板。

检查数量:全数检查。

(4)用作模板的地坪、胎模等应平整光洁,不得产生影响构件质量的下沉、裂缝、起砂或起鼓。

(5)对跨度不小于 4 m 的现浇钢筋混凝土梁、板,其模板应按设计要求起拱;当设计无具体要求时,起拱高度宜为跨度的 1/1 000 ~ 3/1 000。

检查数量:在同一检验批内,对梁应抽查构件数量的 10%,且不少于 3 件;对板应按有代表性的自然间抽查 10%,且不少于 3 间;对大空间结构,板可纵、横轴线划分检查面,抽查10%,且不少于 3 面。

(6)固定在模板上的预埋件、预留孔和预留洞均不得遗漏,且应安装牢固,其偏差应符合表 6-8 的规定。

表 6-8　预埋件和预留孔洞的允许偏差

项目		允许偏差（mm）
预埋钢板中心线位置		3
预埋管、预留孔中心线位置		3
插筋	中心线位置	5
	外露长度	+10,0
预埋螺栓	中心线位置	2
	外露长度	+10,0
预留洞	中心线位置	10
	尺寸	+10,0

注：检查中心线位置时，应沿纵、横两个方向量测，并取其中的较大值。

　　检查数量：在同一检验批内，对梁、柱和独立基础，应抽查构件数量的 10%，且不少于 3 件；对墙和板，应按有代表性的自然间抽查 10%，且不少于 3 间；对大空间结构，墙可按相邻轴线间高度 5 m 左右划分检查面，板可按纵横轴线划分检查面，抽查 10%，且均不少于 3 面。

　　检查方法：钢尺检查。

　　（7）现浇结构模板安装的偏差应符合表 6-9 的规定。

表 6-9　现浇结构模板安装的允许偏差及检验方法

项目		允许偏差（mm）	检验方法
轴线位置		5	钢尺检查
底模上表面标高		±5	水准仪或拉线、钢尺检查
截面内部尺寸	基础	+5，−10	钢尺检查
	柱、墙、梁	+2，−5	钢尺检查
层高垂直度	不大于 5 m	4	经纬仪或吊线、钢尺检查
	大于 5 m	6	经纬仪或吊线、钢尺检查
相邻两板表面高低差		2	钢尺检查
表面平整度		5	2 m 靠尺和塞尺检查

注：检查中心线位置时，应沿纵、横两个方向量测，并取其中的较大值。

　　检查数量：在同一检验批内，对梁、柱和独立基础，应抽查构件数量的 10%，且不少于 3 件；对墙和板，应按有代表性的自然间抽查 10%，且不少于 3 间；对大空间结构，墙可按相邻轴线间高度 5 m 左右划分检查面，板可按纵横轴线划分检查面，抽查 10%，且均不少于 3 面。

　　（8）模板安装工程检验批质量验收应符合表 6-10 的规定。

　　（三）模板拆除

　　（1）底模及其支架拆除时的混凝土强度应符合设计要求；当设计无具体要求时，混凝土强度应符合表 6-11 的规定。

　　检查数量：全数检查。

表 6-10　模板安装工程检验批质量验收标准

项	序	检查项目	允许偏差或允许值	检查方法
主控项目	1	模板支撑、立柱位置和垫板	第1条	模板设计文件、施工技术方案观察
	2	避免隔离剂沾污	第2条	观察
一般项目	1	模板安装的一般要求	第3条	观察
	2	用作模板地坪、胎膜质量	第4条	观察
	3	模板起拱高度	第5条	水准仪或拉线、钢尺
	4	预埋件、预留孔允许偏差	第6条	按第6条
	5	现浇结构模板安装允许偏差	第7条	按第7条

表 6-11　底模拆除时混凝土强度要求

构件类型	构件跨度（m）	达到设计的混凝土立方体抗压强度标准值的百分率（%）
板	≤2	≥50
	>2，≤8	≥75
	>8	≥100
梁、拱、壳	≤8	≥75
	>8	≥100
悬臂构件	—	≥100

（2）对后张法预应力混凝土结构构件，侧模宜在预应力张拉前拆除；底模支架的拆除应按施工技术方案执行，当无具体要求时，不应在结构构件建立预应力前拆除。

检查数量：全数检查。

（3）后浇带模板的拆除和支顶应按施工技术方案执行。

检查数量：全数检查。

（4）侧模拆除时的混凝土强度应能保证其表面及棱角不受损伤。

检查数量：全数检查。

（5）模板拆除时，不应对楼层形成冲击荷载。拆除的模板和支架宜分散堆放并及时清运。

检查数量：全数检查。

（6）模板拆除工程检验批质量验收应符合表 6-12 的规定。

表 6-12　模板拆除工程检验批质量验收标准

项	序	检查项目	允许偏差或允许值	检查方法
主控项目	1	底模及其支架拆除时的混凝土强度	第1条	同条件养护试件强度试验报告
	2	后张法预应力构件侧模和底模的拆除时间	第2条	观察
	3	后浇带拆模和支顶	第3条	观察
一般项目	1	避免拆模损伤	第4条	观察
	2	模板拆除、堆放和清运	第5条	观察

五、成品保护

(1)保持大模板本身的整洁及配套设备零件的齐全,吊运时防止碰撞墙体,堆放合理,保持板面不变形。

(2)大模板吊运就位时要平稳、准确,不得碰撞楼板及其他已施工完毕的部位,不得兜挂钢筋。用撬棍调整大模板时,要注意保护模板下面的砂浆找平层。

(3)预组拼的模板要有存放场地,场地要平整夯实。模板平放要用木方垫架;立放时要搭设分类模板架,模板落地处要垫木方,保证模板不扭曲、不变形。不得乱堆乱放或在组拼的模板上堆放分散模板和配件。

(4)工作面已安装完毕的墙、柱模板,不准在吊运模板时碰撞,不准在预组拼模板就位前作为临时倚靠,防止模板变形或产生垂直偏差。工作面已完成的平面模板不得作为临时堆料和作业平台,以保证支架的稳定,防止平面模板标高和平整度产生偏差。

(5)拆除模板时要按程序进行,禁止用大锤敲击,防止混凝土墙面及门窗洞口等出现裂纹。

(6)模板与墙面黏结时,禁止用塔吊吊拉模板,防止将墙面拉裂。

(7)冬期施工时,大模板背面的保温措施应保持完好。

(8)冬期施工防止混凝土受冻,当混凝土达到规范规定的拆模强度后方可拆模,否则会影响混凝土质量。

六、安全环保措施

(1)支模过程中应遵守安全操作规程,如遇途中停歇,应将就位的支顶模板连接稳固,不得空架浮搁。拆模间歇时应将松开的部件和模板运走,防止坠下伤人。

(2)模板支设、拆除过程中要严格按照设计要求的步骤进行,全面检查支撑系统的稳定性。

(3)拆楼层外边模板时,应有防高空坠落及防止模板向外倒跌的措施。

(4)模板所用的脱模剂在施工现场不得乱扔,以防止影响环境质量。

(5)模板放置时应满足自稳角要求,两块大模板应采取板面相对的存放方法。

(6)施工楼层上不得长时间存放模板,当模板临时在施工层存放时,必须有可靠的防倾倒措施,禁止沿外墙周边存放在外挂架上。

(7)模板起吊前,应检查吊装用绳索、卡具及每块模板上的吊钩是否完整有效,并应拆除一切临时支撑,检查无误后方可起吊。

(8)在模板拆装区域周围,应设置围栏,并挂明显的标志牌,禁止非作业人员入内。

(9)拆模起吊前,应检查对拉螺栓是否拆净,在确无遗漏并保证模板与墙体完全脱离后方准起吊。

(10)模板安装就位后,在清扫口涂刷隔离剂时,模板要临时固定好,板面相对停放之间应留出 50~60 cm 宽的人行通道,模板上方要用拉杆固定。

七、施工注意事项

在施工过程中,为保证模板的施工质量,在模板安装前,先检查模板的质量,不符合质量标准的不得投入使用。

（一）梁、板模板易产生的问题

梁、板底不平、下挠，梁侧模不平直，梁上下口胀模。

预防措施：梁、板底模板的龙骨、支柱的截面尺寸及间距应通过设计计算决定，使模板的支撑系统有足够的强度和刚度。施工过程中应认真执行设计要求，防止混凝土浇筑时模板变形。模板支柱应立在垫有通长木板的坚实地面上，防止支柱下沉，使梁、板产生下挠。梁、板模板应按设计或规范要求起拱。

（二）柱子模板易产生的问题

1. 胀模、断面尺寸不准确

预防措施：根据柱高和断面尺寸设计柱箍自身的截面尺寸和间距以及大断面柱子所使用的穿墙螺栓等，以保证柱模的强度、刚度足以抵抗混凝土的侧压力。施工过程中应按设计要求作业。

2. 柱身扭向

预防措施：支模前先校正主筋，使其首先不扭向。安装斜撑（或拉筋）吊线找垂直时，相邻两片柱模从上端每面吊两点，使线坠到地面，线坠所示的两点到柱位置线的距离相等，即柱模不扭向。

3. 轴线位移、一排柱不在同一直线上

预防措施：成排的柱子，支模前要在地面上弹出柱轴线及轴边通线，然后分别弹出每柱的另一方向轴线，再确定柱的另两条边线。支模时，先立两端柱模，校正垂直与位置无误后，柱模顶拉通线，再支中间各柱模。柱距不大时，通排支设水平拉杆及剪刀撑，柱距较大时，每柱四面设立支撑，保证每柱垂直和位置正确。

（三）墙体模板易产生的问题

1. 墙体厚度不一、平整度差

预防措施：模板设计应有足够的强度和刚度，龙骨的尺寸和间距、穿墙螺栓间距、墙体的支撑方法等在施工过程中要严格按照设计的要求实施。

2. 墙体烂根，模板接缝处跑浆

预防措施：模板根部用砂浆找平塞严，模板间连接牢固可靠。

3. 门窗洞口混凝土变形

预防措施：将门窗洞口模板与墙体模板或墙体钢筋连接牢固，加强门窗洞口内的支撑。

第三节　大模板施工

大模板是相对于小型模板的大型模板的统称，大模板是进行现浇剪力墙结构施工的一种工具式模板，一般配以相应的起重吊装机械，通过合理的施工组织安排，以机械化施工方式在现场浇筑混凝土竖向（主要是墙、壁）结构构件。

大模板包括全钢大模板、钢木大模板和钢竹大模板。大模板由板面结构、支撑系统和操作平台以及附件组成。

一、特点及适用范围

大模板的特点是以建筑物的开间、进深、层高为标准化的基础，以大模板为主要手段，以现浇混凝土墙体为主导工序,组织进行有节奏的均衡施工。为此它要求建筑和结构设计能做到标准化,以使模板能做到周转通用。

大模板适用于多层、高层及一般构造物竖向结构中的墙、壁结构。大模板工艺已成为剪力墙结构工业化施工的主要方法之一。

二、施工准备

(一)技术准备

根据工程对混凝土表面质量要求和模板的周转使用次数,选择合理的模板类型。

1. 配板设计应遵循的原则

进行配板设计应遵循下列原则:

(1)根据工程结构具体情况,按照经济、均衡、合理的原则划分施工流水段。

(2)模板在各流水段的通用性。

(3)单块模板配置的对称性。

(4)单块大模板的吊装重量必须满足现场起重设备要求。

2. 配板设计应包括的内容

配板设计应包括以下内容:

(1)绘制配板平面布置图。

(2)绘制大模板配板设计图、拼装节点图和构、配件的加工详图。

(3)绘制节点和特殊部位支模图。

(4)编制大模板构、配件明细表。

(5)编写施工说明书。

3. 配板设计应符合的规定

配板设计应符合以下规定:

(1)大模板的尺寸必须符合 300 mm 模数。

(2)经计算确定大模板配板设计长度后,应优先选取同规格定型整体标准大模板或组拼大模板。

(3)配板设计中不符合模数的尺寸,宜优先选用组拼调节模板的设计方法,尽量减少角模的规格,力求角模定型化。

(4)组拼式大模板背楞的布置与排板的方向垂直。

(5)当配板设计高度较大采用齐缝排板接高设计方法时,应在拼缝处进行刚度补偿。

(6)大模板吊环位置设计必须安全可靠,吊环位置的确定应保证大模板起吊时的平衡,宜设置在模板长度的$(0.2 \sim 0.25)L$ 处。

(7)外墙、电梯井、楼梯段等位置配板设计高度时应考虑同下层搭接尺寸。

(二)材料准备

1. 大模板的组成

大模板由面板、钢骨架、角模、斜撑、操作平台挑架、对拉螺栓等配件组成。

2. 主要材料规格

主要材料规格见表6-13。

表 6-13　主要材料规格

大模板类型	面板	竖肋	背楞	斜撑	挑架	对拉螺栓
全钢大模板	−6 mm 钢板	[8	[10	[8、ϕ40	ϕ48×3.5	M30、T20×6
钢木大模板	15~18 胶合板	80×40×2.5	[10	[8、ϕ40	ϕ48×3.5	M30、T20×6
钢竹大模板	12~15 胶合板	80×40×2.5	[10	[8、ϕ40	ϕ48×3.5	M30、T20×6

3. 大模板的构造要求

(1)大模板的外形尺寸、孔眼尺寸应符合 300 mm 建筑模数,做到定型化、通用化。

(2)大模板的结构应简单、重量轻、坚固耐用、便于加工,面板能满足现浇混凝土成型和表面质量要求。

(3)大模板应具有足够的承载力、刚度和稳定性。

(4)在正常维护、加强管理的情况下,能多次重复使用。

(5)大模板的支撑系统应有调整装置,以满足施工和安全要求。

(6)操作平台可根据施工需要设置,与大模板的连接安全可靠、装拆方便。钢吊环连接必须可靠,合理确定吊环位置。

(7)大模板应配有承受混凝土侧压力、控制墙体厚度的对拉螺栓及其连接件。大模板上的对拉螺栓孔眼应左右对称设置,以满足通用性要求。

(8)电梯井筒模必须配套设置专用平台以确保施工安全。

(9)大模板的背面应设置工具箱,满足对拉螺栓、连接件及工具的放置。

4. 大模板的产品质量

大模板的产品质量应符合《建筑工程大模板技术规程》(JGJ 74)制作要求和制作允许偏差,见表 6-14、表 6-15。

表 6-14　整体式大模板制作允许偏差与检查方法

项次	项目	允许偏差(mm)	检查方法
1	模板高度	±3	卷尺量检查
2	模板长度	−2	
3	模板板面对角线差	≤3	
4	板面平整度	2	2 m 靠尺及塞尺检查
5	相邻面板拼缝高低差	≤0.5	平尺及塞尺检查
6	相邻面板拼缝间隙	≤0.8	塞尺量检查

(三)机具设备

(1)塔吊:按最远点大模板重量选型。

(2)混凝土输送泵:按混凝土浇筑速度选型。

(3)布料机:按布料半径选型。

表6-15　大模板制作允许偏差及检查方法

项次	项目名称	允许偏差(mm)	检查方法
1	板面平整	3	用2 m靠尺塞尺检查
2	模板高度	+3、−5	用钢尺检查
3	模板宽度	+0、−1	用钢尺检查
4	对角线长	±5	对角拉线用直尺检查
5	模板边平直	3	拉线用直尺检查
6	模板翘曲	$L/1\ 000$	放在平台上,对角拉线用直尺检查
7	孔眼位置	±2	用钢尺检查

(四)作业条件

(1)大模板施工前必须制订科学合理的施工方案。

(2)大模板安装前必须先抄平和定位放线,以保证工程结构各部分形状、尺寸和预留、预埋位置正确。

(3)在满足工期要求的前提下,根据建筑物的工程量、平面尺寸、机械设备条件等组织实施有节奏的均衡流水作业。

(4)合模前应检查验收施工层的钢筋质量,做好隐检记录。

(5)浇筑混凝土时应设专人对大模板的使用情况进行观察,发生意外情况及时处理。

三、关键要求

(一)材料的关键要求

(1)大模板应具有足够的承载力、刚度和稳定性,大模板所配的对拉螺栓及其配件应能承受混凝土的侧压力并控制墙体厚度。

(2)全钢大模板的面板宜选用原平板;钢木或钢竹大模板的面板必须选用双面覆膜的防水胶合板,其割口及孔洞必须做密封处理。

(3)大模板的钢骨架及面板材质均为Q235。

(二)技术关键要求

(1)大模板制作、安装前必须绘制配板平面图及周转流水调配图。

(2)大模板的外形尺寸和孔洞尺寸宜符合建筑模数,做到定型化、通用化。在正常维护、加强管理的情况下,能多次重复使用。

(3)大模板的结构应简单、重量轻,坚固耐用、便于加工。大模板之间、大模板与角模、斜模、挑架及其配件的连接、拆装方便可靠。

(三)质量关键要求

(1)严格控制大模板的加工质量,使外形尺寸、平整度、平直度和孔洞尺寸符合允许偏差要求。

(2)大模板安装前应做好定位放线工作,安装时对号入座,安装后保证整体的稳定性,确保施工中不变形、不错位、不胀模。

（3）大模板就位前应认真清理模板，涂刷隔离剂。

（4）大模板脱模时不得撬动或锤砸，以保护成品。

（四）职业健康安全关键要求

（1）大模板上的吊钩加工时应严格检查，安装使用时也要经常检查。吊运大模板必须采用卡环吊钩。

（2）当风力超过 5 级时，应停止大模板吊运作业。

（3）大模板停放时必须满足自稳角的要求，两块大模板板面相向放置。施工临时停放时必须有可靠的防倾倒保障安全的措施。

（五）环境关键要求

（1）大模板的堆场地必须坚实平整，不得堆放在松土、冻土或凹凸不平的场地上。

（2）大模板堆放应注意码放整齐，拆除无固定支架的大模板时，应设置固定可靠的堆放架。

（3）大模板板面清理出的碎渣、污垢应及时清运出施工现场，保持环境整洁。

四、施工工艺

（一）大模板施工工艺流程

大模板预拼装→定位放线→安装模板的定位装置→安装门窗洞口模板→安装大模板→调整模板、紧固对拉螺栓→验收→分层对称浇筑混凝土→拆模→清理。

（二）大模板的施工工艺

1. 安装前的准备工作

（1）大模板安装前应进行技术交底。

（2）模板进场后，应依据模板设计要求清点数量，核对型号，清理表面。

（3）组拼式大模板在生产厂或现场预拼装，用醒目字体对模板编号，安装时对号入座。

（4）大模板应进行样板间试安装，经验证模板几何尺寸、接缝处理、零部件准确无误后方可正式安装。

（5）大模板安装前必须放出模板内侧线及外侧控制线作为安装基准。

（6）合模前必须将内部处理干净，必要时在模板底部可留置清扫口。

（7）合模板前必须通过隐蔽工程验收。

（8）模板就位前应涂刷隔离剂，刷好隔离剂的模板遇雨淋后必须补刷；使用的隔离剂不得影响结构工程及装修工程质量。

2. 大模板的安装应符合的规定

（1）大模板安装应符合模板设计要求。

（2）大模板安装时按模板编号遵循先内侧、后外侧的原则安装就位。

（3）大模板安装时根部和顶部要有固定措施。

（4）模板支撑必须牢固、稳定，支撑点应设在坚固可靠处，不得与脚手架拉结。

（5）混凝土浇筑前应在模板上做出浇筑高度标记。

（6）模板安装就位后，对缝隙处应采取有效的堵缝措施。

五、质量控制

（一）主控项目

（1）大模板体系应具有足够的强度、刚度和整体的稳定性，确保施工中模板不变形、不错位、不胀模。

检查数量：全数检查。

检查方法：观察。

（2）大模板的搭拆等操作应按施工技术方案执行。

检查数量：全数检查。

检查方法：观察。

（3）大模板安装必须保证轴线和截面尺寸准确，垂直度和平整度符合规定要求。

检查数量：全数检查。

检查方法：量测。

（二）一般项目

（1）模板的拼缝要平整，堵缝措施要整齐牢固，不得漏浆。模板与混凝土的接触应清理干净，隔离剂涂刷均匀。

检查数量：全数检查。

检查方法：观察。

（2）大模板安装和预埋件、预留孔洞允许偏差及检查方法应符合表 6-16 的规定。

表 6-16　大模板安装和预埋件、预留孔洞允许偏差及检查方法

项目		允许偏差（mm）	检查方法
轴线位置		5	用尺量检查
截面内部尺寸		±2	用尺量检查
层高垂直	全高≤5 m	3	用 2 m 托线板检查
	全高＞5 m	5	
相邻模板板面高低差		2	用直尺和尺量检查
表面平整度		＜4	上口通长拉直线用尺量检查，下口按模板就位线为基准检查
平整度		3	2 m 靠尺检查
预埋钢板中心线位置		3	拉线和尺量检查
预埋螺栓	中心线位置	2	拉线和尺量检查
	外露位置	+10,0	尺量检查
预留洞	中心线位置	10	拉线和尺量检查
	截面内部尺寸	+10,0	用尺量检查
电梯井	井筒长、宽对定位中心线	+25,0	拉线和尺量检查
	井筒全高垂直度	$H/1\,000$ 且≤30	吊线和尺量检查

六、成品保护

（1）模板拆除应在混凝土强度能保证其表面及棱角不因拆模而受损时进行。

（2）在任何情况下，操作人员不得站在墙顶采用晃动、撬动模板或用大锤砸模板的方法拆除模板，以保护成品。

（3）拆除模板时应先拆除模板之间的对拉螺栓及连接件，松动斜撑调节丝杠，使模板后倾与墙体脱开，在检查确认无误后方可起吊大模板。

（4）当混凝土已达到拆除强度而不能及时拆模时，为防止混凝土黏模，可在未拆模之前先将对拉螺栓松开。

（5）混凝土结构拆模后应及时采取养护措施。冬期施工阶段除混凝土结构采取防冻措施外，大模板应采取相应的保温措施。

（6）大模板及配件拆除后，应及时清理干净，对变形及损坏的部位及时进行维修，对斜撑丝杠、对拉螺栓丝扣应抹油保护。

七、安全环保措施

（1）大模板施工应执行国家和地方政府制定的相关安全和环保措施。

（2）模板起吊要平稳，不得偏斜和大幅度摆动，操作人员必须站在安全可靠处，严禁人员随同大模板一同起吊。

（3）吊运大模板必须采用卡环吊钩，当风力超过 5 级时应停止吊运作业。

（4）拆除模板时，大模板与墙体脱离后，经检查确认无误后方可起吊大模板；拆除无固定支架的大模板时，应对模板采取临时固定措施。

（5）模板现场堆放区应在起重机的有效工作范围之内，堆放场地必须坚实平整，不得堆放在松土、冻土或不平的场地上。

（6）大模板停放时，必须满足自稳角的要求，对自稳角不足的模板，必须另外拉结固定；没有支撑架的大模板应存放在专用的插放支架上，叠层平放时，叠放高度不应超过 2 m，底部及层间应加垫木，且上下对齐。

（7）模板在地面临时周转停放时，两块大模板应板面相向放置，中间留置操作间距；当长时间停放时，应将模板连接成整体。

（8）大模板不得长时间停放在施工层上，当大模板在施工层上临时周转停放时，必须有可靠的防倾倒保证安全的措施。

（9）大模板运输应根据模板的长度、重量选用的车辆；大模板在运输车辆上的支点、伸出的长度及绑扎方法均应保证其不发生变形，不损伤涂层。

（10）运输模板附件时，应注意码放整齐，避免相互发生碰撞；保证模板附件的重要连接部位不受破坏，确保产品质量，小型模板附件应装箱、装袋或捆扎运输。

第四节　滑模施工

滑动模板（简称滑模）是现浇混凝土结构工程施工中一种机械化程度较高的工具式模板。这种模板已广泛应用于高层建筑、储仓、水塔、桥墩等竖向结构的施工。

滑模是以液压千斤顶为提升机具,带动模板沿着混凝土表面滑动而成型的现浇混凝土结构施工方法。滑模装置主要由模板系统、操作平台系统、液压系统以及施工精度控制系统等部分组成。

一、特点及适用范围

滑模工艺施工速度快、机械化程度高、可节省支模和搭投脚手架所需的工料、能较方便地将模板进行拆散和灵活组装并可重复使用。

适用于储仓、水塔、烟囱、桥墩、竖井壁、框架柱、高层和超高层建筑的竖向结构的施工。包括:墙体结构、筒体结构、框架结构。

现阶段随着高层建筑、新型结构以及特种工程日益增多,滑模技术有了许多创新和发展,例如大吨位千斤顶的应用、支承杆在结构体内和体外的布置、高强度混凝土的应用、混凝土泵送和布料机的应用、"滑框倒模"、"滑提结合"、"滑砌结合"、"滑模托带"、立井井壁、复合筒壁、抽孔筒壁、双曲线冷却塔等特种滑模施工,均在工程中得到应用,滑模施工已日渐成熟。

二、施工准备

(一)技术准备

(1)滑模施工应根据工程结构特点及滑模工艺的要求提出对工程设计的局部修改意见,确定不宜滑模施工部位的处理方法以及划分滑模作业的区段等。

(2)滑模施工必须根据工程结构的特点及现场的施工条件编制施工组织设计,并应包括下列主要内容:

①施工总平面布置(含操作平台平面布置)。

②滑模施工技术设计。

③施工程序和施工进度安排。

④施工安全技术质量保证体系及其检查措施。

⑤现场施工管理机构、劳动组织及人员培训。

⑥材料、半成品、预埋件、机具和设备供应计划等。

⑦特殊部位滑模施工措施。

⑧季节性滑模施工措施。

(3)施工总平面布置应符合下列要求:

①施工总平面布置应满足施工工艺要求,减少施工用地和缩短地面水平运输距离。

②在所施工建筑物的周围应设立危险警戒区,警戒线至建筑物边缘的距离不应小于其高度的1/10,且不应小于10 m,不能满足要求时,应采取安全防护措施。

③临时建筑物及材料堆放场地等均应设在警戒区以外,当需要在警戒区内堆放材料时,必须采取安全防护措施。经过警戒区的人行道或运输通道均应搭设安全护棚。

④材料堆场地应靠近垂直运输机械,堆放数量应满足施工速度的需要。

⑤根据现场施工条件确定混凝土供应方式,当设置自备搅拌站时宜靠近施工工程,混凝土的供应量必须满足连续浇灌的需要。

⑥供水、供电应满足滑模连续施工的要求。施工工期较长且有断电可能时,应有双路供

电或配自备电源。操作平台的供水系统,当水压不够时,应设加压水泵。

⑦应设置测量施工工程垂直度和标高的观测站。

(4)滑模装置的组成应包括下列系统:

①模板系统包括模板、围圈、提升架及截面和倾斜度调节装置等。

②操作平台系统包括操作平台、料台、吊脚手架、滑升垂直运输设施的支承结构等。

③液压提升系统包括液压控制台、油路、调平控制器、千斤顶、支承杆。

④施工精度控制系统包括千斤顶同步、建筑轴线和垂直度等的观测与控制设施等。

⑤水电配套系统包括动力、照明、信号、广播、通信、电视监控以及水泵、管路设施等。

(5)滑模装置设计应包括下列内容:

①绘制滑模初滑结构平面图及中间结构变化平面图。

②确定模板、围圈、提升架及操作平台的布置,进行各类部件和节点设计,提出规格和数量。

③确定液压千斤顶、油路及液压控制台的布置,提出规格和数量。

④确定施工精度控制措施,提出设备仪器的规格和数量。

⑤进行特殊部位处理及特殊设施(包括与滑模装置相关的垂直和水平运输装置等)布置和设计。

⑥绘制滑模装置的组装图,提出材料、设备、构件一览表。

(6)滑模装置设计荷载包括下列各项,并按规定取值:

①模板系统,操作平台系统自重。

②操作平台的施工荷载,包括操作平台上的机械设备及特殊设施等的自重、操作平台上施工人员、工具和堆放材料等。

③混凝土卸料时对操作平台的冲击力,以及向模板内侧倾倒混凝土时对模板的冲击力。

④混凝土对模板的侧压力。

⑤模板滑动时混凝土与模板之间的摩阻力。

⑥对于高层建筑应考虑风荷载。

(7)液压提升系统的布置应使千斤顶受力均衡,所需千斤顶和支承杆的数量可按下式确定:

$$D_{min} = N/P$$

式中　　N——总垂直荷载,kN;

　　　　P——单个千斤顶或支承杆的允许承载力,kN;支承杆的允许承载力应按相关要求确定,千斤顶的允许承载力为千斤顶额定提升能力的1/2,两者取较小者。

(二)材料要求

1.模板

模板应具有通用性、耐磨性、拼缝紧密、装拆方便和足够的刚度,并符合下列规定:

(1)平模板宜采用模板和围圈合一的组合大钢模板。模板高度:内墙模板900 mm,外墙模板1 200 mm,标准模板宽度900~2 400 mm。

(2)异型模板、弧形模板、调节模板等应根据结构截面形状和施工要求设计制作。

(3)模板材料规格见表6-17。

表 6-17　模板材料规格

部位	材料名称	规格	备注
面板	钢板	4~6 mm 厚	
边框	钢板或扁钢	6×80 或 8×80	
水平加强肋	槽钢	[8	同提升架连接
竖肋	扁钢或钢板	4×60 或 6×60	

（4）制作必须板面平整、无卷边、翘曲、孔洞、毛刺等，阴阳角模的单面倾斜度应符合设计要求。其允许偏差应符合表 6-18 的规定。

表 6-18　模板制作的允许偏差

项次	项目名称	允许偏差（mm）
1	高度	±1
2	宽度	-0.7~0
3	表面平整度	±1
4	侧面平直度	±1
5	连接孔位置	±0.5

2. 提升架

提升架宜设计成适用于多种结构施工的类型。对于结构的特殊部位，可设计专用的提升架。提升架设计时，应按实际的垂直和水平荷载验算，必须有足够的刚度，其构造应符合下列规定：

（1）提升架可采用单横梁"Ⅱ"形架、双横梁的"开"形架或单立柱的"Γ"形架，横梁与立柱必须刚性连接，两者的轴线应在同一平面内，在使用荷载作用下，立柱下端的侧向变形应不大于 2 mm。

（2）模板上口到提升架横梁底部的净高度，对于 Φ25 支承杆宜为 400~500 mm，对于 Φ48.3×3.6 支承杆宜为 500~900 mm。

（3）提升架立柱上应设有调整内外模板间距和倾斜度的可调支腿。

（4）当采用工具式支承杆设在结构体外时，提升架横梁相应加长，支承杆中心线距模板距离应大于 50 mm。

3. 围圈

围圈将提升架连成整体，并同操作平台桁架相连。围圈的构造应符合下列规定：

（1）围圈截面尺寸应根据计算确定，上、下围圈的间距一般为 450~750 mm，上围圈距模板上口的距离不宜大于 250 mm。

（2）当提升架间距大于 2.5 m 或操作平台的承重骨架直接支承在围圈上时，围圈宜设计成桁架式。

（3）围圈在转角处应设计成刚性节点。

（4）固定式围圈接头应用等刚度型钢连接，连接螺栓每边不得少于 2 个。

4. 操作平台

操作平台应按所施工工程的结构类型和受力确定，其构造应符合下列规定：

（1）操作平台由桁架、三脚架及辅板等主要构件组成，与提升架或围圈应连成整体。

（2）外挑平台的外挑宽度不宜大于900 mm，并应在其外侧设安全防护栏杆。

（3）吊脚手板时，钢吊架宜采用Φ48.3×3.6钢管，吊杆下端的连接螺栓必须采用双螺帽。吊脚手架的双侧必须设安全防护栏杆，并应满挂安全网。

5. 支承杆

支承杆的直径、规格应与所使用的千斤顶相适应，对支承杆的加工、接长、加固应做专项设计，确保支承体系的稳定。当采用钢管做支承杆时应符合下列规定：

（1）支承杆宜为Φ48.3×3.6焊接管，管径允许偏差为−0.2～0.5 mm。

（2）采用焊接管方法接长钢管支承杆时，钢管上端平头，下端倒角2×45°，接头处进入千斤顶前，先点焊三点以上并磨平焊点，通过千斤顶后进行围焊，接头处加焊衬管，衬管长度应大于200 mm。

（3）采用工具式支承杆时，钢管两端分别焊接螺母和螺栓，螺纹宜为M35，螺纹长度不宜小于40 mm，螺栓和螺母应与钢管同心。

（4）工具式支承杆必须调直，其平直度偏差不应大于1/1 000。

（5）工具式支承杆长度宜为3 m，第一次安装时可配合采用6 m、4.5 m、1.5 m长的支承杆，使接头错开。当建筑物每层净高小于3 m时，支承杆长度应小于净高尺寸。

（6）当支承杆设置在结构体外时，一般采用工具式支承杆，支承杆的制备数量应能满足5～6个楼层高度的需要。必须在支承杆穿过楼板的位置用扣件卡紧，使支承杆的荷载通过传力钢板、传力槽钢传递到各层楼板上。

6. 滑模装置各种构件

滑模装置各种构件的制作应符合有关的钢结构制作规定，其允许偏差应符合表6-19的规定。

表6-19　滑模装置构件制作允许偏差

名称	内容	允许偏差（mm）
围圈	长度	−5
	弯曲长度≤3 m	±2
	>3 m	±4
	连接孔位置	±0.5
提升架	高度	±3
	宽度	±3
	围圈支托位置	±2
	连接孔位置	±0.5
支承杆	弯曲	小于$(1/1\ 000)L$
	直径$\phi 25$	−0.5～+0.5
	$\phi 28$	−0.5～+0.5
	$\phi 48×3.5$	−0.2～+0.5
	圆度公差	−0.25～+0.25
	对接焊缝凸出母材	<+0.25

（三）主要机具

主要机具名称及规格数量见表 6-20。

表 6-20　主要机具名称及规格数量

机具设备名称	规格数量
塔吊	按臂杆长度、起重高度、垂直运输量选型,1~2 台
混凝土输送泵	按浇筑速度、滑升速度计算确定,滑升速度宜为 140~200 mm/h
混凝土罐车	按浇筑速度及往返时间确定每小时台次
混凝土布料机	按回转半径选型
外用电梯	按建筑高度、垂直度输送量选型,1~2 台
千斤顶	按前述公式计算确定
液压控制台	其流量按千斤顶数量、排油量及一次给油时间确定
激光经纬仪	1~2 台
激光扫描仪	1 台

（四）作业条件

（1）按总平面布置的临时设施、道路、场地达到滑模安装施工要求。

（2）进行滑模安装、施工前的技术交底、安全交底、人员培训工作,组织各类人员循序进场。

（3）作业层楼地面抄平,模板、提升架安装底标高进行必要的水泥砂浆抹灰找平。

（4）投放结构轴线、截面边线、模板定位线、提升架中心线、门窗洞口线等。

（5）绑扎 900 mm 模板高度范围的钢筋。

（6）搭设必要的脚手架。

（7）组织滑模装置构件、安装紧固件、配套材料、机具进场验收。

（8）供水供电应满足滑模连续施工的要求。

（9）混凝土的浇筑、运输、垂直运输和布料设备应满足混凝土连续浇筑和滑升的要求。

三、关键要求

（一）材料的关键要求

（1）模板能满足沿着结构混凝土表面滑动而成型现浇混凝土的要求。

（2）模板和滑模装置依靠千斤顶,能满足不断向上同步整体滑升。

（3）千斤顶的工作荷载必须小于额定起重能力的 1/2。

（4）支承杆具有足够的支承能力,不得失稳。

（5）模板和滑模装置所采用的钢材,其材质为 Q235。

（二）技术关键要求

（1）模板在运动状态下,连续浇筑混凝土,使成型的结构体符合设计要求。

（2）脱模的混凝土应具有一定强度,不致塌陷。其强度能正常地继续增长。不仅能承受结构自重,且能稳固支承杆。

（3）滑模装置设计必须满足滑模施工特点的操作要求。

（4）滑模施工必须编制详细的施工组织设计。

（三）质量关键要求

（1）滑模装置的制作、安装质量必须符合允许偏差的要求。

（2）滑模施工时，混凝土必须分层浇筑、分层振捣，浇筑入模的混凝土不能与模板黏结，混凝土脱模强度必须满足 0.2~0.4 MPa 要求，以保证模板顺利地提升。

（3）在模板运行中，必须保证钢筋绑扎、预留洞口，水电管等其他工序紧密配合，同步施工，且保证其质量符合标准要求。

（4）滑模施工是"三分技术、七分管理"，必须有条不紊地做好各项管理工作。

（5）坚持"防偏为主、纠偏为辅"的方针，当出现偏差时，首先要找出并消除偏差因素，并进行合理纠偏。

（四）职业健康安全关键要求

经常检查滑模装置的各项安全设施，特别是安全网、栏杆、挑架、吊架、脚手板及安全关键部位的紧固螺栓等。

检查施工的各种洞口防护，检查电器、机械设备、照明等安全用电的措施。

（五）环境关键要求

混凝土施工时，采用低噪声环保型振捣器，降低城市噪声污染。

四、施工工艺

（一）滑模装置安装工艺流程

滑模装置安装工艺流程见图 6-3。

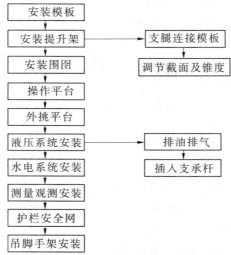

图 6-3　滑模装置安装工艺流程

（二）滑模施工工艺流程

滑模施工工艺流程见图 6-4。

（三）滑模装置安装

（1）安装模板，宜由内向外扩展，逐间组装，逐间定位。

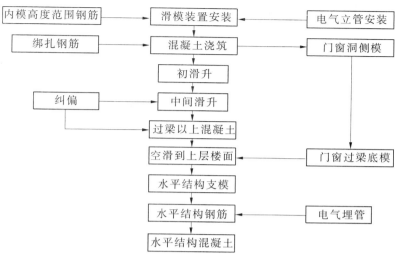

图6-4 滑模施工工艺流程

（2）安装提升架,所有提升架的标高应满足操作平台水平度的要求。

（3）安装提升架活动支腿并同模板连接,调节模板截面尺寸和单面倾斜度,模板应上口小,下口大,单面倾斜度宜为模板高度的 0.1% ~0.3% 。

（4）安装内外围圈及围圈节点连接件。

（5）安装操作平台的桁架、支承和平台铺板。

（6）安装外操作平台的挑架、铺板和平台铺板。

（7）安装液压提升系统和水、电、通信、信号、精度控制和观测装置,并分别进行编号、检查和试验。

（8）在液压系统排油、排气试验合格后,插入支承杆。

（9）安装内外吊脚手架及安全网:当在地面或楼面上组装滑模装置时,应待模板滑至适当高度后,再安装内外吊脚手架,挂安全网。

（四）钢筋绑扎

（1）横向钢筋的长度一般不宜大于 7 m,当要求加长时,应适当增加操作平台宽度。

（2）竖向钢筋的直径小于或等于 12 mm 时,其长度不宜大于 8 m。

（3）钢筋绑扎时,应保证钢筋位置准确,并应符合下列要求:

①每一浇筑层混凝土浇筑完后,在混凝土表面以上至少应有一道绑扎好的横向钢筋。

②竖向钢筋绑扎后,其上端应用限位支架等临时固定。

③双层钢筋的墙,其立筋应成对并列排列,钢筋网片间应有拉结筋或用焊接钢筋骨架定位。

④门窗等洞口上下两侧横向钢筋端头应绑扎平直、整齐、有足够钢筋保护层,下口钢筋宜与竖向钢筋焊接。

⑤钢筋弯钩均应背向模板面。

⑥必须有保证钢筋保护层厚度的措施。

⑦当滑模施工结构有预应力钢筋时,对预应力筋的留孔位置应有相应的成型固定措施。

⑧墙体顶部的钢筋如挂有砂浆,在滑升前应及时清除掉。

（五）混凝土浇筑

（1）用于滑模施工的混凝土，应事先做好混凝土配合比的试配工作，其性能除满足设计规定的强度、抗渗性、耐久性以及施工季节等要求外，尚应满足下列规定：

①混凝土早期强度的增长速度，必须满足模板滑升速度的要求。

②混凝土坍落度宜符合表 6-21 的规定。

表 6-21　混凝土坍落度

结构类型	坍落度（mm）	
	非泵送混凝土	泵送混凝土
墙板、梁、柱	50 ~ 70	100 ~ 160
配筋密集的结构	60 ~ 90	120 ~ 180
配筋特密结构	90 ~ 120	140 ~ 200

③在混凝土中掺入的外加剂或掺合料，其品种和掺量应通过试验确定。

④高强度等级混凝土（可用至 C60），尚应满足流动性、包裹性、可泵送性和可滑性等要求，并应使入模后的混凝土凝结速度与模板滑升速度相适应。

（2）混凝土的浇筑应满足下列规定：

①必须分层均匀对称交圈浇筑，每一浇筑层的混凝土表面应在一个水平面上，并应有计划地均匀地更换浇筑方向。

②模板高度范围内的混凝土浇筑厚度不应大于 300 mm，正常滑升时混凝土超过规定，接槎处应按施工缝的要求处理。

③各层混凝土浇筑的间隔时间不得大于混凝土的凝结时间，当间隔时间超过规定，接槎处应按施工缝的要求处理。

④在气温高的季节，宜先浇筑内墙，后浇筑阳光直射的外墙；先浇筑墙角、墙垛及门窗洞口两侧，后浇筑直墙；先浇筑较厚的墙，后浇筑较薄的墙。

⑤预留孔洞、门窗口、烟道口、变形缝及通风管道等两侧的混凝土应对称均衡浇筑。

（3）混凝土的振捣应符合下列要求：

①振捣混凝土时振捣器不得直接触及支承杆、钢筋或模板。

②振捣器插入前一层混凝土内深度不应超过 50 mm。

（4）混凝土的养护应符合下列规定：

①混凝土出模后应及时进行修整，必须及时进行养护。

②养护期间，应保持混凝土表面湿润，除冬施外，养护时间不少于 7 d。

③养护方法宜选用连续喷雾养护或喷涂养护液。

（六）液压滑升

（1）初滑时模板内浇筑的混凝土至 500 ~ 700 mm 高度后，第一层混凝土强度达到 0.2 MPa，应进行 1 ~ 2 个千斤顶行程的提升，并对滑模装置和混凝土凝结状态进行检查，确定正常后，方可转为正常滑升。

（2）正常滑升过程中，两次提升的时间间隔不宜超过 0.5 h。

（3）提升过程中，应使所有的千斤顶充分地进油、排油。提升过程中，如出现油压增至正常滑升工作压力值的 1.2 倍,尚不能使全部千斤顶升起时,应停止提升操作,立即检查原因,及时进行处理。

(4)在正常滑升过程中,操作平台应保持基本水平。每滑升 200～400 mm,应对各千斤顶进行一次调平(如采用限调平卡等),特殊结构或特殊部位应按施工组织设计的相应要求实施。各千斤顶的相对高差不得大于 40 mm。相邻两个提升架上千斤顶升差不得超过 20 mm。

(5)在滑升过程中,应检查和记录结构垂直度、水平度、扭转及结构截面尺寸等偏差数据,及时进行纠偏、纠扭工作。在纠正结构垂直偏差时,应徐缓进行,避免出现硬弯。

(6)在滑升过程中,应随时检查操作平台结构,支承杆的工作状态及混凝土的凝结状态,如发现异常,应及时分析原因并采取有效的处理措施。

(7)因施工需要或其他原因不能连续滑升时,应采取下列停滑措施:

①混凝土应浇筑至同一标高。

②模板每隔一定时间提升 1～2 个千斤顶行程,直至模板与混凝土不再黏结为止。对滑空部位的支承杆,应采取适当的加固措施。

③继续施工时,应对模板与液压系统进行检查。

(七)水平结构施工

(1)滑模工程水平结构的施工,宜取在竖向结构完成到一定高度后,采取逐层空滑支模施工现场楼板。

(2)按整体结构设计的横向结构,当采用后期施工时,应保证施工过程中的结构稳定和满足设计要求。

(3)墙板结构采用逐层空滑现浇楼板工艺施工时应满足下列规定:

①当墙模板空滑时,其外周模板与墙体接触部分的高度不得小于 200 mm。

②楼板混凝土强度达到 1.2 MPa 方能进行下道工序,支设楼板的模板时,不应损害下层楼板混凝土。

③楼板模板支柱的拆除时间,除应满足现行国家标准《混凝土结构工程施工质量验收规范》(GB 50204)的要求外,还应保证楼板的结构强度满足承受上部施工荷载的要求。

五、质量控制

(一)主控项目

(1)模板及滑模装置必须有足够的强度、刚度和稳定性,液压滑升系统有足够的承载能力和起重能力。

检查数量:全数检查。

检查方法:查看设计文件。

(2)模板安装必须形成上口小下口大的锥形,其单面倾斜度符合允许偏差要求。模板截面调节、倾斜度调节有灵活可靠的装置。

检查数量:全数检查。

检查方法:观察。

(二)一般项目

1. *滑模装置组装允许偏差*

滑模装置组装的允许偏差见表 6-22。

表 6-22　滑模装置组装的允许偏差

内容		允许偏差（mm）
模板结构轴线与相应结构轴线位置		3
围图位置偏差	水平方向	3
	垂直方向	3
提升架的垂直偏差	平面内	3
	平面外	2
安放千斤顶的提升架横梁相对标高偏差		5
考虑倾斜度后模板尺寸偏差	上口	−1
	下口	+2
千斤顶位置安装的偏差	提升架平面内	5
	提升架平面外	5
圈模直径、方模边长的偏差		−2 ~ +3
相邻两块模板平面平整偏差		1.5
支承杆垂直偏差		2/1 000

2. 滑模施工工程混凝土结构允许偏差

滑模施工工程混凝土结构允许偏差见表 6-23。

表 6-23　滑模施工工程混凝土结构的允许偏差

项目			允许偏差（mm）
轴线间的相对位移			5
标高	每层	高层	±5
		多层	±10
	全高		±30
垂直度	每层	层高≤5 m	5
		层高>5 m	层高的 0.1%
	全高	高度<10 m	10
		高度≥10 m	高度的 0.1%，不得>30
墙、柱、梁截面尺寸偏差			+8、−5
表面平整（2 m 靠尺检查）	抹灰		8
	不抹灰		4
门窗洞口及预留洞口位置偏差			15
预埋件位置偏差			20

六、成品保护

（1）模板提升后，应对脱出模板下口的混凝土表面进行检查。

（2）情况正常时，混凝土表面有 25～30 mm 宽水平方向水印。

（3）若有表面拉裂、坍塌等缺陷，应及时研究处理并做表面修整。

（4）若表面有流淌、穿裙子等现象，应及时采取调整模板锥度等措施。

（5）混凝土出模后，必须及时进行养护。养护方法宜选用喷雾养护或喷涂养护液。冬期养护宜选用塑料薄膜保湿和阻燃棉毡保温。

七、安全措施

（1）严格执行国家、地方政府、上级主管部门及公司有关安全生产的规定和文件。

（2）进入现场的所有人员必须戴好安全帽，高空作业人员必须系好安全带。

（3）建筑物外墙边线外 6 m 范围内划为危险区，危险区内不得站人或通行。必需的通道和必要作业点要搭设保护棚。

（4）滑模装置的安全关键部位：安全网、栏杆和滑模装置中的挑架、吊脚手架、跳板、螺栓等必须逐件检查，做好检查记录。

（5）防护栏杆的安全网必须采用符合安全要求标准的密目安全网，安全网的架设和绑扎必须符合安全要求，建筑物四周设水平安全网，网宽 6 m，分设在道层及其上每隔四层建筑物的四周。吊脚手架的安全网应包围在吊脚手跳板下，外挑平台栏杆上设立网，高度 2 m以上。

（6）洞口防护：

①楼板洞口：利用楼板钢筋保护。

②电梯洞口：在电梯口搭设钢管护栏。

③楼梯口：随建筑物上升，紧接着用钢管搭临时栏杆。

④操作平台洞口：可搭设临时栏杆或挂设安全网。

（7）为了确保千斤顶正常工作，应有计划地更换千斤顶，确保正常工作。要更换千斤顶时，不得同时更换相邻的两个，以防止千斤顶超载。千斤顶更换应在滑模停歇期间进行。

（8）滑模装置的电路、设备均应接零接地，手持电动工具设漏电保护器，平台下照明采用 36 V 低压照明，动力电源的配电箱按规定配置。主干线采用钢管穿线，跨越线路采用流体管穿线，平台上不允许乱拉电线。

（9）滑模平台上设置一定数量的灭火器，施工用水管可代用作消防用水管使用。操作平台上严禁吸烟。

（10）现场上有明显的防火标志和安全标语牌。

（11）各类机械操作人员应按机械操作技术规程操作、检查和维修，确保机械安全，吊装索具应按规定经常进行检查，防止吊物伤人，任何机械均不允许非操作人员操作。

（12）滑模装置拆除要严格按拆除方法和拆除顺序进行。在割除支承杆前，提升架必须加临时支护，防止倾倒伤人，支承杆割除后应及时在台上拔除，防止吊运过程中掉下伤人。

（13）滑模平台上的物料不得集中堆放，一次吊运钢筋数量不得超过平台上的允许承载力，并应分布均匀。

（14）拆除的木料、钢管等要捆牢固，防止落体伤人，严禁任何物体从上往下扔。

（15）要保护好电线，防止轧断，确保台上临时照明和动力线的安全。拆除电气系统时，必须切断电源。

（16）为防止扰民，振动器宜采用低噪声型振动棒。

附6.1　装置设计荷载标准值

1. 操作平台上的施工荷载标准值：

施工人员、工具和备用材料：

设计平台铺板和檩条时	2.5 kN/m²
设计平台桁架时	2.0 kN/m²
设计围图及提升架时	1.5 kN/m²
设计支承杆数量时	1.5 kN/m²

平台上临时集中存放材料，放置手推车、吊罐、液压操作台、电、气焊设备、随升井架等特殊设备时，应按实际重量计算设计荷载。

脚手架的设计荷载（包括自重和有效荷载）按实际重量计算，且不得低于 1.8 kN/m²。

2. 振捣混凝土的侧压力标准值：

对于浇筑高度为 80 cm 左右的侧压力分布见附图 6.1-1，其侧压力合力取 5.0～6.0 kN/m，合力的作用点约在 $2/5H_c$ 处。H_c 为混凝土与模板接触的高度。

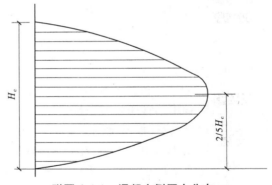

附图 6.1-1　混凝土侧压力分布

3. 模板与混凝土的摩阻力标准值：钢模板 1.5～3.0 kN/m²。

4. 倾倒混凝土时模板承受的冲击力：

用溜槽、串筒或 0.2 m³ 的运输工具向模板内倾倒混凝土时，作用于模板侧面的水平集中荷载标准值为 2.0 kN。

5. 当采用料斗向平台直接卸混凝土时，混凝土对平台卸料点产生的集中荷载按实际情况确定，且不应低于下式计算的标准值 $W(kN)$：

$$W = \gamma [(H_o + h)A + B]$$

式中　γ——混凝土的重力密度，kN/m^3；

　　　H_o——料斗内混凝土上表面至料斗口的最大高度，m；

　　　h——卸料时料斗口至平台卸料点的最大高度，m；

　　　A——卸料口的面积，m^2；

B——卸料口下方可能堆存的最大混凝土量,m³。

6. 随升起重设备刹车制动标准值:

随升起重设备刹车制动标准值可按下式计算:

$$W = [(V_a/g) + 1]Q = K_d Q$$

式中　W——刹车时产生的荷载标准值,N;

　　　V_a——刹车时的制动减速度,m/s²;

　　　g——重力加速度,m/s²,取 9.8 m/s²;

　　　Q——料罐总重,N;

　　　K_d——动荷载系数。

式中 V_a 值与安全卡的制动灵敏度有关,其数值应根据经验确定,为防止因刹车过急而对平台产生过大的荷载,值一般可取 g 值的 1~2 倍,值在 2~3 取用。如果 K_d 值过大,则对平台不利,取值过小,则在离地面较近时,容易发生事故。

7. 风荷载按《建筑结构荷载规范》(GB 50009)的规定采用,模板及其支架的抗倾倒系数不应小于 1.15。

8. 可变荷载的分项系数取 1.4。

附 6.2　支承杆允许承载能力确定方法

1. 当采用Φ25 圆钢支承杆,模板处于正常滑升状态时,即从模板上口以下,最多只有一个浇筑高度尚未浇筑混凝土的条件下,支承杆的允许承载力按下式计算:

$$P_o = a40EJ/[K(L_o + 95)^2]$$

式中　P_o——Φ25 支承杆的允许承载力,kN;

　　　a——工作条件系数,取 0.7~1.0,视施工操作水平、滑模平台结构情况确定,一般整体式刚性平台取 0.7,分割工平台取 0.8,采用工具式支承杆取 1.0;

　　　E——支承杆弹性模量,kN/cm²;

　　　J——支承杆截面惯性矩,cm⁴;

　　　K——安全系数,取值应不小于 2.0;

　　　L_o——支承杆脱空长度,从混凝土上表面至千斤顶卡头距离,cm。

2. 当采用Φ48×3.5 钢管作支承杆时,支承杆的允许承载力按下式计算:

$$p_o = af\psi A_n$$

式中　p_o——Φ48×3.5 钢管支承杆的允许承载力;

　　　f——支承杆钢材强度设计值,kN/cm²,取 20 kN/cm²;

　　　A_n——支承杆的截面面积,cm²,取 4.89 cm²;

　　　a——工作条件系数,取 0.7;

　　　ψ——轴心受压杆件的稳定系数,计算出杆的长细比 λ 值,查现行《钢结构设计规范》(GB 50017)附表得到 ψ。

$$\lambda = (\mu L_1)/r$$

式中　μ——长度系数,对Φ48×3.5 钢管支承杆,$\mu = 0.75$;

　　　r——回转半径,对Φ48×3.5 钢管支承杆,$r = 1.58$ cm;

　　　L_1——支承杆计算长度,cm。

当支承杆在结构体内时,L_1取千斤顶下卡头到浇筑混凝土表面的距离。

当支承杆在结构体外时,L_1取千斤顶下卡头到模板下口第一个横向支承扣件节点的距离。

第五节　高大支模架体施工

一、适用范围

本标准适用于一般工业与民用建筑水平混凝土结构工程施工中用扣件钢管式、碗口架式、承插型盘扣式、门架式等支撑材料组成的超限模板支架的施工,常规支模架施工可参考。执行我国住房和城乡建设部《危险性较大的分部分项工程安全管理办法》(建质〔2009〕87号)规定内容,混凝土模板支撑工程:搭设高度8 m及以上;搭设跨度18 m及以上,施工总荷载15 kN/m^{2}及以上;集中线荷载20 kN/m^{2}及以上;我国住房和城乡建设部下发的《建设工程高大模板支撑系统施工安全监督管理导则》(建质〔2009〕254号)。网架、钢结构的施工支撑架,斜向混凝土结构的模板支架在考虑水平荷载影响后适用。

二、施工准备

(1)高大支模架体施工需编制专项施工方案,且需经专家论证后方可组织施工。

(2)项目技术负责人应按照高大支模架专项施工方案中有关高大支模架的施工要求,向架体的搭设和使用人员进行技术交底。

(3)搭设场地无杂物,已经平整,排水通畅。

(4)地基与基础,符合方案要求。

(5)立杆垫板或底座底面标高宜高于自然地坪50~100 mm。架体基础经验收合格后,应按专项方案的要求放线定位。

三、主要构配件材料要求

(一)扣件钢管式

1. 钢管

(1)支模架钢管应采用现行国家标准《直缝电焊钢管》(GB/T 13793)或《低压流体输送用焊接钢管》(GB/T 3091)中规定的 Q235 普通钢管;钢管的钢材质量应符合现行国家标准《碳素结构钢》(GB/T 700)中 Q235 级钢的规定。

(2)支模架钢管宜采用 ϕ48.3×3.6 钢管(对浙江省内工程,其模板支架的钢管应采用标准规格 ϕ48×3.5 mm 钢管,壁厚不得小于3.0 mm);钢管上严禁打孔;每根钢管的最大质量不应大于25.8 kg。

2. 扣件

(1)扣件应采用可锻铸铁或铸钢制作,其质量和性能应符合现行国家标准《钢管脚手架扣件》(GB 15831)的规定;采用其他材料制作的扣件,应经试验证明其质量符合该标准的规定后方可使用。

(2)扣件在螺栓拧紧扭力矩达到65 N·m时,不得发生破坏。

3. 可调托撑

（1）可调托撑螺杆外径不得小于 36 mm，直径与螺距应符合现行国家标准《梯型螺纹》（GB/T 5796.2、GB/T 5796.3）的规定。

（2）可调托撑的螺杆与支托板焊接应牢固，焊缝高度不得小于 6 mm；可调托撑螺杆与螺母旋合长度不得少于 5 扣，螺母厚度不得小于 30 mm。

（3）可调托撑受压承载力设计值不应小于 40 kN，支托板厚不应小于 5 mm。

（二）碗扣架式

（1）碗口式钢管支模架用钢管要求同扣件式钢管架钢管要求。

（2）上碗扣、可调底座及可调托撑螺母应采用可锻铸铁或铸钢制造，其材料机械性能应符合现行国家标准《可锻铸铁件》（GB 9440）中 KTH330 - 08 及《一般工程用铸造碳钢件》（GB/T 11352）中 ZG 270 - 500 的规定。

（3）下碗扣、横杆接头、斜杆街头应采用碳素铸钢制造，其材料机械性能应符合现行国家标准《一般工程用铸造碳钢件》（GB/T 11352）中 ZG230 - 450 的规定。

（4）采用钢板热冲压整体成型的下碗扣，钢板应符合现行国家标准《碳素结构钢》（GB/T 700）中 Q235A 级钢的要求，板厚不得小于 6 mm，并经 600 ~ 650 ℃的时效处理。严禁利用废旧锈蚀钢板改制。

（5）碗扣式钢管支模架主要构配件种类、规格和理论质量应符合表 6-24 的规定。

表 6-24　主要构配件种类、规格和理论质量

名称	常用型号	规格（mm）	理论质量（kg）
立杆	LG120	Φ 48 × 1 200	7.05
	LG180	Φ 48 × 1 800	10.19
	LG240	Φ 48 × 2 400	13.34
	LG300	Φ 48 × 3 000	16.48
横杆	HG – 30	Φ 48 × 300	1.32
	HG – 60	Φ 48 × 600	2.47
	HG – 90	Φ 48 × 900	3.63
	HG – 120	Φ 48 × 1 200	4.78
	HG – 150	Φ 48 × 1 500	5.93
	HG – 180	Φ 48 × 1 800	7.08
间横杆	JHG – 90	Φ 48 × 900	4.37
	JHG – 120	Φ 48 × 1 200	5.52
	JHG – 120 + 30	Φ 48 × (1 200 + 300)用于窄挑梁	6.85
	JHG – 120 + 60	Φ 48 × (1 200 + 300)用于宽挑梁	8.16
专用外斜杆	XG – 0912	Φ 48 × 1 500	6.33
	XG – 1212	Φ 48 × 1 700	7.03
	XG – 1218	Φ 48 × 2 160	8.66
	XG – 1518	Φ 48 × 2 340	9.30
	XG – 1818	Φ 48 × 2 550	10.04

续表 6-24

名称	常用型号	规格(mm)	理论质量(kg)
专用斜杆	ZXG－0912	φ48×1 270	5.89
	ZXG－0918	φ48×1 750	7.73
	ZXG－1212	φ48×1 500	6.76
	ZXG－1218	φ48×1 920	8.37
窄挑梁	TL－30	宽度300	1.53
宽挑梁	TL－60	宽度600	8.60
立杆连接销	LLX	φ10	0.18
可调底座	KTZ－45	T38×6 可调范围≤300	5.82
	KTZ－60	T38×6 可调范围≤450	7.12
	KTZ－75	T38×6 可调范围≤600	8.50
可调托撑	KTC－45	T38×6 可调范围≤300	7.01
	KTC－60	T38×6 可调范围≤450	8.31
	KTC－75	T38×6 可调范围≤600	9.69
脚手板	JB－120	1 200×270	12.80
	JB－150	1 500×270	15.00
	JB－180	1 800×270	17.90

(6)制作质量要求如下:

①碗扣式钢管支模架钢管规格应为φ48 mm×3.5 mm,钢管壁厚应为 $3.5_0^{+0.25}$ mm。

②立杆连接处外套管与立杆间隙应小于或等于2 mm,外套管长度不得小于160 mm,外伸长度不得小于110 mm。

③钢管焊接前应进行调直除锈,钢管直线度应小于1.5L/1 000(L 为使用钢管的长度)。

④构配件外观质量应符合下列要求:

a.钢管应平直光滑、无裂纹、无锈蚀、无分层、无结疤、无毛刺等,不得采用横断面接长的钢管。

b.铸造件表面应光整,不得有砂眼、缩孔、裂纹、浇冒口残余等缺陷,表面除砂应清除干净。

c.冲压件不得有毛刺、裂纹、氧化皮等缺陷。

d.各焊缝应饱满,焊药应清除干净,不得有未焊透、夹砂、咬肉、裂纹等缺陷。

e.构配件防锈漆涂层应均匀,附着应牢固。

f.主要构配件上的生产标识应清晰。

⑤架体组装质量应符合下列要求:

a.立杆的上碗扣应能上下串动、转动灵活,不得有卡滞现象。

b.立杆与立杆的连接孔处应能插入φ10连接销。

c.碗扣节点上应在安装 1~4 个横杆时,上碗扣均能锁紧。

d.当搭设不少于二步三跨 1.8 m×1.8 m×1.2 m(步距×纵距×横距)的整体脚手架时,每一框架内横杆与立杆的垂直度偏差应小于 5 mm。

e.可调底座底板的钢板厚度不得小于 6 mm,可调托撑钢板厚度不得小于 5 mm。

f.可调底座及可调托撑丝杆与调节螺母啮合长度不得小于 6 扣,插入立杆内的长度不得小于 150 mm。

(7)主要构配件的性能指标应符合下列要求:

①上碗扣抗拉强度不应小于 30 kN。

②下碗扣组焊后剪切强度不应小于 60 kN。

③横杆接头剪切强度不应小于 50 kN。

④横杆接头焊接剪切强度不应小于 25 kN。

⑤底座抗压强度不应小于 100 kN。

(三)承插型盘扣式

(1)承插型盘扣式钢管支架的构配件除有特殊要求外,其材质应符合现行国家标准《低合金高强度结构钢》(GB/T 1591)、《碳素结构钢》(GB/T 700)以及《一般工程用铸造碳钢件》(GB/T 11352)的规定,各类支架主要构配件材质应符合表 6-25 的规定。

表 6-25　承插型盘扣式钢管支架主要构配件材质

立杆	水平杆	竖向斜杆	水平斜杆	扣接头	立杆连接套管	可调底座、可调托撑	可调螺母	连接盘、插销
Q345A	Q235A	Q195	Q235B	ZG230 – 450	ZG230 – 450 或 20 号无缝钢管	Q235B	ZG270 – 500	ZG230 – 450 或 Q235B

(2)钢管外径允许偏差应符合表 6-26 的规定,钢管壁厚允许偏差应为 ±0.1 mm。

表 6-26　钢管外径允许偏差　　　　　　　　　　　(单位:mm)

外径 D	外径允许偏差
33、38、42、48	+0.2 -0.1
60	+0.3 -0.1

(3)连接盘、扣接头、插销及可调螺母的调节手柄采用碳素钢制造时,其材料机械性能不得低于现行国家标准《一般工程用铸造碳钢件》(GB/T 11352)中牌号为 ZG230 – 450 的屈服强度、抗拉强度、延伸率的要求。

(4)主要构配件种类、规格宜符合现行《建筑施工承插型盘扣式钢管支架安全技术规程》(JGJ 231)附录 A 中的规定。

(5)制作质量要求如下:

①杆件各焊接部位应牢固可靠。焊丝宜采用符合现行国家标准《气体保护电弧焊用碳钢、低合金钢焊丝》(GB/T 8110)中气体保护电弧焊用碳钢、低合金钢焊丝的要求,有效焊缝高度不应小于 3.5 mm。

②铸钢或钢板热锻制作的连接盘的厚度不应小于 8 mm,允许尺寸偏差应为 ±0.5 mm;钢板冲压制作的连接盘厚度不应小于 10 mm,允许尺寸偏差应为 ±0.5 mm。

③铸钢制作的杆端扣接头应与立杆钢管外表面形成良好的弧面接触,并应有不小于 500 mm² 的接触面积。

④楔形插销的斜度应确保楔形插销楔入连接盘后能自锁。插销外表面应与水平杆和斜杆杆端和接头内表面吻合,插销连接应保证锤击自锁后不拔脱,抗拔力不得小于 3 kN。铸钢、钢板热锻或钢板冲压制作的插销厚度不应小于 8 mm,允许尺寸偏差应为 ±0.1 mm。

⑤立杆连接套管可采用铸钢套管或无缝钢管套管。采用铸钢套管形式的立杆连接套长度不应小于 90 mm,可插入长度不应小于 75 mm;采用无缝钢管套管形式的立杆连接套长度不应小于 160 mm,可插入长度不应小于 110 mm。套管内径与立杆钢管外径间隙不应大于 2 mm。

⑥立杆与立杆连接套管应设置固定立杆连接件的防拔出销孔,销孔孔径不应大于 14 mm,允许尺寸偏差应为 ±0.1 mm;立杆连接件直径宜为 12 mm,允许尺寸偏差应为 ±0.1 mm。

⑦连接盘与立杆焊接固定时,连接盘盘心与立杆轴心的不同轴度不应大于 0.3 mm;以单侧边连接盘外边缘处为测点,盘面与立杆纵轴线正交的垂直度偏差不应大于 0.3 mm。

⑧可调底座和可调托座的丝杆宜采用梯形牙,A 型立杆宜配置 Φ48 丝杆和调节手柄,丝杆外径不应小于 46 mm;B 型立杆宜配置 Φ38 丝杆和调节手柄,丝杆外径不应小于 36 mm。

⑨可调底座的底板和可调托座的托板宜采用 Q235 钢板制作,厚度不应小于 5 mm,允许尺寸偏差应为 ±0.2 mm,承力面钢板长度和宽度均不应小于 150 mm;承力面钢板与丝杆应采用环焊,并应设置加劲片或加劲拱度;可调托座托板应设置开口挡板,挡板高度不应低于 40 mm。

⑩可调底座和可调托座的丝杆与螺母旋和长度不得小于 5 扣,螺母厚度不得小于 30 mm,可调底座和可调托座插入立杆内的长度应符合:

模板支架可调托座伸出顶层水平杆或双槽钢托梁的悬臂长度严禁超过 650 mm,且丝杆外露长度严禁超过 400 mm,可调托座插入立杆或双槽钢托梁长度不得小于 150 mm。

⑪主要构配件的制作质量及形位公差要求,应符合现行《建筑施工承插型盘扣式钢管支架安全技术规程》(JGJ 231)附录 A 表 A－2 的规定。

⑫可调托座、可调底座承载力,应符合《建筑施工承插型盘扣式钢管支架安全技术规程》(JGJ 231)附录 A 表 A－3 的规定。

⑬挂扣式钢脚手板承载力,应符合《建筑施工承插型盘扣式钢管支架安全技术规程》(JGJ 231)附录 A 表 A－4 的规定。

(四)门式钢管架

(1)门架与配件的钢管应采用现行国家标准《直缝电焊钢管》(GB/T 13793)或《低压流体输送用焊接钢管》(GB/T 3091)中规定的普通钢管;其材质应符合现行国家标准《碳素结构钢》(GB/T 700)中 Q235 级钢的规定。门架与配件的性能、质量及型号的表述方法应符合现行《门式钢管脚手架》(JG 13)的规定。

（2）周转使用的门架与配件应按现行《建筑施工门式钢管脚手架安全技术规范》（JGJ 128）附录 A 的规定进行质量类别判定与处置。

（3）门架立杆加强杆的长度不应小于门架高度的 70%；门架宽度不得小于 800 mm，且不应大于 1200 mm。

（4）加固杆钢管应采用现行国家标准《直缝电焊钢管》（GB/T 13793）或《低压流体输送用焊接钢管》（GB/T 3091）中规定的普通钢管；其材质应符合现行国家标准《碳素结构钢》（GB/T 700）中 Q235 级钢的规定。宜采用直径 Φ42 mm×2.5 mm 的钢管，也可采用直径 Φ48 mm×3.5 mm 的钢管；相应的扣件规格也应分别为 Φ42、Φ48 或 Φ42/Φ48。

（5）门架钢管平直度允许偏差不应大于管长的 $L/500$，钢管不得接长使用，不应使用带有硬伤或严重锈蚀的钢管。门架立杆、横杆钢管壁厚的负偏差不应超过 0.2 mm。钢管壁厚存在负偏差时，宜选用热镀锌钢管。

（6）交叉支撑、锁臂、连接棒等配件与门架相连时，应有防止退出的止退机构，当连接棒与锁臂一起应用时，连接棒可不受此限。脚手板、钢梯与门架相连的挂扣，应有防止脱落的扣紧机构。

（7）底座、托座及其可调螺母应采用可锻铸铁或铸钢制作，其材质应符合现行国家标准《可锻铸铁件》（GB/T 9440）中 KTH-330-08 或《一般工程用铸造碳钢件》（GB/T 11352）中 ZG230-450 的规定。

（8）扣件应采用可锻铸铁或铸钢制作，其质量和性能应符合现行国家标准《钢管脚手架扣件规范》（GB 15831）的要求。连接外径为 Φ42/Φ48 钢管的扣件应有明显标记。

（9）连墙件宜采用钢管或型钢制作，其材质应符合现行国家标准《碳素结构钢》（GB/T 700）中 Q235 级钢《低合金高强度结构钢》（GB/T 1591）中 Q345 级钢的规定。

四、施工机具

钢管扣件式高支模架体工程施工的主要工具有扳手、力矩扳手、起重锁具等。

五、搭设操作工艺

扣件式钢管支架施工顺序见图 6-5。

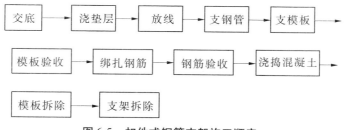

图 6-5　扣件式钢管支架施工顺序

基础准备→立杆布置放线→安放垫板→安放底座竖立杆并同时安纵横扫地杆→搭设纵横水平杆→设置斜撑→设置剪刀撑→连墙加固→铺混凝土梁（板）底模。

碗扣式钢管支架、承插型盘扣式钢管支架、门式钢管支架搭设顺序基本一致，无非是按不同配件要求竖立杆、搭设纵横杆。

六、技术要求

(一)扣件式钢管支架

支架受荷计算应满足现行国家规范或地方标准要求。

其构造要求具体如下。

1. 立杆

(1)立杆支承在土体上时,地基承载力应满足受力要求,防止产生不均匀沉降。不能满足要求时,应对土体采取压实、铺设块石或浇筑混凝土垫层等措施。立杆底部应设置底座或垫板。

(2)模板支架必须设置纵、横向扫地杆。纵向扫地杆应采用直角扣件固定在距底座上皮不大于 200 mm 处的立杆上,横向扫地杆亦应采用直角扣件固定在紧靠纵向扫地杆下方的立杆上。当立杆基础不在同一高度上时,必须将高处的纵向扫地杆向低处延长两跨与立杆固定,高低差不应大于 1 m。靠边坡上方的立杆轴线到边坡的距离不应小于 500 mm。

(3)当采用在梁底设置立杆的支撑方式时,宜采用可调托座直接传力,可调托座与钢管交接处应设置横向水平杆,托座顶距离水平杆的高度不应大于 300 mm。梁底立杆应按梁宽均匀设置,其偏差不应大于 25 mm。

(4)当在立杆底部或顶端设置可调托座时,其调节螺杆的伸缩长度不应大于 200 mm。

(5)立杆的纵横距离不应大于 1 200 mm;对高度超过 8 m,或跨度超过 18 m,或施工总荷载大于 10 kN/m²,或集中线荷载大于 15 kN/m 的模板支架,立杆的纵横距离除满足设计要求外,不应大于 900 mm(该限度为浙江省标准,其他地区可参照使用)。

(6)模板支架步距,应满足设计要求,且不应大于 1.8 m。

(7)立杆接长除顶步可采用搭接外,其余各步接头必须采用对接扣件连接。对接、搭接应符合下列规定:

①立杆上的对接扣件应交错布置,两根相邻立杆的接头不应设置在同步内。

②搭接长度不应小于 1 m,应采用不少于 2 个旋转扣件固定,端部扣件盖板的边缘至杆端距离不应小于 100 mm。

③立杆接长时,同步内隔一根立杆的两个相隔接头在高度方向错开的距离不宜小于 500 mm,各接头中心至主节点的距离不宜大于步距的 1/3。

2. 水平杆

(1)水平杆接长宜采用对接扣件连接,也可采用搭接。对接、搭接应符合下列规定:

①对接扣件应交错布置:两根相邻纵向水平杆的接头不宜设置在同步或同跨内;不同步或不同跨两个相邻接头在水平方向错开的距离不应小于 500 mm;各接头至最近主节点的距离不宜大于纵距的 1/3。

②搭接长度不应小于 1 m,应等距离设置 3 个旋转扣件固定,端部扣件盖板边缘至搭接水平杆杆端的距离不应小于 100 mm。

(2)主节点处必须设置一根横向水平杆,用直角扣件扣接且严禁拆除。主节点两个直角扣件的中心距不应大于 150 mm。

(3)每步的纵、横向水平杆应双向拉通。

3. 剪刀撑

（1）模板支架高度超过 4 m 应按下列规定设置剪刀撑：

①模板支架四边满布竖向剪刀撑，中间每隔 5~8 m 立杆设置一道纵、横向竖向剪刀撑，由底至顶连续设置。

②在竖向剪刀撑顶部交点平面应设置连续水平剪刀撑；当支模架为超限支模架时，扫地杆的设置层应设置水平剪刀撑；水平剪刀撑至架体底平面距离与水平剪刀撑间距不宜超过 8 m。

（2）剪刀撑的构造应符合下列规定：

①每道剪刀撑宽度不应小于 4 跨，且不应小于 6 m，剪刀撑斜杆与地面倾角宜在 45°~60°。倾角为 45°时，剪刀撑跨越立杆的根数不应超过 7 根；倾角为 60°时，则不应超过 5 根。

②剪刀撑斜杆的接长应采用搭接。

③剪刀撑应用旋转扣件固定在与之相交的横向水平杆的伸出端或立杆上，旋转扣件中心线至主节点的距离不宜大于 150 mm。

④设置水平剪刀撑时，有剪刀撑斜杆的框格数量应大于框格总数的 1/3。

4. 其他

（1）模板支架高度超过 4 m 时，柱、墙板与梁板混凝土宜分二次浇筑。宜先浇筑竖向结构构件，后浇筑水平结构构件。水平结构构件混凝土应尽可能均匀对称浇筑，如需分层，每层浇筑厚度不得大于 400 mm，或分层浇筑厚度不大于振捣棒作用半径的 1.25 倍。

（2）模板支架应与施工区域内及周边已具备一定强度的构件（墙、柱等）通过连墙件进行可靠连接，连墙件间距可按水平间距 6~9 m，竖向间距 2~3 m 设置。

（3）斜梁、板结构的模板支架搭设时，应采取设置抛撑，或设置连墙件与周边构件连接，以抵抗水平荷载的影响。

（4）模板支架的整体高宽比不应大于 5。

（5）对高度超过 8 m，或跨度超过 18 m，或施工总荷载大于 10 kN/m² 或集中线荷载大于 15 kN/m 的模板支架，宜采用钢格构柱、钢托架或钢管门型架等组合支撑体系。

（6）对跨度不小于 4 m 的梁板，其模板施工起拱高度宜为梁板跨度的 1/1 000~3/1 000，起拱不得减小构件的截面高度。

（二）碗扣式钢管支架

（1）支架受荷计算根据现行国家规范或地方标准要求。

（2）模板支撑架构造要求：

①模板支撑架应根据所承受的荷载选择立杆的间距和步距，底层纵、横向水平杆作为扫地杆，距地面高度应小于或等于 350 mm，立杆底部应设置可调底座；立杆上端包括可调螺杆伸出顶层水平杆的长度不得大于 0.7 m。

②模板支撑架斜杆设置应符合下列要求：

当立杆间距大于 1.5 m 时，应在拐角处设置通高专用斜杆，中间每排每列应设置通高八字形斜杆或剪刀撑。

当立杆间距小于或等于 1.5 m 时，模板支撑架四周从底到顶连续设置竖向剪刀撑；中间纵、横向由底至顶连续设置竖向剪刀撑，其间距应小于或等于 4.5 m。

剪刀撑的斜杆与地面夹角应在 45°~60°，斜杆应每步与立杆扣接。

③当模板支撑架高度大于 4.8 m 时,顶部和底部必须设置水平剪刀撑,中间水平剪刀撑设置间距应小于或等于 4.8 m。

④当模板支撑架周围有主体结构时,应设置连墙件。

⑤模板支撑架高宽比应小于或等于 2;当高宽比大于 2 时可采取扩大下部架体尺寸或采取其他构造措施。

(三)承插型盘扣式支架

(1)支架受荷计算根据现行国家规范或地方标准要求。

(2)构造要求:(现市场可租赁的承插型盘扣架为四扣,与规范要求的八扣不一样,缺少竖向、横向斜杆,因此所搭支架稳定性欠缺,故只限于一般荷载不大、层高不高结构支模使用)。

①模板支架搭设高度不宜超过 24 m;当超过 24 m 时,应另行专门设计。

②模板支架应根据施工方案计算得出的立杆排架尺寸选用定长的水平杆,并应根据支撑高度组合套插的立杆段、可调托座和可调底座。

③模板支架的斜杆或剪刀撑设置应符合下列要求:

a. 当搭设高度不超过 8 m 的满堂模板支架时,步距不宜超过 1.5 m,支架架体四周外立面向内的第一跨每层均应设置竖向斜杆,架体整体底层以及顶层均应设置竖向斜杆,并应在架体内部区域每隔 5 跨由底至顶纵、横向均设置竖向斜杆(见图 6-6)或采用扣件钢管搭设的剪刀撑(见图 6-7)。当满堂模板支架的架体高度不超过 4 个步距时,可不设置顶层水平斜杆;当架体高度超过 4 个步距时,应设置顶层水平斜杆或扣件钢管水平剪刀撑。

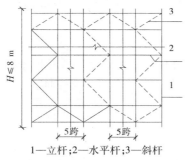

图 6-6 满堂架高度不大于 8 m 斜杆设置立面图   图 6-7 满堂架高度不大于 8 m 剪刀撑设置立面图

1—立杆;2—水平杆;3—斜杆   1—立杆;2—水平杆;3—斜杆;4—扣件钢管剪刀撑

b. 当搭设高度超过 8 m 的模板支架时,竖向斜杆应满布设置,水平杆的步距不得大于 1.5 m,沿高度每隔 3~4 个标准步距应设置水平层斜杆或扣件钢管剪刀撑(见图 6-8)。周边有结构物时,宜与周边结构形成可靠拉结。

c. 当模板支架搭设成无侧向拉结的独立塔状支架时,架体每个侧面每步距均应设竖向斜杆。当有防扭转要求时,在顶层及每隔 3~4 步距应增设水平层斜杆或钢管水平剪刀撑(见图 6-9)。

④对长条状的独立高支模架,架体总高度与架体的宽度之比 H/B 不宜大于 3。

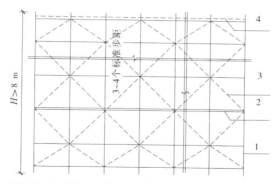

1—立杆;2—水平杆;3—斜杆;4—水平层斜杆或扣件钢管剪刀撑

图6-8　满堂架高度大于8 m水平斜杆设置立面图

⑤模板支架可调托座伸出顶层水平杆或双槽钢托梁的悬臂长度(见图6-10)严禁超过650 mm,且丝杆外露长度严禁超过400 mm,可调托座插入立杆或双槽钢托梁长度不得小于150 mm。

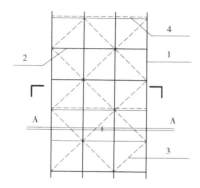 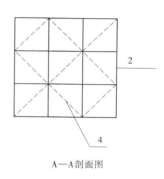

A—A剖面图

1—立杆;2—水平杆;3—斜杆;4—水平层斜杆

图6-9　无侧向拉结塔状支模架

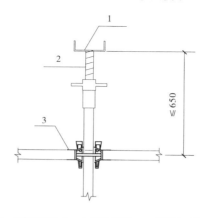

1—可调托座;2—立杆悬臂端;3—顶层水平杆

图6-10　带可调托座伸出顶层水平杆的悬臂长度

⑥高大模板支架最顶层的水平杆步距应比标准步距缩小一个盘扣间距。

⑦模板支架可调底座调节丝杆外露长度不应大于 300 mm，作为扫地杆的最底层水平杆离地高度不应大于 550 mm。当单肢立杆荷载设计值不大于 40 kN 时，底层的水平杆步距可按标准步距设置，且应设置竖向斜杆；当单肢立杆荷载设计值大于 40 kN 时，底层的水平杆步距应比标准布局缩小一个盘扣间距，且应设置竖向斜杆。

⑧模板支架宜与周围已建成的结构进行可靠连接。

⑨当模板支架体内设置与单肢水平杆同宽的人行通道时，可间隔抽除第一层水平杆和斜杆形成施工人员进出通道，与通道正交的两侧立杆间应设置竖向斜杆；当模板支架体内设置与单肢水平杆不同宽的人行通道时，应在通道上部架设支撑横梁（见图 6-11），横梁应按跨度和荷载确定。通道两侧支撑梁的立杆间距应根据计算设置，通道周围的模板支架应连成整体。洞口顶部应铺设封闭的防护板，两侧应设置安全网。通行机动车的洞口，必须设置安全警示和防撞设施。

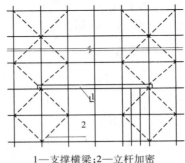

1—支撑横梁；2—立杆加密

图 6-11　模板支架人行通道设置图

（四）门式钢管支架

支架受荷计算应满足现行国家规范或地方标准要求，其构造要求具体如下。

（1）门架。

①门架应能配套使用，在不同组合情况下，均应能保证连接方便、可靠，且应具有良好的互换性。

②不同型号的门架与配件严禁混合使用。

③上下榀门架立杆应在同一轴线位置上，门架立杆轴线的对接偏差不应大于 2 mm。

（2）配件。

①配件应与门架配套，并应与门架连接可靠。

②门架的两侧应设置交叉支撑，并应与门架立杆上的锁销锁牢。

③上下榀门架的组装必须设置连接棒，连接棒与门架立杆配合间隙不应大于 2 mm。

④上下榀门架间应设置锁臂，当采用插销式或弹销式连接棒时，可不设锁臂。

⑤底部门架的立杆下端宜设置固定底座或可调底座。

⑥可调底座和可调托座的调节螺杆直径不应小于 35 mm，可调底座的调节螺杆伸出长度不应大于 200 mm。

（3）地基。

①门式模板支架的地基承载力应经计算确定。在搭设时，根据不同地基土质和搭设高度条件，应符合表 6-27 的规定。

表 6-27　地基要求

搭设高度 （m）	地基土质		
	中低压缩性且压缩性均匀	回填土	高压缩性或压缩性不均匀
≤24	夯实原土,密度要求 15.5 kN/m³。立杆底座置于面积不小于 0.075 m² 的垫木上	土夹石或素土回填夯实,立杆底座置于面积不小于 0.10 m² 的垫木上	夯实原土,铺设通长垫木
>24 且 ≤40	垫木面积不小于 0.10 m²	砂夹石回填夯实	夯实原土,在搭设地面上满铺 C15 混凝土,厚度不小于 150 mm
>40 且 ≤55	垫木面积不小于 0.15 m² 或铺通长垫木	砂夹石回填夯实,垫木面积不小于 0.15 m² 或铺通长垫木	夯实原土,在搭设地面上满铺 C15 混凝土,厚度不小于 200 mm

注:垫木厚度不小于 50 mm,宽度不小于 200 mm;通长垫木的长度不小于1 500 mm。

②门式支架的搭设场地必须平整坚实,并应符合下列规定:

a. 回填土应分层回填,逐层夯实。

b. 场地排水应顺畅,不应有积水。

③当门式支架搭设在楼面等建筑结构上时,门架立杆下宜铺设垫板。

(4)门架的跨距与间距应根据支架的高度、荷载由计算和构造要求确定,门架的跨距不宜超过 1.5 m,门架的净间距不宜超过 1.2 m。

(5)模板支架的高宽比不应大于4,搭设高度不宜超过 24 m。

(6)模板支架托座和托梁,宜采用调节架、可调托座调整高度,可调托座调节螺杆的高度不宜超过 300 mm。底座和托座与门架立杆轴线的偏差不应大于 2.0 mm。

(7)用于支撑梁模板的门架,可采用平行或垂直于梁轴线的布置方式(见图6-12)。

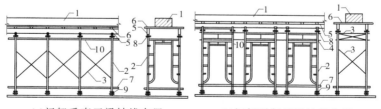

(a)门架垂直于梁轴线布置　　　(b)门架平行于梁轴线布置

1—混凝土梁;2—门架;3—交叉支撑;4—调节架;5—托梁;6—小楞;
7—扫地杆;8—可调托座;9—可调底座;10—水平加固杆

图 6-12　梁模板支架的布置方式(一)

(8)当梁模板支架高度较高或荷载较大时,门架可采用复式(重叠)的布置方式(见图6-13)。

(9)梁板类结构的模板支架,应分别设计。板支架跨距(或间距)宜是梁支架跨距(或间距)的倍数,梁下横向水平加固杆应伸入板支架内不少于 2 根门架立杆,并应与板下门架立杆扣紧。

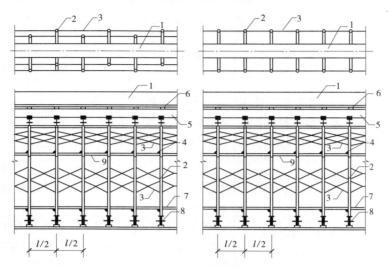

1—混凝土梁;2—门架;3—交叉支撑;4—调节架;5—托梁;
6—小楞;7—扫地杆;8—可调底座;9—水平加固杆

图 6-13　梁模板支架的布置方式(二)

(10)当模板支架的高宽比大于 2 时,宜设置缆风绳或连墙件等有效措施防止架体倾覆,缆风绳或连墙件设置宜符合下列规定:

①在架体端部及外侧周边水平间距不宜超过 10 m 设置,宜与竖向剪刀撑位置对应设置;

②竖向间距不宜超过 4 步设置。

(11)模板支架在支架的四周和内部纵横向应与建筑结构柱、墙刚性连接,连接点应设在水平剪刀撑或水平加固杆设置层,并应与水平杆连接。

(12)模板支架应设置纵横向扫地杆,在每步门架两侧立杆上应设置纵、横向水平加固杆,并应采用扣件与门架立杆扣紧。

(13)模板支架应设置剪刀撑对架体进行加固,剪刀撑的设置除一般构造外尚需符合下列规定:

①在支架的外侧周边及内部纵横向每隔 6 ~ 8 m,应由底至顶设置连续竖向剪刀撑。

②搭设高度 8 m 及以下时,在顶层应设置连续的水平剪刀撑;搭设高度超过 8 m 时,在顶层和竖向每隔 4 步及以下应设置连续的水平剪刀撑。

③水平剪刀撑宜在竖向剪刀撑斜杆交叉层设置。

七、施工

(一)施工准备

(1)模板支架施工前必须编制专项施工方案,遵照建质〔2009〕87 号文要求,高大支模架施工方案需经专家论证后方可组织施工。如当地有要求,遵照当地要求执行。

(2)模板支架专项施工方案应结合工程结构的不同高度、跨度、荷载和工艺制定,并应包括如下内容:

①工程概况:尤其是需支模构件结构概况,包括梁板跨度、截面尺寸、板厚;柱截面尺寸、高度等,列表说明。

②支撑系统强度、刚度和稳定性计算(包括扣件抗滑移、地基或楼板承载力验算)。

③支撑材料的选用、规格尺寸及接头方法、剪刀撑等构造措施,主要参数按构件列表说明。

④模板支架搭设平面、立面布置图、细部构造大样图。

⑤混凝土浇捣程序及方法、模板支撑的安拆顺序以及其他安全措施。

⑥模板支架验收程序及要求。

(3)模板支架专项施工方案编制时,宜采用相关专业软件进行计算复核。

(4)模板支架专项施工方案应由施工企业技术负责人批准,并报总监理工程师批准,方可组织专家论证,必要时应编制应急预案。

(5)模板支架搭设前,应由项目技术负责人向全体操作人员进行安全技术交底。安全技术交底内容应与模板支架专项施工方案统一,交底的重点为搭设参数、构造措施和安全注意事项。安全技术交底应形成书面记录,交底方和全体被交底人员应在交底文件上签字确认。

(6)采用工具式支撑体系的模板支架搭设操作人员宜由经过专业技术培训的人员施工。

(二)地基与基础

(1)模板支架基础应按专项施工方案进行施工,按基础承载力要求进行验收。

(2)应清除搭设场地杂物,平整搭设场地并使排水通畅,不积水。

(3)当地基高低差较大时,可利用工具式支承立杆的节点位差或调节底座进行调整。

(4)模板支架地基与基础经验收合格后,应按专项施工方案要求放线定位。

(三)搭设

1. 模板

模板支架立杆、底座、垫板搭设位置应准确地放在定位线上。垫板厚度不小于 5 cm 的木垫板,也可采用槽钢。

2. 设置模板支架应符合的规定

在多层楼板上连续设置模板支架时,应保证上下层支撑立杆在同一轴线上。

3. 扣件安装应符合的规定

(1)扣件规格必须与钢管外径相匹配。

(2)螺栓拧紧扭力矩不应小于 40 N·m,且不应大于 65 N·m。

(3)在主节点处固定横向水平杆、纵向水平杆、剪刀撑等用的直角扣件、旋转扣件的中心点的相互距离不应大于 150 mm。

(4)对接扣件开口应朝上或朝内。

(5)各杆件端头伸出扣件盖板边缘的长度不应小于 100 mm。

4. 承插型盘扣架搭设

(1)应根据立杆放置可调底座,按先立杆后水平杆再斜杆的顺序搭设,形成基本的架体单元,应一次扩展搭设成整体支架体系。

(2)立杆应通过立杆连接套管连接,在同一水平高度内相邻立杆连接套管接头的位置宜错开,且错开高度不宜小于 75 mm。模板支架高度大于 8 m 时,错开高度不宜小于 500 mm。

　　（3）水平杆扣接头与连接盘的插销应用铁锤击紧至规定插入深度的刻度线。

　　（4）每搭完一步支模架后，应及时校正水平杆步距，立杆的纵、横距，立杆的垂直偏差和水平杆的水平偏差。立杆的垂直偏差不应大于模板支架总高度的 1/500，且不得大于 50 mm。

　　5. 门式模板支架搭设

　　（1）模板支架应采用逐列、逐排和逐层的方法搭设。

　　（2）门架的组装应自一端向另一端延伸，应自下而上按步架设，并应逐层改变搭设方向；不应自两端相向搭设或自中间向两端搭设。

　　（3）每搭设完两步门架后，应交验门架的水平度及立杆的垂直度。

　　（4）水平加固杆应设于门架立杆内侧，剪刀撑应设于门架立杆外侧。

　　（四）验收

　　（1）进入现场的支架构配件应具有产品标识及产品质量合格证、产品性能检验报告；外观检查应符合相应规范材料要求。

　　（2）应有工具式支架产品主要技术参数及产品使用说明书。

　　（3）模板支架应根据下列情况按进度分阶段进行检查验收：

　　①基础完工后及模板支架搭设前。

　　②超过 8 m 的高大支模架搭设至一半高度后。

　　③搭设高度达到设计高度后和混凝土浇筑前。

　　（4）高大模板支架投入使用前，应由项目部组织验收，必要时通知企业相关部门参与验收。

　　（5）项目经理、项目技术负责人和相关人员，以及监理工程师应参加模板支架的验收。

　　（6）模板支架验收应根据经批准、论证的专项施工方案，检查现场实际搭设情况与方案的符合性。

　　（7）对下层楼板或地下室顶板采取加固措施的模板支架，应检查加固措施与方案的符合性及加固的可靠性。

　　（五）拆除

　　（1）模板支架拆除应符合现行国家规范《混凝土结构工程施工质量验收规范》（GB 50204）中混凝土强度的有关规定。

　　（2）模板支架拆除前应对拆除人员进行技术交底，并做好书面交底手续。

　　（3）模板支架拆除时，应按施工方案确定的方法和顺序进行。应按先搭后拆，后搭先拆的原则，从顶往下逐层拆除，严禁上下层同时拆除，严禁抛掷。

八、安全管理

　　（1）模板支架搭设和拆除人员应由经过我国住房和城乡建设部特种作业人员考核管理规定考核合格的专业架子工担任，需持证上岗。

　　（2）搭设模板支架人员必须戴安全帽、系安全带、穿防滑鞋。

　　（3）模板支架作业层上严禁超载。

　　（4）模板支架使用期间，严禁任意拆除架体结构杆件。

　　（5）当模板支架基础下或相邻处有设备、管沟时，在支架使用期间严禁开挖。

（6）当有 6 级及 6 级以上大风和雾、雨、雪天气时应停止模板支架搭设与拆除作业。雨、雪后上架作业应有防滑措施,并应扫除积雪。

（7）混凝土浇筑过程中,应派专人在安全区域内观测模板支撑系统的工作状态,监测架体立杆垂直度、沉降。如有异常,应及时报告施工负责人,情况紧急时施工人员应迅速撤离,并应进行加固处理。

（8）混凝土浇筑过程中应均匀浇捣,并采取有效措施防止混凝土超高堆置。

（9）工地临时用电线路的架设,应按现行行业标准《施工现场临时用电安全技术规范》（JGJ 46）的有关规定执行。

（10）在模板支架上进行电、气焊作业时,必须有防火措施和专人看守。

（11）高大模板支模区域内,应设置安全警戒线,不得上下交叉作业。搭拆作业时,应派专人看守,严禁非操作人员入内。

第七章　钢筋工程

第一节　基础钢筋绑扎

本工艺标准适用于建筑结构工程的基础及底板钢筋绑扎。

一、施工准备

（一）技术准备

（1）熟悉图纸、钢筋下料完成。

（2）在垫层上弹出钢筋位置线。

（3）做好技术交底。

（二）材料要求

（1）工程所用钢筋种类、规格必须符合设计要求，并经检验合格。

（2）钢筋半成品符合设计及规范要求。

（3）钢筋绑扎的钢丝（镀锌钢丝）可采用 20～22 号钢丝，其中 22 号钢丝只用于绑扎直径 12 mm 以下的钢筋。钢筋绑扎钢丝长度参考表 7-1。

表 7-1　钢筋绑扎钢丝长度参考　　　　　　　　　（单位：mm）

钢筋直径（mm）	6～8	10～12	14～16	18～20	22	25	28	32
6～8	150	170	190	220	250	270	290	320
10～12		190	220	250	270	290	310	340
14～16			250	270	290	310	330	360
18～20				290	310	330	350	380
22					330	350	370	400

（三）主要机具

主要机具有钢筋钩子、钢筋运输车、石笔、墨斗、尺子等。

（四）作业条件

（1）基础垫层完成，并符合设计要求。垫层上钢筋位置线已弹好。

（2）检查钢筋的出厂合格证，按规定进行复试，并经检验合格后方能使用。钢筋无铁锈及油污，成型钢筋经现场检验合格。

（3）钢筋应按现场施工平面布置图中指定位置堆放，钢筋外表面如有铁锈，应在绑扎前清除干净，锈蚀严重的钢筋不得使用。

（4）绑扎钢筋地点已清理干净。

二、关键要求

（一）材料关键要求

施工现场所用材料的材质、规格应和设计图纸一致，材料代用应征得设计、监理、甲方的同意。

（二）技术关键要求

基础钢筋的绑扎一定要牢固，脱扣松扣数量一定要符合本标准要求；钢筋绑扎前要先弹出钢筋位置线，确保钢筋位置准确。

（三）质量关键要求

施工中应注意下列质量问题，妥善解决，达到质量要求：

(1)施工中要保证钢筋保护层厚度准确，若采用双排筋，要保证上下两排钢筋的距离。

(2)钢筋的接头位置及接头面积百分率要符合设计及施工验收规范要求。

(3)钢筋的布置位置要准确，绑扎要牢固。

（四）职业健康安全要求

(1)各类操作人员应进行职业健康安全教育培训，了解健康状况，并培训合格后方可上岗操作。

(2)配备必要的安全防护装备(安全帽、安全带、防滑鞋、手套、工具带等)并正确使用。

(3)项目主要工种应有相应的安全技术操作规程，特种作业人员应进行培训后持证上岗。

（五）环境关键要求

(1)应根据工程特点、施工工艺、作业条件、队伍素质等编制有针对性的安全防护措施，列出工程威胁点和安全作业注意事项。

(2)严格执行安全技术交底工作，按"施工组织设计"及"施工方案"的要求进行细化和补充，将操作者的安全注意事项讲明、讲清。

(3)施工作业应有可靠的安全操作环境。

三、施工工艺

（一）工艺流程

基础垫层完→弹底板钢筋位置线→钢筋半成品运输到位→按线布放钢筋→绑扎。

（二）操作工艺

(1)将基础垫层清扫干净，用石笔和墨斗在上面弹放钢筋位置线。

(2)按钢筋位置线布放基础钢筋。

(3)绑扎钢筋。四周两行钢筋交叉点应每点绑扎牢。中间部分交叉可相隔交错扎牢，但必须保证受力钢筋不位移。双向主筋的钢筋网，则需将全部钢筋相交点扎牢。相邻绑扎点的钢丝扣成八字形，以免网片歪斜变形。

(4)基础底板采用双层钢筋时，在上层钢筋网下面应设置钢筋撑脚或混凝土撑脚，以保证钢筋位置正确，钢筋撑脚下应垫在下片钢筋网上。

钢筋撑脚的形式和尺寸如图 7-1、图 7-2 所示。如图 7-1 所示类型撑脚每隔 1 m 放置 1个。其直径选用：当板厚 $h \leqslant 300$ mm 时为 $8 \sim 10$ mm；当板厚 $h = 300 \sim 500$ 时为 $12 \sim 14$ mm。当板厚 $h > 500$ mm 时选用如图 7-2 所示撑脚，钢筋直径为 $16 \sim 18$ mm。沿短向通长布置，间距以能保证钢筋位置为准。

图 7-1　钢筋撑脚图(一)　　　　　图 7-2　钢筋撑脚图(二)

(5)钢筋的弯钩应朝上,不要倒向一边;双层钢筋网的上层钢筋弯钩应朝下。

(6)独立柱基础为双向弯曲,其底面短向的钢筋应放在长向钢筋的上面。

(7)现浇柱与基础连用的插筋,其箍筋应比柱的箍筋小一个柱筋直径,以便连接。箍筋的位置一定要绑扎固定牢靠,以免造成柱轴线偏移。

(8)基础中纵向受力筋的混凝土保护层厚度不应小于40 mm,当无垫层时不应小于70 mm。

(9)钢筋的连接:

①受力钢筋的接头宜设置在受力较小处。接头末端到钢筋弯起点的距离不应小于钢筋直径的10倍。

②若采用绑扎搭接接头,则接头相邻纵向受力钢筋的绑扎接头宜相互错开。钢筋绑扎接头区段的长度为1.3倍搭接长度(l_1)。凡搭接接头中点位于该区段的搭接接头均属于同一连接区段。位于同一区段内的受拉钢筋搭接接头面积百分率为25%。

③当钢筋的直径$d > 16$ mm时,不宜采用绑扎接头。

④纵向受力钢筋采用机械连接接头或焊接接头时,连接区段的长度为$35d$(d为纵向受力钢筋的较大值)且不小于500 mm。同一连接区段内,纵向受力钢筋的接头面积百分率应符合设计规定,当设计无规定时,应符合下列规定:在受拉区不宜大于50%;直接承受动力荷载的基础中,不宜采用焊接接头;当采用机械连接接头时,不应大于50%。

(10)基础钢筋的若干规定:

①当条形基础的宽度$B \geqslant 1\ 600$ mm时,横向受力钢筋的长度可减至$0.9B$,交错受力钢筋的长度可减到$0.9B$,交错布置。

②当单独基础的边长$B \geqslant 3\ 000$ mm(除基础支承在桩上外)时,受力钢筋的长度可减至$0.9B$交错布置。

(11)基础浇筑完毕后,把基础上预留墙柱插筋扶正理顺,保证插筋位置准确。

(12)承台钢筋绑扎前,一定要保证桩基伸出钢筋到承台的锚固长度。

四、质量控制

(一)一般规定

(1)当钢筋的品种、级别或规格需做变更时,应办理设计变更文件。

(2)在浇筑混凝土之前,应进行钢筋隐蔽工程验收,其内容包括:

①纵向受力钢筋的品种、规格、数量、位置等。

②钢筋的连接方式、接头位置、接头数量、接头面积百分率等。

③箍筋、横向钢筋的品种、规格、数量、间距等。

④预埋件的规格、数量、位置等。

(二)原材料

1. 主控项目

(1)钢筋进场时,应按现行国家标准《钢筋混凝土用热轧带肋钢筋》(GB 1499)等的规定抽取试件力学性能检验,其质量必须符合有关标准的规定。

检查数量:按进场的批次和产品的抽样检验方案确定。

检查方法:检查产品合格证、出厂检验报告和进场复验报告。

(2)对有抗震设防要求的结构,其纵向受力钢筋的性能应满足设计要求;当设计无具体要求时,对按一、二、三级抗震等级设计的框架和斜撑构件(含梯段)中的纵向受力钢筋应采用 HRB335E、HRB400E、HRB500E、HRBF335E、HRBF400E 或 HRBF500E 钢筋,其强度和最大力下总伸长率的实测值应符合下列规定:

①钢筋的抗拉强度实测值与屈服强度实测值不应小于1.25。

②钢筋的屈服强度实测值与屈服强度标准值的比值不应大于1.3。

③钢筋的最大力下总伸长率不应小于9%。

检查数量:按进场的批次和产品的抽样检验方案确定。

检验方法:检查进场复验报告。

(3)当发现钢筋脆断、焊接性能不良或力学性能显著不正常等现象时,应对该批钢筋进行化学成分检验或其他专项检验。

检验方法:检查化学成分等专项检验报告。

2.一般项目

钢筋应平直、无损伤,表面不得有裂纹、油污、颗粒状或片状老锈。

检查数量:进场时和使用前全数检查。

检验方法:观察。

(三)钢筋加工

1.主控项目

(1)受力钢筋的弯钩和弯折应符合下列规定:

①HPB235 级钢筋末端应做 180°弯钩,其弯弧内直径不应小于钢筋直径的 2.5 倍,弯钩的弯钩平直部分长度不应小于钢筋直径的 3 倍。

②当设计要求钢筋末端需做 135°弯钩时,HRB335 级、HRB400 级钢筋的弯弧内直径不应小于钢筋直径的 4 倍,弯钩的弯后平直部分长度应符合设计要求。

③钢筋做不大于 90°的弯折时,弯折处的弯弧内直径不应小于钢筋直径的 5 倍。

检查数量:按每工作班同一类型钢筋、同一加工设备抽查不应少于 3 件。

检验方法:钢尺检查。

(2)除焊接封闭环式箍筋外,箍筋的末端应做弯钩,弯钩形式应符合设计要求;当设计无具体要求时,应符合下列规定:

①箍筋弯钩弧内直径除应满足第 1 条规定外,尚应不小于受力钢筋直径。

②箍筋弯钩的弯折角度:对一般结构,不应小于 90°;对有抗震等要求的结构,应为135°。

③箍筋弯后平直部分长度:对一般结构,不宜小于箍筋直径的 5 倍;对有抗震等要求的结构,不应小于箍筋直径的 10 倍。

检查数量:按每工作同一类型钢筋、同一加工设备抽查不应少于 3 件。

检验方法:钢尺检查。

2.一般项目

(1)钢筋调直宜采用机械方法,也可采用冷拉方法。当采用冷拉方法调直钢筋时,HPB 级钢筋的冷拉率不宜大于 4%，HRB335 级、HRB400 级和 RRB400 级钢筋的冷拉率不宜大于 1%。

检查数量：按每工作班同一类型钢筋、同一加工设备抽查不应少于 3 件。

检验方法：观察，钢尺检查。

（2）钢筋加工的形状、尺寸应符合设计要求，其偏差应符合表 7-2 的规定。

表 7-2　钢筋加工的允许偏差

项目	允许偏差（mm）
受力钢筋顺长度方向全长的净尺寸	±10
弯起钢筋的弯折位置	±20
箍筋内净尺寸	±5

检查数量：按每工作班同一类型钢筋、同一加工设备抽查不应少于 3 件。

检验方法：钢尺检查。

（四）钢筋连接

1. 主控项目

（1）纵向受力钢筋的连接方式应符合设计要求。

检查数量：全数检查。

检验方法：观察。

（2）在施工现场，应按现行国家标准《钢筋机械连接技术规程》（JGJ 107）、《钢筋焊接及验收规程》（JGJ 18）的规定抽取钢筋机械连接接头、焊接接头试件做力学性能检验，其质量应符合有关规程的规定。

检查数量：按有关规程确定。

检验方法：检查产品合格证、接头力学性能试验报告。

2. 一般项目

（1）钢筋的接头宜设置在受力较小处。同一纵向受力钢筋不宜设置两个或两个以上接头。接头末端到钢筋弯起点的距离不应小于钢筋直径的 10 倍。

检查数量：全数检查。

检验方法：观察，钢尺检查。

（2）在施工现场，应按现行国家标准《钢筋机械连接技术规程》（JGJ 107）、《钢筋焊接及验收规程》（JGJ 18）的规定对钢筋机械连接接头、焊接接头的外观进行检查，其质量应符合有关规程的规定。

检查数量：全数检查。

检验方法：观察。

（3）当受力钢筋采用机械连接接头或焊接接头时，设置在同一构件内的接头宜相互错开。

纵向受力钢筋机械连接接头及焊接接头连接区段的长度为 $35d$（d 为纵向受力钢筋的较大直径）且不小于 500 mm，凡接头中点位于该连接区段长度内的接头均属同一连接区段。同一连接区段内，纵向受力钢筋机械连接及焊接的接头面积百分率为该区段内有接头的纵向受力钢筋截面面积与全部纵向受力钢筋截面面积的比值。

同一连接区段内，纵向受力钢筋的接头面积百分率应符合设计要求；当设计无具体要求时，应符合下列规定：

①在受拉区不宜大于50%。

②接头不宜设置在有抗震设防要求的框架梁端、柱端的箍筋加密区;当无法避开时,对等强度高质量机械连接接头,不应大于50%。

③直接承受动力荷载的结构构件中,不宜采用焊接接头;当采用机械连接接头时,不应大于50%。

检查数量:在同一检验批内,对梁、柱和独立基础,应抽查构件数量的10%,且不少于3件;对墙和板,应按有代表性的自然间抽查10%,且不少于3间;对大空间结构,墙可按相邻轴线间高度5 m左右划分检查面,板可按纵横轴线划分检查面,抽查10%,且均不少于3面。

检验方法:观察,钢尺检查。

(4)同一构件中相邻纵向受力钢筋的绑扎搭接接头宜相互错开。绑扎搭接接头中钢筋的横向净距不应小于钢筋直径,且不应小于25 mm。

钢筋绑扎搭接接头连接区段的长度为$1.3l_1$(l_1为搭接长度),凡搭接接头中点位于连接区段长度的搭接接头均属于同一连接区段。同一连接区段内,纵向钢筋搭接接头面积百分率为该区段内有搭接接头的纵向受力钢筋截面面积与全部纵向受力钢筋截面面积的比值。(见图7-3)。

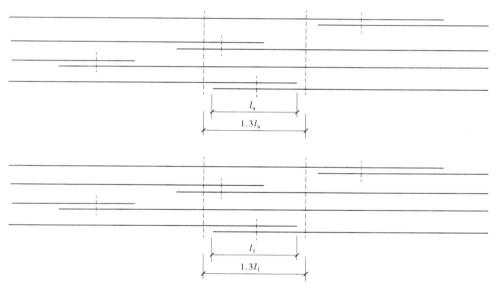

注:图中所示搭接接头同一连接区段内的搭接钢筋为两根,当各钢筋直径相同时,接头面积百分率为33%。

图7-3 钢筋绑扎搭接接头连接区段及接头面积百分率

同一连接区段内,纵向受拉钢筋搭接接头面积百分率应符合设计要求;当设计无具体要求时,应符合下列规定:

①对梁类、板类及墙类构件,不宜大于25%。

②对柱类构件,不宜大于50%。

③当工程中确有必要增大接头面积百分率时,对梁类构件不应大于50%;对其他构件,可根据实际情况放宽。

纵向受力钢筋绑扎搭接接头的最小搭接长度应符合规范规定。

检查数量:在同一检验批内,对梁、柱和独立基础,应抽查构件数量的10%,且不少于3

件;对墙和板,应按有代表性的自然间抽查10%,且不少于3间;对大空间结构,墙可按相邻轴线间高度5 m左右划分检查面,板可按纵横轴线划分检查面,抽查10%,且均不少于3面。

检验方法:观察,钢尺检查。

(5)在梁、柱类构件的纵向受力钢筋搭接长度范围内,应按设计要求配置箍筋。当设计无具体要求时,应符合下列规定:

①箍筋直径不应小于搭接钢筋较大直径的0.25;

②受拉搭接区段的箍筋间距不应大于搭接钢筋较小直径的5倍,且不应大于100 mm;

③受压搭接区段的箍筋间距不应大于搭接钢筋较小直径的10倍,且不应大于200 mm;

④当柱中纵向受力钢筋直径大于25 mm时,应在搭接接头两个端面外100 mm范围内各设置箍筋,其间距宜为50 mm。

检查数量:在同一检验批内,对梁、柱和独立基础,应抽查构件数量的10%,且不少于3件;对墙和板,应按有代表性的自然间抽查10%,且不少于3间;对大空间结构,墙可按相邻轴线间高度5 m左右划分检查面,板可按纵横轴线划分检查面,抽查10%,且均不少于3面。

检验方法:观察,钢尺检查。

(五)钢筋安装

1.主控项目

钢筋安装时,受力钢筋的品种、级别、规格和数量必须符合设计要求。

检查数量:全数检查。

检验方法:观察,钢尺检查。

2.一般项目

钢筋安装位置的偏差应符合表7-3的规定。

表7-3　钢筋安装位置的允许偏差和检验方法

项目			允许偏差(mm)	检验方法
绑扎钢筋网	长、宽		±10	钢尺检查
	网眼尺寸		±15	钢尺量连续三挡,取最大值
绑扎钢筋骨架	长		±10	钢尺检查
	宽、高		±5	钢尺检查
受力钢筋	间距		±10	钢尺量两端、中间各一点取最大值
	排距		±5	
	保护层厚度	基础	±8	钢尺检查
		柱、梁	±5	钢尺检查
		板、墙、壳	±3	钢尺检查
绑扎钢筋、横向钢筋间距			±15	钢尺量连续三挡,取最大值
钢筋弯起点位置			20	钢尺检查
预埋件	中心线位置		5	钢尺检查
	水平高差		+3,0	钢尺和塞尺检查

注:1.检查预埋件中心线位置时,应沿纵、横两个方向量测,并取其中的较大值;

　　2.表中梁类、板类构件上部纵向受力钢筋保护层厚度的合格点率应达到90%及以上,且不得有超过表中数值1.5倍的尺寸偏差。

检查数量:在同一检验批内,对梁、柱和独立基础,应抽查构件数量的 10%,且不少于 3 件;对墙和板,应按有代表性的自然间抽查 10%,且不少于 3 间;对大空间结构,墙可按相邻轴线间高度 5 m 左右划分检查面,板可按纵横轴线划分检查面,抽查 10%,且均不少于 3 面。

五、成品保护

(1)钢筋绑扎完后,应采取保护措施,防止钢筋的变形、位移。

(2)浇筑混凝土时,应搭设上人和运输通道,禁止直接踩压钢筋。

(3)浇筑混凝土时,严禁碰撞预埋件,如碰动应按设计位置重新固定牢靠。

(4)在浇筑时,尤其是在振捣时严禁任意撬动钢筋。

(5)各工种操作人员不准随意切割、掰动钢筋。

六、安全环保措施

(1)钢筋加工机械的操作人员,应经过一定的机械操作技术培训,掌握机械性能和操作规程后,才能上岗。

(2)钢筋加工机械的电气设备,应有良好的绝缘并接地,每台机械必须一机一闸,并设漏电保护开关。机械转动的外露部分必须设有安全防护罩,在停止工作时应断开电源。

(3)钢筋加工机械使用前,应先空运转试车正常后,方能开始使用。

(4)钢筋冷拉时,冷拉场地两端不准站人,不得在正在冷拉的钢筋上行走,操作人员进入安全位置后,方可进行冷拉。

(5)使用钢筋弯曲机时,操作人员应站在钢筋活动端的反方向,弯曲 400 mm 的短钢筋时,要防止钢筋弹出的措施。

(6)粗钢筋切断时,冲切力大,应在切断机口两侧机座上安装两个角钢挡杆,防止钢筋摆动。

(7)在焊机操作棚周围,不得放易燃物品,在室内进行焊接时,应保持良好环境。

(8)搬运钢筋时,要注意前后方向有无碰撞危险或被钩挂料物,特别要避免碰挂周围和上下方向的电线。

(9)安装悬空结构钢筋时,必须站在脚手架上操作,不得站在模板上或支撑上安装。

(10)现场施工的照明电线及混凝土振动器线路不准直接挂在钢筋上,如确实需要,应在钢筋上加设横担木,把电线挂在横担木上,如采用行灯,电压不得超过 36 V。

(11)起吊或安装钢筋时,要和附近高压线路或电源保持一定的安全距离,在钢筋林立的场所,雷雨时不准操作和站人。

(12)废旧钢筋头应及时收集清理,保持工完场清;钢筋焊接时应有遮光措施,避免造成光污染。

第二节　现浇框架结构钢筋绑扎

现浇框架结构一般由基础、柱、剪力墙、主梁、次梁、楼板、屋盖等基本构件组成。其钢筋绑扎特点是:高度大,占地面积相对较小,钢筋绑扎数量大,类型多,操作面小,安装复杂等。

本工艺标准适用于多层工业及民用建筑现浇框架、框架－剪力墙结构钢筋绑扎工程。

一、施工准备

（一）技术准备

(1)准备工程所需的图纸、规范、标准等技术资料,并确定其是否有效。

(2)按图纸和操作工艺标准向班组进行安全、技术交底,对钢筋绑扎安装顺序予以明确规定:

①钢筋的翻样、加工。

②钢筋的验收。

③钢筋绑扎的工具。

④钢筋绑扎的操作要点。

⑤钢筋绑扎的质量通病防治。

（二）材料准备

(1)成型钢筋:必须符合配单的规格、尺寸、形状、数量,并应有加工出厂合格证。

(2)钢丝:可采用20～22号钢丝(火烧丝)或镀锌钢丝。钢丝切断长度要满足使用要求。

(3)垫块:宜用与结构等强度细石混凝土制成,50 mm见方,厚度同保护层,垫块内预留20～22号火烧丝,或用塑料卡、拉筋、支撑等。

（三）主要机具准备

钢筋钩子、撬棍、扳子、绑扎架、钢丝刷、手推车、粉笔、尺子等。

（四）作业条件

(1)钢筋进场应检查是否有出厂证明、复试报告,并按施工平面布置图指定的位置,按规格、使用部位、编号分别加垫木堆放。

(2)做好抄平放线工作,弹好水平标线,墙、柱、梁部位外皮尺寸线。

(3)根据弹好的外皮尺寸线,检查下层预留搭接钢筋的位置、数量、长度,如不符合要求,应进行处理。绑扎前先整理调直下层伸出的搭接筋,并将锈蚀、水泥砂浆等污垢清理干净。

(4)根据标高检查下层伸出搭接筋处的混凝土表面标高(柱、顶、墙顶)是否符合图纸要求,如有松散不实之处,要剔除并清理干净。

二、关键要求

（一）材料的关键要求

钢筋应有出厂合格证、出厂检验报告和按规定做力学性能复试。当加工过程中发生脆断等特殊情况,还需做化学成分检验。钢筋应无老锈及油污。对有抗震设防要求的钢筋工程,其纵向受力钢筋的强度要满足设计要求,当设计无具体要求时,受力钢筋强度实测值应符合现行国家标准《混凝土结构工程施工质量验收规范》(GB 50204)的有关规定。

（二）技术关键要求

(1)认真熟悉施工图,了解设计意图和要求,编制技术交底。

(2)根据设计图纸及工艺标准要求,向班组进行技术交底。

（三）质量关键要求

（1）钢筋绑扎前，应检查有无锈蚀，除锈之后再运至绑扎部位。

（2）熟悉图纸，按设计要求检查已加工好的钢筋规格、形状、数量是否正确。

（3）做好抄平放线工作，根据弹好的外皮尺寸线，检查下层预留搭接钢筋的位置、数量、长度。绑扎前先整理调直下层伸出的搭接筋，并将锈蚀、水泥砂浆等污垢清理干净。

（四）职业健康安全关键要求

（1）进行钢筋绑扎施工时，要求正确佩戴和使用个人防护用品。尤其高空作业要系好安全带，戴好安全帽。

（2）高空作业时钢筋钩子、撬棍、扳手等手执工具应防止失落伤人。

（3）认真检查高凳、脚手架、脚手板的安全可靠性和适用性。

（五）环境关键要求

废旧钢筋头应及时收集清理，保持工完场清。

三、施工工艺

（一）绑柱子钢筋

1. 工艺流程

弹柱子线→剔凿柱混凝土表面浮浆→修理柱子筋→套柱箍筋→搭接绑扎竖向受力筋→画箍筋间距线→绑箍筋。

2. 套柱箍筋

按图纸要求间距，计算好每根柱箍筋数量，先将箍筋套在下层伸出的搭接筋上，然后立柱子钢筋，在搭接长度内，绑扣不少于 3 个，绑扣要向柱中心。如果柱子主筋采用光圆钢筋搭接，角部弯钩应与模板成 45°角，中间钢筋的弯钩应与模板成 90°角。

3. 搭接绑扎竖向受力筋

柱子主筋立起后，绑扎接头的搭接长度、接头面积百分率应符合设计要求。如设计无要求，应符合相关规定。

4. 箍筋绑扎

画箍筋间距线：在立好的柱子竖向钢筋上，按图纸要求用粉笔划箍筋间距线。

5. 柱箍筋绑扎

（1）按已划好的箍筋位置线，将已套好的箍筋往上移动，由上往下绑扎，宜采用缠扣绑扎，如图 7-4 所示。

（2）箍筋与主筋要垂直，箍筋转角与主筋交点均要绑扎，主筋与箍筋非转角部分的相交点成梅花交错绑扎。

（3）箍筋的弯钩叠合处应沿柱竖筋交错布置，并绑扎牢固，见图 7-5。

（4）有抗震要求的地区，柱箍筋端头应弯成 135°，平直部分长度不小于 $10d$（d 为箍筋直径），见图 7-6。如箍筋采用 90°搭接，搭接处应焊接，焊缝长度单面焊缝不小于 $10d$。

（5）柱基、柱顶、梁柱交接处箍筋间距应按设计要求加密。柱上下端箍筋应加密，加密区长度及加密区内箍筋间距应符合设计图纸要求。如设计要求箍筋设拉筋，拉筋应钩住箍筋。

（6）柱筋保护层厚度应符合规范要求，主筋外皮为 30 mm，垫块应绑在柱竖筋外皮上，间距一般为 1 000 mm（或用塑料卡卡在外竖筋上），以保证主筋保护层厚度准确。当柱截面

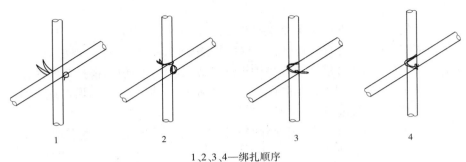

1、2、3、4—绑扎顺序

图 7-4　钢筋绑扎顺序

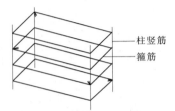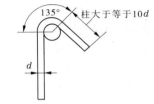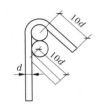

图 7-5　柱箍筋交错布置示意图　　　　　图 7-6　箍筋抗震要求示意图

尺寸有变化时,柱应在板内弯折,弯后的尺寸要符合设计要求。

(二)绑剪力墙钢筋

(1)工艺流程:

立 2~4 根主筋→画水平筋间距→绑定位横筋→绑其余横主筋。

(2)立 2~4 根主筋:将主筋与下层伸出的搭接筋绑扎,在主筋上画好水平筋分档标志,在下部及齐胸处绑两根横筋定位,并在横筋上画好主筋分档标志,接着绑其余主筋,最后再绑其余横筋。横筋在主筋里面或外面应符合设计要求。

(3)主筋与伸出搭接筋的搭接处需绑 3 根水平筋,其搭接长度及位置均应符合设计要求,设计无要求时应符合规范的规定。

(4)剪力墙应逐点绑扎,双排钢筋之间应绑拉筋或支撑筋,其纵横向间距不大于 600 mm,钢筋外皮绑扎垫块或用塑料卡(也可采用梯子筋来保证钢筋保护层厚度)。

(5)剪力墙与框架柱连接处,剪力墙的水平横筋应锚固到框架柱内,其锚固长度要符合设计要求。如先浇筑柱混凝土后绑扎剪力墙筋,柱内要预留连接筋或柱内预埋铁件,待柱拆模绑墙筋时作为连接用。其预留长度应符合设计或规范的规定。

(6)剪力墙水平筋在两端头、转角、十字节点、连梁等部位的锚固长度以及洞口周围加固筋等,均应符合设计抗震要求。

(7)合模后对伸出的主向钢筋应进行修整,宜在搭接处绑一道横筋定位,浇筑混凝土时应有专人看管,浇筑后再次调整以保证钢筋位置的准确。

(三)梁钢筋绑扎

(1)工艺流程。

模内绑扎:

画主次梁箍筋间距→放主梁次梁箍筋→穿主梁底层纵筋及弯起筋→穿次梁底层纵筋并与箍筋固定→穿主梁上层纵向加立筋→按箍筋间距绑扎→穿次梁上层纵向钢筋→按箍筋间

距绑扎。

模外绑扎(先在梁模板上口绑扎成型后再入模内):

画箍筋间距→在主次梁模板上口铺横杆数根→在横杆上面放箍穿主梁下层纵筋→穿次梁下层钢筋→穿主梁上层钢筋→按箍筋间距绑扎→穿次梁上层纵筋→按箍筋间距绑扎→抽出横杆落骨架于模板内。

(2)在梁侧模板上画出箍筋间距,摆放箍筋。

(3)先穿主梁的下部纵向受力钢筋及弯起钢筋,将箍筋按已画好的间距逐个分开;穿次梁的下部纵向受力钢筋及弯起钢筋,并套好箍筋;放主次梁的架立筋;隔一定间距将架立筋与箍筋绑扎牢固;调整箍筋间距符合设计要求,绑架立筋,再绑主筋,主次梁同时配合进行。

(4)框架梁上部纵向钢筋应贯穿中间节点,梁下部纵向钢筋伸入中间节点锚固长度及伸过中心线要符合设计要求。框架梁纵向钢筋在端节点内的锚固长度也要符合设计要求。

(5)绑梁上部纵向筋的箍筋,宜用套扣法绑扎。

(6)箍筋在叠合处的弯钩,在梁中应交错绑扎,箍筋弯钩为135°,平直部分长度为$10d$,如做成封闭箍,单面焊缝长度为$5d$。

(7)梁端第一个箍筋应设置在距离柱节点边缘50 mm处。梁端与柱交接处箍筋应加密,其间距与加密长度均要符合设计要求。

(8)在主、次梁受力筋下均应垫垫块(或塑料卡),保证保护层的厚度。受力钢筋为双排时,可用短钢筋垫在两层钢筋之间,钢筋排距应符合设计要求。

(9)梁筋的搭接:梁的受力钢筋直径等于或大于22 mm时,宜采用焊接接头;小于22 mm时,可采用绑扎接头,搭接长度要符合规范的规定。搭接长度末端与钢筋弯折处的距离,不得小于钢筋直径的10倍。接头不宜位于构件最大弯矩处,受拉区域内HPB235级钢筋绑扎接头的末端应做弯钩,搭接处应在中心和两端扎牢。接头位置应相互错开,当采用绑扎搭接接头时,在规定搭接长度的任一区域内有接头的受力钢筋截面面积占受力钢筋总截面面积百分率,受拉区不大于50%。

(四)板钢筋绑扎

(1)工艺流程:清理模板→模板上画线→绑板下受力筋→绑负弯矩钢筋。

(2)清理模板上面的杂物,用粉笔在模板上划好主筋、分布筋间距。

(3)按划好的间距,先摆放受力筋、后放分布筋。预埋件、电线管、预留孔等及时配合安装。

(4)在现浇板中有板带梁时,应先绑板带梁钢筋,再摆放板钢筋。

(5)绑扎板筋时一般用顺扣或八字扣,除外围两根钢筋的相交点应全部绑扎外,其余各点可交错绑扎(双向板相交点需全部绑扎)。如板为双层钢筋,两层钢筋之间需加钢筋马凳,以确保上部钢筋的位置。负弯筋每个相交点均要绑扎。

(6)在钢筋的下面垫好砂浆垫块,间距1.5 m。垫块的厚度等于保护层厚度,应满足设计要求,如设计无要求,板的保护层厚度应为15 mm。钢筋搭接长度与搭接位置的要求与前所述梁相同。

(五)楼梯钢筋绑扎

(1)工艺流程:划位置线→绑主筋→绑分布筋→绑踏步筋。

(2)在楼梯底板上划主筋和分布筋的位置线。

(3)根据设计图纸中主筋、分布筋的方向,先绑扎主筋后绑扎分布筋,每个交点均应绑扎。如有楼梯梁,先绑梁后绑板筋。板筋要锚固到梁内。

(4)底板筋绑完,待踏步模板吊绑支好后再绑扎踏步筋。主筋接头数量和位置均要符合设计和施工质量验收规范的规定。

四、质量控制

(一)一般规定

(1)后张法预应力工程的施工应由具有相应资质等级的预应力专业施工单位承担。

(2)预应力筋张拉机具设备及仪表,应定期维护和校验。张拉设备应配套标定,并配套使用。张拉设备的标定期限不应超过半年。当在使用过程中出现反常现象时或千斤顶检修后,应重新标定。

(3)在浇筑混凝土之前,应进行预应力隐蔽工程验收,其内容包括:

①预应力筋的品种、规格、数量、位置等。

②预应力筋锚具和连接器的品种、规格、数量、位置等。

③预留孔道的规格、数量、位置、形状及灌浆孔、排气兼泌水管等。

④锚固区局部加强构造等。

(二)原材料

(1)预应力筋进场时,应按现行国家标准《(预应力混凝土用钢绞线》(GB/T 5224)等的规定抽取试件作力学性能检验,其质量必须符合有关标准的规定。

检查数量:按进场的批次和产品的抽样检验方案确定。

(2)无黏结预应力筋的涂包质量应符合无黏结预应力钢绞线标准的规定(注:当有工程经验,并经观察认为质量有保证时,可不作油脂用量和护套厚度的进场复验)。

检查数量:每60 t为一批,每批抽取一组试件。

(3)预应力筋用锚具、夹具和连接器应按设计要求采用,其性能应符合现行国家标准《预应力筋用锚具、夹具和连接器》(GB/T 14370)等的规定(注:对锚具用量较少的一般工程,如供货方提供有效的试验报告,可不作静载锚固性能试验)。

检查数量:按进场批次和产品的抽样检验方案确定。

(4)孔道灌浆用水泥应采用普通硅酸盐水泥,其质量应符合原材料的规定。孔道灌浆用外加剂的质量应符合原材料的规定(注:对孔道灌浆用水泥和外加剂用量,较少的一般工程,当有可靠依据时,可不作材料性能的进场复验)。

检查数量:按进场批次和产品的抽样检验方案确定。

(5)预应力筋使用前应进行外观检查,其质量应符合下列要求:

①有黏结预应力筋展开后应平顺,不得有弯折,表面不应有裂纹、小刺、机械损伤、氧化铁皮和油污等。

②无黏结预应力筋护套应光滑、无裂缝,无明显褶皱。

检查数量:全数检查。

注:无黏结预应力筋护套轻微破损者,应外包防水塑料胶带修补,严重破损者不得使用。

(6)预应力筋用锚具、夹具和连接器使用前,应进行外观检查,其表面应无污物、锈蚀、机械损伤和裂纹。

检查数量:全数检查。

（7）预应力混凝土用金属螺旋管的尺寸和性能应符合国家现行标准《预应力混凝土用金属螺旋管》（JG/T 3013）的规定。

检查数量：按进场批次和产品的抽样检验方案确定。

注：对金属螺旋管用量较少的一般工程，当有可靠依据时，可不作径向刚度、抗渗漏性能的进场复验。

（8）预应力混凝土用金属螺旋管在使用前应进行外观检查，其内外表面应清洁，无锈蚀，不应有油污、孔洞和不规则的褶皱，咬口不应有开裂或脱扣。

检查数量：全数检查。

（三）制作与安装

（1）预应力筋安装时，其品种、级别、规格、数量必须符合设计要求。

检查数量：全数检查。

（2）先张法预应力施工时，应选用非油质类模板隔离剂，并应避免沾污预应力筋。

检查数量：全数检查。

（3）施工过程中，应避免电火花损伤预应力筋；受损伤的预应力筋应予以更换。

检查数量：全数检查。

（4）预应力筋下料应符合下列要求：

①预应力筋应采用砂轮锯或切断机切断，不得采用电弧切割。

②当钢丝束两端采用墩头锚具时，同一束中各根钢丝长度的极差不应大于钢丝长度的1/5 000，且不应大于5 mm。当成组张拉长度不大于10 m的钢丝时，同组钢丝长度的极差不得大于2 mm。

检查数量：每工作班抽查预应力筋总数的3%，且不少于3束。

（5）预应力筋端部锚具的制作质量应符合下列要求。

①挤压锚具制作时，压力表油应符合操作说明书的规定，挤压后预应力筋外端应露出挤压套筒1～5 mm。

②钢绞线压花锚成形时，表面应清洁、无油污，梨形头尺寸和直线段长度应符合设计要求。

③钢丝墩头的强度不得低于钢丝强度标准值的98%。

检查数量：对挤压锚，每工作班抽查5%，且不应少于5件；对压花锚，每工作班抽查3件；对钢丝镦头强度，每批钢丝检查6个墩头试件。

（6）后张法有黏结预应力筋预留孔道的规格、数量、位置和形状除应符合设计要求外，尚应符合下列规定：

①预留孔道的定位应牢固，浇筑混凝土时不应出现移位和变形。

②孔道应平顺，端部的预埋锚垫板应垂直于孔道中心线。

③成孔用管道应密封好，接头应严密且不得漏浆。

④灌浆孔的间距：对预埋金属螺旋管不宜大于30 m，对抽芯成形孔道不宜大于12 m。

⑤在曲线孔道的曲线波峰部位应设置排气管兼泌水管，必要时可在最低点设置排水孔。

⑥灌浆孔及泌水管的孔径应能保证浆液畅通。

检查数量：全数检查。

（四）张拉、放张、灌浆和封锚

（1）预应力筋张拉或放张时，混凝土强度应符合设计要求；当设计无具体要求时，不应低于设计的混凝土立方体抗压强度标准值的 75%。

检查数量：全数检查。

（2）预应力筋的张拉力、张拉或放张顺序及张拉工艺应符合设计及施工技术方案的要求，并应符合下列规定。

①当施工需要超张拉时，最大张拉应力不应大于现行国家标准《混凝土结构设计规范》（GB 50010）的规定。

②张拉工艺应能保证同一束中各根预应力筋的应力均匀一致。

③后张法施工中，当预应力筋是逐根或逐束张拉时，应保证各阶段不出现对结构不利的应力状态；同时宜考虑后批张拉预应力筋所产生的结构构件的弹性压缩对先批张拉预应力筋的影响，确定张拉力。

④先张法预应力筋放张时，宜缓慢放松锚固装置，使各根预应力筋同时缓慢放松。

⑤当采用应力控制方法张拉时，应校核预应力筋的伸长值。实际伸长值与设计计算理论伸长值的相对允许偏差为 ±6%。

检查数量：全数检查。

（3）预应力筋张拉锚固后实际建立的预应力值与工程设计规定检验值的相对允许偏差为 ±5%。

检查数量：对先张法施工，每工作班抽查预应力筋总数的 1%，且不少于 3 根；对后张法施工，在同一检验批内，抽查预应力筋总数的 3%，且不少于 5 束。

（4）张拉过程中，应避免预应力筋断裂与滑脱；当发生断裂或滑脱时，必须符合下列规定：

①对后张法预应力结构构件，断裂或滑脱的数量严禁超过同一截面预应力筋总根数的 3%，且每束钢丝不得超过一根；对多跨双向连续板，其同一截面应按每跨计算。

②对先张法预应力构件，在浇筑混凝土前发生断裂或滑脱的预应力筋必须予以更换。

检查数量：全数检查。

五、成品保护

（1）柱子钢筋绑扎后，不准踩踏。

（2）楼板的弯起钢筋、负弯筋绑好后，不准在上面踩踏行走。在浇筑混凝土前进行检查、整修，保持不变形，在浇筑混凝土时设专人负责整修。

（3）加工成型的钢筋或骨架运至现场，应分别按工号、结构部位、钢筋编号和规格等整齐堆放，保持钢筋表面清洁，防止被油渍、泥土污染或压弯变形；储存期不宜过久，以免钢筋遭锈蚀。

（4）在运输和安装钢筋时，应轻装轻卸，不得随意抛掷和碰撞，防止钢筋变形。

（5）绑扎钢筋时，防止碰动预埋件及洞口模板。安装电线管、暖卫管线或其他设施时，不得任意切断和移动钢筋。

（6）模板内表面涂刷隔离剂时，应避免污染钢筋。

六、安全环保措施

（1）加强对作业人员的环保意识教育，钢筋运输、装卸、加工应防止不必要的噪声产生，最大限度地减少施工噪声污染。

（2）钢筋吊运应选好吊点，捆绑结实，防止坠落。

（3）废旧钢筋头应及时收集清理，保持工完场清。

附 7.1　钢筋的锚固

1. 当计算中充分利用钢筋的抗拉强度时，受拉钢筋的锚固长度应按下列公式计算：

普通钢筋

$$l_a = adf_y/f_t \qquad (7.1-1)$$

预应力钢筋

$$l_a = adf_{py}/f_t \qquad (7.1-2)$$

式中　l_a——受拉钢筋的锚固长度；

　　　f_y、f_{py}——普通钢筋、预应力钢筋的抗拉强度设计值，按现行《混凝土结构设计规范》（GB 50010）采用；

　　　f_t——混凝土轴心抗拉强度设计值，按现行《混凝土结构设计规范》（GB 50010）采用，当混凝土强度等级高于 C40 时，按 C40 取值；

　　　d——钢筋的公称直径；

　　　a——钢筋的外形系数，按附表 7.1-1 取用。

附表 7.1-1　钢筋的外形系数

钢筋类型	光面钢筋	带肋钢筋	刻痕钢丝	螺旋肋钢丝	三股钢绞线	七股钢绞线
a	0.16	0.14	0.19	0.13	0.16	0.17

注：光面钢筋是指 HPB 级钢筋，其末端应做 180°弯钩，弯后平直段长度不应小于 3d，但作受压钢筋时可不做弯钩；带肋钢筋是指 HRB335 级、HRB400 级及 RRB400 级余热处理钢筋。

当符合下列条件时，计算的锚固长度应进行修正：

（1）当 HRB335 级、HRB400 级和 RRB400 级钢筋的直径大于 25 mm 时，其锚固长度应乘以修正系数 1.1。

（2）HRB335 级、HRB400 级和 RRB400 级的环氧树脂涂层钢筋，其锚固长度应乘以修正系数 1.25。

（3）当钢筋在混凝土施工过程中易受扰动（如滑模施工）时，其锚固长度应乘以修正系数 1.1。

（4）当 HRB335 级、HRB400 级和 RRB400 级钢筋在锚固区的混凝土保护层厚度大于钢筋直径的 3 倍且配有箍筋时，其锚固长度可乘以修正系数 0.8。

（5）除构造需要的锚固长度外，当纵向受力钢筋的实际配筋面积大于其设计计算面积时，如有充分依据和可靠措施，其锚固长度可乘以设计计算面积与实际配筋面积的比值。但对有抗震设防要求及直接承受动力荷载的结构构件，不得采用此项修正。

（6）当采用骤然放松预应力钢筋的施工工艺时，先张法预应力钢筋的锚固长度应从距构件末端 $0.25l_{tr}$ 处开始计算，此处 l_{tr} 为预应力传递长度。

经上述修正后的锚固长度不应小于按式(7.1-1)、式(7.1-2)计算锚固长度的 0.7，且不应小于 250 mm。

2. 当 HRB335 级、HRB400 级和 RRB400 级纵向受拉钢筋末端采有机械锚固措施时，包括附加锚固端头在内的锚固长度可取为按式(7.1-1)计算的锚固长度的 0.7。

采用机械锚固措施时，锚固长度范围内的箍筋不应少于 3 个，其直径不应小于纵向钢筋直径的 0.25，其间距不应大于纵向钢筋直径的 5 倍。当纵向钢筋的混凝土保护层厚度不小于钢筋公称直径的 5 倍时，可不配置上述箍筋。

3. 当计算中充分利用纵向钢筋的抗压强度时，其锚固长度不应小于受拉锚固长度的 0.7。

4. 对承受重复荷载的预制构件，应将纵向非预应力受拉钢筋末端焊接在钢板或角钢上，钢板或角钢应可靠地锚固在混凝土中。钢板或角钢的尺寸应按计算确定，其厚度不宜小于 10 mm。

附 7.2　纵向受力钢筋的最小搭接长度

1. 受拉钢筋的锚固长度应符合附表 7.2-1 的规定。如需修正应按附录钢筋锚固中相关条文调整。

附表 7.2-1　纵向受拉钢筋锚固长度

钢筋类型		混凝土强度等级					
		C15	C20	C25	C30	C35	≥C40
光圆钢筋	HPB235 级	37d	31d	27d	24d	22d	20d
带肋钢筋	HRB335 级	46d	39d	34d	30d	27d	25d
	HRB400 级、RRB400 级	—	46d	40d	36d	33d	30d

2. 当纵向受拉钢筋搭接接头面积百分率不大于 25% 时，其最小搭接长度应按附表中的数值乘以系数 1.2 取用；当接头面积百分率大于 25%，但不大于 50% 时，应按附表中的数值乘以系数 1.4 取用；当接头面积百分率大于 50% 时，应按附表中的数值乘以系数 1.6 取用。两根直径不同钢筋的搭接长度，以较细钢筋的直径计算。

3. 在任何情况下，受拉钢筋的搭接长度不应小于 300 mm。纵向受压钢筋搭接时，其最小搭接长度应根据上述条款确定相应数值后，乘以 0.7 取用。在任何情况下，受压钢筋的搭接长度不应小于 200 mm。

第三节　剪力墙钢筋绑扎

适用于外板内模、外砖内模、全现浇等结构形式的剪力墙钢筋绑扎。

一、施工准备

（一）技术准备
（1）熟悉图纸，钢筋下料、成型完毕并经检验合格。

（2）标出钢筋位置线。

（3）做好技术交底。

（二）材料要求
根据设计要求，工程所用钢筋种类、规格必须符合要求，并经检验合格。

钢筋及半成品符合设计及规范要求。

钢筋绑扎用的铁丝可采用 20～22 号铁丝（火烧丝）或镀锌铁丝（铅丝），其中 22 号铁丝只用于绑扎直径 12 mm 以下的钢筋。

（三）主要机具
钢筋钩子、撬棍、钢筋扳子、绑扎架、钢丝刷子、钢筋运输车、石笔、墨斗、尺子等。

（四）作业条件
（1）检查钢筋的出厂合格证，按规定进行复试，并经检验合格后方能使用；网片应有加工合格证并经现场检验合格；加工成型钢筋应符合设计及规范要求，钢筋无老锈及油污。

（2）钢筋或点焊网片应按现场施工平面布置图中指定位置堆放，网片立放时应有支架，平放时应垫平，垫木应上下对正，吊装时应使用网片架。

（3）钢筋外表面如有铁锈，应在绑扎前清除干净，锈蚀严重的钢筋不得使用。

（4）外砖内模工程必须先砌完外墙。

（5）绑扎钢筋地点已清理干净。

（6）墙身、洞口位置线已弹好，预留钢筋处的松散混凝土已剔凿干净。

二、关键要求

（一）材料的关键要求
（1）施工现场所用材料的材质、规格应和设计图纸相一致，材料代用应征得设计、监理、建设单位的同意。

（2）关键焊接网宜采用 LL550 级冷轧带肋钢筋制作，也可采用 LG510 级冷拔光面钢筋制作。

（二）技术关键要求
（1）剪力墙钢筋绑扎时应注意先后顺序，特别是剪力墙里有暗梁、暗柱时。

（2）剪力墙钢筋的搭接应符合设计的要求。

（三）质量关键要求
施工应注意下列质量问题，妥善解决，达到质量要求：

（1）水平筋的位置、间距不符合要求：墙体绑扎钢筋时应搭设高凳或简易脚手架，确保水平筋位置准确。

（2）下层伸出的墙体钢筋和竖向钢筋绑扎不符合要求：绑扎时应先将下层伸出钢筋调直理顺，然后再绑扎或焊接。若下层伸出的钢筋位移较大，应征得设计同意进行处理。

（3）门窗洞口加强筋位置尺寸不符合要求：应在绑扎前根据洞口边线将加强筋位置调整，绑扎加强筋时应吊线找正。

（4）剪力墙水平筋锚固长度不符合要求：认真学习图纸。在拐角、十字结节、墙端、连梁等部位钢筋的锚固应符合设计要求。

（四）职业健康安全关键要求

（1）各类操作人员应进行职业健康安全教育培训，并培训合格后方可上岗操作。

（2）配备必要的安全防护装备（安全帽、安全带、防滑鞋、手套、工具袋等）并正确使用。

（3）项目主要工种应有相应的安全技术操作规程，特种作业人员应先培训后持证上岗。

（五）环境关键要求

（1）应根据工程特点、施工工艺、作业条件、队伍素质等编制有针对性的安全防护措施。列出工程威胁点、分析危险源、明确安全作业注意事项。

（2）严格执行安全技术交底工作，按"施工组织设计"及"施工方案"的要求进行细化和补充，将操作者的安全注意事项讲明、讲清。

（3）施工作业应有可靠的安全操作环境。

三、施工工艺

（一）剪力墙钢筋现场绑扎

1. 工艺流程

弹墙体线→剔凿墙体混凝土浮浆→修理预留搭接筋→绑扎竖向筋→绑扎横筋→绑拉筋或支撑筋。

2. 操作工艺

（1）将预留钢筋调直理顺，并将表面砂浆等杂物清理干净。先立 2 ~ 4 根纵向筋，并划好横筋分档标志，然后于下部及齐胸处绑两根定位水平筋，并在横筋上划好分档标志，然后绑其余纵向筋，最后绑其余横筋。如剪力墙中有暗梁、暗柱，应先绑暗梁、暗柱再绑周围横筋。

（2）剪力墙钢筋绑扎完后，把垫块或垫圈固定好确保钢筋保护层的厚度。纵向受力钢筋的混凝土保护层最小厚度见表7-4。

表 7-4　剪力墙纵向受力钢筋的混凝土保护层最小厚度

环境类别		混凝土强度		
		≤C20	C25 ~ C45	≥C50
一		20	15	15
二	a		20	20
	b		25	20
三			30	25

注：1. 剪力墙中分布筋的保护层厚度不应小于本表相应数值减 10 mm，且不应小于 10 mm。预应力钢筋保护层厚度不应小于 15 mm。

2. 混凝土结构的环境类别，见表7-5。

表 7-5　混凝土结构的环境类别

环境类别		条件
一		室内正常环境
二	a	室内潮湿环境;非严寒和非寒冷地区的露天环境、与无侵蚀性的水或土壤直接接触的环境
	b	严寒和寒冷地区的露天环境、与无侵蚀性的水或土壤直接接触的环境
三		使用除冰盐的环境;严寒和寒冷地区冬季水位变动的环境;滨海室外环境
四		海水环境
五		受人为或自然的侵蚀性物质影响的环境

（3）剪力墙的纵向钢筋每段钢筋长度不宜超过 4 m（钢筋的直径≤12 mm）或 6 m（直径＞12 mm），水平段每段长度不宜超过 8 m，以利绑扎。

（4）剪力墙的钢筋网绑扎。全部钢筋的相交点都要扎牢，绑扎时相邻绑扎点的铁丝扣成八字形，以免网片歪斜变形。

（5）为控制墙体钢筋保护层厚度,宜采用比墙体竖向钢筋大一型号钢筋梯子凳措施,在原位代替墙体钢筋,间距 1 500 mm 左右。见图 7-7。

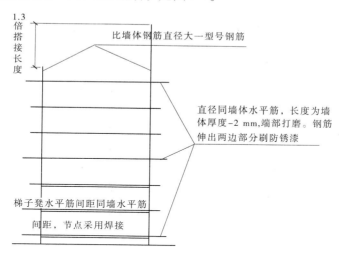

图 7-7　梯子凳详图

（6）剪力墙水平分布钢筋的搭接长度不应小于 $1.2l_a$（l_a 为钢筋锚固长度）。同排水平分布钢筋的搭接接头之间及上、下相邻水平分布钢筋的搭接接头之间沿水平方向的净间距不宜小于 500 mm。若搭接采用焊接,应符合现行《钢筋焊接及验收规程》（JGJ 18）的规定。

（7）剪力墙竖向分布钢筋可在同一高度搭接,搭接长度不应小于 $1.2l_a$。

（8）剪力墙分布钢筋的锚固:剪力墙水平分布钢筋应伸至墙端,并向内水平弯折 $10d$ 后截断,其中 d 为水平分布钢筋直径。

当剪力墙部有翼墙或转角墙时,内墙两侧的水平分布筋和外墙内侧的水平分布钢筋应伸至翼墙或转角墙外边,并分别向两侧水平弯折后截断,其水平弯折长度不宜小于 $15d$。在转角墙处,外墙外侧的水平分布筋应在墙端外角处弯入翼墙,并与翼墙外侧水平分布钢筋搭接。搭接长度为 $1.2l_a$。

带边框的剪力墙,其水平和竖向分布筋宜分别贯穿柱、梁或锚固在柱、梁内。

(9)剪力墙洞口连梁应沿全长配置箍筋,箍筋直径不宜小于 6 mm,间距不宜大于 150 mm。在顶层洞口连梁纵向钢筋伸入墙内的锚固长度范围内,应设置间距不大于 150 mm 的箍筋,箍筋直径与该连梁跨内箍筋直径相同。同时,门窗洞边的竖向钢筋应按受拉钢筋锚固在顶层连梁高度范围内。

(10)混凝土浇筑前,对伸出的墙体钢筋进行修整,并绑一道临时横筋固定伸出筋的间距(甩筋的间距)。墙体混凝土浇筑时派专人看管钢筋,浇筑完后,立即对伸出的钢筋(甩筋)进行修整。

(11)外砖内模剪力墙结构,剪力墙钢筋与外砖墙连接:绑内墙钢筋时,先将外墙预留的拉结筋理顺,然后再与内墙钢筋连接绑牢。

(二)剪力墙采用预制焊接网片的绑扎

1. 工艺流程

弹墙体线→剔凿墙体混凝土浮浆→修整预留搭接筋→临时固定网片→绑扎根部钢筋→绑拉筋或支撑筋。

2. 操作工艺

(1)将墙身处预留钢筋调直理顺,并将表面杂物清理干净。按图纸要求将网片就位,网片立起后用木方临时固定支牢。然后逐根绑扎搭接钢筋,在搭接部分和两端共绑 3 个扣。同时将门窗洞口处加固筋也绑扎,要求位置准确。洞口处的偏移预留筋应折弯(1:6),弯折到正确位置并理顺,使门窗洞口处的加筋位置符合设计图纸的要求。若预留偏移过大或影响门窗洞口时,应在根部切除并在正确位置采用化学注浆法植筋。

(2)剪力墙中用焊接网作分布钢筋时可按一楼层为一个竖向单元。其竖向搭接可设在楼层面之上,搭接长度不应小于 $1.2l_a$ 且不应小于 400 mm。在搭接的范围内,下层的焊接网不设水平分布钢筋,搭接时应将下层网的竖向钢筋与上层网的钢筋绑扎固定。

(3)剪力墙结构的分布钢筋采用的焊接网,对一级抗震等级应采用冷轧带肋钢筋焊接网,对二级抗震等级宜采用冷轧带肋钢筋焊接网。

(4)当采用冷拔光面钢筋焊接网作剪力墙的分布筋时,其竖向分布筋未焊水平筋的上端应有垂直于墙面的 90° 弯钩,直钩长度为 $(5\sim10)d$(d 为竖向分布钢筋直径),且不应小于 50 mm。

(5)墙体中钢筋焊接网在水平方向的搭接可采用平接法或附加钢筋扣接法,搭接长度应符合设计规定。若设计无规定,则应符合现行《钢筋焊接网混凝土结构技术规程》(JGJ 114)中相关规定。

(6)钢筋焊接网在墙体端部的构造应符合下列规定:

①当墙体端部无暗柱或端柱时,可用现场绑扎的附加钢筋连接。附加钢筋(宜优先选用冷轧带肋钢筋)的间距宜与钢筋焊接网的水平钢筋的间距相同,其直径可按等强度设计原则确定,附加钢筋的锚固长度不应小于最小锚固长度。

②当墙体端部设有暗柱或端柱时,焊接网的水平钢筋可插入柱内锚固,该插入部分可不焊接竖向钢筋,其锚固长度,对冷轧带肋钢筋应符合设计及规范规定;对冷拔光面钢筋宜在

端头设置弯钩或焊接短筋,其锚固长度不应小于 40d(对 C20 混凝土)或 30d(对 C30 混凝土),且不应小于 250 mm,并应采用铁丝与柱的纵向钢筋扎牢固。当钢筋焊接网设置在暗柱或端柱钢筋外侧时,应与暗柱或端柱钢筋有可靠的连接措施。

四、质量控制

(一)一般规定

(1)后张法预应力工程的施工应由具有相应资质等级的预应力专业施工单位承担。

(2)预应力筋张拉机具设备及仪表,应定期维护和校验。张拉设备应配套标定,并配套使用。张拉设备的标定期限不应超过半年。当在使用过程中出现反常现象时或千斤顶检修后,应重新标定。

(3)在浇筑混凝土之前,应进行预应力隐蔽工程验收,其内容包括:

①预应力筋的品种、规格、数量、位置等。

②预应力筋锚具和连接器的品种、规格、数量、位置等。

③预留孔道的规格、数量、位置、形状及灌浆孔、排气兼泌水管等。

④锚固区局部加强构造等。

(二)原材料

(1)预应力筋进场时,应按现行国家标准《预应力混凝土用钢绞线》(GB/T 5224)等的规定抽取试件作力学性能检验,其质量须符合有关标准的规定。

检查数量:按进场的批次和产品的抽样检验方案确定。

(2)无黏结预应力筋的涂包质量应符合无黏结预应力钢绞线标准的规定。

检查数量:每 60 t 为一批,每批抽取一组试件。

(3)预应力锚筋用锚具、夹具和连接器应按设计要求采用,其性能应符合现行国家标准《预应力筋用锚具、夹具和连接器》(GB/T 14370)等的规定。

检查数量:按进场批次和产品的抽样检验方案确定。

(4)孔道灌浆用水泥应采用普通硅酸盐水泥,其质量应符合原材料的规定。孔道灌浆用外加剂的质量应符合原材料的规定。

检查数量:按进场批次和产品的抽样检验方案确定。

(5)预应力筋使用前应进行外观检查,其质量应符合下列要求。

①有黏结预应力筋展开后应平顺,不得有弯折,表面不应有裂纹、小刺、机械损伤、氧化铁皮和油污等。

②无黏结预应力筋护套应光滑、无裂缝,无明显褶皱。

检查数量:全数检查。

(6)预应力筋用锚具、夹具和连接器使用前,应进行外观检查,其表面应无污物、锈蚀、机械损伤和裂纹。

检查数量:全数检查。

(7)预应力混凝土用金属螺旋管的尺寸和性能应符合国家现行标准《预应力混凝土用金属螺旋管》(JG/T 3013)的规定。

检查数量:按进场批次和产品的抽样检验方案确定。

(8)预应力混凝土用金属螺旋管在使用前应进行外观检查,其内外表面应清洁,无锈蚀,不应有油污、孔洞和不规则的褶皱,咬口不应有开裂或脱扣。

检查数量:全数检查。

（三）制作与安装

（1）预应力筋安装时,其品种、级别、规格、数量必须符合设计要求。

检查数量:全数检查。

（2）先张法预应力施工时,应选用非油质类模板隔离剂,并应避免沾污预应力筋。

检查数量:全数检查。

（3）施工过程中,应避免电火花损伤预应力筋;受损伤的预应力筋应予以更换。

（4）预应力筋下料应符合下列要求:

①预应力筋应采用砂轮锯或切断机切断,不得采用电弧切割。

②当钢丝束两端采用镦头锚具时,同一束中各根钢丝长度的极差不应大于钢丝长度的1/5 000,且不应大于5 mm,当成组张拉长度不大于10 m的钢丝时,同组钢丝长度的极差不得大于2 mm。

检查数量:每工作班抽查预应力筋总数的3%,且不少于3束。

（5）预应力筋端部锚具的制作质量:挤压锚具制作时,压力表油压应符合操作说明书的规定,挤压后预应力筋外端应露出挤压套筒1~5 mm。

检查数量:对挤压锚,每工作班抽查5%,且不应少于5件;对压花锚,每工作班抽查3件;对钢丝镦头强度,每批钢丝检查6个镦头试件。

（6）后张法有黏结预应力筋预留孔道的规格、数量、位置和形状除应符合设计要求外,尚应符合下列规定:

预留孔道的定位应牢固,浇筑混凝土时不应出现移位和变形;孔道应平顺,端部的预埋锚垫板应垂直于孔道中心线;成孔用管道应密封好,接头应严密且不得漏浆;灌浆孔的间距:对预埋金属螺旋管不宜大于30 m;对抽芯成形孔道不宜大于12 m;在曲线孔道的曲线波峰部位应设置排气管兼泌水管,必要时可在最低点设置排水孔。

检查数量:全数检查。

（四）张拉、放张、灌浆和封锚

（1）预应力筋张拉或放张时,混凝土强度应符合设计要求;当设计无具体要求时,不应低于设计的混凝土立方体抗压强度标准值的75%。

检查数量:全数检查。

（2）预应力筋的张拉力、张拉或放张顺序及张拉工艺应符合设计及施工技术方案的要求,当施工需要超张拉时,最大张拉应力不应大于现行国家标准《混凝土结构设计规范》（GB 50010）的规定:张拉工艺应能保证同一束中各根预应力筋的应力均匀一致;后张法施工中,当预应力筋是逐根或逐束张拉时,应保证各阶段不出现对结构不利的应力状态;同时宜考虑后批张拉预应力筋所产生的结构构件的弹性压缩对先批张拉预应力筋的影响,确定张拉力;先张法预应力筋放张时,宜缓慢放松锚固装置,使各根预应力筋同时缓慢放松;当采用应力控制方法张拉时,应校核预应力筋的伸长值。实际伸长值与设计计算理论伸长值的相对允许偏差为±6%。

检查数量:全数检查。

（3）预应力筋张拉锚固后实际建立的预应力值与工程设计规定检验值的相对允许偏差

为±5%。

检查数量：对先张法施工，每工作班抽查预应力筋总数的1%，且不少于3根；对后张法施工，在同一检验批内，抽查预应力筋总数的3%，且不少于5束。

（4）张拉过程中，应避免预应力筋断裂与滑脱；当发生断裂或滑脱时，对后张法预应力结构构件，断裂或滑脱的数量严禁超过同一截面预应力筋总根数的3%，且每束钢丝不得超过一根；对多跨双向连续板，其同一截面应按每跨计算；先张法预应力构件，在浇筑混凝土前发生断裂或滑脱的预应力筋必须予以更换。

检查数量：全数检查。

五、成品保护

（1）绑扎箍筋时严禁碰撞预埋件，如碰动应按设计位置重新固定牢靠。

（2）应保证预埋电线管等位置准确，如发生冲突，可将竖向钢筋沿平面左右弯曲，横向钢筋上下弯曲，绕开预埋管。但一定要保证保护层厚度，严禁任意切割钢筋。

（3）模板板面刷隔离剂时，严禁污染钢筋。

（4）各工种操作人员不准任意踩踏钢筋，掰动及切割钢筋。

六、安全环保措施

（1）钢筋加工机械的操作人员，应经过一定的机械操作技术培训，掌握机械性能和操作规程后，才能上岗。

（2）钢筋加工机械的电气设备，应有良好的绝缘并接地，每台机械必须一机一闸，并设漏电保护开关。机械转动的外露部分必须设有安全防护罩，在停止工作时应断开电源。

（3）钢筋加工机械使用前，应先空运转试车正常后，方能开始使用。

（4）钢筋冷拉时，冷拉场地两端不准站人，不得在正在冷拉的钢筋上行走，操作人员进入安全位置后，方可进行冷拉。

（5）使用钢筋弯曲机时，操作人员应站在钢筋活动端的反方向，弯曲400 mm的短钢筋时，要具有防止钢筋弹出的措施。

（6）粗钢筋切断时，冲切力大，应在切断机口两侧机座上安装两个角钢挡杆，防止钢筋摆动。

（7）在焊机操作棚周围，不得放易燃物品，在室内进行焊接时，应保持良好环境。

（8）搬运钢筋时，要注意前后方向有无碰撞危险或被钩挂料物，特别要避免碰挂周围和上下方向的电线。

（9）安装悬空结构钢筋时，必须站在脚手架上操作，不得站在模板上或支撑上安装。

（10）现场施工的照明电线及混凝土振动器线路不准直接挂在钢筋上，如确实需要，应在钢筋上加设横担木，把电线挂在横担木上，如采用行灯，电压不得超过36 V。

（11）起吊或安装钢筋时，要和附近高压线路或电源保持一定的安全距离，在钢筋林立的场所，雷雨时不准操作和站人。

（12）废旧钢筋头应及时收集清理，保持工完场清；钢筋焊接时应有遮光措施，避免造成光污染。

第四节　钢筋电弧焊接

钢筋电弧焊是以焊条作为一级,钢筋作为另一级,利用焊接电流通过产生的电弧高温,集中热量熔化钢筋端面和焊条末端,使焊条金属过渡到熔化的焊缝内,金属冷却凝固后,便形成焊接接头。

一、特点及适用范围

本工艺不需特殊设备,操作工艺简单,技术易于掌握,可用于各种形状钢筋和工作场所焊接,质量可靠,施工费用较低。

本焊接工艺适用于工业与民用建筑钢筋混凝土中直径不大于 40 mm 的 HPB235 级、HRB335 级、HRB400 级钢筋的电弧焊接。

二、施工准备

(一)技术准备

(1)操作工人必须持证上岗。

(2)准备工程所需的图纸、规范、标准等技术资料,并确定其是否有效。

(3)做好施工技术、安全交底。

(二)材料要求

1. 钢筋

各种级别、规格的钢筋,应有出厂合格证和试验报告;品种和性能应符合有关标准和规范的规定。对于进口钢筋如没有化学性能试验报告,经检验合格后,方能使用。

2. 焊条

牌号应符合设计要求,并应按焊条说明书的要求进行烘焙后使用(焊接前一般在 150 ~ 350 ℃烘箱内烘干)。

(三)主要机具设备

主要机械设备:弧焊机,分为直流和交流两类。交流弧焊机常用型号有:BX - 120 - 1、BX - 300、BX - 500 - 2 和 BX - 1000 等。直流弧焊机常用型号有:AX - 165、AX - 300 - 1、AX - 320、AX - 300、AX - 500 等,根据焊接要求选用。

主要工具:焊把、胶皮电焊线等。

(四)作业条件

(1)焊工已经培训、考核,可持证上岗。

(2)电源、电压、电流、容量符合施焊要求。

(3)弧焊机等机具设备完好,经维修试用,或满足施焊要求。

三、施工工艺

(1)焊接前须清除钢筋表面铁锈、熔渣、毛刺残渣及其他杂质等。

(2)焊接接头分为帮条焊、搭接焊、坡口焊和熔槽焊、窄间焊五种接头形式。焊接时应符合下列要求:

①应根据钢筋级别、直径、接头形式和焊接位置,选择焊条、焊接工艺和焊接参数。

②焊接时,引弧应在垫板、帮条或形成焊缝的部位进行,不得烧伤主筋。

③焊接地线与钢筋应接触紧密。

④焊接过程中应及时清渣,焊缝表面应光滑,焊缝余高应平缓过渡,弧坑应填满。

(3)焊条选用应符合设计要求,若设计未做规定,可参考表7-6选用。重要结构中钢筋的焊接,应采用低氢型碱性焊条,并应按说明书的要求进行烘焙后使用。

表7-6　钢筋电弧焊焊条牌号

钢筋级别	电弧焊接头形式			
	帮条焊、搭接焊	坡口焊熔槽帮条焊 预埋件穿孔塞焊	窄间隙焊	钢筋与钢板搭接焊 预埋件T型角焊
I	E4303	E4303	E4316 E4315	E4303
II	E4303	E5003	E5016 E5015	E4303
III	E5003	E5503	E6016 E6016	—

(4)施工时应选择合适的工艺参数,可参考表7-7选择焊条直径和焊接电流。

表7-7　焊条直径和焊接电流选择

搭接焊、帮条焊				坡口焊			
焊接位置	钢筋直径 (mm)	焊条直径 (mm)	焊接电流 (A)	焊接位置	钢筋直径 (mm)	焊条直径 (mm)	焊接电流 (A)
平焊	10~12	3.2	90~130	平焊	16~20	3.2	140~170
	14~22	4	130~180		22~25	4	170~190
	25~32	5	180~230		28~32	5	190~220
	36~40	5	190~240		36~40	5	200~230
立焊	10~12	3.2	80~110	立焊	16~20	3.2	120~150
	14~22	4	110~150		22~25	4	150~180
	25~32	4	120~170		28~32	4	180~200
	36~40	5	170~220		36~40	5	190~210

(5)帮条焊和搭接焊:

帮条焊和搭接焊的规格与尺寸,见钢筋焊接一般规定中的钢筋焊接方法分类及适用范围。当不能进行双面焊时,可采用单面焊。当帮条级别与主筋相同时,帮条直径可与主筋相同或低一个级别。

施焊时,钢筋的装配与定位,应符合下列要求:

①采用帮条焊时,两主筋端面之间的间隙应为2~5 mm;

②采用搭接焊时,焊接端钢筋应预弯,并应使两钢筋的轴线在一直线上;

③帮条和主筋之间应采用四点定位焊固定[见图7-8(a)];搭接焊时,应采用两点固定[见图7-8(b)];定位焊缝与帮条端部或搭接端部的距离应大于或等于20 mm。

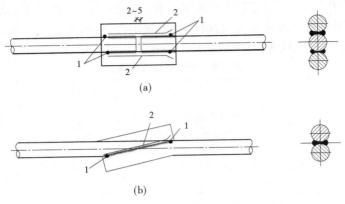

1—定位焊缝;2—弧坑拉出方位

图7-8　焊接示意

施焊时,应在帮条焊或搭接焊形成焊缝中引弧;在端头收弧前应填满弧坑,并应使主焊缝与定位焊缝的始端和终端熔合。

帮条焊或搭接焊的焊缝厚度 h 不应小于主筋直径的0.3,焊缝宽度 b 不应小于主筋直径的0.7(见图7-9)。

钢筋与钢板搭接焊时,搭接长度见附录钢筋焊接一般规定中的钢筋焊接方法分类及适用范围。焊缝宽度不得小于钢筋直径的0.5,焊缝厚度不得小于钢筋直径的0.35。

(6)预埋件电弧焊:

预埋件 T 字接头电弧焊分为贴角焊和穿孔塞焊两种(见图7-10)。

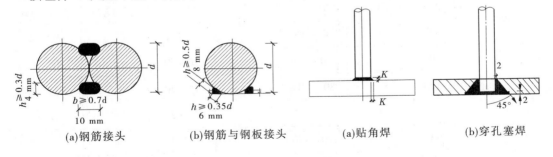

(a)钢筋接头　　　　(b)钢筋与钢板接头　　　　(a)贴角焊　　　　(b)穿孔塞焊

图7-9　焊接尺寸　　　　　　图7-10　预埋件电弧焊 T 字接头

采用贴角焊时,焊缝的焊脚 K:对 HPB235 级钢筋不得小于 $0.5d$(d 为钢筋直径),对 HRB335 级钢筋,不得小于 $0.6d$。

采用穿孔塞焊时,钢板的孔洞应做成喇叭口,其内口直径应比钢筋直径 d 大 4 mm,倾斜角度为45°,钢筋缩进 2 mm。

施焊中,电流不宜过大,不得使钢筋咬边和烧伤。

（7）剖口焊：

施焊前的准备工作，应符合下列要求：

①钢筋坡口面应平顺，切口边缘不得有裂纹、钝边和缺棱。

②钢筋坡口平焊时，V形坡口角度宜为55°~65°[见图7-11（a）]；坡口立焊时，坡口角度为40°~55°，其中下钢筋为0°~10°，上钢筋为35°~45°[见图7-11（b）]。

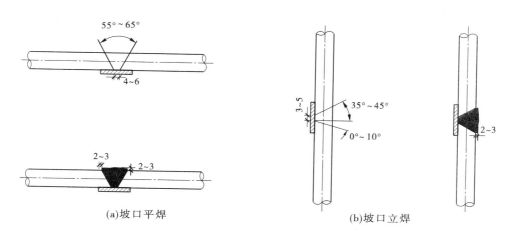

（a）坡口平焊　　　　　　　（b）坡口立焊

图7-11　钢筋坡口接头

③钢垫板的长度宜为40~60 mm，厚度宜为4~6 mm；坡口平焊时，垫板宽度应为钢筋直径加10 mm；立焊时，垫板宽度宜等于钢筋直径。

④钢筋根部间隙，坡口平焊时宜为4~6 mm；立焊时，宜为3~5 mm；其最大间隙均不宜超过10 mm。

剖口焊工艺，应符合下列要求：

①焊缝根部、坡口端面以及钢筋与钢板之间均应熔合。焊接过程中应经常清渣。钢筋与钢垫板之间，应加焊2~3层侧面焊缝。

②宜采用几个接头轮流进行施焊。

③焊缝的宽度应大于V形坡口的边缘2~3 mm，焊缝余高不得大于3 mm，并宜平缓过渡至钢筋表面。

④当发现接头中有弧坑、气孔及咬边等缺陷时，应立即补焊。HRB400级钢筋接头冷却后补焊时，应采用氧乙炔焰预热。

（8）熔槽帮条焊：

熔槽帮条焊的规格与尺寸，见钢筋焊接一般规定中的钢筋焊接方法分类及适用范围。焊接时应加角钢作垫板模。角钢的边长宜为40~60 mm，长度宜为80~100 mm。其焊接工艺应符合下列要求：

①钢筋端头应加工平整，两根钢筋端面的间隙应为10~16 mm。

②从接缝处垫板引弧后应连续施焊，并应使钢筋端头熔合，防止未焊接、气孔或夹渣。

③焊接过程中应停焊渣一次，焊平后再进行焊缝余高的焊接，其高度不得大于3 mm。

④钢筋与角钢垫板之间,应加焊侧面焊缝 1~3 层,焊缝应饱满,表面应平整。

(9)装配式框架结构的安装中,钢筋焊接应符合下列要求:

①柱间节点,采用坡口焊时,当主筋根数为 14 根及以下时,钢筋从混凝土表面伸出长度不应小于 250 mm;当主筋为 14 根以上时,钢筋的伸出长度不应小于 350 mm。采用搭接焊时其伸出长度宜增加。

②两钢筋轴线偏移时,宜采用冷弯矫正,但不得用锤敲打,当冷弯矫正有困难时,可采用氧乙炔焰加热后矫正,钢筋加热部位的温度不应大于 850 ℃。

③焊接中应选择焊接顺序,对于柱间节点,可由两名焊工对称焊接。

四、质量控制

(一)主控项目

(1)钢筋的牌号和质量,必须符合设计要求和有关标准的规定。

检验数量:全数检查。

检验方法:检查出厂证明书和试验报告单。

(2)钢筋的规格,焊接接头的位置,同一区段内有接头钢筋面积的百分比,必须符合设计要求和施工规范的规定。

检验数量:全数检查。

检验方法:观察或尺量检查。

(3)钢筋电弧焊接头的质量检验应按现行《钢筋焊接及验收规程》(JGJ 18)的规定抽取钢筋焊接接头做力学性能检验,其质量应符合有关规程的规定。

检验数量:采用抽样试验的方法。在一般构筑物中,应从成品中每批随机切取 3 个接头进行拉伸试验;在装配式结构中,可按生产条件制作模拟试件;在工厂焊接条件下,以 300 个同接头形式、同钢筋级别的接头作为一批;在现场安装条件下,每一至二楼层中以 300 个同接头形式、同钢筋级别的接头作为一批;不足 300 个时,仍作为一批。

接头拉伸试验结果应符合下列要求:

①3 个热轧钢筋接头试件的抗拉强度均不得小于该级别钢筋规定的抗拉强度;余热处理Ⅲ级钢筋规定的抗拉强度 570 MPa。

②3 个接头试件均应断于焊缝之外,并应至少有 2 个试件呈延性断裂。

当试验结果,有 1 个试件的抗拉强度小于规定值,或有 1 个试件断于焊缝,或有 2 个试件发生脆性断裂时,应再取 6 个试件进行复验。复验结果当有 1 个试件抗拉强度小于规定值,或有 1 个试件断于焊缝,或有 3 个试件呈脆性断裂时,应确认该批接头为不合格品。

检验方法:检查合格证、接头力学性能试验报告。

(二)一般项目

钢筋电弧焊接头应进行外观检查,应符合下列规定:

(1)焊缝表面应平整,不得有凹陷或焊瘤。

(2)焊接接头区域不得有裂纹。

(3)咬边深度、气孔、夹渣等缺陷允许值及接头尺寸的允许偏差,应符合表 7-8 的规定。

表 7-8 钢筋电弧焊接头尺寸偏差及缺陷允许值

项	名称		单位	接头型式		
				帮条焊	搭接焊	坡口焊、窄间隙焊、熔槽帮条焊
1	帮条沿接头中心线的纵向偏移		mm	0.5d	—	—
2	接头处弯折角		(°)	4	4	4
3	接头处钢筋轴线的偏移		mm	0.1d	0.1d	0.1d
				3	3	3
4	焊缝厚度		mm	+0.05d 0	+0.05d 0	—
5	焊缝宽度		mm	+0.1d 0	+0.1d 0	—
6	焊缝隙长度		mm	−0.5d	−0.5d	—
7	横向咬边深度		mm	0.5	0.5	0.5
8	在长 2d 焊缝表面上的气孔及夹渣	数量	个	2	2	—
		面积	mm²	6	6	—
9	在全部焊缝表面上的气孔及夹渣	数量	个	—	—	2
		面积	mm²	—	—	6

（4）坡口焊、熔槽帮条焊和窄间隙焊接头的焊缝余高不得大于 3 mm。

外观检查不合格的接头，经修整或补强后可提交二次验收。

检查数量：全数检查。

检查方法：观察，量测。

五、成品保护

（1）焊接接地线应与钢筋接触良好，防止因起弧而烧伤钢筋。

（2）焊接后不得往焊完的接头浇水冷却，不得敲钢筋接头。

（3）运输装卸焊接钢筋，不能随意抛掷。

六、安全环保措施

（1）焊工操作时应穿电焊工作服、绝缘鞋和戴电焊手套、防护面罩等安全防护用品，高空作业必须系安全带。

（2）电焊作业现场周围 10 m 范围内不得堆放易燃易爆物品，焊接施工场所不能使用易燃材料搭设。

(3)露天放置的焊机应有遮盖措施,弧焊机必须接地良好,确认安全合格方可作业。

(4)焊接用电线应保持绝缘良好,焊条应保持干燥。

(5)大雨天应禁止作业,在冬期 -20 ℃以下低温应停止施工。

七、施工注意事项

(1)根据钢筋级别、直径、接头形式和焊接位置,选择适宜的焊条直径和焊接电流,保证焊缝与钢筋熔合良好。

(2)焊接要注意保持焊条干燥,如受潮应先在 150 ~ 350 ℃下烘 1 ~ 3 h。

(3)钢筋电弧焊接应注意防止钢筋的焊后变形,应采取对称、等速施焊,分层轮流施焊,选择合理的焊接顺序、缓慢冷却等措施,减少变形。

(4)冬期负温条件下进行 HRB335 级、HRB400 级钢筋焊接时,应加大焊接电流(较夏季增大 10% ~ 15%),减缓焊接速度,使焊件减小温度梯度并延缓冷却。同时从焊件中部起弧,逐渐向端部运弧,或在中间先焊一段短焊缝,以使焊件预热,减小温度梯度。

(5)焊接过程中若发现接头有弧坑、未填满、气孔及咬边、焊瘤等质量缺陷时,应立即修整补焊。HRB400 级钢筋接头冷却后补焊,需先用氧乙炔焰预热。

附 7.3　钢筋焊接一般规定

钢筋焊接方法分类及适用范围,见附表 7.3-1。钢筋焊接质量检验,应符合行业标准《钢筋焊接及验收规程》(JGJ 18)和《钢筋焊接接头试验方法标准》(JGJ/T 27)的规定。

钢筋焊接的一般规定如下:

(1)电渣压力焊应用于柱、墙、烟囱等现浇混凝土结构中竖向受力钢筋的连接;不得用于梁、板等构件中水平钢筋的连接。

(2)在工程开工或每批钢筋正式焊接前,应进行现场条件下的焊接性能试验。合格后方可正式生产。

(3)钢筋焊接施工之前,应清除钢筋或钢板焊接部位和与电极接触的钢筋表面上的锈斑油污、杂物等;钢筋端部若有弯折、扭曲,应予以矫直或切除。

(4)进行电阻点焊、闪光对焊、电渣压力焊或埋弧压力焊时,应随时观察电源电压的波动情况。对于电阻点焊或闪光对焊,当电源电压下降大于 5% 时、小于 8% 时,应采取提高焊接变压器级数的措施;当大于或等于 8% 时,不得进行焊接。对于电渣压力焊或埋弧压力焊,当电源电压下降大于 5% 时,不宜进行焊接。

(5)对从事钢筋焊接施工的班组及有关人员应经常进行安全生产教育,并应制定和实施安全技术措施,加强焊工的劳动保护,防止发生烧伤、触电、火灾、爆炸以及烧坏焊接设备等事故。

(6)焊机应经常维护保养和定期检修,确保正常使用。

附表 7.3-1 钢筋焊接方法分类及适用范围

焊接方法		接头形式	适用范围	
			钢筋级别	钢筋直径(mm)
电阻点焊			HPB235 级、HRB335 级	6～14
			冷轧带肋钢筋	5～12
			冷拔光圆钢筋	4～5
闪光对焊			HPB235 级、HRB335 级及 HRB400 级	10～40
			RRB400 级	10～25
电弧焊	帮条双面焊		HPB235 级、HRB335 级及 HRB400 级	10～40
			RRB400 级	10～25
	帮条单面焊		HPB235 级、HRB335 级及 HRB400 级	10～40
			RRB400 级	10～25
	搭接双面焊		HPB235 级、HRB335 级及 HRB400 级	10～40
			RRB400 级	10～25
	搭接单面焊		HPB235 级、HRB335 级及 HRB400 级	10～40
			RRB400 级	10～25
	熔槽帮条焊		HPB235 级、HRB335 级及 HRB400 级	20～40
			RRB400 级	20～25
	剖口平焊		HPB235 级、HRB335 级及 HRB400 级	18～40
			RRB400 级	18～25
	剖口立焊		HPB235 级、HRB335 级及 HRB400 级	18～40
			RRB400 级	18～25
	钢筋与钢板搭接焊		HPB235 级、HRB335 级	8～40

续附表 7.3-1

焊接方法		接头形式	适用范围	
			钢筋级别	钢筋直径（mm）
电弧焊	预埋件角焊		HPB235 级、HRB335 级	6 ~ 25
	预埋件穿孔塞焊		HPB235 级、HRB335 级	20 ~ 25
电渣压力焊			HPB235 级、HRB335 级	14 ~ 40
气压焊			HPB235 级、HRB335 级 HRB400 级	14 ~ 40
预埋件埋弧压力焊			HPB235 级、HRB335 级	6 ~ 25

注:1. 表中的帮条或搭接长度值,不带括弧的数值用于 HPB235 级钢筋,括号中的数值用于 HRB335 级、HRB400 级及
　　RRB400 级钢筋;
　2. 电阻电焊时,适用范围内的钢筋直径是指较小钢筋的直径。

第五节　钢筋电渣压力焊

　　钢筋电渣压力焊是利用专用机具,通电使两根被焊接钢筋之间形成电弧和熔渣池,将钢筋端部熔化,然后施加压力使钢筋连接形成焊接接头。

一、特点及适用范围

　　电渣压力焊具有工艺简单,容易掌握,工作条件好,工效高,焊接速度快,质量可靠,节省钢材,费用较低等优点。但瞬时电流较大,需较大容量的变压器设备。

　　电渣压力焊适用于工业与民用建筑现浇钢筋混凝土结构中竖向或斜向(斜度在 4∶1 范围内)、直径 14 ~ 40 mm 的 HPB235 级、HRB335 级(原Ⅰ、Ⅱ级)钢筋。

二、施工准备

(一)技术准备

编写焊接工艺,通过焊接试验选定焊接参数,对焊工进行技术、安全交底。

(二)材料要求

1. 钢筋

钢筋的级别、直径必须符合设计要求,有出厂证明书及复试报告单。进口钢筋还应有化学成分报告,且应满足焊接要求,并应有可焊性试验。

2. 焊剂

(1)焊剂的性能应符合《埋弧焊用非合金钢及细晶粒钢实心焊丝、药芯焊丝和焊丝焊剂组合分类要求》(GB/T 5293)碳素钢埋弧焊用焊剂的规定。焊剂型号为 HJ401,常用的为熔炼型高锰高硅低氟焊剂或中锰高硅低氟焊剂。

(2)焊剂应存放在干燥的库房内,防止受潮。如受潮,使用前须经 250~300 ℃烘焙 2 h。

(3)使用中回收的焊剂,应除去熔渣和杂物,并应与新焊剂混合均匀后使用。

(4)焊剂应有出厂合格证。

(三)主要机具

(1)手工电渣压力焊设备包括焊接电源、控制箱、焊接夹具、焊剂罐等。

(2)自动电渣压力焊设备(应优先采用)包括焊接电源、控制箱、操作箱、焊接机头等。

(3)焊接电源:钢筋电渣压力焊宜采用次级空载电压较高(TSV 以上)的交流或直流焊接电源。(一般 32 mm 直径及以下的钢筋焊接时,可采用容量为 600 A 的焊接电源;32 mm 直径及以上的钢筋焊接时,应采用容量为 1 000 A 的焊接电源)。当焊机容量较小时,也可以采用较小容量的同型号、同性能的两台焊机并联使用。

(四)作业条件

(1)焊工必须持有有效的焊工考试合格证。

(2)设备应符合要求。焊接夹具应有足够的刚度,在最大允许荷载下应移动灵活,操作方便。焊剂罐的直径与所焊钢筋直径相适应,不致在焊接过程中烧坏。电压表、时间显示器应配备齐全,以便操作者准确掌握各项焊接参数。

(3)电源应符合要求。当电源电压下降大于 5% 时,则不宜进行焊接。

(4)作业场地应有安全防护措施,制订和执行安全技术措施,加强焊工的劳动保护,防止发生烧伤、触电、火灾、爆炸以及烧坏机器等事故。

(5)注意接头位置,注意同一连接区段内,纵向受力钢筋的接头面积百分率应符合设计要求。当设计无具体要求时应符合在受拉区不宜大于 50% 的规定,要调整接头位置后才能施焊。

三、关键要求

(一)材料关键要求

施焊的各种钢筋应有材质证明书或试验报告单。焊剂应有合格证。

(二)技术关键要求

电渣压力焊焊接前应针对不同直径的钢筋确定焊接参数(焊接参数包括焊接电流、电压和通电时间），不同直径钢筋焊接时，应按较小直径钢筋选取参数，焊接时间可延长。对焊工要进行焊接参数的详细交底。

（三）质量关键要求

电渣压力焊焊接接头不得出现偏心、弯折、烧伤等焊接缺陷，四周焊包应均匀，凸出钢筋表面的高度应大于或等于 4 mm，钢筋与电极接触处，应无烧伤缺陷，接头的弯折角不得大于 4°，接头处的轴线偏移不得大于钢筋直径的 0.1，且不得大于 2 mm，外观检查不合格的接头应切除重焊，或采取补强焊接措施。

（四）职业健康安全关键要求

（1）焊工操作时应穿电焊工作服、绝缘鞋和戴电焊手套、防护面罩等安全防护用品，高处作业时系安全带。

（2）电焊作业现场周围 10 m 范围内不得堆放易燃易爆物品。

（3）操作前应首先检查焊机和工具，如焊钳和焊接电缆的绝缘、焊机外壳保护接地和焊机的各接线点等确认安全合格后方可作业。

（五）环境关键要求

严禁在易燃易爆气体或液体扩散区域内进行焊接作业。

四、施工工艺

（一）工艺流程

1. 工艺流程

检查设备、电源→钢筋端头制备→试焊、作试件→选择焊接参数→安装焊接夹具和钢筋→安放铁丝球（也可省去）→安放焊剂罐、填装焊剂→确定焊接参数→施焊→回收焊剂→卸下夹具→质量检查。

2. 电渣压力焊的施焊过程

闭合电路→引弧→电弧过程→电渣过程→挤压断电。

（二）操作工艺

1. 检查设备、电源

确保随时处于正常状态，严禁超负荷工作。

2. 钢筋端头制备

钢筋安装之前，焊接部位和电极钳口接触的（150 mm 区段内）钢筋表面上的锈斑、油污、杂物等应清除干净，钢筋端部若有弯折、扭曲，应予以矫直或切除，但不得用锤击矫直。

3. 选择焊接参数

钢筋电渣压力焊的焊接参数主要包括焊接电流、焊接电压和焊接通电时间，见表 7-9。采用 HJ431 焊剂时，宜符合表 7-9 的规定。采用专用焊剂或自动电渣压力焊机时，应根据焊剂或焊机使用说明书中推荐数据，通过试验确定。

不同直径钢筋焊接时，上下两钢筋轴线应在同一条直线上。

4. 安装焊接夹具和钢筋

夹具的下钳口应夹紧于下钢筋端部的适当位置，一般为 1/2 焊剂罐高度偏下 5 ~ 10 mm，以确保焊接处的焊剂有足够的掩埋深度。

表 7-9 钢筋电渣压力焊焊接参数

钢筋直径 (mm)	焊接电流 (A)	焊接电压(V)		焊接通电时间(s)	
		电弧过程 $U_{2.1}$	电渣过程 $U_{2.2}$	电弧过程 t_1	电渣过程 t_2
14	200 ~ 220	35 ~ 45	18 ~ 22	12	3
16	200 ~ 250			14	4
18	250 ~ 300			15	5
20	300 ~ 350			17	5
22	350 ~ 400			18	6
25	400 ~ 450			21	6
28	500 ~ 550			24	6
32	600 ~ 650			27	7

上钢筋放入夹具钳口后,调准动夹头的起始点,使上下钢筋的焊接部位位于同轴状态,方可夹紧钢筋。

钢筋一经夹紧,严防晃动,以免上下钢筋错位和夹具变形。

5. 安放引弧用的钢丝球(可省去)

安放焊剂罐、填装焊剂。

6. 试焊、做试件、确定焊接参数

在正式进行钢筋电渣压力焊之前,必须按照选择的焊接参数进行试焊并作试件送试,以便确定合理的焊接参数。合格后,方可正式生产。当采用半自动、自动控制焊接设备时,应按照确定的参数设定好设备的各项控制数据,以确保焊接接头质量可靠。

7. 施焊操作要点

(1)闭合回路:通过操纵杆或操纵盒上的开关,先后接通焊机的焊接电流回路和电源的输入回路,在钢筋端面之间引燃电弧,开始施焊。

(2)引弧过程:宜采用铁丝圈引弧法,也可采用直接引弧法。铁丝圈引弧法是将铁丝圈放在上、下钢筋端头之间,高约 10 mm,电流通过铁丝圈与上、下钢筋端面的接触点形成短路引弧。

直接引弧法是在通电后迅速将上钢筋提起,使两端头之间的距离为 2 ~ 4 mm 引弧。当钢筋端头夹杂不导电物质或过于平滑造成引弧困难时,或以多次把上钢筋与下钢筋短接后再提起,达到引弧目的。

(3)电弧过程:引燃电弧后应控制电压值。借助操纵杆使上下钢筋端面之间保持一定的间距,进行电弧过程的延时,使焊剂不断熔化而形成必要深度的渣池。

(4)挤压断电:电渣过程结束,迅速下送上钢筋,使其端面与下钢筋端面相互接触,趁热排除熔渣和熔化金属。同时切断焊接电源。

(5)接头焊毕应停歇 20 ~ 30 s 后(寒冷地区施焊时,停歇时间应适当延长),才可回收焊剂和卸下焊接夹具。

8. 质量检查

在钢筋电渣压力焊接生产中,焊工应认真进行自检,若发现偏心、弯折、烧伤、焊包不饱满等焊接缺陷,应切除接头重焊,并查找原因,及时消除。切除接头时,应切除热影响区的钢筋,即离焊缝中心约为 1.1 倍钢筋直径的长度范围内的部分应切除。

五、质量控制

(一)主控项目

(1)钢筋的牌号和质量,必须符合设计要求和有关标准的规定。进口钢筋需先经过化学成分检验和焊接试验,符合有关规定后方可焊接。

检验方法:检查出厂质量证明书和试验报告单。

(2)钢筋的规格,焊接接头的位置,同一区段内有接头钢筋面积的百分比,必须符合设计要求和施工规范的规定。

检验方法:观察和尺量检查。

(3)电渣压力焊接头的质量检验,应分批进行外观检查和力学性能检验,并应按下列规定作为一个检验批。

在现浇钢筋混凝土结构中,应以 300 个同牌号钢筋接头作为一批;在房屋结构中,应在不超过二楼层中 300 个同牌号钢筋接头作为一批;当不足 300 个接头时,仍应作为一批,每批随机切取 3 个接头做拉伸试验,其结果应符合下列要求:

①3 个热轧钢筋接头试件的抗拉强度均不得小于牌号钢筋规定的抗拉强度;

②至少应有 2 个试件断于焊缝之外,并应呈延性断裂;

③当达到上述 2 项要求时,应评定该批接头为抗拉强度合格。

当试验结果有 2 个试件抗拉强度小于钢筋规定的抗拉强度,或 3 个试件均在焊缝或热影响区发生脆断裂时,则一次判定该批接头为不合格品。

当试验结果有 1 个试件的抗拉强度小于规定值,或 2 个试件在焊缝或热影响区发生脆性断裂,其抗拉强度均小于钢筋规定抗拉强度的 1.10 倍时,应进行复验。

复验时应切取 6 个试件。复验结果,当仍有 1 个试件的抗拉强度小于规定值,或有 2 个试件断于焊缝或热影响区,呈脆性断裂,其抗拉强度小于钢筋规定抗拉强度的 1.10 倍时,应判该批接头为不合格品。

检验方法:检查焊接试件试验报告单。

(二)一般项目

钢筋电渣压力焊接头应逐个进行外观检查,结果应符合下列要求:

(1)四周焊包,凸出钢筋表面的高度不得小于 4 mm。

(2)钢筋与电极接触处,应无浇伤缺陷。

(3)接头处的弯折角不大于 4°。

(4)接头处的轴线偏移不得大于钢筋直径为 0.1,且不得大于 2 mm。

检验方法:目测或量测。

六、成品保护

接头焊毕,应停歇 20～30 s 后才能卸下夹具,以免接头弯折。

七、安全环保措施

(1)焊工操作时应穿电焊工作服、绝缘鞋和戴电焊手套、防护面罩等安全防护用品,高处作业时系安全带。

（2）电焊作业现场周围 10 m 范围内不得堆放易燃易爆物品。

（3）操作前应首先检查焊机和工具，如焊钳和焊接电缆的绝缘、焊机外壳保护接地和焊机的各接线点等，在确认安全合格后方可作业。

（4）焊接时二次线必须双线到位，严禁借用金属管道、金属脚手架、轨道及结构钢筋作回路地线。

（5）雨、雪、风力 6 级以上（含 6 级）天气不得露天作业。雨雪后应清除积水、积雪后方可作业。

（6）严禁在易燃易爆气体或液体扩散区域内进行焊接作业。

八、施工注意事项

在钢筋电渣压力焊生产中，应重视焊接全过程中的每一环节。接头部位应清理干净，钢筋安装应上下同心；夹具紧固，严防晃动；引弧过程，力求可靠；电弧过程，延时充分；电渣过程，短而稳定；挤压过程，压力适当。若出现异常现象，应参照表 7-10 查找原因，及时清除。

表 7-10　钢筋电渣压力焊接头焊接缺陷与防止措施

焊接缺陷	措施
轴线偏移	1. 矫直钢筋端部； 2. 正确安装夹具和钢筋； 3. 避免过大的顶压力； 4. 及时修理或更换夹具
弯折	1. 矫直钢筋端部； 2. 注意安装和扶持上钢筋； 3. 避免焊后过快卸夹具； 4. 修理或更换夹具
咬边	1. 减小焊接电流； 2. 缩短焊接时间； 3. 注意上钳口的起点和止点，确保上钢筋顶压到位
未焊合	1. 增大焊接电流； 2. 避免焊接时间过短； 3. 检修夹具，确保上钢筋下送自如
焊包不匀	1. 钢筋端面力求平整； 2. 填装焊剂尽量均匀； 3. 延长电渣过程时间，适当增加熔化量
烧伤	1. 钢筋导电部位除净铁锈； 2. 尽量夹紧钢筋
焊包下淌	1. 彻底封堵焊剂筒的漏孔； 2. 避免焊后过快回收焊剂

电渣压力焊可在负温条件下进行，但当环境温度低于 -20 ℃时，则不宜进行施焊。

雨天、雪天不宜进行施焊，必须施焊时，应采取有效的遮蔽措施。焊后未冷却的接头，应避免碰到冰雪。

第六节　钢筋套筒挤压连接

钢筋套筒挤压连接是将两根需连接的钢筋插入钢套筒,利用压钳沿径向压缩钢套筒,使之产生塑性变形,靠变形后的钢套筒与被连接的钢筋紧密结合为一整体的连接方法。

一、特点及适用范围

钢筋套筒挤压连接接头质量稳定性好,可与母材等强,但操作工人工作强度大,有时液压油污染钢筋,综合成本较高。

适用于工业与民用建筑、构筑物的钢筋混凝土结构中直径 16 ~ 40 mm 带肋 HRB335 级、HRB400 级、RRB400 级钢筋。钢筋接头按单向拉伸性能以及高应力和大变形条件下反复拉、压性能的差异,分为 A、B、C 三个性能等级。

二、施工准备

(一)技术准备

(1)操作工必须持证上岗。

(2)准备工程所需的图纸、规范、标准等技术资料,并确定其是否有效。

(3)做好施工技术交底。

(二)材料准备

(1)钢筋挤压接头所用的套筒材料,其实测力学性能应符合附录 7.4-1 中的要求。

(2)挤压接头所用套筒必须由定点工厂严格按设计要求进行生产。

(3)套筒应有型式检验报告和出厂合格证,运输和储存时应防止锈蚀和污染,分批验收,按不同规格分别堆放。

(4)用于挤压连接的钢筋必须具有质量证明书,其表面形状尺寸和性能等应符合现行国家标准《钢筋混凝土用钢　第 2 部分:热带肋钢筋》(GB 1499.2)或《钢筋混凝土用余热处理钢筋》(GB 13014)的要求。

(三)主要机具

高压油泵、油管、压钳、钢筋挤压压模、吊挂小车、平衡器、角向砂轮、划标志工具及检查压痕卡板卡尺等工具。

(1)压钳的性能试验、可靠性和耐久性试验应符合《超高机具用液压缸试验方法》的有关规定。

(2)超高压泵站与超高压油管应符合现行有关标准的规定。

(3)下列情况之一时,应对挤压机的挤压力进行标定:

①新挤压设备使用前。

②旧挤压设备大修后。

③油压表受损或强烈振动后。

④套筒压痕异常且查不出其他原因时。

⑤挤压设备使用超过一年。

⑥挤压的接头数超过 5 000 个。

（4）超高压泵站检修后,应重新标定压力,确保压接精度。

（5）超高压油管严禁硬性弯折和重物砸压。

（6）检测卡尺的测量精度达到 ±0.1 mm。

（四）作业条件

（1）挤压作业前,检查挤压设备是否正常,并试压,符合要求后方准作业。

（2）按连接钢筋规格和钢套筒型号选配压模,对不同直径钢筋的套筒不得相互串用。连接相同钢筋的压模型号应符合表 7-11 的规定,连接不同直径钢筋的压模型号应按表 7-12 的规定采用。

表 7-11　相同规格钢筋连接时的钢套筒型号、压模型号、压痕最小直径和压痕总宽度

连接钢筋规格	钢套筒型号	压模型号	压痕最小直径允许范围（mm）	压痕总宽度（mm）
Φ40 ~ Φ40	G40	M40	60 ~ 63	≥80
Φ36 ~ Φ36	G36	M36	54 ~ 57	≥70
Φ32 ~ Φ32	G32	M32	48 ~ 51	≥60
Φ28 ~ Φ28	G28	M28	41 ~ 44	≥55
Φ25 ~ Φ25	G25	M25	37 ~ 39	≥50
Φ22 ~ Φ22	G22	M22	32 ~ 34	≥45
Φ20 ~ Φ20	G20	M20	29 ~ 31	≥45
Φ18 ~ Φ18	G18	M18	27 ~ 29	≥40

表 7-12　不同规格钢筋连接时的钢套筒型号、压模型号、压痕最小直径和压痕总宽度

连接钢筋规格	钢套筒型号	压模型号	压痕最小直径允许范围（mm）	压痕总宽度（mm）
Φ40 ~ Φ36	G40	Φ40 端 M40	60 ~ 63	≥80
		Φ36 端 M36	57 ~ 60	≥80
Φ36 ~ Φ32	G36	Φ36 端 M36	54 ~ 57	≥70
		Φ32 端 M32	51 ~ 54	≥70
Φ32 ~ Φ28	G32	Φ32 端 M32	48 ~ 51	≥60
		Φ28 端 M28	45 ~ 48	≥60
Φ28 ~ Φ25	G28	Φ28 端 M28	41 ~ 44	≥55
		Φ25 端 M25	38 ~ 41	≥55
Φ25 ~ Φ22	G25	Φ25 端 M25	37 ~ 39	≥50
		Φ22 端 M22	35 ~ 37	≥50
Φ25 ~ Φ20	G25	Φ25 端 M25	37 ~ 39	≥50
		Φ20 端 M20	33 ~ 35	≥50
Φ22 ~ Φ20	G22	Φ22 端 M22	32 ~ 34	≥45
		Φ20 端 M20	31 ~ 33	≥45
Φ22 ~ Φ18	G22	Φ22 端 M22	32 ~ 34	≥45
		Φ18 端 M18	29 ~ 31	≥45
Φ20 ~ Φ18	G20	Φ20 端 M20	29 ~ 31	≥45
		Φ18 端 M18	28 ~ 30	≥45

（3）钢套筒表面沿长度方向标有压接标志，其要求应符合表 7-11 的规定。

（4）连接相同直径钢筋的钢套筒的型号应符合表 7-11 的规定；连接不同直径钢筋的钢套筒的型号应符合表 7-12 的规定。所连钢筋直径之差不应超过 9 mm，不宜超过 4 mm。

（5）液压油中严禁混入杂质。施工中油箱应遮盖好，防止雨水、灰尘混入油箱。在连接拆卸超高压软管时，其端部要保管好，不能黏有灰尘沙土。

三、关键要求

（一）材料关键要求

（1）钢筋的级别、直径（16～40 mm）必须符合设计要求及现行国家标准，应有出厂质量证明及复试报告。进口钢筋需对挤压连接进行型式检验，符合性能要求后使用。

（2）钢套筒的材质为低碳素镇静钢，其机械性能应满足要求。

（二）技术关键要求

（1）参加接头作业的人员必须经过培训，并经考核合格后方可持证上岗。

（2）钢筋端头的锈皮、泥沙、油污等杂物应清理干净。

（3）应对套筒做外观尺寸检查，对不同直径钢筋的套筒不得相互串用。

（4）钢筋与钢套筒试套，如钢筋有马蹄、飞边、弯折或纵肋尺寸超大者，应先矫正或用手砂轮修磨，超大部分禁止用电气焊切割。

（5）钢筋端头应有定位标志和检查标志，以确保钢筋伸入套筒的长度。定位标志距钢筋端部的距离为钢套筒长度的 1/2。

（6）按标记检查钢筋入套筒内深度，钢筋端头离套筒长度中心不宜超过 10 mm。

（三）质量关键要求

（1）要认真检查钢套筒的质量，材质不符合要求，无出厂质量证明书，以及外观质量不合格的钢套筒，不得使用。

（2）注意检查钢筋插入钢套筒标定的长度、钢筋的标记线、挤压接头的压痕道次、接头弯折度、套筒裂缝是否符合规定要求，并填写施工现场挤压接头外观检查记录表。

（四）职业健康安全关键要求

（1）进行钢筋接头施工时，要求正确佩戴和使用个人防护用品。

（2）在高空进行挤压操作，必须遵守现行《建筑施工高处作业安全技术规范》（JGJ 80）的规定。

（3）施工现场用电必须符合现行《施工现场临时用电安全技术规范》（JGJ 46）的规定。

（4）高压胶管应防止负重拖拉、弯折和尖利物体的刻划。操作人员应尽可能避开高压胶管反弹方向，以防伤人。

（五）环境关键要求

（1）废旧钢筋头应及时收集清理，保持工完场清。

（2）高压油泵使用或更换液压油时，防止污染钢筋。

四、施工工艺

（一）工艺流程

钢套筒、钢筋挤压部位检查、清理、矫正→检查钢筋端头压接标志→钢筋插入钢套筒挤压(每侧挤压从接头中间压痕标志开始依次向端部进行)→检查验收。

(二)施工操作工艺

(1)钢筋应按标记要求插入钢套筒内,钢筋端头离套筒长度中点不宜超过 10 mm。当钢筋纵肋过高影响插入时,允许进行打磨,但钢筋横肋严禁打磨。被连接钢筋的轴心与钢套筒轴心应保持同一轴线,防止偏心和弯折。

(2)在压接接头处持好平衡器与压钳,接好进、回油管,启动超高压泵,调节好压接力所需的油压力,然后将下压模卡板打开,取出下模,把挤压机机架的开口插入被挤压的带肋钢筋的连接套中,插回下模,锁紧卡板,压钳在平衡器的平衡力作用下,对准钢套筒所需压接的标记处,控制挤压机换向阀进行挤压。压接结束后将紧锁的卡板打开,取出下模,退出挤压机,则完成挤压施工。

(3)挤压时,压钳的压接应对准套筒压痕标志,并垂直于被压钢筋的横肋。挤压应从套筒中央逐道向端部压接,不应由端部向中部挤压或隔标记来回挤压。最小直径及压痕总宽度须符合规定要求。见图 7-12。

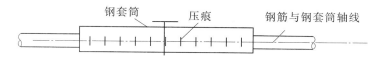

图 7-12　钢套筒连接示意

(4)为了减少高处作业并加快施工进度,可先在地面压接半个压接接头,在施工作业区把钢套筒另一端插入预留钢筋,按工艺要求挤压另一端。

五、质量控制

(一)主控项目

(1)钢筋的品种和质量必须符合设计要求和有关标准的规定。

(2)钢套筒的材质、机械性能必须符合钢套筒标准的规定,表面不得有裂缝、折叠等缺陷。

(3)在正式施工前应进行现场条件下的挤压连接工艺检验。检验接头的数量应不少于三个。检验接头质量验收规定检验合格后,方可进行施工。

(4)挤压接头的现场检验按验收批进行。同一施工条件下采用同一批材料的同等级、同形式、同规格接头,以 500 个为一个验收批,进行检验与验收,不足 500 个也作为一个验收批。

(5)对每一验收批,均应按设计要求的接头性能等级,在工程中随机抽取 3 个接头试件做抗拉强度试验,并做出评定。其抗拉强度均不得低于被压接钢筋抗拉强度标准值的 1.05 倍,若其中一个试件不符合要求,应再抽取 6 个试件进行复检,复检中仍有 1 个试件的强度不符合要求,则该验收批评为不合格。

(二)一般项目

(1)钢筋接头压痕深度不够时应补压。超压者应切除重新挤压。钢套筒压痕的最小直径和总宽度,应符合钢套筒供应厂家提供的技术要求。

(2)挤压接头的外观质量检验应符合下列要求:

①外形尺寸:挤压后套筒长度应为原套筒长度的 1.10~1.15 倍;或压痕筒的外径波动范围为原套筒外径的 0.80~0.90。

②挤压接头的压痕道数应符合型式检验确定的道数。

③接头处弯折不得大于 4°。

④挤压后的套筒不得有肉眼可见裂缝。

(3)每一验收批中应随机抽取 10% 的挤压接头做外观质量检验,如外观质量不合格数超过抽检数的 10%,应对该批挤压接头逐个进行复检,对外观不合格的接头采取补救措施;不能补救的挤压接头应做标记,在外观不合格的接头中抽取 6 个试件做抗拉强度试验,若有一个试件的抗拉强度低于规定值,则该批外观不合格的挤压接头,应会同设计单位商定处理,并记录存档。

(4)在现场连续检验 10 个验收批,抽样试件抗拉强度试验 1 次合格率为 100% 时,验收批接头数量可扩大一倍。

六、成品保护

(1)在地面预制好的接头要用垫木垫好,分规格码放整齐。

(2)套筒内不得有砂浆等杂物。套筒在运输和储存中,应按不同规格分别堆放整齐,不得露天堆放,防止锈蚀和沾污。

(3)在高处挤压接头时,要搭好临时架子,不得磴踩接头。

七、安全环保措施

(1)对从事钢筋挤压连接施工的有关人员应经常进行安全教育,防止发生人身和设备安全事故。

(2)在高处进行挤压操作,必须遵守现行国家标准《建筑施工高处作业安全技术规范》(JGJ 80)的规定。

(3)高压泵应采用液压油,油液应过滤,保持清洁,油箱应密封,防止渗漏,防止雨水灰尘混入油箱。

(4)高压胶管应防止负重拖拉、弯折和尖利物体的刻划。操作人员应尽可能避开高压胶管反弹方向,以防伤人。

(5)油泵与挤压机的应用应严格按操作规程进行。

(6)施工现场用电必须符合现行《施工现场临时用电安全技术规范》(JGJ 46)的规定。

(7)高压胶管是挤压设备中的易损部件,由于油压高,油管损坏还易引起喷油伤人,故应妥善使用。

八、施工注意事项

(1)接头钢筋宜用砂轮切割机断料。

(2)接头的压痕道数应符合钢筋规格要求的挤压道数,认真检查压痕深度,深度不够的要补压,超深的要切除接头重新连接。

(3)挤压连接操作过程中,遇有异常现象时,应停止操作,检查原因,排除故障后,方可继续进行。

（4）挤压连接施工必须严格遵守操作规程,工作油压不得超过额定压力。

（5）钢筋连接件的混凝土保护层厚度宜满足现行国家标准《混凝土结构设计规范》（GB 50010）中受力钢筋混凝土保护层最小厚度的要求。连接件之间的横向净距不宜小于25 mm。

附7.4　套筒技术条件

1. 钢套筒性能要求

钢套筒性能应符合附表7.4-1的要求。

附表7.4-1　套筒材料的力学性能

性能项目	力学性能指标
屈服强度（N/mm²）	225 ~ 350
抗拉强度（N/mm²）	375 ~ 500
延伸率 $\delta_{5.10}$（%）	≥20
硬度（HRB）	60 ~ 80
硬度（HB）	102 ~ 133

2. 规格和尺寸

钢套筒的规格和尺寸应符合附表7.4-2的要求。

附表7.4-2　钢套筒的规格和尺寸

钢套筒型号	钢套筒尺寸（mm）			理论质量（kg）
	外径	壁厚	长度	
G40	70	12	250	4.37
G36	63.5	11	220	3.14
G32	57	10	200	2.31
G28	50	8	190	1.58
G25	45	7.5	170	1.18
G22	40	6.45	140	0.75
G20	36	6	130	0.58
G18	34	5.5	125	0.47

3. 尺寸允许偏差

钢套筒尺寸允许偏差应符合附表7.4-3的要求。

附表 7.4-3　　钢套筒尺寸允许偏差

套筒外径 D	外径允许偏差	壁厚(t)允许偏差	长度允许偏差
≤50	±0.5	$+0.12t$ $-0.10t$	±2
>50	±0.01d	$+0.12t$ $-0.10t$	±2

4．表面标志

钢套筒表面应标有清晰均匀的挤压标志,中部两条标志的距离应不小于 20 mm。

5．检查和验收

(1)钢套筒原材料应有质保书,检查和验收应分批进行。由同一牌号、同一炉号原材料制作的同一型号的钢套筒为一批,每批取5%做外观检查,如有一个不合格,加倍检验,仍有一个不合格,逐个进行检验,合格后方可使用。必要时取试件做拉伸试验。

(2)外观检查应符合下列要求:

①钢套筒表面不得有裂纹、折叠或影响性能的其他缺陷。

②钢套筒的尺寸及允许偏差应分别符合附表7.4-2、附表7.4-3的规定。

③钢套筒表面挤压标志应符合上述第5条的规定。

(3)拉伸试验的结果应符合附表7.4-1的规定。

(4)每批钢套筒经检查验收合格后,应填写质量合格证明书,作为用户使用的依据。

第七节　　钢筋滚压直螺纹套筒连接

钢筋滚压直螺纹套筒连接接头是将钢筋连接端头采用专用滚轧设备和工艺,通过滚丝轮直接将钢筋端头滚轧成直螺纹,并用相应的连接套筒将两根待接钢筋连接成一体的钢筋接头。它是利用金属材料塑性变形后冷作硬化增强金属材料强度的特性,使接头与母材等强的连接方法。

钢筋滚压直螺纹套筒连接是钢筋直螺纹连接技术的一种,钢筋接头直螺纹连接包括钢筋冷镦直螺纹连接、钢筋滚压直螺纹连接以及钢筋剥肋滚压直螺纹连接三种。其中,滚压直螺纹,可以分为直接滚压螺纹、挤压肋滚压螺纹、剥肋滚压螺纹三种类型。

直接滚压螺纹是采用钢筋滚丝机(型号:GZL－32、GYZL－40、GSJ－40、HGS40 等)直接滚压螺纹。此法螺纹加工简单,设备投入少;但螺纹精度差,由于钢筋粗细不均导致螺纹直径差异,施工受影响。

挤压肋滚压螺纹加工是采用专用挤压设备滚轮先将钢筋的横肋和纵肋进行预压平处理,然后再滚压螺纹。其目的是减轻钢筋肋对成型螺纹的影响,此法对螺纹精度有一定提高,但仍不能从根本上解决钢筋直径差异对螺纹精度的影响,螺纹加工需要两套设备。

剥肋滚压螺纹加工是采用钢筋剥肋滚丝机,先将钢筋的横肋和纵肋进行剥切处理后,使钢筋滚丝前的主体直径达到同一尺寸,然后再进行螺纹滚压成型。此法螺纹精度高,接头质量稳定,施工速度快,价格适中,具有较大的发展前景。

一、特点及适用范围

该连接工艺设备投资少、螺纹加工简单(一次装卡即可直接完成滚轧直螺纹的加工)、接头强度高、连接速度快、生产效率高、现场施工方便、适应性强等。

适用于钢筋混凝土结构中直径 16 ~ 40 mm 的 HRB335 级、HRB400 级钢筋连接。其接头可达到现行国家标准《钢筋机械连接通用技术规程》(JGJ 107)的 A 级标准。

二、施工准备

(一)技术准备

(1)凡参与接头施工的操作工人必须参加技术培训,经考核合格后持证上岗。

(2)核对有编号的布筋图纸加工单与成品数量。

(3)做好技术交底。

(二)材料准备

1.材料的品种、规格

套筒的规格、型号以及钢筋的品种、规格必须符合设计要求。

2.质量要求

1)钢筋质量要求

(1)钢筋应符合现行国家标准《钢筋混凝土热轧带肋钢筋》(GB 1499)和《钢筋混凝土用余热处理钢筋》(GB 13014)的要求,有原材质、复试报告和出厂合格证。

(2)钢筋应先调直再下料,并宜用切断机和砂轮片切断,切口端面应与钢筋轴线垂直,不得有马蹄形或挠曲,不得用气割下料。

2)套筒与锁母材料质量要求

(1)套筒与锁母材料应采用优质碳素结构钢或合金结构钢,其材质应符合现行《优质碳素结构钢》(GB/T 699)规定。

(2)成品螺纹连接套应有产品合格证;两端螺纹孔应有保护盖;套筒表面应有规格标记。

(三)主要机具

切割机、钢筋滚压直螺纹成型机、普通扳手及量规(牙形规、环规、塞规)。

(四)作业条件

(1)钢筋端头螺纹已加工完毕,检查合格,且已具备现场钢筋连接条件。

(2)钢筋连接用的套筒已检查合格,进入现场挂牌整齐码放。

(3)布筋图及施工穿钢筋顺序等已进行技术交底。

三、关键要求

(一)材料关键要求

(1)钢筋应符合国家标准的要求,复验合格。

(2)套筒与锁母材料的材质应符合规定要求。

(二)技术关键要求

(1)钢筋直螺纹接头套丝及连接操作人员必须经过培训、考核,持证上岗。

(2)钢筋端头螺纹加工按照标准规定,且牙形要逐个进行量规检查。

（三）质量关键要求

（1）钢筋套丝后螺牙应符合质量标准。

（2）钢筋切口端面及丝头锥度、牙形、螺距等应符合质量标准，并与连接套筒螺纹规格相匹配。

（四）职业健康安全关键要求

除应严格执行建筑工程有关安全施工的规程及规定外，还应注意下列安全事项：

（1）参加施工的作业人员必须经过考核合格，并经"三级"安全教育后方能上岗。

（2）用电设备均应设三级保护，严格按用电安全规程操作。

（3）设备检验及试运转合格后方准作业。

（4）设备运行中严禁拖曳压圆机油管或砸压油管，油管反弹方向应予以遮挡。

（5）严格按各种机械使用说明与相关标准操作。

（6）高处作业或带电作业，应遵守国家颁布的《建筑安装工程安全技术规程》。

（五）环境关键要求

（1）按规程操作，避免发生噪声。

（2）夜间施工严禁敲打钢筋以防扰民。

（3）施工应用低角度照明防光污染。

（4）机械润滑油流入专设油池集中处理，不准直接排入下水道，铁屑杂物回收处理。

四、施工工艺

（一）工艺流程

钢筋滚压直螺纹连接（钢筋剥肋滚压直螺纹连接）工艺流程为：

钢筋切割　→　(剥肋)滚压螺纹　→丝头检验→保护帽→现场丝接

套筒机加工，保护　────────┘

（二）操作工艺

1. 钢筋滚压直螺纹连接

钢筋滚压直螺纹连接，是采用专门的滚压机床对钢筋端部进行滚压，螺纹一次成型。

钢筋通过滚压螺纹，螺纹底部的材料没有被切削掉，而是被挤出来，加大了原有的直径。螺纹经滚压后材质发生硬化，强度提高 6% ~ 8%，使螺纹对母材的削弱大为减少，其抗拉强度是母材实际抗拉强度的 97% ~ 100%，强度性能十分稳定。

1）加工要求

钢筋同径连接的加工要求见表 7-13。

表 7-13　钢筋同径连接的加工要求

代号	A20R - J	A22R - J	A25R - J	A28R - J	A32R - J	A36R - J	A40R - J
ϕ(mm)	20	22	25	28	32	36	40
$M \times t$	19.6 × 3	21.6 × 3	24.6 × 3	27.6 × 3	31.6 × 3	35.6 × 3	39.6 × 3
L(mm)	30	32	35	38	42	46	50

钢筋同径连接左右旋加工要求见表7-14。

表7-14　钢筋同径连接左右旋加工要求

代号	ϕ(mm)	$M \times t$(左)	$M \times t$(右)	L(mm)
A20RLR – G	20	19.6×3	19.6×3	34
A22RLR – G	22	21.6×3	21.6×3	36
A25RLR – G	25	24.6×3	24.6×3	39
A28RLR – G	28	27.6×3	27.6×3	42
A32RLR – G	32	21.6×3	21.6×3	46
A36RLR – G	36	35.6×3	35.6×3	50
A40RLR – G	40	39.6×3	39.6×3	54

钢筋滚压螺纹加工的基本尺寸见表7-15。

表7-15　钢筋滚压螺纹加工的基本尺寸

代号	ϕ20	ϕ22	ϕ25	ϕ28	ϕ32	ϕ36	ϕ40
大径	19.6	21.6	24.6	27.6	31.6	35.6	39.6
中径	18.623	20.623	23.623	26.623	30.623	34.623	38.23
小径	17.2	19.2	22.2	25.2	29.2	33.2	37.2

2）套筒质量要求

（1）连接套表面无裂纹，螺牙饱满，无其他缺陷。

（2）牙型规检查合格，用直螺纹塞规检查其尺寸精度。

（3）各种型号、规格的连接套外表面，必须有明显的钢筋级别及规格标记。若连接套为异径的，则大小两端分别标出相应的钢筋级别和直径。

（4）连接套两端头的孔必须用塑料盖封上，以保持内部洁净，干燥防锈。

3）直螺纹量规技术要求

牙型规、螺纹卡和直螺纹塞规，采用工具钢T9制成，其化学成分和硬度见表7-16。

表7-16　化学友成分和硬度

化学成分					淬火后硬度（HRC）
C	Mn	Si	S	P	
0.85～0.94	≤0.40	≤0.35	≤0.30	≤0.035	62

2. 工艺操作要点

1）钢筋螺纹加工

（1）加工钢筋螺纹的丝头、牙形、螺距等必须与连接套牙形、螺距一致，且经配套的量规检验合格。

（2）加工钢筋螺纹时，应采用水溶性切削润滑液；当气温低于0 ℃时，应掺入15% ～

20%亚硝酸钠,不得用机油作润滑液或不加润滑液套丝。

(3)操作工人应逐个检查钢筋丝头的外观质量并做出操作者标记。

(4)经自检合格的钢筋丝头,应对每种质量加工批量随机抽检10%,且不少于10个,如有一个丝头不合格,即应对该加工批全数检查,不合格丝头应重加工,经再次检验合格方可使用。

(5)已检查合格的丝头,应加以保护,戴上保护帽,并按规格分类堆放整齐待用。

2)钢筋连接

(1)连接钢筋时,钢筋规格和连接套的规格应一致,钢筋螺纹的型式、螺距、螺纹外径应与连接套匹配。并确保钢筋和连接套的丝扣干净,完好无损。

(2)连接钢筋时应对准轴线将钢筋拧入连接套。

(3)接头拼装完成后,应使两个丝头在套筒中央位置互相顶紧,套筒每端不得有一扣以上的完整丝扣外露,加长型接头的外露丝扣数不受限制,但应有明显标记,以检查进入套筒的丝头长度是否满足要求。

(4)接头按使用条件可分为标准型接头、异径型接头、加锁母型接头、正反丝扣型接头等。

3. 钢筋剥肋滚压直螺纹连接

钢筋剥肋滚压直螺纹连接与钢筋滚压直螺纹连接操作工艺基本相同,唯一区别是钢筋剥肋滚压直螺纹连接增加了钢筋剥肋工序。

五、质量控制

(一)主控项目

(1)钢筋的品种、规格必须符合设计要求,质量符合现行国家标准《钢筋混凝土用热轧带肋钢筋》(GB 1499)和《钢筋混凝土用余热处理钢筋》(GB 13014)标准的要求。

(2)套筒与锁母材质应符合现行《优质碳素结构钢》(GB/T 699)规定,且应有质量检验单和合格证,几何尺寸要符合要求。

(3)连接钢筋时,应检查螺纹加工检验记录。

(4)钢筋接头型式检验:

钢筋螺纹接头的型式检验应符合现行行业标准《钢筋机械连接通用技术规程》(JGJ 107)中的各项规定。

(5)钢筋连接工程开始前及施工过程中,应对每批进场钢筋和接头进行工艺检验:

①每种规格钢筋接头试件不应少于3根;

②钢筋母材抗拉强度试件不应少于3根,且应取自接头试件的同一根筋;

③接头试件应达到现行行业标准《钢筋机械连接通用技术规程》(JGJ 107)中相应等级的强度要求,计算钢筋实际抗拉强度时,应采用钢筋的实际横截面积计算。

(6)钢筋接头强度必须达到同类钢材强度值,接头的现场检验按验收批进行,同一施工条件下采用同一批材料的同等级、同形式、同规格接头,以500个为一个验收批进行检验与验收,不足500个也作为一个验收批。

(二)一般项目

(1)加工质量检验:

①螺纹丝头牙形检验:牙形饱满,无断牙、秃牙缺陷,且与牙形规的牙形吻合,牙形表面

光洁的为合格品。

②套筒用专用塞规检验。

(2)随机抽取同规格接头数的10%进行外观检查,应与钢筋连接套筒的规格匹配,接头丝扣无完整丝扣外露。

(3)现场外观质检抽验数量:梁、柱构件按接头的15%且每个构件的接头数抽验数不得少于一个接头;基础墙板构件按各自接头数,每100个接头作为一个验收批,不足100个也作为一个验收批。每批检验3个接头,抽检的接头应全部合格,如有一个接头不合格,则应再检验3个接头,如全部合格,则该批接头为合格;若还有一个不合格,则该验收批接头应逐个检查,对查出的不合格接头应进行补强,如无法补强应弃置不用。

(4)对接头的抗拉强度试验每一验收批应在工程结构中随机截取3个接头试件做抗拉强度试验。按设计要求的接头等级进行评定,如有1个试件的强度不符合要求,应再取6个试件进行复检,复检中如仍有一个试件的强度不符合要求,则该验收批评为不合格。

(5)在现场连续10个验收批抽样试件抗拉强度试验1次合格率为100%时,验收批接头数量可扩大一倍。

六、成品保护

(1)各种规格的型号的套筒外表,必须有明显的钢筋级别及规格标记。

(2)钢筋螺纹保护帽要堆整,不准随意乱扔。

(3)连接钢筋的钢套筒必须用塑料盖封上,以保持内部洁净、干燥、防锈。

(4)钢筋直螺纹加工经检验合格后,应戴好保护帽或拧上套筒,以防碰伤和生锈。

(5)已连接好套筒的钢筋接头不得随意抛砸。

七、安全环保措施

(1)不准硬拉电线或高压油管。

(2)高压油管不得打死弯。

(3)参加钢筋直螺纹连接施工的人员必须培训、考核、持上岗证。

(4)作业人员必须遵守施工现场安全作业有关规定。

参考文献

［1］中华人民共和国住房和城乡建设部. 建筑地基处理技术规范:JGJ 79—2012［S］. 北京:中国建筑工业出版社,2013.

［2］中华人民共和国住房和城乡建设部. 建筑基坑支护技术规程:JGJ 120—2012［S］. 北京:中国建筑工业出版社,2012.

［3］中华人民共和国住房和城乡建设部,中华人民共和国国家质量监督检验检疫总局. 建筑地基基础设计规范:GB 50007—2011［S］. 北京:中国建筑工业出版社,2012.

［4］中华人民共和国住房和城乡建设部. 建筑建筑桩基技术规范:JGJ 94—2008［S］. 北京:中国建筑工业出版社,2008.

［5］中华人民共和国住房和城乡建设部,中华人民共和国国家质量监督检验检疫总局. 混凝土结构工程质量验收规范:GB 50204—2015［S］. 北京:中国建筑工业出版社,2015.

［6］中华人民共和国住房和城乡建设部. 建筑工程施工质量验收统一标准:GB 50300—2013［S］. 北京:中国建筑工业出版社,2014.

［7］中华人民共和国住房和城乡建设部. 混凝土泵送施工技术规程:JGJ 10—2011［S］. 北京:中国建筑工业出版社,2011.

［8］中华人民共和国住房和城乡建设部,中华人民共和国国家质量监督检验检疫总局. 混凝土结构工程施工规范:GB 50666—2011［S］. 北京:中国建筑工业出版社,2011.

［9］中华人民共和国住房和城乡建设部,中华人民共和国国家质量监督检验检疫总局. 建筑地基基础工程施工规范:GB 50104—2015［S］. 北京:中国建筑工业出版社,2015.

后　记

　　本书的编写出版等工作,得到了河南聚誉帆工程技术咨询有限公司的大力支持。

　　河南聚誉帆工程技术咨询有限公司具有工程技术咨询、工程项目管理、工程造价咨询、建筑劳务分包、工程技术培训、人力资源服务等资质,是一家专注于工程技术咨询服务的综合性工程技术咨询公司,具有装配整体式建筑发明专利29项。主要开展工程技术咨询、工程项目管理、工程招标代理、工程总承包管理、施工设计深化管理、房地产设计深化管理、房地产工程项目管理、工程技术人员培训、劳务技能工培训、装配整体式施工技术、工程技术及装配整体式发明专利授权及技术服务等相关业务。本公司是装配整体式建筑科研企业。

　　河南省建设工程质量监督总站、商丘市建筑工程质量监督站、河南荣泰工程管理有限公司、河南省工建集团有限责任公司、郑州市工程质量监督站等对于书稿的编写均给予帮助。